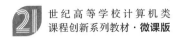

21世纪高等学校计算机类课程创新系列教材·微课版

Python程序设计教程

第3版·微课视频版

杨年华 / 主编
柳　青　郑戟明 / 副主编

清华大学出版社
北京

内 容 简 介

本书主要介绍 Python 语言的基础知识及其在数据处理、分析和可视化上的应用。本书一方面侧重讲解基础知识，另一方面侧重讲解利用 Python 进行数据处理、分析与可视化的方法和应用实例。为了便于理解，本书主要挑选经济管理类的案例。本书中的代码均在 Python 3.10.4 中测试通过，可以在 Python 3.10 及以上的版本中运行。

本书适合作为高校本科生或研究生"程序设计""Python 数据处理与分析"等课程的教材，也可作为相关科研工作者或工程实践者的参考书。

本书封面贴有清华大学出版社防伪标签，无标签者不得销售。
版权所有，侵权必究。举报：010-62782989，beiqinquan@tup.tsinghua.edu.cn。

图书在版编目(CIP)数据

Python 程序设计教程：微课视频版/杨年华主编. —3 版. —北京：清华大学出版社，2023.3(2024.7 重印)
21 世纪高等学校计算机类课程创新系列教材：微课版
ISBN 978-7-302-62921-4

Ⅰ. ①P… Ⅱ. ①杨… Ⅲ. ①软件工具－程序设计－高等学校－教材 Ⅳ. ①TP311.561

中国国家版本馆 CIP 数据核字(2023)第 035132 号

责任编辑：黄　芝　李　燕
封面设计：刘　键
责任校对：郝美丽
责任印制：沈　露

出版发行：清华大学出版社
网　　址：https://www.tup.com.cn，https://www.wqxuetang.com
地　　址：北京清华大学学研大厦 A 座　　邮　编：100084
社 总 机：010-83470000　　邮　购：010-62786544
投稿与读者服务：010-62776969，c-service@tup.tsinghua.edu.cn
质量反馈：010-62772015，zhiliang@tup.tsinghua.edu.cn
课件下载：https://www.tup.com.cn，010-83470236

印 装 者：三河市龙大印装有限公司
经　　销：全国新华书店
开　　本：185mm×260mm　　印　张：29.5　　字　数：717 千字
版　　次：2017 年 10 月第 1 版　2023 年 4 月第 3 版　　印　次：2024 年 7 月第 5 次印刷
印　　数：7001～9500
定　　价：79.80 元

产品编号：098279-01

前　言

根据 Python 语言近几年的发展及教学团队近几年的教学心得，本书编写组在第 2 版的基础上增加了一些 Python 语言的新特征，并对部分章节进行了调整。其中，第 2 章对数据类型部分进行了调整和补充。第 3 章新增加了基于模式匹配的 match/case 分支结构。第 4 章对各组合数据类型的访问函数或方法按照功能进行了重新组织，并补充了部分内容。第 5 章对字符串的格式化部分进行了补充，增加了字符串前加特定字符的功能介绍。第 6 章增加了仅限位置参数和仅限关键参数的函数定义方法、参数与返回值类型注解等内容，并对个数可变的参数部分进行了重新组织。新增了第 7 章，将包及其定义、第三方模块及其安装、模块的__name__属性等内容调整到第 7 章，增加了常用包与标准模块的介绍。第 8 章对部分描述进行了优化，增加了指定编码的文本文件存取、标准输出的重定向方法。第 9 章增加了迭代器类和可迭代的类的自定义方法介绍。第 10 章增加了 object 类的介绍。第 13 章完善了 setuptools 软件打包工具的使用步骤。第 16 章对 NumPy、Matplotlib 和 Pandas 的内容进行了补充和完善。删除了前两版中的最后一章 SPSS 中使用 Python 的部分。而且，各章均对软件版本进行了更新。

使用本书时，建议 Python 采用 3.10 及以上版本，NumPy 采用 1.22.3 及以上版本，Matplotlib 采用 3.5.1 及以上版本，Pandas 采用 1.4.2 及以上版本。Python 从 3.10 这个版本开始，标准发行版本中自带的 IDLE 交互式环境中输入提示符>>>单独放在左侧，不能随输入语句一起复制。本书为了清晰区分实例在交互环境中的输入和输出，在每个输入语句的开头依然保留输入提示符>>>。

本书提供配套的程序源代码。读者可先扫描封底"文泉云盘"刮刮卡，获得权限，再扫描目录下方的二维码下载源代码，并为教师提供课件、教学大纲和部分习题参考答案。这些资料可登录清华大学出版社官方网站下载，或从"书圈"公众号下载。本书还配套微课视频，读者扫描对应章节处二维码，即可观看。

本书第 3 版主要由杨年华负责修订，柳青、郑载明、肖宇、孙辞海、张晓黎老师负责书稿的审阅、部分配套视频的录制、部分习题参考答案的编写等工作。

由于作者水平有限，书中难免存在疏漏和不妥之处，敬请批评指正。

本书编写组
2023 年 1 月

目 录

程序源码

第 1 章　Python 概述 ……………………………………………………………………… 1

　1.1　Python 语言的发展史 ……………………………………………………………… 1
　1.2　Python 语言的特点 ………………………………………………………………… 2
　1.3　Python 的下载与安装 ……………………………………………………………… 3
　　1.3.1　Python 的下载 ……………………………………………………………… 3
　　1.3.2　Python 的安装 ……………………………………………………………… 3
　1.4　开始使用 Python …………………………………………………………………… 6
　　1.4.1　交互方式 …………………………………………………………………… 6
　　1.4.2　代码文件方式 ……………………………………………………………… 7
　　1.4.3　代码文件的打开 …………………………………………………………… 8
　　1.4.4　代码风格 …………………………………………………………………… 8
　1.5　Python 的集成开发环境 …………………………………………………………… 10
　　1.5.1　Wing IDE …………………………………………………………………… 10
　　1.5.2　PyCharm …………………………………………………………………… 11
　1.6　模块导入与常用标准模块 ………………………………………………………… 12
　　1.6.1　模块及其导入方式 ………………………………………………………… 12
　　1.6.2　常用标准模块 ……………………………………………………………… 14
　1.7　使用帮助 …………………………………………………………………………… 15
　1.8　程序文件中的乱码问题 …………………………………………………………… 17
　习题 1 …………………………………………………………………………………… 17

第 2 章　Python 语言基础知识 …………………………………………………………… 18

　2.1　控制台的基本输入与输出 ………………………………………………………… 18
　　2.1.1　控制台的基本输入 ………………………………………………………… 18
　　2.1.2　控制台的基本输出 ………………………………………………………… 19
　2.2　标识符、变量与赋值语句 ………………………………………………………… 21
　　2.2.1　标识符 ……………………………………………………………………… 21
　　2.2.2　变量 ………………………………………………………………………… 24
　　2.2.3　赋值语句 …………………………………………………………………… 24
　2.3　数据类型 …………………………………………………………………………… 25
　　2.3.1　数值类型 …………………………………………………………………… 25
　　2.3.2　布尔类型 …………………………………………………………………… 25

2.3.3　序列类型 …………………………………………………………………… 26
　　　2.3.4　映射类型 …………………………………………………………………… 29
　　　2.3.5　集合类型 …………………………………………………………………… 29
　　　2.3.6　可变与不可变的对象类型 ………………………………………………… 30
　　　2.3.7　对象的内存分配 …………………………………………………………… 30
　2.4　从字符串中获取数值和表达式的计算结果 ………………………………………… 32
　　　2.4.1　从字符串中获得数值类型的对象 ………………………………………… 32
　　　2.4.2　使用eval()函数计算字符串中表达式的值 ……………………………… 34
　2.5　运算符、表达式及条件表达式 ……………………………………………………… 36
　　　2.5.1　运算符与表达式 …………………………………………………………… 36
　　　2.5.2　复合赋值运算符 …………………………………………………………… 46
　　　2.5.3　条件表达式 ………………………………………………………………… 46
　2.6　常用的Python内置函数 …………………………………………………………… 47
　2.7　注释与续行 …………………………………………………………………………… 51
　　　2.7.1　单行注释 …………………………………………………………………… 51
　　　2.7.2　多行注释 …………………………………………………………………… 51
　　　2.7.3　续行符 ……………………………………………………………………… 51
习题2 …………………………………………………………………………………………… 52

第3章　控制语句 …………………………………………………………………………… 54

　3.1　基于条件表达式的if语句分支结构 ………………………………………………… 54
　　　3.1.1　单分支if语句 ……………………………………………………………… 54
　　　3.1.2　双分支if/else语句 ………………………………………………………… 55
　　　3.1.3　多分支if/elif/else语句 …………………………………………………… 57
　　　3.1.4　分支结构的嵌套 …………………………………………………………… 59
　　　3.1.5　分支结构的三元运算 ……………………………………………………… 61
　3.2　pass语句 ……………………………………………………………………………… 62
　3.3　基于模式匹配的match/case分支结构 ……………………………………………… 62
　　　3.3.1　匹配简单对象 ……………………………………………………………… 63
　　　3.3.2　匹配序列对象 ……………………………………………………………… 63
　　　3.3.3　匹配字典对象 ……………………………………………………………… 65
　3.4　循环结构控制语句 …………………………………………………………………… 66
　　　3.4.1　简单while循环结构 ………………………………………………………… 66
　　　3.4.2　简单for循环结构 …………………………………………………………… 69
　　　3.4.3　break语句和continue语句 ………………………………………………… 71
　　　3.4.4　带else的循环结构 ………………………………………………………… 74
　　　3.4.5　循环的嵌套 ………………………………………………………………… 77
　　　3.4.6　嵌套循环中的break语句和continue语句 ……………………………… 78
　3.5　控制结构的应用实例 ………………………………………………………………… 82

习题 3 ··· 83

第 4 章 常用组合数据类型 ·· 85

4.1 列表 ·· 85
4.1.1 列表的创建 ··· 86
4.1.2 列表的访问 ··· 86
4.1.3 列表元素的修改 ·· 87
4.1.4 列表的切片 ··· 88
4.1.5 列表的运算 ··· 89
4.1.6 列表元素的插入与扩展 ··· 90
4.1.7 列表中特定元素出现次数的统计 ·· 91
4.1.8 列表元素与列表对象的删除 ·· 92
4.1.9 列表中特定元素位置的查找 ·· 93
4.1.10 列表元素位置的反转与元素的排序 ·································· 95
4.1.11 适用于序列的常用函数 ·· 96
4.1.12 可用于序列位置反转的 reversed 类 ································· 98
4.1.13 列表元素的遍历 ··· 99
4.1.14 列表的应用实例 ··· 99

4.2 元组 ·· 104
4.2.1 元组的创建 ··· 104
4.2.2 元组的访问 ··· 105
4.2.3 元组的不可变特性 ··· 105
4.2.4 元组的运算 ··· 107
4.2.5 元组的遍历 ··· 107

4.3 列表与元组之间的相互生成 ··· 108
4.3.1 从列表生成元组 ··· 108
4.3.2 从元组生成列表 ··· 108

4.4 整数序列 ·· 108
4.4.1 整数序列的创建 ··· 108
4.4.2 整数序列的索引和切片 ··· 109

4.5 字典 ·· 110
4.5.1 字典的创建 ··· 110
4.5.2 修改与扩充字典元素 ··· 112
4.5.3 字典元素相关计算 ··· 114
4.5.4 根据字典的键查找对应的值 ·· 114
4.5.5 删除字典中的元素 ··· 115
4.5.6 获取字典元素对象 ··· 116
4.5.7 遍历字典 ··· 118
4.5.8 字典的应用实例 ··· 119

- 4.6 从字典生成列表与元组 …………………………………………………………… 123
  - 4.6.1 从字典生成列表 …………………………………………………………… 123
  - 4.6.2 从字典生成元组 …………………………………………………………… 124
- 4.7 集合 ………………………………………………………………………………… 124
  - 4.7.1 set 集合的创建 …………………………………………………………… 124
  - 4.7.2 set 集合的运算 …………………………………………………………… 125
  - 4.7.3 set 集合的方法 …………………………………………………………… 126
  - 4.7.4 set 集合的应用实例 ……………………………………………………… 129
- 4.8 可迭代对象与迭代器对象 ………………………………………………………… 130
  - 4.8.1 可迭代对象 ………………………………………………………………… 130
  - 4.8.2 迭代器对象 ………………………………………………………………… 131
  - 4.8.3 创建常用的迭代器对象 …………………………………………………… 132
- 4.9 推导式 ……………………………………………………………………………… 136
  - 4.9.1 列表推导式 ………………………………………………………………… 136
  - 4.9.2 字典推导式 ………………………………………………………………… 139
  - 4.9.3 集合推导式 ………………………………………………………………… 140
  - 4.9.4 生成器推导式 ……………………………………………………………… 141
- 4.10 序列解包 ………………………………………………………………………… 142
- 4.11 any()与 all()函数 ………………………………………………………………… 146
- 习题 4 …………………………………………………………………………………… 146

第 5 章 字符串与正则表达式 …………………………………………………………… 148

- 5.1 字符串构造 ………………………………………………………………………… 148
- 5.2 字符串编码 ………………………………………………………………………… 152
- 5.3 字符串格式化 ……………………………………………………………………… 156
  - 5.3.1 用％格式化字符串 ………………………………………………………… 156
  - 5.3.2 用 format()方法格式化字符串 …………………………………………… 160
  - 5.3.3 用 f-strings 字面量方法格式化字符串 …………………………………… 162
- 5.4 字符串前加特定字符的作用 ……………………………………………………… 163
  - 5.4.1 去除转义功能 ……………………………………………………………… 163
  - 5.4.2 字节串的表示 ……………………………………………………………… 164
- 5.5 字符串截取 ………………………………………………………………………… 164
- 5.6 字符串常用内置函数 ……………………………………………………………… 166
- 5.7 字符串常用方法 …………………………………………………………………… 168
- 5.8 字符串 string 模块 ………………………………………………………………… 178
- 5.9 正则表达式 ………………………………………………………………………… 179
- 习题 5 …………………………………………………………………………………… 184

第6章 函数的设计 ··· 185

- 6.1 函数的定义 ··· 185
- 6.2 函数的调用过程 ··· 188
- 6.3 函数的返回 ··· 190
- 6.4 位置参数与关键参数 ·· 193
- 6.5 仅限位置参数和仅限关键参数 ·· 195
- 6.6 默认参数 ·· 196
- 6.7 参数与返回值类型注解 ··· 199
- 6.8 个数可变的参数 ··· 200
  - 6.8.1 以组合对象为形参接收多个实参 ··································· 200
  - 6.8.2 以组合对象为实参给多个形参分配参数 ·························· 205
  - 6.8.3 形参和实参均为组合对象 ··· 206
- 6.9 变量作用域 ··· 209
- 6.10 生成器函数 ··· 211
  - 6.10.1 生成器函数的定义 ·· 211
  - 6.10.2 生成器与迭代器的区别 ·· 213
- 6.11 lambda 表达式 ··· 214
  - 6.11.1 lambda 表达式的概念 ·· 214
  - 6.11.2 lambda 表达式的应用 ·· 214
- 6.12 常用函数式编程 ··· 215
  - 6.12.1 利用 filter()寻找可迭代对象中满足自定义函数要求的元素 ····· 216
  - 6.12.2 利用 reduce()对可迭代对象元素按照自定义函数进行迭代计算 ··· 217
  - 6.12.3 利用 map()将可迭代对象元素作用到自定义函数 ············· 218
- 6.13 对象执行函数 ·· 220
  - 6.13.1 eval()函数 ··· 220
  - 6.13.2 exec()函数 ·· 220
- 6.14 递归 ·· 221
- 习题 6 ·· 224

第7章 程序的组织与常用标准模块 ·· 226

- 7.1 包及其定义 ··· 226
- 7.2 第三方模块及其安装 ·· 228
- 7.3 模块的__name__属性 ··· 230
- 7.4 常用包与标准模块 ··· 232
  - 7.4.1 collections 包 ·· 232
  - 7.4.2 pprint 模块 ··· 232
  - 7.4.3 random 模块 ··· 233

        7.4.4 日期与时间模块 …………………………………………………… 234

    习题 7 ……………………………………………………………………………… 234

第 8 章 文件操作 ……………………………………………………………………… 235

    8.1 文件的基础知识 ……………………………………………………………… 235
    8.2 文件的打开与关闭 …………………………………………………………… 235
    8.3 读写文件 ……………………………………………………………………… 237
        8.3.1 文本文件的写入 …………………………………………………… 238
        8.3.2 文本文件的读取 …………………………………………………… 239
        8.3.3 采用指定编码存取文本文件 ……………………………………… 241
        8.3.4 序列化与二进制文件的写入 ……………………………………… 241
        8.3.5 二进制文件的读取与反序列化 …………………………………… 244
    8.4 文件指针 ……………………………………………………………………… 245
    8.5 将标准输出重定向到文件 …………………………………………………… 245
    8.6 Excel 文件的读写 …………………………………………………………… 246
        8.6.1 利用 xlwt 模块写 xls 文件 ……………………………………… 247
        8.6.2 利用 xlrd 模块读取 xls 文件 …………………………………… 248
        8.6.3 利用 xlutils 实现 xlrd 和 xlwt 之间对象的转换 ……………… 250
        8.6.4 利用 openpyxl 模块写 xlsx 文件 ………………………………… 251
        8.6.5 利用 openpyxl 模块读取 xlsx 文件 ……………………………… 252
    8.7 文件操作的应用实例 ………………………………………………………… 253
    习题 8 ……………………………………………………………………………… 258

第 9 章 类与对象 …………………………………………………………………… 259

    9.1 认识 Python 中的对象和方法 ……………………………………………… 259
    9.2 类的定义与对象的创建 ……………………………………………………… 260
    9.3 类中的属性 …………………………………………………………………… 263
        9.3.1 类属性和实例属性 ………………………………………………… 263
        9.3.2 实例属性的访问权限 ……………………………………………… 265
        9.3.3 类属性的访问权限 ………………………………………………… 266
    9.4 类中的方法 …………………………………………………………………… 267
        9.4.1 实例的构造与初始化 ……………………………………………… 267
        9.4.2 类的实例方法 ……………………………………………………… 270
        9.4.3 实例方法的访问权限 ……………………………………………… 270
        9.4.4 静态方法与类方法 ………………………………………………… 272
        9.4.5 析构方法 …………………………………………………………… 274
    9.5 可变对象与不可变对象的参数传递 ………………………………………… 275
    9.6 get 和 set 方法 ……………………………………………………………… 279
    9.7 运算符的重载 ………………………………………………………………… 281

9.8 迭代器类和可迭代的类 ………………………………………………… 288
  9.8.1 自定义迭代器类 ……………………………………………… 288
  9.8.2 自定义可迭代的类 …………………………………………… 289
9.9 面向对象和面向过程 …………………………………………………… 290
  9.9.1 类的抽象与封装 ……………………………………………… 290
  9.9.2 面向过程编程 ………………………………………………… 290
  9.9.3 面向对象编程 ………………………………………………… 291
习题 9 …………………………………………………………………………… 293

第 10 章 类的重用 ……………………………………………………………… 294

10.1 类的重用方法 ………………………………………………………… 294
10.2 类的继承 ……………………………………………………………… 294
  10.2.1 父类与子类 ………………………………………………… 294
  10.2.2 继承的语法 ………………………………………………… 295
  10.2.3 子类继承父类的属性 ……………………………………… 296
  10.2.4 子类继承父类的方法 ……………………………………… 299
  10.2.5 object 类 …………………………………………………… 302
  10.2.6 继承关系下的__init__()与__new__()方法 ……………… 304
  10.2.7 多重继承 …………………………………………………… 307
10.3 类的组合 ……………………………………………………………… 310
  10.3.1 组合的语法 ………………………………………………… 310
  10.3.2 继承与组合的结合 ………………………………………… 312
习题 10 ………………………………………………………………………… 313

第 11 章 异常处理 ……………………………………………………………… 314

11.1 异常 …………………………………………………………………… 314
11.2 Python 中的异常类 …………………………………………………… 315
11.3 捕获与处理异常 ……………………………………………………… 318
11.4 自定义异常类 ………………………………………………………… 320
11.5 with 语句 ……………………………………………………………… 321
11.6 断言 …………………………………………………………………… 322
习题 11 ………………………………………………………………………… 322

第 12 章 图形用户界面程序设计 ……………………………………………… 323

12.1 图形用户界面设计平台的选择 ……………………………………… 323
12.2 使用 tkinter 进行 GUI 程序设计 …………………………………… 323
  12.2.1 tkinter 编写 GUI 程序的基本流程 ……………………… 324
  12.2.2 创建一个顶层窗口 ………………………………………… 324
  12.2.3 创建组件 …………………………………………………… 325

		12.2.4 组件的布局 …… 339
		12.2.5 事件处理 …… 342
	12.3	使用 wxPython 进行 GUI 程序设计 …… 344
		12.3.1 wxPython 的下载与安装 …… 344
		12.3.2 wxPython 编写 GUI 程序的基本流程 …… 345
		12.3.3 创建组件 …… 346
		12.3.4 布局管理 …… 346
		12.3.5 事件处理 …… 348
		12.3.6 使用 wxFormBuilder 设计界面 …… 349
	12.4	实例：条形码图片识别 …… 351
		12.4.1 应用实例背景 …… 351
		12.4.2 条形码识别程序 …… 352
		12.4.3 界面设计 …… 353
		12.4.4 完整代码 …… 354
	习题 12 …… 357

第 13 章 程序的打包与发布 …… 358

13.1	setuptools 程序打包与发布工具 …… 358
	13.1.1 程序为什么要打包 …… 358
	13.1.2 推荐使用 setuptools 打包发布 …… 358
	13.1.3 setuptools 使用步骤 …… 359
13.2	pyinstaller 打包 …… 361
	13.2.1 pyinstaller 的简易打包 …… 361
	13.2.2 pyinstaller 的高级打包技巧 …… 362
13.3	实例：带图标的 exe 可执行文件的打包 …… 363
习题 13 …… 364

第 14 章 数据库应用开发 …… 365

14.1	Python Database API 简介 …… 365
	14.1.1 全局变量 …… 365
	14.1.2 连接与游标 …… 366
14.2	结构化查询语言 …… 367
	14.2.1 数据定义语言 …… 367
	14.2.2 数据操作语言 …… 369
	14.2.3 数据查询语言 …… 369
14.3	SQLite …… 370
	14.3.1 SQLite 数据类型 …… 370
	14.3.2 SQLite3 模块 …… 372
14.4	实例：学生管理数据库系统的开发 …… 375

14.4.1　数据表结构 ……………………………………………………… 375
　　　14.4.2　学生管理数据库系统的实现 ……………………………………… 376
　习题 14 ……………………………………………………………………………… 382

第 15 章　网络数据获取 …………………………………………………………… 383

　15.1　网页数据的组织形式 …………………………………………………………… 383
　　　15.1.1　HTML ……………………………………………………………… 383
　　　15.1.2　XML ………………………………………………………………… 385
　15.2　利用 urllib 处理 HTTP 协议 …………………………………………………… 387
　15.3　利用 BeautifulSoup 4 解析 HTML 文档 ……………………………………… 390
　　　15.3.1　BeautifulSoup 4 中的对象 ………………………………………… 391
　　　15.3.2　遍历文档树 ………………………………………………………… 394
　15.4　实例：网页中内容的提取 ……………………………………………………… 398
　习题 15 ……………………………………………………………………………… 404

第 16 章　数据分析与可视化基础 ………………………………………………… 405

　16.1　NumPy 数据处理基础 ………………………………………………………… 405
　　　16.1.1　数据结构 …………………………………………………………… 405
　　　16.1.2　数据准备 …………………………………………………………… 410
　　　16.1.3　常用运算与函数 …………………………………………………… 414
　　　16.1.4　使用 NumPy 进行简单统计分析 …………………………………… 423
　16.2　Matplotlib 绘图基础 …………………………………………………………… 424
　　　16.2.1　绘制基本图形 ……………………………………………………… 424
　　　16.2.2　绘制多轴图 ………………………………………………………… 431
　　　16.2.3　应用实例 …………………………………………………………… 435
　16.3　Pandas 数据分析基础 ………………………………………………………… 438
　　　16.3.1　数据结构与基本操作 ……………………………………………… 438
　　　16.3.2　读取文件数据 ……………………………………………………… 446
　　　16.3.3　数据预处理 ………………………………………………………… 449
　　　16.3.4　统计分析 …………………………………………………………… 452
　　　16.3.5　Pandas 中的绘图方法 ……………………………………………… 454
　习题 16 ……………………………………………………………………………… 456

参考文献 ……………………………………………………………………………… 457

第1章 Python概述

学习目标

- 熟悉 Python 开发环境的安装方法。
- 掌握 Python 开发环境的使用方法。
- 掌握模块的导入方法。
- 熟悉帮助文档的查看方法。

本章先向读者讲述 Python 的发展历史与特点；接着介绍 Python 开发环境的安装方法，并以简单的实例介绍如何开始使用 Python；然后介绍几个常用的集成开发环境；最后介绍模块的导入方式、如何查看帮助信息以及如何解决程序中出现的乱码问题。

1.1 Python 语言的发展史

Python 语言最初由荷兰人 Guido von Rossum（吉多·范罗苏姆）创建。1982 年，Guido 从阿姆斯特丹大学（University of Amsterdam）获得了数学和计算机硕士学位，并于同年加入 CWI（Centrum Wiskunde & Informatica，荷兰国家数学和计算机科学研究中心）。

1989 年，Guido 开始设计 Python 语言的编译器/解释器，以实现一种易学易用、可拓展的通用程序设计语言。Python 这个名字来自 Guido 所挚爱的电视剧 *Monty Python's Flying Circus*。

1991 年，第一个用 C 语言实现的 Python 编译器/解释器诞生。从诞生之时起，Python 就具有类（class）、函数（function）、异常处理（exception）、列表（list）和字典（dictionary）等核心数据类型和处理方式，并允许在多个层次上进行扩展。

最初的 Python 完全由 Guido 开发。随着 Python 得到 Guido 同事们的欢迎与使用，他们迅速地反馈使用意见，并参与到 Python 的改进。随后，Python 拓展到 CWI 之外。

Python 将许多机器层面上的实现细节隐藏，交给编译器处理。Python 程序员可以花更多的时间用于思考程序的逻辑，而不是具体的机器实现细节。这一特征使得 Python 开始流行，尤其是在非计算机专业领域得到更加广泛的关注。

Python 是一种面向对象的、解释性通用计算机程序设计语言。它以对象为核心来组织代码（Everything is object），支持多种编程范式，采用动态类型，自动进行内存回收。它既具有强大的标准库，也拥有丰富的第三方扩展包。

目前，Python 已经进入 3.x 的时代。Python 3.x 向后不兼容利用 Python 2.x 所写的代码。本书中的代码兼容 Python 3.10 及以上的版本。

现在，Python 已经成为最受欢迎的程序设计语言之一，它在 TIOBE 编程语言排行榜中的名次不断上升。从 2021 年 10 月至本章修订时的 2022 年 4 月，Python 在 TIOBE 的排名均处于第 1 位。

1.2 Python 语言的特点

　　Python 的语法简洁、清晰。一个结构良好的 Python 程序就像伪代码，类似于用英语描述一个事情的逻辑。因此，Python 程序设计语言也比较容易学习和掌握。Python 简单、易学的特点使得用户能够专注于解决问题的逻辑，而不是为烦琐的语法所困惑。很多非计算机专业人士选择 Python 语言作为其解决问题的编程语言。同样，很多计算机专业也开始选择 Python 语言作为培养学生程序设计能力的入门语言。

　　Python 是纯粹的自由软件，源代码和解释器遵循 GPL（GNU General Public License，GNU 通用公共许可证）协议。用户不但可以自由地下载使用，还可以自由地发布这个软件的复制版本、阅读它的源代码、改动源代码、把它的一部分源代码用于新的自由软件中。在开源社区中有许多优秀的专业人士来维护、更新、改进 Python 语言，同时也有大量各领域的专业人士利用 Python 所编写的开源工具包，使用起来十分便利。这些都是 Python 如此受欢迎的重要原因。

　　Python 是一个高级程序设计语言，用户在使用时无须考虑诸如内存管理等底层问题，从而降低了技术难度。这也是它在非计算机专业领域受到广泛欢迎的另一个重要原因。

　　Python 具有良好的跨平台特性。可以运行于 Windows、UNIX、Linux、Android 等大部分操作系统平台中。Python 是一种解释性语言。开发工具首先把 Python 编写的源代码转换成字节码的中间形式。运行时，解释器再把字节码翻译成适合于特定环境的机器语言并运行。这使得 Python 程序更加易于移植。

　　Python 支持面向过程的编程，程序可以是由过程或可重用代码的函数构建起来的。同时，Python 从设计之初就是一门面向对象的语言，因此也支持面向对象的编程。在面向对象的编程中，Python 程序由表示数据的属性和表示特定功能的方法组合而成的类来构建。

　　Python 语言具有良好的可扩展性。例如，Python 可以调用使用 C、C++ 等语言编写的程序，也可以调用 R 语言中的对象以利用其专业的数据分析能力。这一特性使得 Python 语言适合用来进行系统集成，也可以整合使用者原有的软件资产。此外，在 Python 程序中嵌入其他程序设计语言编写的模块可能会在一定程度上影响 Python 程序的可移植性。同样也可以将 Python 程序嵌入其他程序设计语言中，或者作为一些软件的二次开发脚本语言。例如，Python 可以作为 SPSS（统计产品与服务解决方案）的脚本语言。

　　Python 标准库非常庞大，可以处理各种工作。而且，由于 Python 开源、免费的特征，不同社区的 Python 爱好者贡献了大量实用且高质量的扩展库，方便在程序设计时直接调用。

　　Python 采用强制空格缩进的方式使得代码具有较好的可读性。但是这种使用强制空格缩进的方式同时也带来了一些隐患，使得一些无意的触碰键盘等行为可能导致空格的增删，从而导致程序的逻辑错误。

1.3　Python 的下载与安装

1.3.1　Python 的下载

用户可以从 https://www.python.org/downloads/下载相应版本的 Python 源代码、安装程序和帮助文件等。在网页上单击相应版本号（如 3.10.4）后，用户根据所使用的操作系统，选择适合于不同操作系统的文件。例如，如果用户要安装到 64 位 Windows 操作系统，单击 Windows installer（64-bit）下载名为 python-3.10.4-amd64.exe 的文件。如果是 32 位 Windows 操作系统，则单击 Windows installer（32-bit）下载名为 python-3.10.4.exe 的文件。

1.3.2　Python 的安装

下面以在 Windows 10 的 64 位操作系统上安装 Python 3.10.4 版本为例，简要介绍 Python 开发环境的安装过程。

（1）双击安装程序 python-3.10.4-amd64.exe，进入如图 1.1 所示的界面。

图 1.1　选择默认安装方式还是个性化安装方式

（2）在图 1.1 中选中 Install launcher for all users 和 Add Python 3.10 to PATH 复选框，然后单击 Customize installation 按钮，出现如图 1.2 所示的界面。

（3）在如图 1.2 所示的界面中单击 Next 按钮，将出现如图 1.3 所示的界面。

（4）在图 1.3 中选中 Install for all users 复选框，并选择 Python 的安装路径，然后单击 Install 按钮，出现如图 1.4 所示的界面。

（5）等待一会儿后，图 1.4 的界面自动消失，出现如图 1.5 所示的安装成功的提示。

（6）单击图 1.5 中的 Close 按钮，结束安装。

大部分的 Linux 操作系统（如 Ubuntu）的默认安装就包含了 Python 开发环境。如果要

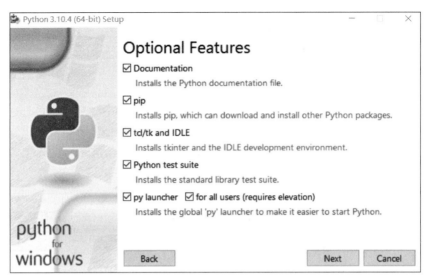

图 1.2　选择安装可选项

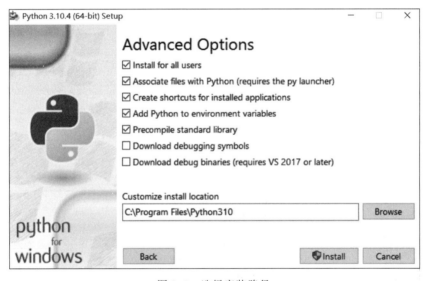

图 1.3　选择安装路径

安装特定版本的 Python，需要自己手动安装。这里简单介绍一下在 Ubuntu 20.04 桌面版的操作系统中如何安装 Python 3.10.4 版本。在其他版本的 Linux 操作系统下安装方法相同。

安装 Ubuntu 20.04 桌面版的操作系统时，默认情况下是没有安装 gcc 编译环境的，需要先依次执行以下命令安装 gcc 相关编译环境。

（1）sudo apt install gcc。

（2）sudo apt install make。

（3）sudo apt install make-guile。

以上三条命令的执行速度可能比较慢。这种情况下，可以将 apt 安装源更改到国内镜

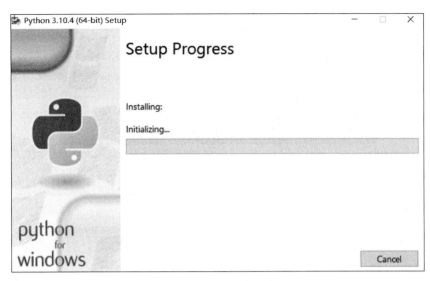

图 1.4　显示安装进度

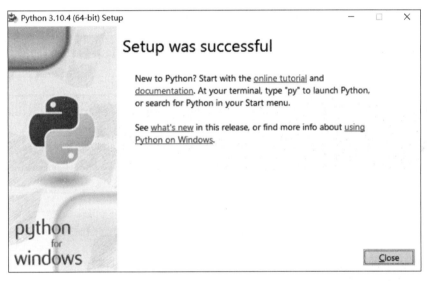

图 1.5　提示安装成功

像站点(请参考其他资料进行更改)。如果以前已经安装过 gcc 编译环境，则不需要再安装，可以直接安装 Python 3.10.4。Ubuntu 20.04 桌面版下安装 Python 3.10.4 的具体步骤如下。

(1) 在 Python 官方网站上下载与用户 Ubuntu 版本相适应的 Python 版本。本书作者用的是 64 位的 Ubuntu 操作系统。下载的软件包是 Python-3.10.4.tar.xz。

(2) 输入命令 tar -xvf Python-3.10.4.tar.xz 进行解压。解压后得到文件夹 Python-3.10.4。进入文件夹 Python-3.10.4。

(3) 执行命令./configure。

(4) 执行命令 make。

(5) 执行命令 sudo make altinstall 或 sudo make install。

make altinstall 和 make install 的主要区别是在/usr/local/bin 或/usr/local/python3.10.4/bin 目录下，make install 会创建软连接符号，而 make altinstall 不会创建软连接符号。

(6) 完成后建议重启计算机，再次打开终端输入命令 Python 3.10,然后按 Enter 键。当显示如图 1.6 所示的界面时，说明安装成功。

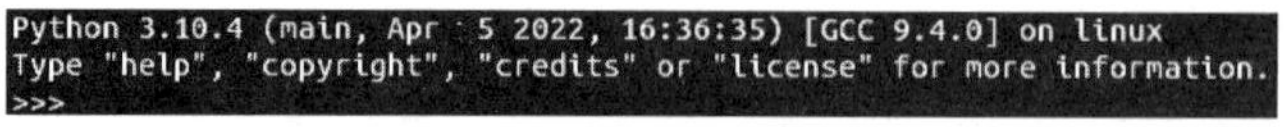

图 1.6　Linux 命令行下启动 Python 开发环境

1.4　开始使用 Python

1.4.1　交互方式

视频讲解

选择 Windows 开始菜单，在"搜索程序和文件"文本框中输入 cmd,按 Enter 键,打开命令行控制台窗口。或者用键盘上的 Windows 视窗图标＋R 组合键打开 Windows 运行窗口,输入 cmd,然后按 Enter 键或单击"确定"按钮打开命令行控制台窗口。在命令行控制台窗口中输入 Python 命令，按 Enter 键，进入 Python 交互式解释器。此时用户可以在提示符>>>下输入命令或调用函数,以命令行的方式交互式地使用 Python 解释器,如图 1.7 所示。

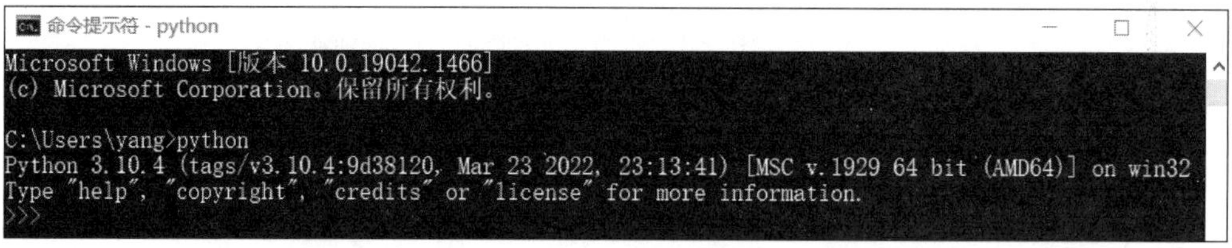

图 1.7　Windows 命令行下交互方式使用 Python

在 Windows 下安装完 Python 后,开始菜单中就有 Python 命令行菜单了,如图 1.8 所示。

图 1.8　Windows 开始菜单中的
Python 命令行和 IDLE

选择该 Python 3.10（64-bit）菜单,可以直接进入 Python 交互式解释器使用模式。

在提示符>>>下输入：

print("Hello World! ")

紧接着在下一行会输出字符串"Hello World!"(注意：输出时没有双引号)。

C++、Java 等程序设计语言通常习惯于以分号结束一行语句,而 Python 语言中,一行语句的结束不需要任何标点符号。

如上语句中的 print 是指将括号里的字符串"Hello World!"打印到屏幕上,而不是在打印机上输出。这里两个双引号里面的内容表示一个完整的字符串,双引号本身不在屏幕上输出。

除了可以从命令行控制台进入交互式解释器外，也可以通过 IDLE 进入交互式的 Python 解释器。IDLE 实际上是一个集成开发环境，既可以编辑和执行 Python 代码文件，也可以以交互的方式使用 Python 解释器。在 Windows 下安装完 Python 后，IDLE 就可以直接使用，选择如图 1.8 所示菜单中的 IDLE（Python 3.10 64-bit）选项就进入如图 1.9 所示的使用界面。

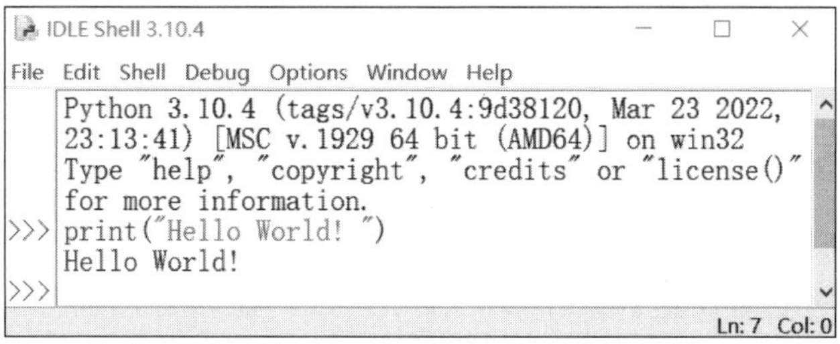

图 1.9　在 IDLE 中使用 Python 交互式解释器

1.4.2　代码文件方式

视频讲解

在交互方式下输入 Python 代码虽然非常方便，但是这些语句没有被保存，无法重复执行或留作将来使用。用户也可以像使用 C++、Java 等程序设计语言一样，先将程序代码保存在一个源程序文件中，然后用命令执行文件中的语句。编写的 Python 源代码保存为以".py"为扩展名的文件。然后在操作系统命令行下输入以下语句来执行：

python filename.py

用户可以使用记事本、集成开发工具等编写源代码，然后将源程序保存为".py"文件，再在操作系统的命令行方式下执行此文件。如果使用记事本编写代码，保存时选择 UTF-8 编码；如果保存时选择 ANSI 编码格式，则源文件中首次出现中文之前使用语句"♯coding=gbk"来指定字符编码方式。

用户也可以使用 IDLE 集成开发工具编写源代码，然后在集成开发工具中运行，得到运行结果。

【例 1.1】　编写 Python 程序，分两行分别打印"Hello World!"和"欢迎使用 Python!"。

用记事本等文本编辑器编写程序源代码如下：

```
♯ example1_1.py
print("Hello World!")
print("欢迎使用 Python!")
```

其中第 1 行以"♯"开头，是注释行。以 example1_1.py 为文件名保存该程序。如果控制台命令行当前目录处于 example1_1.py 文件所在目录，执行 python example1_1.py，得到如下执行结果：

```
Hello World!
欢迎使用 Python!
```

也可以使用 IDLE 来编写代码。在如图 1.8 所示的菜单中选择 IDLE（Python 3.10 64-

bit)选项,打开如图1.9所示的窗口。在该窗口中选择File→New File命令,打开如图1.10所示的窗口。

```
File Edit Format Run Options Window Help
#example1_1.py
print("Hello World!")
print("欢迎使用Python!")
```

图1.10 利用IDLE编写与运行源程序

在图1.10所示的窗口中编写代码。编写完成并保存代码后,按F5键或选择菜单中的Run→Run Module命令运行程序,得到如下所示的运行结果:

Hello World!
欢迎使用Python!

1.4.3 代码文件的打开

打开已有的代码文件有两种方式。第一种是使用Windows右键的弹出式菜单,通过从该菜单中选择指定的编辑器来打开。第二种是先打开代码编辑器,然后通过编辑器中的Open菜单打开。以下以使用IDLE打开Python代码文件为例,分别介绍两种打开方式。

1. 利用Windows右键的弹出式菜单打开

选中需要打开的Python源文件,右击该文件,在弹出的快捷菜单中选择Edit with IDLE→Edit with IDLE 3.10 (32或64-bit)命令。

2. 利用编辑器中的Open菜单打开

打开IDLE集成开发环境,选择File→Open命令,弹出"打开"对话框,在该对话框中选择需要打开的Python源文件,单击"打开"按钮。

注意,在Windows下双击.py文件时,默认自动打开命令行窗口,并执行该.py文件,执行结束后自动关闭命令行窗口。如果程序执行时间较短,会看到命令行窗口一闪而过的画面。

视频讲解

1.4.4 代码风格

一个具有良好风格的程序不但能够提高程序的正确性,还能提高程序的可读性,便于交流和理解。这里介绍几个对编写Python程序具有比较重要影响的风格。

1. 代码缩进与语句块

代码缩进是Python语法中的强制要求。Python的源程序依赖于代码段的缩进来实现程序代码逻辑上的归属。一个Python程序从上到下整体构成一个语句块,上一行结束时的冒号意味着下一行开始创建一个新的语句块,该新创建的语句块相比于冒号所在行要适当往右缩进。连续几个相同缩进的语句行构成一个语句块。内部语句块是外部语句块的一个子块。内部语句块与其上一行的冒号所在行构成一个整体。图1.11为一个语句块嵌套的实例,内层语句块相对于外层语句块要往右缩进适当的空间。

同一个程序中每一级缩进时统一使用相同数量的空格或制表符(Tab键)。空格和制表符不要混用。混合使用空格和制表符缩进的代码将自动被转换成仅使用空格。调用Python命令行解释器时使用-t选项可对代码中不合法的混用空格和制表符的情况发出警告。使用-tt选项时警告将变成错误。

一个Python程序可能因为没有使用合适的空格缩进而导致完全不同的逻辑。例1.2说明了使用合适数量的空格往右缩进的重要性。初学者可以先不理解这两个程序中各语句的含义,只要能找出两个程序结构上的差异即可。

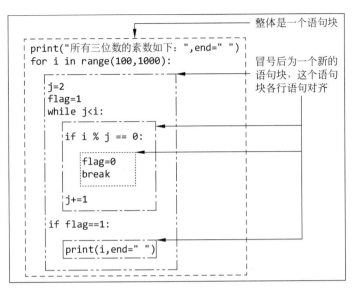

图 1.11 语句块嵌套实例

【例 1.2】 输入一个正整数 n，计算 1!＋2!＋3!＋…＋n! 的值。

可以实现此功能的一种程序源代码如下：

```
#example1_2.py
n = input("请输入一个整数:")
n = int(n)
k = 1
s = 0

for i in range(1,n + 1):
    k = k * i
    s = s + k

print("sum = ",s,sep = "")
```

然而，如果因为某种原因导致上述程序中的一行源代码"s＝s＋k"前面没有缩进，变成了如下所示的程序：

```
#example1_2_another.py
n = input("请输入一个整数:")
n = int(n)
k = 1
s = 0

for i in range(1,n + 1):
    k = k * i
s = s + k

print("sum = ",s,sep = "")
```

计算结果不是 1!＋2!＋3!＋…＋n! 的值，而是 n! 的值。

2. 适当的空行

适当的空行能够增加代码的可读性,方便交流和理解。例如,在一个函数的定义开始之前和结束之后使用空行,或在 for 语句功能模块之前和之后添加空行,都能够极大地提高程序的可读性。

3. 适当的注释

一行程序中,井号(♯)往后的部分称为单行注释。一行或多行中成对的三个单引号或成对的三个双引号之间的部分为多行注释。程序中的注释内容是给人看的,不是为计算机写的。编译时,注释语句的内容将被忽略。适当的注释有利于别人读懂程序、了解程序的用途,同时也有助于程序员本人整理思路、方便回忆。

1.5 Python 的集成开发环境

前面已经提到 IDLE 集成开发环境(Integrated Development Environment,IDE)随着 Python 解释器一起安装。Python 集成开发环境能够帮助开发者提高开发效率、加快开发的速度。高效的 IDE 一般会提供插件、工具等帮助开发者提高效率。本书主要使用 IDLE 作为开发工具。本节简要介绍另外两款常用的集成开发环境。

1.5.1 Wing IDE

Wing IDE 是一个 Python 语言集成开发环境。它能够对大量语法标签进行高亮度显示,并能够自动进行语法提示。它既可以用于开发大型项目,也方便 Python 初学者进行单个 Python 文件的操作。Wing IDE 是一个商业软件,但 Wing IDE Personal 是一个免费版本。Wing IDE Personal 版本可以满足 Python 学习的需要,也能满足项目开发的需要。

安装完 Wing IDE Personal 版本后,在开始菜单中打开。窗口左上角的包含菜单的部分视图如图 1.12 所示。选择 Project→Project Properties 命令,打开如图 1.13 所示的设置对话框。选中 Environment 标签,选中 Python Executable 区域中的 Custom 单选按钮,在

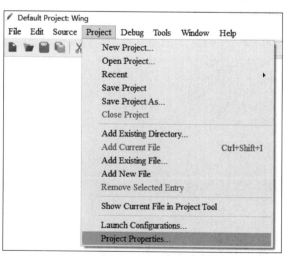

图 1.12 Wing IDE 主窗口部分视图

该区域中的下拉列表框可以看到本机已安装的 Python 编译与解析环境,包括随 Anaconda 安装的 Python 编译与解析器。选择其中一项需要的 Python 版本作为 Wing IDE 的当前环境的编译与解析器,然后单击 OK 按钮。这样就设置好了开发环境所使用的 Python 版本。

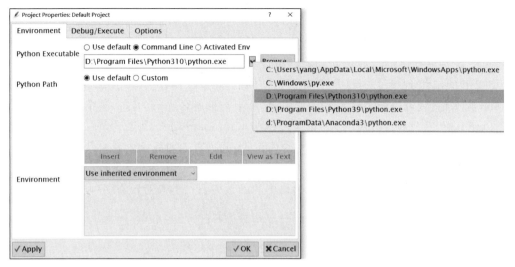

图 1.13 选择 Wing IDE 的编译与解析器

选择主窗口的 File→New 命令,打开一个空白的编辑窗口,在窗口中就可以编写程序了。在编写过程中需要使用某模块的函数或对象的方法时,只需要在该模块名或对象名后面输入点(.)号,可用的子模块名、函数名或对象方法名就会自动列出,然后可以通过鼠标选择相应的名字,自动将该名字填充到编辑器中。也可以通过键盘上下键在下拉列表中选中某个名字,然后使用 Tab 键自动填充到编辑器中。在函数名或方法名的后面输入左圆括号后,在 Wing IDE 主窗口右上角会显示相关可用参数及其默认值。

编写完代码后,保存程序源代码。在如图 1.14 所示的窗口菜单中选择 Debug→Start/Continue 命令来运行、调试程序。也可以单击工具栏上的 ▶ 按钮或直接按 F5 键来运行、调试程序。

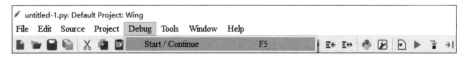

图 1.14 Wing IDE 的菜单栏与工具栏

可以通过选择 Edit→Preferences 命令打开 Preferences 设置对话框。在 Preferences 设置对话框中可以设置编辑器的字体、颜色等各种属性。

1.5.2 PyCharm

PyCharm 是 JetBrains 打造的一款 Python 集成开发环境,提供了收费的 Professional 版和免费的 Community 版。PyCharm 带有一整套可以帮助用户提高开发效率的工具,如调试、语法高亮、Project 管理、代码跳转、智能提示、自动完成、单元测试、版本控制等。使用 PyCharm 进行开发时,需要先创建一个 Project,然后创建源代码程序。这里不详细介绍其用法。感兴趣的读者可以参考相关资料或官方文档。

1.6 模块导入与常用标准模块

1.6.1 模块及其导入方式

模块是一种程序的组织形式。它将彼此具有特定关系的一组 Python 可执行代码、函数、类或变量组织到一个独立文件中，可以供其他程序使用。程序员一旦创建了一个 Python 源文件，就可以作为一个模块来使用，其不带扩展名.py 的文件名就是模块名。

Python 有一个内置模块（Python 3 中称为 builtins，Python 2 中称为__builtin__）。在 Python 启动后，且没有执行程序员所写的任何代码前，自动加载该内置模块到内存中，不需要程序员通过 import 语句显式加载。该内置模块中的类、函数和变量可以直接使用，不用添加内置模块名作为前缀。查看内置模块中的函数、变量、类等对象有两种方式。

方式 1：直接使用 dir(__builtins__)命令查看。

```
>>> dir(__builtins__)
['ArithmeticError', 'AssertionError', 'AttributeError', 'BaseException', 'BlockingIOError',
'BrokenPipeError', 'BufferError', 'BytesWarning', 'ChildProcessError', 'ConnectionAbortedError',
'ConnectionError', 'ConnectionRefusedError', 'ConnectionResetError', 'DeprecationWarning',
'EOFError', 'Ellipsis', 'EnvironmentError', 'Exception', 'False', 'FileExistsError',
'FileNotFoundError', 'FloatingPointError', 'FutureWarning', 'GeneratorExit', 'IOError',
'ImportError', 'ImportWarning', 'IndentationError', 'IndexError', 'InterruptedError',
'IsADirectoryError', 'KeyError', 'KeyboardInterrupt', 'LookupError', 'MemoryError',
'ModuleNotFoundError', 'NameError', 'None', 'NotADirectoryError', 'NotImplemented',
'NotImplementedError', 'OSError', 'OverflowError', 'PendingDeprecationWarning',
'PermissionError', 'ProcessLookupError', 'RecursionError', 'ReferenceError', 'ResourceWarning',
'RuntimeError', 'RuntimeWarning', 'StopAsyncIteration', 'StopIteration', 'SyntaxError',
'SyntaxWarning', 'SystemError', 'SystemExit', 'TabError', 'TimeoutError', 'True', 'TypeError',
'UnboundLocalError', 'UnicodeDecodeError', 'UnicodeEncodeError', 'UnicodeError',
'UnicodeTranslateError', 'UnicodeWarning', 'UserWarning', 'ValueError', 'Warning', 'WindowsError',
'ZeroDivisionError', '_', '__build_class__', '__debug__', '__doc__', '__import__', '__loader__',
'__name__', '__package__', '__spec__', 'abs', 'all', 'any', 'ascii', 'bin', 'bool', 'breakpoint',
'bytearray', 'bytes', 'callable', 'chr', 'classmethod', 'compile', 'complex', 'copyright', 'credits',
'delattr', 'dict', 'dir', 'divmod', 'enumerate', 'eval', 'exec', 'exit', 'filter', 'float', 'format',
'frozenset', 'getattr', 'globals', 'hasattr', 'hash', 'help', 'hex', 'id', 'input', 'int','isinstance',
'issubclass', 'iter', 'len', 'license', 'list', 'locals', 'map', 'max', 'memoryview', 'min', 'next',
'object', 'oct', 'open', 'ord', 'pow', 'print', 'property', 'quit', 'range', 'repr', 'reversed', 'round',
'set', 'setattr', 'slice', 'sorted', 'staticmethod', 'str', 'sum', 'super', 'tuple', 'type', 'vars',
'zip']
>>>
```

方式 2：先用 import builtins 手工加载 builtins 模块，然后用 dir(builtins)命令查看。

```
>>> import builtins
>>> dir(builtins)
```

从以下代码的执行结果可以判断，上述两种方式的结果完全一样。

```
>>> x = dir(__builtins__)
```

```
>>> y = dir(builtins)
>>> x == y
True
>>>
```

用 help 命令可以查看 builtins 模块中的类、函数、常量等详细文档：

```
>>> import builtins
>>> help(builtins)
```

使用非内置模块中的类、函数和变量等对象之前需要先导入相应的模块，然后才能使用该模块中的类、函数和变量等对象。共有三种模块导入方式，分别如下。

1）import moduleName1[，moduleName2[…]]

这种方法一次可以导入多个模块。但在使用模块中的类、函数、变量等内容时，需要在它们前面加上模块名。例如：

```
>>> import math
>>> math.sqrt(25)
5.0
>>> math.pi
3.141592653589793
>>>
```

在上述代码中，要使用 sqrt(x)函数来求 x 的平方根，需要先导入 math 模块，使用时须添加模块名为前缀，如 math.sqrt(25)。同样道理，如果要使用 math 模块中的 pi 值，需要通过 math.pi 来引用。

如果只是导入一个模块，可以使用 as 关键词为该模块指定一个别名，格式如下：

import moduleName as anotherName

例如：

```
>>> import math as m
>>> m.sqrt(25)
5.0
>>>
```

2）from moduleName import *

这种方法可以一次导入一个模块中的所有内容。使用时不需要添加模块名为前缀，但程序的可读性较差。例如：

```
>>> from math import *
>>> sqrt(25)
5.0
>>> pi
3.141592653589793
>>>
```

上述代码中，利用 from math import * 导入 math 模块中的所有内容后，可以调用这个模块里定义的所有函数、变量等内容，不需要添加模块名为前缀。

尽量不要采用这种方式导入模块。这种方式除了会导入模块中的所有可导入对象外，还会导入模块本身所导入的对象，容易导致命名空间混乱。

3) from moduleName import object1[，object2[…]]

这种方法一次可以导入一个模块中指定的内容,如某个函数。调用时不需要添加模块名为前缀。使用这种导入方法的程序可读性介于前两者之间。例如：

```
>>> from math import sqrt,e
>>> e
2.718281828459045
>>> sqrt(25)
5.0
>>> pi
Traceback (most recent call last):
  File "<pyshell#8>", line 1, in <module>
    pi
NameError: name 'pi' is not defined
>>>
```

上述程序中,"from math import sqrt, e"表示导入模块 math 中的 sqrt()函数和变量 e,程序中只可以使用 sqrt()函数和 e 的值,不能使用该模块中的其他内容。

如果只是导入模块中的一个对象,可以使用 as 关键词为该对象指定一个别名,格式如下：

from moduleName import objectName as anotherName

例如：

```
>>> from math import sqrt as s
>>> s(25)
5.0
>>>
```

1.6.2 常用标准模块

安装好 Python 后,本身就带有的模块被称为标准模块。需要额外安装才能使用的模块称为第三方模块。

在交互模式下执行 help(),显示帮助相关信息后,出现 help>提示符,在 help>后面输入 modules 命令,可以查看当前系统中所有已经安装的模块名。如果安装完从官方下载的标准发行版本后没有安装其他额外模块,那么此时显示的模块名都是标准模块的名称。

表 1.1 列出了 Python 中部分常用的标准模块。读者可以参考 Python 的官方文档来了解其他标准模块。

表 1.1 Python 中部分常用的标准模块

模块名称	简要说明
time	时间戳,表示从 1970 年 1 月 1 日 00:00:00 开始按秒计算的偏移量；格式化的时间字符串；结构化的时间(年,月,日,时,分,秒,一年中第几周,一年中第几天,夏令时)
datetime	获取当前时间,获取之前和之后的时间,时间的替换
copy	运行时的模块,提供对复合(compound)对象(list,tuple,dict,custom class 等)进行浅拷贝和深拷贝的功能
os	提供与操作系统交互的接口

续表

模 块 名 称	简 要 说 明
sys	运行时的模块,提供了很多与Python解释器和环境相关的变量和函数
math	一个数学模块,定义了标准的数学方法(如cos(x),sin(x)等)和数值(如pi)
random	一个数学模块,提供了各种产生随机数的方法
re	处理正则表达式
pickle	提供了一个简单的持久化模块,可以将对象以文件的形式存储在磁盘里

1.7 使用帮助

视频讲解

Python提供了dir()和help()函数供用户查看模块、函数等的相关说明。

以查看math模块的相关说明为例,在Python命令窗口中导入math模块后输入dir(math)即可查看math模块的可用属性和函数。例如:

```
>>> import math
>>> dir(math)
['__doc__', '__name__', '__package__', 'acos', 'acosh', 'asin', 'asinh', 'atan', 'atan2', 'atanh',
'ceil', 'copysign', 'cos', 'cosh', 'degrees', 'e', 'erf', 'erfc', 'exp', 'expm1', 'fabs', 'factorial',
'floor', 'fmod', 'frexp', 'fsum', 'gamma', 'hypot', 'isinf', 'isnan', 'ldexp', 'lgamma', 'log', 'log10',
'log1p', 'modf', 'pi', 'pow', 'radians', 'sin', 'sinh', 'sqrt', 'tan', 'tanh', 'trunc']
>>>
```

help()函数可以查看模块、函数等的详细说明信息。例如,在import math后,输入命令help(math),将列出math模块中所有的常量和函数详细说明。如果输入help(math.sqrt)将只列出math.sqrt函数的详细信息。

【例1.3】 运用三种模块的导入方法求解30°的正弦函数值。

分析:我们知道正弦函数用sin表示,但是不知道在Python中有无特殊要求,可以先用help()函数查看一下帮助信息。

程序源代码如下:

```
>>> import math
>>> help(math.sin)
Help on built-in function sin in module math:

sin(...)
    sin(x)
    
    Return the sine of x (measured in radians).
```

通过帮助信息发现,sin(x)函数中的参数x是以radians为单位的。下面再通过帮助信息查一下math模块中是否有有关radians的函数。

如果对math模块中的函数名称、参数和功能等不熟悉,可以直接输入help(math),显示出math模块中的所有函数。例如:

```
>>> help(math)
Help on built-in module math:
```

```
NAME
    math

FILE
    (built-in)

DESCRIPTION
    This module is always available. It provides access to the
    mathematical functions defined by the C standard.

FUNCTIONS
    acos(…)
        acos(x)

        Return the arc cosine (measured in radians) of x.
    …
    degrees(…)
        degrees(x)

        Convert angle x from radians to degrees.
    …
    pow(…)
        pow(x, y)

        Return x**y (x to the power of y).

    radians(…)
        radians(x)

        Convert angle x from degrees to radians.

    sin(…)
        sin(x)

        Return the sine of x (measured in radians).
    …
    trunc(…)
        trunc(x:Real) -> Integral

        Truncates x to the nearest Integral toward 0. Uses the __trunc__ magic method.

DATA
    e = 2.718281828459045
    pi = 3.141592653589793
```

可以发现,radians()函数的功能是将角度转换为弧度,degrees()函数的功能是将弧度转换为角度。根据上述帮助信息,可以开始编写程序了。

第一种模块导入方法的程序源代码如下:

```
#example1_3_1.py
```

```
import math
x = math.sin(math.radians(30))
print(x)
```

第二种模块导入方法的程序源代码如下：

```
#example1_3_2.py
from math import *
x = sin(radians(30))
print(x)
```

第三种模块导入方法的程序源代码如下：

```
#example1_3_3.py
from math import sin,radians
x = sin(radians(30))
print(x)
```

1.8　程序文件中的乱码问题

在一些编辑器中打开程序文件时，文件中的非 ASCII 字符可能会出现乱码。这是由于编辑器无法识别程序文件在保存这些字符时所采用的编码格式，造成无法确定按照多少字节、以何种编码方式来还原一个字符。关于字符编码的问题，将在第 5 章介绍。

这里以解决简体中文乱码为例，给出解决用编辑器打开程序文件中出现乱码的方案。编写程序时，在出现简体中文字符之前，添加编码定义格式串"♯ -*- coding：编码名称 -*-"、"♯ coding：编码名称"或"♯coding＝编码名称"（双引号里的内容）中的其中一个，来告诉编辑器采用何种编码方式对字符进行存储或读取。处理简体中文时，编码名称可以是 GBK、CP936 或 UTF-8。GBK 是简体中文编码处理的国家标准。GBK 编码在 Windows 内部对应其代码页（Code Page）为 CP936。UTF-8 可以处理各种语言文字。这些编码定义格式串一般放置在程序文件的开头。

在同一台计算机的同一个编辑器上存储或打开时，通常默认都使用了相同的编码方式，因此程序文件开头可以不添加编码格式串。如果存储和打开的编辑器各自使用不同的默认编码，那么就需要在程序文件开头添加编码格式串。建议在每个程序文件开头都添加编码定义格式串。

习题 1

1. 从 http://www.Python.org 下载适合于你的操作系统的 Python 安装程序，并在你的个人计算机上完成安装。
2. 下载、安装并配置一个集成开发环境。
3. Python 中有哪些模块导入方法？分别举一个例子。
4. 导入 random 模块，并查看该模块的帮助信息。

第 2 章 Python语言基础知识

学习目标

- 熟练掌握数据输入输出的方法。
- 了解标识符与变量的基本概念与用法。
- 了解数据类型的基本概念并能熟练创建特定数据类型的对象。
- 掌握从字符串中获取数值类型对象的方法,并熟悉字符串中表达式的计算方法。
- 掌握运算符和表达式的用法,熟悉条件表达式的构造。
- 了解常用的内置函数。
- 熟悉注释符和续行符的用法。

本章首先介绍数据输入输出的基本方法。接着介绍标识符的概念和命名规则、变量的概念和用法、各种常用数据类型、常用对象的内存分配方式。然后介绍了从字符串中获取数值类型对象的方法,并介绍了用字符串描述的表达式计算方法。再介绍运算符和表达式的用法以及条件表达式的构造。最后介绍常用的内置函数及注释与续行的语法。

2.1 控制台的基本输入与输出

通常,任何程序都会通过输入输出的功能与用户进行交互和沟通。程序可以通过用户输入来获取外部信息,可以通过输出向用户显示或打印数据。在 Python 语言中,可以用 input()函数进行输入,print()函数进行输出,这些都是简单的控制台输入输出函数。

视频讲解

2.1.1 控制台的基本输入

Python 中提供了 input()函数用于输入数据,无论用户输入什么内容,该函数都返回字符串类型。其格式如下:

input(prompt = None, /)

其中,prompt 表示提示信息,默认为空,如果不空,则显示提示信息。然后等待用户输入,输入完毕后按 Enter 键。input()函数将用户输入作为一个字符串返回,并自动忽略换行符。可以将返回结果赋予变量,也可以作为字符串直接用于表达式中。

说明:函数形式参数列表中的斜杠(/)表示该函数中斜杠之前的参数只能以位置参数形式来传递实际参数,而不能以关键参数形式来传递实际参数。位置参数和关键参数相关知识请参考第 6 章。

```
>>> x = input("请输入 x 值:")
```

```
请输入 x 值:100
>>> x
'100'
>>> type(x)
<class 'str'>
```

当用户输入 100,按 Enter 键之后,input()函数将字符串'100'赋予变量 x,结果就是字符串'100'。内置函数 type()返回对象的类型。

```
>>> x = input("请输入 x 值:")
请输入 x 值:like
>>> x
'like'
>>> type(x)
<class 'str'>
```

当用户输入 like,按 Enter 键之后,input()函数将字符串'like'赋予变量 x,结果就是字符串'like'。不管输入什么内容,input()函数的返回结果都是字符串。

既然 input()函数得到的结果都是字符串,那么要得到其他类型的数据怎么办?如怎么得到数值型数据?如何得到列表数据?2.4 节将介绍如何从字符串中获得数值和表达式的计算结果。

其实,input()函数中的 prompt 参数可以为任何类型的值,不一定是字符串。执行时,prompt 参数的值原样输出,作为提示语。但一般都采用字符串作为提示语。例如:

```
>>> x = input([1,"列表作为提示语"])
[1, '列表作为提示语']100
>>> x
'100'
>>> x = input({1:"字典作为提示语"})
{1: '字典作为提示语'}100
>>> x
'100'
>>> x = input({1,"集合作为提示语"})
{1, '集合作为提示语'}100
>>> x
'100'
>>> x = input(1)              #整数作为提示语
1100
>>> x
'100'
>>>
```

2.1.2　控制台的基本输出

Python 中最简单的输出方式就是使用 print()函数。其格式如下:

`print(value, …, sep = ' ', end = '\n', file = sys.stdout, flush = False)`

其中,各参数的含义如下。

(1) value:表示需要输出的对象,一次可以输出一个或者多个对象(其中…表示任意多

视频讲解

个对象),当输出多个对象时,对象之间要用逗号(,)分隔。

(2) sep:表示输出时对象之间的间隔符,默认用一个空格分隔。

(3) end:表示输出以何字符结尾,默认值是换行符。

(4) file:表示输出位置,可将输出定向到文件,file 指定的对象要可"写",默认值是 sys.stdout(标准输出)。

(5) flush:表示是否将缓存里面的内容强制刷新输出,默认值是 False。

举例如下:

```
#一次输出三个对象,中间默认用空格隔开
>>> print('hello','world','!')
hello world !
#一次输出三个对象,中间用 * 隔开
>>> print('hello','world','!',sep = '*')
hello*world*!
#一次输出三个对象,中间无分隔,因为 sep 参数值被设置为空字符串了
>>> print('hello','world','!',sep = '')
helloworld!
#一次输出三个对象,以 * 结尾
>>> print('hello','world','!',end = '*')
hello world !*
#将输出 helloworld!写入 C 盘 test 文件夹中的 ok.txt 文件中
>>> with open('C:\\test\\ok.txt','w') as f:
        print('helloworld!',file = f)
#直接输出每个 i,每个数字一行
>>> for i in [0,1,2,3,4]:
        print(i)


0
1
2
3
4
#直接输出每个 i,每输出一个数字都以空格结尾,下一个数字接着输出
>>> for i in [0,1,2,3,4]:
        print(i,end = ' ')


0 1 2 3 4
#直接输出每个 i,每输出一个数字都以空字符串结尾,下一个数字接着输出
>>> for i in [0,1,2,3,4]:
        print(i,end = '')


01234
#直接输出每个 i,每输出一个数字都以 * 结尾,下一个数字接着输出
>>> for i in [0,1,2,3,4]:
        print(i,end = '*')


0*1*2*3*4*
```

从上述例子可以看出，print()函数中因为参数 end 默认值为换行符(\n)，所以输出打印对象后默认要换行。如果要实现不换行，则需要将 end 参数设置为非换行符。读者可以学完 3.4 节后再来看涉及 for 循环的上述实例。

【例 2.1】 阅读以下程序代码，分析程序的运行结果。

程序源代码如下：

```
1  # example2_1.py
2  # coding = utf-8
3  print("我喜欢"+"程序设计")
4  print("我喜欢","程序设计")
5  print()
6  print("我喜欢")
7  print("程序设计")
8  print("我喜欢",end='')
9  print("程序设计")
```

程序 example2_1.py 的运行结果如下：

```
>>>
============ RESTART: G:\example2_1.py ============
我喜欢程序设计
我喜欢 程序设计

我喜欢
程序设计
我喜欢程序设计
```

分析：第 3 行中的"＋"表示字符串的连接，通过 print()函数将连接后的字符串在同一行中输出；第 4 行中的 print()函数打印两个字符串对象，输出时在两个字符串中间会插入一个空格作为间隔；第 5 行通过 print()输出一个空行；第 6 行和第 7 行分两行单独输出，print()函数默认以换行符结尾；第 8 行 print()函数以空字符串结尾，则第 9 行 print()接在前一行的末尾继续输出。

2.2 标识符、变量与赋值语句

2.2.1 标识符

视频讲解

标识符是指用来标识某个实体的一个符号。在不同的应用环境下有不同的含义。在编程语言中，标识符是计算机语言中作为名字的有效字符串集合。标识符是用户编程时使用的名字。变量、常量、函数等都有名字，它们的名字称为标识符。

1. 合法的标识符

在 Python 中，标识符只能由字母、数字 0～9 以及下画线组成，并且要符合以下规则。

(1) 标识符的开头必须是字母或下画线。

(2) 标识符不能以数字开头。

(3) 标识符是区分大小写的。

(4) 标识符不能使用关键字。

（5）最好不要使用内置模块名、类型名、函数名、已经导入的模块名及其成员名作为标识符，以免造成混淆。

A、ABC、aBc、a1b2、ab_123、__（连续两个下画线）、_123 等，都是合法的标识符。6a2b、abc-123、hello world（中间用了空格）、for（关键字）等则是非法的标识符。

使用内置模块名、类型名、函数名、已经导入的模块名及其成员名作为标识符，会改变标识符原有的定义，容易造成混淆。所以应该避免使用，除非确实需要改变这些标识符的定义。例如：

```
>>> pow(2,3)                        # pow 为内置函数名
8
>>> pow = 9                         # 重新定义了 pow 的含义
>>> pow
9
>>> pow(2,3)                        # pow 的含义已经被改变
Traceback (most recent call last):
  File "<pyshell#36>", line 1, in <module>
    pow(2,3)
TypeError: 'int' object is not callable
```

以上代码显示由于使用了内置函数名 pow 作为变量名（标识符）导致 pow() 函数原有功能不能使用。

第 1 章已经介绍了可以通过 dir(__builtins__) 查看所有内置的函数、变量和类等对象。

2．关键字

在 Python 中，有一部分标识符是编程语言的关键字。这样的标识符是保留字，不能用于其他用途，否则会引起语法错误。Python 关键字如表 2.1 所示。

表 2.1 Python 关键字

False	None	True	and	as	assert	async
await	break	class	continue	def	del	elif
else	except	finally	for	from	global	if
import	in	is	lambda	nonlocal	not	or
pass	raise	return	try	while	with	yield

可以导入 keyword 模块后使用 print(keyword.kwlist) 查看所有 Python 关键字。例如：

```
>>> import keyword
>>> print(keyword.kwlist)
['False', 'None', 'True', 'and', 'as', 'assert', 'async', 'await', 'break', 'class', 'continue', 'def',
'del', 'elif', 'else', 'except', 'finally', 'for', 'from', 'global', 'if', 'import', 'in', 'is', 'lambda',
'nonlocal', 'not', 'or', 'pass', 'raise', 'return', 'try', 'while', 'with', 'yield']
```

也可以通过在交互模式下输入 >>> help()，显示提示信息后跳出提示符 help >，在后面输入 keywords 即可显示所有的关键字。例如：

```
>>> help()
//此处省略了提示信息
```

```
help > keywords
//此处省略了提示信息
False           class           from            or
None            continue        global          pass
True            def             if              raise
and             del             import          return
as              elif            in              try
assert          else            is              while
async           except          lambda          with
await           finally         nonlocal        yield
break           for             not
```

需要注意的是,None 是一个特殊的 Python 对象,和 False 不同,不是 0,也不是空字符串、空列表等。None 有自己的数据类型 NoneType。None 和任何其他类型的数据对象进行相等关系比较时,结果总是返回 False。可以将 None 赋值给任何变量,但是不能自己创建其他 NoneType 对象。例如:

```
>>> a = None
>>> type(a)
<class 'NoneType'>
>>> type(None)
<class 'NoneType'>
>>> None == False
False
>>> None == 0
False
>>> None == ""
False
>>> None == []
False
```

3. 下画线标识符

以下画线开头或结尾的标识符可以作为普通标识符,如果使用在特殊的场合则有特殊的意义。

在模块中,如果变量、函数、类的名称以单下画线开头(_xxx),则不能用"from module_name import *"的方式导入这些对象,但可以用 import module_name 方式导入,然后通过 module_name._xxx 来调用。

在类中,以下画线开头的标识符有如下特殊意义。

(1) 以单下画线开头(_xxx)的属性或方法表示访问权限是受保护的,只有类对象或其子类可以访问;以单下画线开头的类不能用"from module_name import *"的方式导入。

(2) 以双下画线开头(__xxx)的标识符代表类的私有成员。

(3) 以双下画线开头和结尾(__xxx__)的标识符一般用来代表 Python 中特殊专用的标识,如__init__()代表类的初始化方法。这类方法将在特定情况下被 Python 自动调用。虽然自定义的标识符也可以采用这种方式,但一般不建议这样用,因为 Python 设计者将来可能将这一标识符作为特殊用途,使用该类标识符的程序可能因此而导致崩溃。

关于类中下画线开头标识符的含义将在第 9 章中进一步介绍。

2.2.2 变量

变量是计算机语言中用来存储计算结果或表示值的抽象概念,或表示某个对象值的名字。不同变量是通过名字相互区分的,因此变量名具有标识作用,也是标识符。可以通过变量名访问变量所指的对象。

例如,语句 iAge=10 中 iAge 就是一个变量,它当前的值为整数 10。语句 x=iAge+5 中,x 和 iAge 均为变量,通过 iAge 访问其所指的当前整数对象 10,变量 x 指向运算结果整数对象 15。

视频讲解

2.2.3 赋值语句

在 Python 中,赋值是创建变量的一种方法。赋值的目的是将值与对应的名字进行关联。Python 中通过赋值语句实现变量的赋值。赋值语句的格式如下:

<变量> = <表达式>

其中,"="称为赋值号,表示赋值,"="左边是一个变量,"="右边是一个表达式(由常量、变量和运算符构成)。Python 首先对表达式进行求值,然后将结果存储到变量中。如果表达式无法求值,则赋值语句出错。一个变量如果未赋值,则称该变量是"未定义的"。在程序中使用未定义的变量会导致错误。

例如,下面是几种赋值语句的不同用法。

```
>>> myVar = "Hello World!"
>>> print(myVar)
Hello World!
>>> myVar = 3.1416
>>> print(myVar)
3.1416
>>> myVar = 3 + 3 * 5
>>> print(myVar)
18
>>> myVar = myVar + 1
>>> print(myVar)
19
```

需要说明的是,Python 中变量的类型是可以随时变化的。

与许多编程语言不同,Python 语言允许同时对多个变量赋值。例如:

```
>>> x,y = 1,2
>>> x
1
>>> y
2
>>> a = b = 2
>>> a
2
>>> b
2
```

Python 3.8 开始引入了称为海象运算符的赋值符号":=",可以在表达式内部为变量赋值,避免变量的重复书写。

例如,表达式(x:=5)>3 表示先把5赋值给x,然后比较x是否大于3。整个表达式的结果为 True,同时变量 x 被赋予了整数5。

```
>>> (x:=5) > 3
True
>>> x
5
>>>
```

上述表达式(x:=5)>3 等同于先后执行 x=5 和 x>3 这两个表达式的结果。

2.3 数据类型

Python 语言中内置的数据类型主要有数值、布尔、序列、映射、集合和其他类型。其中序列、映射和集合等类型通常称为组合类型或容器类型,可以包含多种类型的元素。通过扩展模块,可以使用其定义的更多类型。可以通过 class 关键词来自定义类,以拓展类型的定义。

2.3.1 数值类型

数值类型包括整数、浮点数和复数三种类型。

1. 整数类型(int)

整数就是没有小数部分的数值,分为正整数、0 和负整数。Python 语言提供了类型 int 用于表示现实世界中的整数信息。例如,下列都是合法的整数:100、0、-100。

2. 浮点数类型(float)

Python 中的浮点数是指包含小数点的数或科学记数法表示的数。Python 语言提供了类型 float 用于表示浮点数。例如,下列值都是浮点数:15.0、0.37、-11.2、2.3e2、3.14e-2、5e2。

3. 复数类型(complex)

Python 中的复数由两部分组成:实部和虚部。复数的形式为"实部+虚部j"。例如,2+3j、0.5-0.9j 都是复数。

值得一提的是,Python 支持任意大的数字,仅受内存大小的限制。

另外,为了提高可读性,在数值中可以使用下画线。例如:

```
>>> 1_23_456_7890
1234567890
>>> 0x_12_ab_8ff
19577087
>>> 1_23.5_67
123.567
```

2.3.2 布尔类型

布尔类型(bool)是整数类型(int)的子类,用来表示逻辑"是""非"的一种类型,它只有两个值：True 和 False。例如：

```
>>> 3 > 2
True
>>> 4 + 5 == 5 + 4
True
>>> a = -8
>>> a * 2 > a
False
```

2.3.3 序列类型

在 Python 中，把按照位置顺序排列而形成的数据集称为序列。序列中每个元素的位置都有序号（称为索引或下标），可以通过序号对序列中的元素进行相应的操作。按照序列中的内容，序列类型可以分为普通序列、文本序列和二进制序列。普通序列包括列表(list)、元组(tuple)和整数序列(range)。字符串(str)为文本序列类型。二进制序列类型包括字节串(bytes)、字节数组(bytearray)和内存视图(memoryview)。按照其对象是否可变，序列类型又分为不可变序列和可变序列。其中元组、整数序列、字符串和字节串是不可变的序列，列表和字节数组是可变的序列。内存视图根据其底层对应的对象是否可写来决定是否可变。本节对序列相关类型做简单介绍。受篇幅限制，这里对内存视图不做阐述，读者可以参考相关文档。

1. 列表

Python 语言中列表(list)是一种序列类型。列表用方括号"["和"]"将列表中的元素括起来。列表中的元素之间以逗号进行分隔。同一个列表可以包含不同类型数据的元素。列表中的元素也可以是列表。如[1,2,3,True]、["one","two","three","four"]、[3,4.5,"abc"]、[5]、[ ]和[1,2,[3,4]]都是列表。

2. 元组

Python 语言中元组(tuple)是一种序列。元组用"("和")"作为边界将元素括起来。元组中的元素之间以逗号分隔。同一个元组可以包含不同类型数据的元素。元组中的元素也可以是元组。如(1,2,3,True)、("one","two","three","four")、(3,4.5,"abc")、(5,)、( )和(1,2,(3,4))都是元组。

3. 整数序列

整数序列(range)表示不可变的由整数构成的序列类型，常用于 for 循环中指定循环次数。有以下两种创建整数序列的格式：range(start,stop[,step])和 range(stop)，生成一个从 start 开始（包括 start），到 stop 结束（不包括 stop），两个整数元素之间间隔为 step 的 range 整数序列对象。

参数说明如下。

(1) start：整数序列元素的开始值为 start，默认从 0 开始。例如，range(6)等价于 range(0,6)。

(2) end：整数序列元素到 end 结束，但不包括 end。例如，range(0,6)产生包含 0、1、2、3、4、5 的可迭代对象，但不包括 6。

(3) step：步长，表示所产生的整数序列对象元素之间的间隔，默认为 1。例如，range(0,6)

等价于range(0,6,1)。步长也可以是负数,这时开始值一般大于结束值,否则将产生一个元素个数为0的空整数序列对象。

用range()生成的是一个range类型的对象,例如:

```
>>> x = range(10)
>>> print(x)
range(0, 10)
>>> type(x)
<class 'range'>
```

以range对象为基础,可以生成列表或元组,例如:

```
>>> y = list(x)
>>> y
[0, 1, 2, 3, 4, 5, 6, 7, 8, 9]
>>> z = tuple(x)
>>> z
(0, 1, 2, 3, 4, 5, 6, 7, 8, 9)
```

4. 字符串类型

Python 语言中的字符串(str)是一种序列。用成对的单引号、双引号或三引号(三个单引号或三个双引号)作为定界符括起来的字符序列称为字符串,如"Python"、' Hello,World '、"123"、'''abcd8^'''等。引号之间的字符序列是字符串的内容。

在 Python 3 中,所有的字符串都是 Unicode 字符串。对于单个字符的编码,可以通过 ord()函数获取该字符的 Unicode 码,通过 chr()函数把编码转换为对应的字符。例如:

```
>>> ord('a')
97
>>> chr(97)          ♯得到对应的字符
'a'
>>> ord('我')
25105
>>> chr(25105)
'我'
```

5. 字节串

字节串(bytes)是 Python 3 中新增的类型,由若干字节组成,是不可变序列。字节串以字节序列的形式来存储数据。字节串本身不关心这些数据所表示的内容(可能是字符串、数字、音频等)。这些内容由程序的解析方式决定。字节串可以恢复成字符串;字符串也可以转换成字节串。字节串数据适合网络传输。

如果字符串的内容都是 ASCII 码,那么直接在字符串前面加符号 b 可以将字符串转换为字节串。例如:

```
>>> by1 = b"Python language"
>>> by1
b'Python language'
>>> by1[1]           ♯返回索引号为1的字符y的编码
121
>>> chr(121)         ♯Unicode编码121对应字符y
```

'y'
>>>

可以通过 bytes() 来构造字节串,将参数中的字符串按照指定的字符集转换为字节串。如果不指定字符串,则默认创建一个空的字节串。例如:

```
>>> by2 = bytes()          #生成一个空的字节串
>>> by2
b''
>>> by3 = b""              #生成一个空的字节串
>>> by3
b''
>>>
#将字符串采用 UTF-8 字符集编码为字节串
>>> by4 = bytes("Python 语言", encoding = "UTF-8")
>>> by4
b'Python\xe8\xaf\xad\xe8\xa8\x80'
>>> s1 = by4.decode("UTF-8")              #将字节串转换为字符串
>>> s1
'Python 语言'
>>>
```

可以采用字符串本身的 encode() 方法,将字符串转换为指定字符集编码的字节串。例如:

```
>>> by5 = "Python 语言".encode("UTF-8")    #将字符串转换为字节串
>>> by5
b'Python\xe8\xaf\xad\xe8\xa8\x80'
>>> s2 = by5.decode("UTF-8")              #将字节串转换为字符串
>>> s2
'Python 语言'
>>>
```

6. 字节数组

bytes 是不可变的字节序列。而 bytearray 是可变的字节序列,或称为字节数组。它是 Python 3 引入的一种数据类型。例如:

```
>>> ba = bytearray('abc', 'utf-8')
>>> ba
bytearray(b'abc')
>>> len(ba)
3
>>> ba.append(50)                         #数字 50 为字符 2 的 ASCII 码
>>> ba
bytearray(b'abc2')
>>>
```

7. 序列中的索引

序列类型有很多共同适用的操作,将在第 4 章中详细阐述相关操作。为了方便第 3 章循环语句的阐述,这里先简单介绍序列索引(下标)的概念,第 4 章会重新详细阐述。

序列中的每个元素具有一个位置编号称为索引或下标。元素中的第 1 个位置索引为 0,第 2 个元素索引为 1,以此类推,最后一个元素的索引值为序列中元素总个数减 1。如列表[3,4.5,"abc"]中,第 1 个元素 3 的索引为 0,第 2 个元素 4.5 的索引为 1,第 3 个元素"abc"的索引为 2。

可以通过索引获取序列中的元素。例如:

```
>>> x = [3,4.5, "abc"]
>>> x[0]
3
>>> x[1]
4.5
>>> x[2]
'abc'
>>> x[3]                          #索引越界,引起错误
Traceback (most recent call last):
  File "< pyshell#10>", line 1, in <module>
    x[3]
IndexError: list index out of range
>>>
>>> x = range(3,20,3)
>>> list(x)
[3, 6, 9, 12, 15, 18]
>>> x[2]                          #通过索引引用 range 对象中的元素
9
```

列表、元组、字符串及其相关的索引操作将在第 4 章和第 5 章相关部分详细介绍。

2.3.4 映射类型

字典(dict)是 Python 中唯一内建的映射类型。一个字典用一对花括号"{"和"}"将元素括起来;每个元素由冒号分隔的键和值构成,冒号之前的是键,冒号之后的是值;元素之间用逗号分隔。如{'1801':'张三','1802':'徐虎','1803':'张林'}。每个元素中的键只能是不可变的对象。可根据字典中的键查找该键所关联的值。字典对象是一个可变对象,可以对其元素进行添加、删除和修改等操作。

字典的详细用法将在第 4 章介绍。

2.3.5 集合类型

集合对象表示由不重复元素组成的无序、有限的数据集,集合中的元素必须是不可变对象。Python 中的内置集合包括可变的 set 和不可变的 frozenset 两种类型。

1. 集合(set)

Python 中 set 是一组不重复且无序的数据集。一个集合由一对花括号"{"和"}"将元素括起来;元素之间用逗号分隔。如{'car','ship','train','bus'}。

set 对象中的元素可以是各种不可变类型的数据。set 对象本身是一种可变类型,因此可以对 set 对象进行元素的增加、删除等操作。同一集合可以由多种不可变类型的元素组成,但元素之间没有任何顺序,并且元素都不重复。

集合 set 的详细用法将在第 4 章介绍。

2. 冻结集合(frozenset)

frozenset 对象表示不可变集合,可通过内置的 frozenset() 构造器创建。frozenset 中

的元素也必须是不可变对象。由于 frozenset 对象本身不可变,它可以作为另一个集合的元素或是字典的键。

2.3.6 可变与不可变的对象类型

一个对象创建完以后,其自身元素可变(可以进行添加、删除、修改等操作)的对象称为可变对象,其自身元素不可变的对象称为不可变对象。可变对象包括列表、字节数组、字典和 set 类型的集合,其余为不可变对象。例如,创建了一个可变对象列表后,可以添加、删除或修改列表中的元素。而一个不可变对象元组一旦创建后就不可以添加、删除或修改其元素。

2.3.7 对象的内存分配

1. 整数、浮点数、布尔常量等基本数据类型的内存分配方式

在 Python 中,整数、浮点数、布尔常量这些基本数据类型按照值来分配内存,同一个常量值只分配一个内存地址,所有具有同一个常量值的标识符指向同一个内存地址。例如:

```
>>> x = 5
>>> y = 5
>>> id(x) == id(y)
True
>>> id(x)
140737066922368
>>> id(y)
140737066922368
```

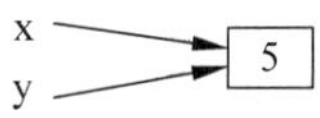

图 2.1 按值分配内存

其内存分配如图 2.1 所示。其中某一次执行时,常量 5 存储在开始地址为 140737066922368 的内存中。

如果这时改变一个变量 y 的值,将为其分配新的存储空间。例如:

```
>>> y = y + 1
>>> y
6
>>> id(y)                    #存储在新的内存空间中
140737066922400
>>> id(x)                    #存储在原内存空间中
140737066922368
>>>
```

其内存分配如图 2.2 所示。因为整数对象是不可变对象,分配给常量 5 的内存地址是不可变的。变量 y 改变了其指向的值,只能在内存中重新分配一个存储空间来存储新的值,然后将 y 指向新的存储空间。

图 2.2 为不可变对象分配新的存储空间

2. 复数、序列中的列表与元组、映射、集合、自定义类的对象内存分配方式

复数、序列中的列表与元组、映射、集合、自定义类的对象中存储相应元素的地址。这些对象中的元素如果是整数、浮点数或布尔常量等基本类型数据,则这些元素按照值来分配内

存地址,同一个基本类型的元素值分配在同一个内存地址中。以列表为例:

```
>>> x = [1,2,3]
>>> y = [1,2,3]
>>> id(x)
2283673385160
>>> id(y)
2283673017288
>>> id(x) == id(y)              # 两个列表对象的存储地址不同
False
>>> id(x[0]) == id(y[0])        # 相同元素值的存储地址相同
True
>>> id(x[1]) == id(y[1])        # 相同元素值的存储地址相同
True
>>> id(x[2]) == id(y[2])        # 相同元素值的存储地址相同
True
>>>
```

两个具有相同内容的列表,各自对象在内存中的存储地址是不同的。如果列表中的元素为整数、浮点数或布尔常量且值相同,则这些元素在内存中的地址相同,如图 2.3 所示。

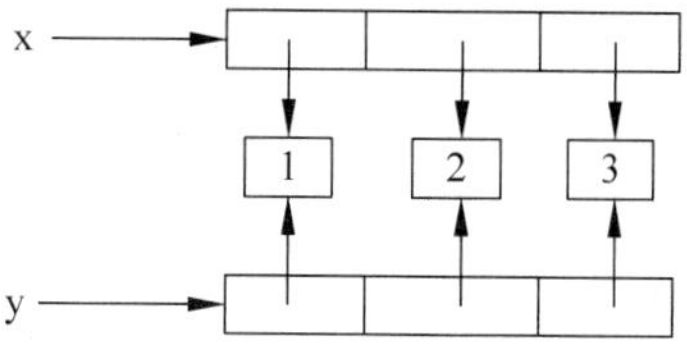

图 2.3 列表元素的存储空间分配

3. 字符串的内存分配方式

两个字符串变量,如果其内容相同,则只在内存中开辟一个存储空间来存储该字符串容器。

两个字符串的内容相同,则只在同一片内存区域中存储一份。例如:

```
>>> x = "abc"
>>> y = "abc"
>>> id(x)
2283663429808
>>> id(x) == id(y)              # 相同的字符串共用一个地址
True
>>> x is y                      # x 与 y 指向同一个对象
True
>>>
```

如果两个不同的字符串具有相同的元素,则其元素也指向同一个地址。例如:

```
>>> z = "aef"
>>> id(z)
2283672705200
>>> id(x)
2283663429808
>>> id(x[0]) == id(z[0])        # x 的第 0 个元素和 z 的第 0 个元素均指向字符 a
True
>>>
```

两个字符串实例元素的存储空间分配如图 2.4 所示。

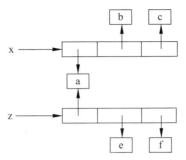

图 2.4　字符串元素的存储空间分配

2.4　从字符串中获取数值和表达式的计算结果

在 Python 语言中,可以用 input()函数进行输入。前面已经提到,不管输入什么内容,input()函数的返回结果都是字符串。那么要得到其他类型的数据怎么办? 怎样得到数值型数据? 如何得到列表数据? 可以通过类 int、float 等由字符串来创建整数、浮点数对象。有些场合还可以用 eval()函数计算字符串所表示的表达式的值。

2.4.1　从字符串中获得数值类型的对象

使用 input()函数获取键盘输入的内容均为字符串。如果需要进行数值计算,就需要从该字符串获得相应的数值类型对象。可以使用 int()从字符串构造整数对象,使用 float()从字符串构造浮点数对象。

int 和 float 是面向对象领域中的类。没有接触过面向对象程序设计的读者目前还不能理解类的概念。学完第 9 章后才能理解类的概念。int()或 float()这种形式本质上是创建并初始化类的对象。为方便阐述和理解,在学习第 9 章之前,将类名后面加圆括号这种创建对象的方式有时也称为函数的调用。

1. 通过 int 构造整数

格式 1：int([x])

功能：截取数字 x 的整数部分；如果不给定参数则返回 0。

```
>>> int()
0
>>> int(23.54)
23
>>> int(-3.52)
-3
```

格式 2：int(x,base=10)

功能：从 base 进制的字符串 x 构造相应的十进制整数；base 为可选的参数,表示字符串 x 中的数值所使用的基数,默认为十进制。

说明：当 int()中的第 1 个参数为字符串时,可以指定第 2 个参数 base 来说明这个数字字符串是什么进制,且不接受带小数的数字字符串。base 的有效值范围为 0 和 2~36 的整数。

```
>>> int('4')                    #省略 base 参数,默认为十进制的字符串'4'
4
>>> int('-4')                   #省略 base 参数,默认为十进制的字符串'-4'
-4
```

实际上,int('4')即 int('4',10),int('-4')即 int('-4',10),默认为十进制。

```
>>> int('4',10)
4
>>> int('45.6')
Traceback (most recent call last):
  File "<pyshell#15>", line 1, in <module>
    int('45.6')
ValueError: invalid literal for int() with base 10: '45.6'
```

注意:int()中的参数不接收带小数的数字字符串。

```
>>> int('1001001',2)            #将二进制的数 1001001 转换为十进制数
73
>>> int('2ef',16)               #将十六进制的数 2ef 转换为十进制数
751
>>> int('27',8)                 #将八进制的数 27 转换为十进制数
23
>>> int('101.001',2)
Traceback (most recent call last):
  File "<pyshell#25>", line 1, in <module>
    int('101.001',2)
ValueError: invalid literal for int() with base 2: '101.001'
>>> int('0b110', base=0)        #将二进制的数 110 转换为十进制数
6
>>> int('110', base=2)
6
>>> int('110', 2)
6
```

2. 通过 float 构造浮点数

格式:float(x=0,/)

功能:由一个数字或字符串构造浮点数。

```
>>> float()
0.0
>>> float(5)
5.0
>>> float(5.67)
5.67
>>> float('5')
5.0
>>> float('5.67')
5.67
>>> float('inf')                #无穷大,inf 不区分大小写
Inf
```

【例 2.2】 小明过年时得到了 1500 元的压岁钱,某天他在商场看中了一个书包,正好商场做活动可以打八五折。从键盘输入书包的价格,输出折扣后书包的价格以及小明买了书包后剩下的钱。

程序源代码如下:

```
# example2_2.py
# coding = utf-8
total = 1500
price = float(input('请输入书包的价格:')) * 0.85
left = total - price
print("折扣后书包的价格:", price)
print("小明买了书包后剩下的钱:", left)
```

程序 example2_2.py 的运行结果如下:

```
>>>
============ RESTART: G:\example2_2.py ============
请输入书包的价格:342.5
折扣后书包的价格: 291.125
小明买了书包后剩下的钱: 1208.875
```

2.4.2 使用 eval() 函数计算字符串中表达式的值

eval() 函数的格式:eval(source, globals=None, locals=None, /)

功能:将字符串 source 中的内容当作一个 Python 表达式进行解析和计算,返回计算结果;或者当作命令来执行。

参数说明:source 是一个字符串,这个字符串能表示成 Python 表达式,或者是能够通过编译的代码;globals 是可选的参数,默认为 None,如果不为 None,就必须是字典类型的对象;locals 也是可选的参数,默认为 None,如果不为 None,可以是任何 map 类型的对象。eval() 函数的详细用法将在第 6 章中介绍。以下通过部分例子先简要介绍其用法。

```
>>> x = 3
>>> eval('x + 1')
4
>>> eval('3 + 5')
8
>>> eval('[1,2,3]')
[1, 2, 3]
>>> eval('(1,2,3)')
(1, 2, 3)
>>> eval('{1:23,2:32}')
{1: 23, 2: 32}
>>> eval("__import__('os').getcwd()")        # 获取当前目录
'D:\\Program Files\\Python310'
>>>
>>> x = input('请输入:')
请输入:'abc'
>>> x
"'abc'"
>>> y = eval(x)
```

```
>>> y
'abc'
>>> len(y)
3
>>> print(y)
abc
>>>
>>> x = input('请输入:')
请输入:abc
>>> x
'abc'
>>> y = eval(x)                              # x中的'abc'再去掉引号就不是字符串表达式了
Traceback (most recent call last):
  File "<pyshell#16>", line 1, in <module>
    y = eval(x)
  File "<string>", line 1, in <module>
NameError: name 'abc' is not defined
>>>
```

可以看出,eval()函数接收一个字符串参数时,如果字符串中是表达式,则返回表达式的值;如果字符串中的字符序列正好构成列表、元组或字典,则返回列表、元组或字典对象;如果字符串中的字符序列是能够通过编译的程序代码,则执行该代码。

了解了 int()、float()、eval()函数以后,继续讨论如何获得数值型数据或其他类型数据。

```
>>> x = int(input("请输入x值:"))
请输入x值:100
>>> x
100
>>> type(x)
<class 'int'>
```

上述代码通过 input()函数得到的字符串'100',int()从该字符串构造得到整数 100。所以 x 的值为整数 100。

```
>>> x = float(input("请输入x值:"))
请输入x值:100
>>> x
100.0
>>> type(x)
<class 'float'>
```

上述代码通过 input()函数得到的字符串'100',float()从该字符串构造得到浮点数 100.0。所以 x 的值为浮点数 100.0。

```
>>> x = float(input("请输入x值:"))
请输入x值:100.23
>>> x
100.23
>>> type(x)
<class 'float'>
```

上述代码通过input()函数得到的字符串'100.23',float()从该字符串构造得到浮点数100.23。所以 x 的值为浮点数 100.23。

需要注意的是,期望得到整数时,int()中的参数不能是带小数点的数值字符串。具体原因请参看 2.4.1 节。如以下输入则会出错:

```
>>> x = int(input("请输入 x 值:"))
请输入 x 值:100.36
Traceback (most recent call last):
  File "<pyshell#25>", line 1, in <module>
    x = int(input("请输入 x 值:"))
ValueError: invalid literal for int() with base 10: '100.36'
```

也可以通过eval()函数获得数值:

```
>>> x = eval(input("请输入 x 值:"))
请输入 x 值:100.36
>>> x                       #获得浮点数
100.36
>>> x = eval(input("请输入 x 值:"))
请输入 x 值:100
>>> x                       #获得整数
100
>>> x = eval(input("请输入 x 值:"))
请输入 x 值:100 + 200
>>> x                       #获得表达式的值
300
>>> x = eval(input("请输入:")) + 200
请输入:100
>>> x         #输入 100,通过 eval()获得整数 100,与 200 相加,最后 x 得到 300
300
```

还可以通过 eval()函数获得其他类型的值:

```
>>> x = eval(input("请输入 x 值:"))
请输入 x 值:[1,2,3]
>>> x                       #获得列表
[1, 2, 3]
>>> x = eval(input("请输入 x 值:"))
请输入 x 值:{'a':1,'b':2}
>>> x                       #获得字典
{'a': 1, 'b': 2}
```

2.5 运算符、表达式及条件表达式

2.5.1 运算符与表达式

视频讲解

运算符是用于表示运算的符号,主要有算术运算符、关系运算符、测试运算符和逻辑运

算符。表达式一般由运算符和操作数/操作对象组成。例如,表达式1+2中,"+"称为运算符,1和2称为操作数。

算术运算符有:+(加)、-(减)、*(乘)、/(真除法)、//(求整商)、%(取模)、**(幂)。

关系运算符有:<(小于)、<=(小于或等于)、>(大于)、>=(大于或等于)、==(等于)、!=(不等于)。关系运算符根据表达式值的真假返回布尔值。

测试运算符有:in、not in、is、is not。测试运算符也是根据表达式值的真假返回布尔值。

逻辑运算符有:and(与)、or(或)、not(非)。通过逻辑运算符可以将任意表达式连接在一起。

表2.2给出了常用运算符与表达式的含义及例子。

表2.2 常用运算符与表达式

运算符	名 称	说 明	例 子
+	加	正数; 一个数加上另一个数; 列表、元组、字符串的连接	+5表示一个正数; 2+3的结果为5; "a"+"b"的结果为"ab"
-	减	负数;相反数; 一个数减去另一个数; 集合差集	-5表示一个负数;5的相反数是-5; 10-2的结果为8; {1,2,3}-{2,5}的结果为{1,3}
*	乘	两个数相乘; 序列元素被重复若干次	2 * 3得到6; "ab" * 3得到"ababab"
**	幂	x的y次幂	2 ** 3的结果为8(即2×2×2)
/	真除法	x除以y	5/3的结果为1.6666666666666667
//	求整商	取商的整数部分;如果操作数中有实数,结果为实数形式的整数	5//3的结果为1;5.0//3的结果为1.0; 5.999//3的结果为1.0; 15//4的结果为3;-15//4的结果为-4
%	取模	取除法的余数	5%3的结果为2;5.0%3的结果为2.0; 15%4的结果为3;-15%4的结果为1; 15%(-4)的结果为-1;结果的正负号与除数一致
<	小于	判断x是否小于y, 如果为真返回True,否则返回False	5<3返回False;3<5返回True; 也可以被任意连接:3<5<7返回True
>	大于	判断x是否大于y	5>3返回True
<=	小于或等于	判断x是否小于或等于y	x=3;y=5;x<=y返回True
>=	大于或等于	判断x是否大于或等于y	x=3;y=5;x>=y返回False
==	等于	比较对象是否相等	x=3;y=3;x==y返回True; x="abc";y="Abc";x==y返回False; x="abc";y="abc";x==y返回True
!=	不等于	比较两个对象是否不相等	x=3;y=5;x!=y返回True
in not in	成员测试	测试一个对象是否是另一个对象的成员	2 in [2,3,4]返回True; 3 not in [2,3,4]返回False

续表

运算符	名称	说明	例子
is is not	同一性测试	测试是否为同一个对象或内存地址是否相同	a=(1,2,3); b=(1,2,3); a is b 返回 False; a=(1,2,3); b=a; a is b 返回 True; a is not b 返回 False
not	布尔"非"	x 为 True, not x 返回 False; x 为 False, not x 返回 True	x = True; not x 返回 False
and	布尔"与"	x 为 False（或 0、空值），x and y 返回表达式 x 的计算结果，否则它返回 y 的计算结果	x = False; y = True; x and y, 由于 x 是 False, 返回 False; y and 4, 返回 4
or	布尔"或"	x 是 True（或非 0、非空），x or y 返回表达式 x 的计算结果，否则它返回 y 的计算结果	x = True; y = False; x or y 返回 True; y or 4, 返回 4

需要说明的是：

(1)"+"运算符不支持不同类型的对象之间的连接。例如：

```
>>> 3 + "ab"
Traceback (most recent call last):
  File "<pyshell#43>", line 1, in <module>
    3 + "ab"
TypeError: unsupported operand type(s) for +: 'int' and 'str'
>>> str(3) + "ab"         #通过 str()从数字 3 构造得到字符串'3'
'3ab'
```

(2)"*"运算符可以用于列表、元组或字符串与整数的相乘，用于将这些序列重复整数所指定的次数。它不适用于字典和集合与整数的相乘。例如：

```
>>> [1,3,5] * 2
[1, 3, 5, 1, 3, 5]
>>> {1801:'Lily'} * 2
Traceback (most recent call last):
  File "<pyshell#22>", line 1, in <module>
    {1801:'Lily'} * 2
TypeError: unsupported operand type(s) for *: 'dict' and 'int'
```

(3)"**"运算符与带有两个参数的内置函数 pow()的功能相同，表示幂运算。例如：

```
>>> 2 ** 4
16
>>> pow(2,4)
16
```

另外顺便请读者思考一下，带有三个参数的内置函数 pow()的功能是什么呢？你能想到利用前面提到过的什么知识来得到答案吗？可以使用 help()函数查看 pow()函数的帮助信息来详细了解其用法。例如：

```
>>> help(pow)
Help on built-in function pow in module builtins:

pow(x, y, z = None, /)
    Equivalent to x ** y (with two arguments) or x ** y % z (with three arguments)

    Some types, such as ints, are able to use a more efficient algorithm when
    invoked using the three argument form.
>>> pow(2,4,3)
1
>>> 2 ** 4 % 3
1
```

(4) 若要利用关系运算符比较大小,首先要保证操作数之间是可比较大小的;另外,关系运算符是可以连用的。例如:

```
>>> 3 > 5
False
>>> 'a'>'A'
True
>>> 'b'<'0'
False
>>> 'abcae'<'abcAb'
False
>>> 'abc' == 'abc'
True
>>> 'a'<'我'
True
>>> 5 < 6 < 8
True
>>> 5 < 6 == 8
False
>>> 5 < 6 > 3
True
>>>
```

对于字符串的比较,是通过从左到右依次比较各字符串相同位置上每个字符的编码的大小来得到字符串的大小的,直到找到第一个不同的字符为止,这个位置上不同字符的编码大小就决定了字符串的大小。例如:

```
>>> ord('a')
97
>>> ord('A')
65
```

因此'a'>'A'的结果为 True。

```
>>> ord('我')
25105
```

同理,'a'<'我'的结果为 True。

比较字符串'abcae'和'abcAb'时,从左到右依次比较前三个位置上的'a'、'b'、'c'的编码,大小均相同,再比较第 4 个位置上的'a'和'A',发现'a'的编码大于'A'的编码,则'abcae'<'abcAb'的结果为 False。其实如果仅仅是对于大小写英文字母、数字和一些符号来比较大小,完全可以直接通过 ASCII 编码来比较大小。因为 Unicode 通常用两字节表示一个字符,原有的英文编码从单字节变成双字节,只是把高字节全部填为 0。在 ASCII 编码中:

数字的 ASCII 编码＜大写字母的 ASCII 编码＜小写字母的 ASCII 编码

而在数字当中,数字 0 比数字 9 要小,并按 0～9 顺序递增;在大写字母当中,字母 A 比字母 Z 要小,并按 A～Z 顺序递增;在小写字母当中,字母 a 比字母 z 要小,并按 a～z 顺序递增。

如果是同个字母,则其大写字母的 ASCII 编码比小写字母的 ASCII 编码要小 32。如 ord('A')的结果就等于 ord('a')-32。

```
>>> 'a'>0
Traceback (most recent call last):
  File "<pyshell#64>", line 1, in <module>
    'a'>0
TypeError: '>' not supported between instances of 'str' and 'int'
```

由于字符串和数字属于不可比较大小的,上述代码中'a'>0 出错。

```
>>> [1,2,3]>[2]
False
>>> [1,2,3]>[1,2,1]
True
>>> ['ab','cd',6]>['ab','cd',3]
True
>>> ['ab','c',6]>['ab','d','a']
False
>>> ['ab','cd',6]>['ab','cd']
True
```

比较列表的大小也是从左到右逐个对元素进行比较。

但是以下表达式会出错。两个列表的第 1 个元素分别是数字 1 和字符串'a',而字符串和数字不可比较大小,这样会触发 TypeError 异常。

```
>>> [1,2,3]>['a','b']
Traceback (most recent call last):
  File "<pyshell#55>", line 1, in <module>
    [1,2,3]>['a','b']
TypeError: '>' not supported between instances of 'int' and 'str'
```

同样,以下表达式也会出错。列表中第 1 个元素相同,然后比较第 2 个元素,一个是字符串'c',一个是数字 3,原因不再赘述。

```
>>> ['ab','c',6]>['ab',3,'a']
Traceback (most recent call last):
  File "<pyshell#5>", line 1, in <module>
    ['ab','c',6]>['ab',3,'a']
TypeError: '>' not supported between instances of 'str' and 'int'
```

关系运算符可以连用,等价于某几个用 and 连接起来的表达式。例如:

```
>>> 3 < 5 > 2                    # 与 3 < 5 and 5 > 2 含义相同
True
>>> 3 < 5 and 5 > 2
True
>>> 3 < 5 > 3                    # 与 3 < 5 and 5 > 3 含义相同
True
>>> 3 < 5 and 5 > 3
True
>>> 3 < 5 == 5                   # 与 3 < 5 and 5 == 5 含义相同
True
>>> 3 < 5 and 5 == 5
True
```

这里还要说明一点的是，因为精度问题可能导致实数运算有一定的误差，要尽可能地避免在实数之间进行相等性判断，可以使用实数之间的差值的绝对值是否小于某一个很小的数来作为实数之间是否相等的判断依据。例如：

```
>>> 0.4 - 0.2
0.2
>>> 0.2 == 0.4 - 0.2
True
>>> 0.4 - 0.3
0.10000000000000003
>>> 0.1 == 0.4 - 0.3
False
>>> abs(0.1 - (0.4 - 0.3))< 0.00000000001
True
```

要实现实数的精确计算，可以使用 decimal 模块中的 Decimal 类。其简化的对象创建与初始化格式为 Decimal(value='0')。其中参数 value 可以是整数、字符串、元组或其他 Decimal 对象。如果没有给出 value 值，则返回 Decimal('0')。关于类及其对象的创建和初始化将在第 9 章中讲解。读者现在可以暂时把利用 Decimal 类创建对象的方式看成是函数调用。例如：

```
>>> from decimal import Decimal
>>> a = Decimal("0.4")
>>> b = Decimal("0.3")
>>> print(a - b)
0.1
>>> c = Decimal("0.1")
>>> c == a - b
True
>>> 0.1 == a - b                 # 等号(==)两侧对象的类型不同
False
>>> type(a - b)                  # 查看类型
<class 'decimal.Decimal'>
>>> a - b + 1                    # 得到一个 Decimal 对象
Decimal('1.1')
>>> print(a - b + 1)             # 打印对象,显示数值
1.1
>>>
```

注意,Decimal 中的参数必须是字符串才能精确计算,如果是浮点数,误差将依然存在。例如:

```
>>> a = Decimal(0.4)
>>> b = Decimal(0.3)
>>> a - b
Decimal('0.1000000000000000333066907388')
>>> print(a - b)
0.1000000000000000333066907388
>>>
```

(5) 成员测试运算符 in 和 not in 测试一个对象是否是另一个对象的成员,返回布尔值 True 或 False。当运算符左侧的对象是右侧对象的成员时,用 in 的表达式返回 True,而用 not in 的表达式返回 False;同样,当运算符左侧对象不是右侧对象的成员时,用 in 的表达式返回 False,而用 not in 的表达式返回 True。例如:

```
>>> a = [1,3,5]
>>> 5 in a
True
>>> 5 not in a
False
>>> 2 in a
False
>>> 2 not in a
True
>>> b = "abcedfg"
>>> "ab" in b
True
>>> "ab" not in b
False
>>> "ag" in b
False
>>> "ag" not in b
True
```

(6) 同一性测试运算符 is 和 is not 测试是否为同一个对象或内存地址是否相同,返回布尔值 True 和 False。当运算符两侧是同一个对象时,用 is 的表达式返回 True,而用 is not 的表达式返回 False;同样,当运算符两侧不是同一个对象时,用 is 的表达式返回 False,而用 is not 的表达式返回 True。例如:

```
>>> x = [1,3,5]
>>> y = [1,3,5]
>>> x is y              #测试 x,y 是否为同一个对象
False
>>> x is not y
True
>>> x == y              #测试 x,y 是否相等
True
```

x、y 相等但并非为同一个对象。

请注意,是否相等只是测试对象里包含的值是否相同,是否为同一个对象指的是是否指向同一个对象,如果指向同一个对象,则内存地址应该相同。内置函数 id()返回对象的标识(内存地址)。例如:

```
>>> help(id)
Help on built-in function id in module builtins:

id(obj, /)
    Return the identity of an object.

    This is guaranteed to be unique among simultaneously existing objects.
    (CPython uses the object's memory address.)
>>> id(x)                    #读者得到的内存地址可能不一样
47896712
>>> id(y)
47897416
```

x、y 的内存地址不同。

```
>>> z = x
>>> z is x
True
>>> z is not x
False
>>> z == x
True
>>> id(z)
47896712
```

通过赋值语句 z=x,则 z 和 x 不仅值相等而且指向同一个对象。因此,z 和 x 的内存地址相同。

(7) 逻辑运算符 not 一定会返回布尔值 True 或 False。例如:

```
>>> not False
True
>>> not True
False
>>> not 3
False
>>> not 1
False
>>> not 0
True
>>> not [1,2,3]
False
>>> not []
True
>>> not None
True
>>> not ""
True
```

```
>>> not "abc"
False
>>> not {}
True
```

不论 not 后跟何值，其返回值一定是布尔值 True 或 False。当 not 后跟 False、0、[]、""、{}、None 等对象时，返回值是 True。这是因为在进行逻辑判断时，被判定为 False 的值除了 False 以外，还有 None、数值类型中的 0 值、空字符串、空元组、空列表、空字典、空集合等。这样 not False 就为 True。

(8) 逻辑运算符 and 和 or 是一种短路操作运算符，具有惰性求值的特点：表达式从左向右解析，一旦结果可以确定就停止。逻辑运算符 and 和 or 不一定返回布尔值 True 和 False。

当计算表达式 exp1 and exp2 时，先计算 exp1 的值，当 exp1 的值为 True(或等价于 True 的非 0、非 None、非空的其他数据类型值)时，才计算并输出 exp2 的值；当 exp1 的值为 False(或等价于 False 的 0、None、为空的其他数据类型值)时，直接输出 exp1 的值，不再计算 exp2。例如：

```
>>> True and 3
3
>>> 4 and False
False
>>> [1,2] and 'c'
'c'
>>> 3 and 4
4
>>> 4 and 3
3
>>> 3 < 4 and 4 > 5          ＃3<4 的值为 True,则计算并输出 4>5 的值 False
False
>>> 3 < 4 and 5              ＃3<4 的值为 True,则计算并输出 5
5
>>> False and 4              ＃ 直接输出 False
False
>>> 0 and 'c'                ＃ 直接输出 0
0
>>> () and 'c'               ＃ 直接输出()
()
>>> 3 > 4 and 4 < 5          ＃3>4 的值为 False,则直接输出 False
False
```

当计算表达式 exp1 or exp2 时，先计算 exp1 的值，当 exp1 的值为 True(或等价于 True 的非 0、非 None、非空的其他数据类型值)时，直接输出 exp1 的值，不再计算 exp2；当 exp1 的值为 False(或等价于 False 的 0、None、为空的其他数据类型值)时，才计算并输出 exp2 的值。例如：

```
>>> True or 3
True
>>> 4 or False
```

```
4
>>> [1,2] or 'c'
[1, 2]
>>> 3 or 4
3
>>> 4 or 3
4
>>> 3 < 4 or 4 > 5        #3<4 的值为 True,则直接输出 True
True
>>> 3 < 4 or 5
True
>>> False or 4
4
>>> 0 or 'c'
'c'
>>> {} or 'c'
'c'
>>> 3 > 4 or 4 < 5        #3>4 的值为 False,则计算并输出 4<5 的值 True
True
```

（9）除了表 2.2 列出的运算符外，Python 还有赋值运算符（＝）、复合赋值运算符（＋＝、－＝、＊＝、／＝、／／＝、％＝、＊＊＝）、位运算符（＆、｜、^等）等。复合赋值运算符将在 2.5.2 节单独介绍。读者可以参阅其他资料来了解其他运算符的用法。

（10）一个表达式中出现多种运算符时，按运算符的优先级高低依次进行运算。圆括号运算级别最高。优先级顺序如图 2.5 所示。

逻辑型	测试型	关系型	算术型
not			＊＊、＋(正号)、－(负号)
and	is、is not		＊、／、％、／／
or	in、not in	!＝、＝＝、＞＝、＜＝、＜、＞	＋、－

图 2.5　优先级顺序

以下代码先计算 2^{-3}，然后将得到的值 0.125 与 3 相加。

```
>>> 3 + 2 ** -3
3.125
```

以下代码先计算 2^{-3} 得到值 0.125，再计算 10^3 得到值 1000，然后再计算 0.125 与 1000 的积得到值 125.0，再计算 125.0％2 得到值 1.0，最后 1.0 与 3 相加。

```
>>> 3 + 2 ** -3 * 10 ** 3 % 2
4.0
```

以下代码先计算圆括号中的表达式 3％2，得到值 1，再计算 2^{-3} 和 10^1 分别得到值 0.125 和 10，然后计算 0.125 ＊ 10 得到值 1.25，最后 1.25 与 3 相加。

```
>>> 3 + 2 ** -3 * 10 ** (3 % 2)
4.25
```

以下代码先计算 2 * 10 得到值 20,再计算 1 not in [1,2] 得到值 False,最后计算 20 and False。

```
>>> 2 * 10 and 1 not in [1,2]
False
```

2.5.2 复合赋值运算符

变量的值经常被用于表达式中进行计算,计算结束后可能需要重新将结果赋值给该变量。如 x = x+1 表示赋值号右边取变量 x 的原来值,然后加 1,再重新赋值给变量 x。在 Python 中,这个语句也可以写成 x+=1。同样地,x=x+y 也可以写成 x+=y。运算符+与=共同构成一个复合赋值运算符,有些书中也称其为增强型赋值运算符。

算术运算符+、-、*、/、//、%和**均可与=构成复合赋值运算符。这些运算符和赋值号之间不能有空格。表 2.3 列出了复合赋值运算符及其实例。

表 2.3 复合赋值运算符及其实例

复合赋值运算符	实 例	实例的等价表达式
+=	x+=y	x=x+y
-=	x-=y	x=x-y
*=	x*=y	x=x*y
/=	x/=y	x=x/y
//=	x//=y	x=x//y
%=	x%=y	x=x%y
**=	x**=y	x=x**y

以下代码以 *= 运算符为例演示了复合赋值运算符的用法。

```
>>> a = 3
>>> b = 5
>>> a *= b
>>> a
15
```

以上代码中,a*=b 相当于 a=a*b,表示将左操作数乘以右操作数再赋值给左操作数的变量。其他复合赋值运算符的功能类似。

视频讲解

2.5.3 条件表达式

在第 3 章将要讲到的选择结构和循环结构中,程序会根据条件表达式的值来决定下一步的走向。前面已经提到过,在进行逻辑判断时,对于基本数据类型来说,每个类型都存在一个值会被判定为 False。也就是说,被判定为 False 的值除了 False 以外,还有 None、数值类型中的 0 值、空字符串、空元组、空列表、空字典、空集合等。条件表达式的值只要不是判定为 False 的值就认为判定为 True。因此,只要是 Python 合法的表达式都可以作为条件表达式,包含有函数调用的表达式也可以。

如何将在 90~100 分或 50~60 分(均包含两端边界的值)的成绩(score)表示为条件表

达式呢？可以用 90<=score<=100 先将成绩在 90～100 分（包含两端边界的值）的表示出来；然后用 50<=score<=60 将成绩在 50～60 分的表示出来；再考虑这两者之间是或者的关系，可以用 or 来连接。因此，最后的条件表达式可以表示为 90<=score<=100 or 50<=score<=60。如果某一个 score 的值为 95，则该表达式变为 90<=95<=100 or 50<=95<=60，根据<=和 or 运算规则，这个表达式的值为 True。如果某一个 score 的值为 75，则该表达式变为 90<=75<=100 or 50<=75<=60，同样根据<=和 or 运算规则，这个表达式的值为 False。

如何用条件表达式表示"性别（sex）为男且专业（subject）是统计或数学"呢？首先将性别为男表示为 sex=='男'。然后需要将专业是统计或数学表示出来。这里专业又要进一步细分：专业是统计表示为 subject=='统计'、专业是数学表示为 subject=='数学'。这两个专业之间是或者的关系，用 or 来连接。因此，专业是统计或是数学表示为 subject=='统计' or subject=='数学'。再分析专业与性别之间是并且的关系，用 and 来连接。这样最后的表达式表示为 sex=='男' and (subject=='统计' or subject=='数学')。

请读者思考一下，可以写成 sex=='男' and subject=='统计' or subject=='数学'吗？显然不可以。如果这样表示，根据运算符的优先级，先计算 sex=='男' and subject=='统计'，然后再与 subject=='数学'进行 or 运算，这就表示性别为男且专业是统计或者专业是数学（性别不限）。这与题意不符。

sex=='男' and (subject=='统计' or subject=='数学')只是描述此问题的一种条件表达式。还可以用 in 运算符表示为 sex=='男' and subject in ['统计','数学']。这里还要强调的是，条件表达式中不允许使用赋值运算符"=",如果要判断是否相等，要使用关系运算符"=="。例如：

```
>>> a = 3
>>> if a = 3:

SyntaxError: invalid syntax
>>> if a == 3:
        print('a = 3')


a = 3
```

数学中判断方程是否有实根的时候要用到判别式，当判别式 $b^2-4ac \geqslant 0$ 时方程有实根，那么 $b^2-4ac \geqslant 0$ 如何表示成合法的条件表达式呢？可以直接用 b**2-4ac>=0 表示吗？在 Python 中不可以这样表示。因为 Python 语言表达式中乘号（*）不能省略。可以用 b**2-4*a*c>=0 或者 pow(b,2)-4*a*c>=0 来表示。

2.6　常用的 Python 内置函数

Python 内置了一系列的常用函数，不需要额外导入任何模块就可以直接使用。这些函数通常进行了优化，运行速度相对较快。可以使用内置函数 dir()查看所有的内置函数和内置对象，详见 1.6 节。还可以通过 help(函数名)查看某个函数的具体用法。例如用 help(eval)可查看 eval()函数的帮助信息,了解具体用法。

表 2.4 列出了常用内置函数。

表 2.4 常用内置函数

函　　数	功　　能
abs(x)	返回数字 x 的绝对值,如果 x 为复数,返回值就是该复数的模
divmod(x,y)	返回整除的商和余数构成的元组
eval(s[,globals[,locals]])	计算字符串中表达式的值并返回
help(obj)	返回对象 obj 的帮助信息
id(obj)	返回对象 obj 的标识(内存地址)
input(prompt=None,/)	显示提示信息,接收键盘输入,返回键盘输入的字符串
len(obj)	返回对象 obj(如列表、元组、字典、字符串、集合、range 等对象)中的元素个数
max(x[,y,z…])、min(x[,y,z…])	返回给定参数的最大值、最小值,参数可以为可迭代对象
pow(x,y[,z])	pow()函数返回以 x 为底,y 为指数的幂。如果给出 z 值,则该函数就计算 x 的 y 次幂值被 z 取模的值
print(value,…,sep=' ',end='\n',file=sys.stdout,flush=False)	输出对象,默认输出到屏幕,相邻数据之间使用空格分隔,结尾以换行符结束
round(x[,n])	返回浮点数 x 采用四舍六入五留双算法保留小数点后面 n 位的值;详细算法见该表后面的介绍
sorted(iterable,/,*,key=None,reverse=False)	返回排序后的元素构成的列表,其中 iterable 表示待排序的可迭代对象,key 表示排序规则,reverse 表示是否采用降序,默认为升序
sum(iterable,/,start=0)	返回可迭代对象 iterable 中所有元素之和,如果指定起始值 start,则返回 start+sum(iterable);如果 iterable 为空,则返回 start
type(obj)	返回对象 obj 的数据类型
chr(i)	返回 Unicode 编码为 i 所对应的字符,0<=i<=0x10ffff
bin(x)	将十进制整数 x 转换为二进制串
oct(x)	把十进制整数 x 转换成八进制串
hex(x)	把十进制整数 x 转换成十六进制串
ord(x)	返回一个字符的 Unicode 编码

在 Python 3 中,round(x[,n])对数值 x 保留 n 位小数采用四舍六入五留双的算法。小数点后面第 n+1 位的数如果小于或等于 4,则直接舍弃第 n 位后面的部分。小数点后面第 n+1 位的数如果大于或等于 6,则第 n 位加 1,然后截掉第 n 位后面的部分。如果第 n+1 位为 5,且 x 离无论是否进位保留 n 位小数后的两个值距离相同,则保留到第 n 位为偶数的一边;若距离不等,则保留到距离更近的一边。

例如,有一个数为 a.bc,需要保留小数点后面一位,如果小数点后面第 2 位 c 为 5,则分为以下情况。

(1) 第 2 位 c 后面有不为 0 的数据,则进位,小数点后面第 1 位变成 b+1。

(2) 第 2 位 c 后面没有数据，又分为以下两种情况。
- 如果 b 为偶数，则不进位，小数点后面第 1 位保持不变。
- 如果 b 为奇数，则进位，小数点后面第 1 位变成 b+1，使这一位成为偶数。

round() 中五留双算法的例子如下：

```
>>> round(1.25,1)
1.2
>>> round(1.35,1)
1.4
>>> round(1.45,1)
1.4
>>> round(1.55,1)
1.6
```

但是会出现以下情况：

```
>>> round(1.15,1)
1.1
>>> round(2.675, 2)
2.67
>>>
```

根据 round() 函数的舍入规则，当舍或入的距离相同时，最后一位保留偶数。round(1.15,1) 应该返回 1.2，round(2.675,2) 应该返回 2.68。但实际情况并非如此。这两个例子不是例外，也不是错误。这是由于浮点数在计算机中不一定能够精确表达所导致的。浮点数在计算机中换算成二进制的 0、1 串后可能是无限位数，在保存时会做截断处理。因此实际保存的值比书写的值要小一点点。如 2.675 在计算机中用二进制表示时，由于后面一部分 0、1 串被截断了，因此比实际值要小一点点，导致其离 2.67 比离 2.68 更近一些。

【例 2.3】 通过输入函数 input() 输入股票代码、股票名称、当天股票最高价和最低价，通过输出函数 print() 输出股票代码＋股票名称、最高价、最低价及最高价与最低价的差值。

第一种方法的程序源代码如下：

```
# example2_3_1.py
# coding = utf-8
number = input('请输入股票代码:')
name = input('请输入股票名称:')
highest = float(input('请输入当天最高价:'))
lower = float(input('请输入当天最低价:'))
diff = highest - lower
print("股票代码＋股票名称:",number," + ",name)
print("最高价:",highest,"最低价:",lower,"差值:",diff,sep = "")
```

程序 example2_3_1.py 的运行结果如下：

```
>>>
============ RESTART: G:\example2_3_1.py ============
请输入股票代码:600663
请输入股票名称:陆家嘴
请输入当天最高价:15.55
请输入当天最低价:15.05
```

股票代码+股票名称:600663 + 陆家嘴
最高价:15.55 最低价:15.05 差值:0.5

上述代码中,先用 input() 函数得到数值字符串,然后利用 float() 根据该字符串来构造对应的浮点数,将这两个浮点数分别赋值给 highest 和 lower。最后将 highest 和 lower 相减得到差值 diff。

第二种方法的程序源代码如下:

```
# example2_3_2.py
# coding = utf-8
number = input('请输入股票代码:')
name = input('请输入股票名称:')
highest = input('请输入当天最高价:')
lower = input('请输入当天最低价:')
diff = float(highest) - float(lower)
print("股票代码+股票名称:" + number + " + " + name)
print("最高价:",highest,"最低价:",lower,"差值:",diff,sep = "")
```

程序 example2_3_2.py 的运行结果如下:

```
>>>
============ RESTART: G:\ example2_3_2.py ============
请输入股票代码:600663
请输入股票名称:陆家嘴
请输入当天最高价:15.55
请输入当天最低价:15.05
股票代码+股票名称:600663+陆家嘴
最高价:15.55 最低价:15.05 差值:0.5
```

highest 和 lower 都通过 input() 函数得到数值字符串。接着在计算差值 diff 时,先使用 float() 从 highest 和 lower 构造相应的浮点数,然后将这两个浮点数再相减。

请读者比较程序 example2_3_1.py 和程序 example2_3_2.py 的运行结果有什么不同?

【例 2.4】 请编写一个程序,接收用户从键盘输入的一个复数的实部和虚部,输出其复数表示形式,以及其模。

分析:①从键盘接收输入;②计算模:设复数 $z=a+bj(a,b\in \mathbf{R})$,则复数 z 的模 $|z|=\sqrt{a^2+b^2}$,它的几何意义是复平面上一点 (a,b) 到原点的距离。

程序源代码如下:

```
# example2_4.py
# coding = utf-8
import math
a = input("请输入复数的实部:")
b = input("请输入复数的虚部:")
c = math.sqrt(float(a) ** 2 + float(b) ** 2)
print("输入的复数为:",a," + ",b,"j"," 模为",c,sep = "")
```

程序 example2_4.py 的运行结果如下:

```
>>>
============ RESTART: G:\ example2_4.py ============
```

```
请输入复数的实部:3.5
请输入复数的虚部:6.7
输入的复数为:3.5+6.7j,模为 7.559100475585703
```

上述代码中,a 和 b 都通过 input()函数得到数字字符串。然后在计算模 c 时,使用 float()来构造 a 和 b 对应的浮点数,再用这些浮点数进行计算。

2.7 注释与续行

在编写程序过程中,程序员为了理清思路,通常会在程序编辑器中用自然语言书写文本。这些文本不是程序代码,不能被执行。因此,在编写时需要用一定的方式告诉编译器或解析器哪些部分不是程序代码,以免引起编译错误。这就是注释的功能。注释部分不影响程序的功能,编译器或解析器会直接忽略这些内容。但对一个高质量的程序来说,注释很重要。它不但可以帮助程序员在编写代码时整理思路,还可以帮助其他读者理解程序编写的思路,甚至还可以帮助编写者本人回忆当时的编写思路。

Python 中通常用换行来表示一个表达式的结束。然而,当一行程序非常长的时候,通常会影响阅读或理解。这时,程序代码可以换到多行。如果上一行的末尾与下一行是同一个表达式,则在上一行的末尾需要添加续行符,表示下一行是上一行的继续,在逻辑上属于同一行的内容。

2.7.1 单行注释

在 Python 中,单行注释以井号(#)开头,表示从井号开始到该行末尾均为注释。因此,井号被称为单行注释符。例如,以下程序中,"#用加号连接两个字符串"为注释内容。程序执行时忽略注释部分。

```
>>> x = "ab"
>>> y = "cd"
>>> z = x + y                    #用加号连接两个字符串
>>> z
'abcd'
>>>
```

2.7.2 多行注释

多行注释以一对三引号为边界,位于两个三引号之间,可以跨越多行。这里的三引号可以是三个单引号或三个双引号。如果开始边界符为三个单引号,那么结束边界符也必须是三个单引号。如果开始边界符为三个双引号,那么结束边界符也必须是三个双引号。这里的引号指英文输入法下的引号。

2.7.3 续行符

Python 中使用反斜杠(\)作为续行符,表示续行符的下一行与续行符所在行是同一行,为了便于程序的编写和阅读,利用续行符将原本属于一行的程序分成多行。以下例子中,x=1+2 这个表达式换成两行,需要在前一行的末尾添加续行符。

```
>>> x = 1 + \
    2
>>> x
3
>>>
```

续行符经常用于较长的字符串中,例如:

```
>>> s = "我" \
    "喜欢\n" \
    "程序设计"
>>> s
'我喜欢\n程序设计'
>>> print(s)
我喜欢
程序设计
>>>
```

定义字符串时采用续行符的写法表示这几个字符串属于同一个字符串。也可以省略中间的所有字符串边界符(这里是英文双引号),只保留第一个和最后一个字符串边界符。此时续行符(\)前面的空格将作为字符串的内容,续行符后面不允许出现空格。例如:

```
>>> s = "我\
喜欢\n \
程序设计"
>>> s
'我喜欢\n 程序设计'
>>> print(s)
我喜欢
 程序设计
```

注意,在定义字符串 s 时,第二行中换行符(\n)和续行符(\)之间有一个空格,所以查看字符串 s 时,在"\n"和"程序设计"之间出现了空格。用 print()函数打印字符串 s 时,在字符串"程序设计"的前面出现了一个空格。因此建议采用前一种写法,在每行的字符串两端均写上字符串边界符,以免引入不必要的空格。

另外,续行符后面不能出现注释符。

习题 2

1. 运用输入输出函数编写程序,从键盘输入华氏温度的值,将华氏温度转换成摄氏温度,打印输出摄氏温度的值。换算公式:$C=(F-32)\times 5/9$,其中 C 为摄氏温度,F 为华氏温度。

2. 编写程序,根据输入的长和宽,计算矩形的面积并输出。

3. 编写程序,输入三名学生的成绩,计算平均分并输出。

4. 有语文(Chinese)、数学(Math)、英语(English)三门课程,均采用百分制,60 分及以上且 90 分以下为及格,90 分及以上为优秀。

请根据以下叙述分别写出正确的条件表达式：

(1) 三门课程都及格。

(2) 至少一门课程及格。

(3) 语文及格且数学或者英语优秀。

5. 为了给孩子储备教育基金，希望在孩子满10周岁(120个月)时能够提取5万元用于教育。现有各种不同收益率的按月复利计算教育投资基金。编写程序，根据键盘输入的月收益率，计算在孩子出生时该投资多少钱来购买基金，使得孩子10周岁时能取回5万元用于教育。计算公式如下：

$$投资金额 = \frac{最终金额}{(1+月收益率)^{月数}}$$

第3章 控制语句

学习目标

- 熟练掌握分支语句、循环语句。
- 掌握 break 语句和 continue 语句。
- 能针对具体实例编写控制程序,并合理设计程序的测试数据。能预判循环的执行次数。

分支结构又称为选择结构。本章首先介绍基于条件表达式的 if 语句分支结构中单分支语句、双分支语句、多分支语句、嵌套分支语句和分支结构的三元运算。接着介绍基于模式匹配的 match/case 分支结构。然后介绍两种循环控制语句及两种循环中断语句。最后给出一个应用实例。

3.1 基于条件表达式的 if 语句分支结构

Python 中采用 if 语句的分支结构根据条件表达式的判断结果为真(包括非零、非空)还是为假(包括零、空),选择运行程序的其中一个分支。Python 的分支结构控制语句主要有单分支语句、双分支语句、多分支语句、嵌套分支语句和分支结构的三元运算。

3.1.1 单分支 if 语句

视频讲解

单分支 if 语句由四部分组成,分别为关键字 if、条件表达式、冒号、表达式结果为真(包括非零、非空)时要执行的语句体。其语法形式如下:

```
if 条件表达式:
    语句体
```

单分支 if 语句的执行流程如图 3.1 所示。

单分支 if 语句先判断条件表达式的值是真还是假。如果判断的结果为真(包括非零、非空),则执行语句体中的操作;如果条件表达式的值为假(包括零、空),则不执行语句体中的操作。语句体既可以包含多条语句,也可以只由一条语句组成。当语句体由多条语句组成时,要有统一的缩进形式,否则可能会出现逻辑错误或导致语法错误。

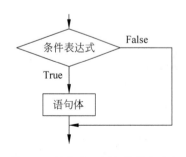

图 3.1 单分支 if 语句的执行流程

【例 3.1】 从键盘输入圆的半径,如果半径大于或等于 0,则计算并输出圆的面积和周长。

程序源代码如下:

```
# example3_1.py
# coding = gbk
import math
r = eval(input("请输入圆的半径:"))

if r >= 0:
    d = 2 * math.pi * r
    s = math.pi * r ** 2
    print('圆的周长 = ',d,'圆的面积 = ',s)
```

程序测试:运行程序 example3_1.py,首先输入一个大于或等于 0 的半径,如 5,观察程序的运行结果。再次运行程序,输入一个小于 0 的半径,如-1,观察程序的运行结果。

只有在输入的半径为大于或等于 0 的数时,会产生正确的输入和输出。如果输入的半径小于 0,则不产生任何输出。

程序 example3_1.py 的运行结果如下:

请输入圆的半径:5
圆的周长 = 31.41592653589793 圆的面积 = 78.53981633974483

思考:如果程序编写如下,会产生怎样的结果?

```
# question3_1.py
# coding = gbk
import math
r = eval(input("请输入圆的半径:"))

if r >= 0:
    d = 2 * math.pi * r
    s = math.pi * r ** 2
print('圆的周长 = ',d,'圆的面积 = ',s)
```

程序测试:运行程序 question3_1.py,首先输入一个大于或等于 0 的半径,如 5,观察程序的运行结果。再次运行程序,输入一个小于 0 的半径,如-1,观察程序的运行结果。观察程序 example3_1.py 和 question3_1.py 运行结果的异同。并请思考:对于单分支结构的程序,如何设计测试数据以验证程序流程上没有错误?

3.1.2 双分支 if/else 语句

双分支 if/else 语句的语法形式如下:

```
if 条件表达式:
    语句体 1
else:
    语句体 2
```

视频讲解

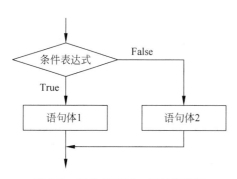

图 3.2 双分支 if/else 语句流程图

双分支 if/else 语句的执行流程如图 3.2 所示。

if/else 语句是一种双分支结构。先判断条件表达式值的真假,如果条件表达式的结果为真(包括非零、非空),则执行语句体 1 中的操作;如果条件表达式为假(包括零、空),则执行语句体 2 中的操作。语句体 1 和语句体 2 既可以包含多条语句,也可以只由一条语句组成。

【例 3.2】 从键盘输入表示年份的数字赋值给变量 t,如果年份 t 能被 400 整除,或者能被 4 整除但不能被 100 整除,则输出"t 年是闰年",否则输出"t 年不是闰年"(t 用输入的年份代替)。

程序源代码如下:

```
# example3_2.py
# coding = gbk
t = int(input("请输入年份:"))

if t % 400 == 0 or (t % 4 == 0 and t % 100!= 0):
    print(t,'年是闰年',sep = "")
else:
    print(t,'年不是闰年',sep = "")
```

程序测试:运行程序,首先输入年份 1996,观察程序的运行结果。再次运行程序,输入年份 2000,观察程序的运行结果。再次运行程序,输入年份 2003,观察程序的运行结果。

程序 example3_2.py 第一次运行结果如下:

请输入年份:1996
1996 年是闰年

程序 example3_2.py 第二次运行结果如下:

请输入年份:2000
2000 年是闰年

程序 example3_2.py 第三次运行结果如下:

请输入年份:2003
2003 年不是闰年

思考一下,如果只输入一个年份值进行测试的话,能否说明程序流程无误?请总结,在用复杂的条件表达式进行判断时,应如何设计测试数据才可以验证程序流程是正确的。

【例 3.3】 某金融企业正在招聘新员工,凡是满足以下两个条件之一的求职者将会收到面试通知。

(1) 25 岁及以下且是重点大学"金融工程"专业的应届学生。

(2) 具备至少 3 年工作经验的"投资银行"专业人士。

编写程序判断一个 24 岁非重点大学"投资银行"专业毕业,已有 3 年工作经验的求职者能否收到面试通知。

分析:该企业的面试条件涉及年龄、工作年限、毕业院校类别、所学专业四方面。为此,设定以下变量:年龄 age(整型,取值应该大于 0),工作时间(年)jobtime(整型,取值应该大于或等于 0),毕业院校类别 college(字符串类型,取值为"重点""非重点"),所学专业 major(字符串类型,取值为"金融工程""投资银行""其他")。条件(1)和条件(2)各自内部的逻辑关系都是"并且"。条件(1)和条件(2)之间的逻辑关系是"或"。

条件(1)的表达式如下:

age <= 25 and college == "重点" and major == "金融工程" and jobtime == 0

条件(2)的表达式如下:

major == "投资银行" and jobtime >= 3

程序源代码如下:

```
# example3_3.py
# coding = gbk
age = 24
jobtime = 3
college = "非重点"
major = "投资银行"

if (age <= 25 and college == "重点" and major == "金融工程" and jobtime == 0) \
    or (major == "投资银行" and jobtime >= 3):
    print("欢迎您来参加面试!")
else:
    print("抱歉,不符合我们的面试条件.")
```

程序 example3_3.py 的运行结果如下:

欢迎您来参加面试!

请思考,以上程序代码给定的年龄、工作年限、毕业院校类别、所学专业四方面应满足哪些条件可得到以上运行结果?

3.1.3 多分支 if/elif/else 语句

视频讲解

多分支 if/elif/else 语句的语法形式如下:

```
if 条件表达式 1:
    语句体 1
elif 条件表达式 2:
    语句体 2
...
elif 条件表达式 n-1:
    语句体 n-1
else:
    语句体 n
```

多分支语句的执行流程如图 3.3 所示。

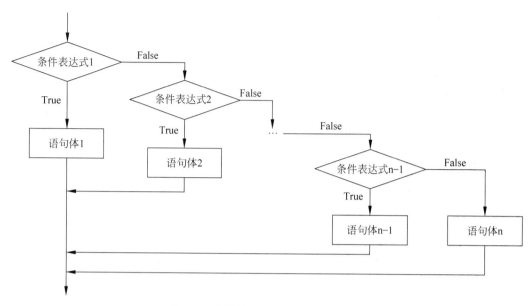

图 3.3 多分支 if/elif/else 语句流程图

if/elif/else 这种多分支结构先判断条件表达式 1 的真假。如果条件表达式 1 的结果为真(包括非零、非空),则执行语句体 1 中的操作,然后退出整个分支语句;如果条件表达式 1 的结果为假(包括零、空),则继续判断条件表达式 2 的真假;如果条件表达式 2 的结果为真(包括非零、非空),则执行语句体 2 中的操作,然后退出整个分支语句;如果条件表达式 2 的结果也为假(包括零、空),则继续判断表达式 3 的真假……从上到下依次判断条件表达式,找到第一个为真的条件表达式就执行该条件表达式下的语句体,不再判断剩余的条件表达式。如果所有的条件表达式均为假,并且最后有 else 语句部分,则执行 else 后面的语句体;如果此时没有 else 语句体,则不执行任何操作。任何一个分支的语句体执行完后,直接结束该分支结构。

语句体 1,语句体 2,…,语句体 n,既可以包含多条语句,也可以只由一条语句组成。

【例 3.4】 从键盘输入标准价格和订货量。根据订货量的大小给客户以不同的折扣率价格,计算应付货款(应付货款=订货量×价格×(1-折扣率))。订货量在 300 以下的,没有折扣;订货量在 300 及以上、500 以下的,折扣率为 3%;订货量在 500 及以上、1000 以下的,折扣率为 5%;订货量在 1000 及以上、2000 以下的,折扣率为 8%;订货量在 2000 及以上的,折扣率为 10%。

分析:键盘输入标准价格 price、订货量 Quantity,依照上述标准进行判断,得出折扣率。注意,还需要考虑输入的订货量和标准价格小于 0 时的错误情况。

程序源代码如下:

```
# example3_4.py
# coding = gbk
price = eval(input('请输入标准价格:'))
Quantity = eval(input("请输入订货量: "))

if Quantity < 0:
```

```
        Coff = -1
    elif Quantity < 300:
        Coff = 0.0
    elif Quantity < 500:
        Coff = 0.03
    elif Quantity < 1000:
        Coff = 0.05
    elif Quantity < 2000:
        Coff = 0.08
    else:
        Coff = 0.1

    if Quantity >= 0 and price >= 0:
        print("折扣率为:",Coff)
        Pays = Quantity * price * (1 - Coff)
        print("支付金额:",Pays)
    else:
        print("输入的订货量与标准价格均不能小于0!")
```

程序 example3_4.py 第一次的运行结果如下：

请输入标准价格:10
请输入订货量:500
折扣率为:0.05
支付金额: 4750.0

程序 example3_4.py 第二次的运行结果如下：

请输入标准价格:10
请输入订货量:-100
输入的订货量与标准价格均不能小于0!

程序 example3_4.py 第三次的运行结果如下：

请输入标准价格:-10
请输入订货量:200
输入的订货量与标准价格均不能小于0!

请思考，需要输入多少个标准价格和订货量组成的测试数据，才能验证程序的每个分支都是正确的？

3.1.4 分支结构的嵌套

视频讲解

在分支结构的某一个分支的语句体中又嵌套新的分支结构，这种情况称为分支结构的嵌套（又称为选择结构的嵌套）。分支结构的嵌套形式因问题不同而千差万别，因此透彻分析每个分支的逻辑情况是编写程序的基础。

【例 3.5】 输入客户类型、标准价格和订货量。根据客户类型（<5 为新客户，≥5 为老客户）和订货量给予不同的折扣率，计算应付货款（应付货款＝订货量×价格×(1－折扣率)）。

如果是新客户：订货量在 800 以下的，没有折扣，否则折扣率为 2%。如果是老客户：订货量在 500 以下的，折扣率为 3%；订货量在 500 及以上、1000 以下的，折扣率为 5%；订货量在1000及以上、2000以下的,折扣率为8%;订货量在2000及以上的,折扣率为10%。请绘制流程图,并编写程序。

分析:输入数据后,应首先对客户类型、价格和订货量的输入值进行简单判断,判断其是否大于0。当这三个值均大于0时才开始做应付货款的计算,否则提示"输入错误"。数据输入正确后的处理流程如图3.4所示。

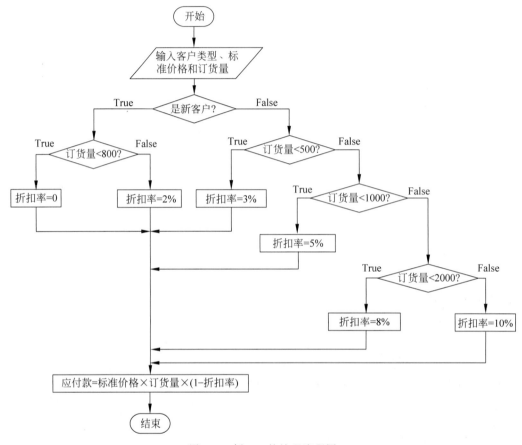

图3.4 例3.5的处理流程图

程序源代码如下:

```
# example3_5.py
# coding = gbk

Ctype = int(input("请输入客户类型(小于5为新客户):"))
Price = eval(input('请输入标准价格:'))
Quantity = eval(input("请输入订货量:"))

if Ctype > 0 and Price > 0 and Quantity > 0:
    if Ctype < 5:
        if Quantity < 800:
            Coff = 0
        else:
            Coff = 0.02
```

```
        else:
            if Quantity < 500:
                Coff = 0.03
            elif Quantity < 1000:
                Coff = 0.05
            elif Quantity < 2000:
                Coff = 0.08
            else:
                Coff = 0.1
        Pays = Quantity * Price * (1 - Coff)
        print("应付款为:",Pays)

else:
    print("输入错误。")
```

程序测试：运行程序，首先输入客户类型为 4，标准价格为 10，订货量为 700，观察程序的运行结果。再次运行程序，输入客户类型为 6，标准价格为 10，订货量为 700，观察程序的运行结果。

程序 example3_5.py 第一次的运行结果如下：

请输入客户类型(小于 5 为新客户):4
请输入标准价格:10
请输入订货量:700
应付款为: 7000.0

程序 example3_5.py 第二次的运行结果如下：

请输入客户类型(小于 5 为新客户):6
请输入标准价格:10
请输入订货量:700
应付款为: 6650.0

3.1.5 分支结构的三元运算

视频讲解

对于简单的 if/else 双分支结构，可以使用三元运算表达式来实现。例如：

```
x = 5
if x > 0:
    y = 1
else:
    y = 0
```

可以用三元运算改写为

```
x = 5
y = 1 if x > 0 else 0
```

结果完全一样。

if/else 双分支结构的三元运算表达式如下：

变量 = 值 1   if   条件表达式   else   值 2

如果条件表达式为真，变量取"值 1"，否则变量取"值 2"。

3.2 pass 语句

pass 是一个空语句,不做任何事情,一般只用作占位语句。使用 pass 语句是为了保持程序结构的完整性。在程序设计的过程中,可以用 pass 语句替代某些代码,在后续过程中再做补充。

```
>>> a = 5
>>> if a == 5:
        #没想好
    else:

SyntaxError: expected an indented block
```

上述代码中,程序结构不完整,导致出错。

```
>>> if a == 5:
        pass                #没想好,用 pass 来占位
    else:
        print('ok')
```

上述代码使用了 pass 语句,程序结构完整,没有出现错误。

保留 pass 语句不影响其他语句的执行,例如:

```
>>> if a == 5:
        pass                #没想好,用 pass 来占位
        print('再想想')
    else:
        print('ok')
```

上述代码的运行结果如下:

再想想

3.3 基于模式匹配的 match/case 分支结构

Python 3.10 开始引入了基于模式匹配的 match/case 分支结构。该结构与 if 语句的分支结构功能类似,但更加灵活。match/case 分支的结构如下:

```
match 匹配对象:
    case 匹配表达式 1:
        分支 1
    case 匹配表达式 2:
        分支 2
    …
    case _:
        分支 n
```

match 后面的匹配对象依次对 case 后面的表达式进行匹配。当找到第一个匹配的 case 子句后,执行该子句所在分支的语句块,就不再去判断匹配对象与剩余的 case 后面表

达式是否匹配,然后结束整个 match/case 结构。如果没有一个 case 后面的表达式与 match 后面的对象相匹配,则执行"case _"分支(默认分支)后面的表达式;此时如果没有默认分支,则不执行任何分支。

3.3.1 匹配简单对象

case 后面的表达式可以是数值等简单对象或由这些对象构成的条件表达式。例如:

```
x = 5
match x:
    case 3:
        print("x = 3")
    case 5|6:                   #运算符"|"表示或
        print("x = 5 或 x = 6")
    case _:                     #默认分支,当上述分支均不匹配时执行该分支
        print("x 不是 3、5 或 6 中的任何一个")
```

如上代码的运行结果如下:

x = 5 或 x = 6

match 结构也可以没有默认分支,就像 if 语句没有 else 分支一样。还可以在 case 后面使用变量,用该变量接收 match 后面的表达式值,并可以用 if 语句添加判断条件。例如:

```
x = 10
match x:
    case 3:
        print("x = 3")
    case 5|6:
        print("x = 5 或 x = 6")
    case y if y > 8:            # 用 if 语句添加判断条件
        print("x 大于 8")
        print("y = ", y, sep = "")
```

如上代码的运行结果如下:

x 大于 8
y = 10

上述代码中,前两个 case 后面的表达式都不能与 match 后面的表达式匹配。轮到第 3 个 case 时,先将 x 的值赋给 y。这样 y 得到 x 的值 10,并且条件表达式 y>8 的计算结果为 True,因此执行该分支下的语句块。

3.3.2 匹配序列对象

在匹配列表或元组等序列时,需要长度和元素都匹配才表示匹配成功。例如:

```
x = [1,2]
match x:
    case [1]:
        print("匹配单个元素为 1 的序列")
    case [1,y]:
```

```
        print("匹配长度为 2 的序列,且第一个元素为 1,并将第 2 个元素赋值给 y")
```

如上代码的运行结果如下:

匹配长度为 2 的序列,且第一个元素为 1,并将第 2 个元素赋值给 y

在程序执行时,第一个 case 后面的列表长度与 match 后面的列表对象 x 的长度不匹配。第二个 case 后面的列表对象[1,y]与 x 在长度和元素值上都匹配。

序列内部元素的匹配中,也可以使用或运算符(|),例如:

```
x = [1,2,"test"]
match x:
    case [1, (2|5), y]:
        print("匹配 3 个元素,第 2 个为 2 或 5,第 3 个元素不限")
    case _:
        print("都不匹配")
```

如上代码的运行结果如下:

匹配 3 个元素,第 2 个为 2 或 5,第 3 个元素不限

可以为序列中元素值的匹配添加条件。例如,以下程序中对序列的第三个元素匹配添加了字符串长度大于 0 的条件。例如:

```
x = [1,2,"test"]
match x:
    case [1, (2|5) as s, y] if len(y)> 0:
        print("共 3 个元素,为第 2 个元素赋予别名 s," +
              "并将匹配时的第 2 个元素值赋给 s,同时要求第 3 个元素 y 的长度大于 0")
    case _:
        print("都不匹配")
```

如上代码的运行结果如下:

共 3 个元素,为第 2 个元素赋予别名 s,并将匹配时的第 2 个元素值赋给 s,同时要求第 3 个元素 y 的长度大于 0

程序执行后,可以查看 s 的值为 2,y 的值为 'test'。

在匹配表达式中,也可以采用变量名前添加星号(*)的方式来表示序列中剩余的元素。例如,以下例子中,用 * rest 来匹配元组 x 中除第一个元素(这里值为 1)后的所有剩余元素(这里是 2 和"test")。

```
x = (1,2,"test")
match x:
    case [1|2 as y, * rest]:
        print("匹配第一项为 1 或 2 的序列")
    case _:
        print("没有找到匹配项")
```

如上代码的运行结果如下:

匹配第一项为 1 或 2 的序列

执行该程序后,y 被赋予 1;其余项构成列表[2,'test'],赋予变量 rest。变量名前面加

*的含义将在第 6 章介绍。

3.3.3 匹配字典对象

case 后面也可以是字典。只要 case 表达式中的字典元素在 match 对象中存在,即表示匹配成功。例如:

```
d = {"number":1024,"name":"liu"}
match d:
    case {"name" : _}:
        print("匹配存在 key 为 name 的字典")
    case _:
        print("没有匹配项")
```

如上代码的运行结果如下:

匹配存在 key 为 name 的字典

在对字典的键进行匹配时,同时也可以要求匹配字典中值的类型。以下例子中,除了需要匹配字典中的两个键,还要求键 number 对应的值必须是整数类型。

```
d = {"number":1024,"name":"liu"}
match d:
    case {"name":n,"number":int(x)}:
        print("匹配 number 对应的值为整数,且存在 key 为 name 和 number 的字典")
        print("x = ",x,sep = "")
        print("n = ",n,sep = "")
    case _:
        print("没有匹配项")
```

如上代码的运行结果如下:

匹配 number 对应的值为整数,且存在 key 为 name 和 number 的字典
x = 1024
n = liu

匹配表达式中,可以采用变量名前面加两个星号(**)的方式来表示字典中剩余的元素。例如,以下代码中用 ** rest 来匹配字典 d 中除键 age 所对应元素外的所有剩余元素。

```
d = {"number":1024,"name":"liu","age":18}
match d:
    case {"age":int(a), ** rest}:
        print("匹配有 key 为 age 且其对应值为整数的字典")
        print("a = ",a,sep = "")
        print("rest = ",rest,sep = "")
    case _:
        print("没有匹配项")
```

如上代码的运行结果如下:

匹配有 key 为 age 且其对应值为整数的字典
a = 18
rest = {'number': 1024, 'name': 'liu'}

字典 d 中,键 age 的值为 18,与 case 子句的字典中"age":int(a)相匹配。字典其余的键及相应的值与 ** rest 相匹配,并构成一个新的字典,赋值给变量 rest。因此,变量 a 被赋予了整数 18,变量 rest 被赋予了字典{'number':1024,'name':'liu'}。变量名前面加 ** 的含义将在第 6 章介绍。

当 match 的对象是类对象时,匹配的规则与字典类似。只要对象类型和对象的属性满足 case 后面的条件,就能匹配。对象中的属性个数可以超过 case 后面提到的属性个数。由于类与对象要在第 9 章介绍,这里不对对象的匹配展开阐述,读者可以在学习完第 9 章后再阅读 Python 官方文档或其他相关资料来了解此用法。

3.4 循环结构控制语句

Python 语言中包含 while 和 for 两种循环结构。while 循环结构是在给定的判断条件为真(包括非零、非空)时,重复执行某些操作;判断条件为假(包括零、空)时,结束循环。for 循环结构是当被遍历的可迭代对象中还有新的值可取时,重复执行某些操作;当被遍历的可迭代对象中没有新的值可取时,结束循环。

在介绍以上两种基本循环的简单结构后,本节将接着介绍与循环结构紧密相关的 break 和 continue 两种循环中断语句。在 break 语句的基础上,本节还将进一步介绍带 else 的循环结构。最后将介绍循环的嵌套结构。

视频讲解

3.4.1 简单 while 循环结构

简单的 while 循环语句结构如下:

```
while 条件表达式:
    循环体
```

简单的 while 循环由关键字 while、条件表达式、冒号、循环体构成。简单 while 循环结构的执行流程图如图 3.5 所示。其执行过程如下。

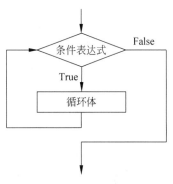

图 3.5 简单 while 循环结构的执行流程

(1) 计算 while 关键词后面条件表达式的值。如果其值为真(包括非零、非空),则转步骤(2);否则转步骤(3)。

(2) 执行循环体,转步骤(1)。

(3) 循环结束。

循环开始之前,如果 while 关键词后面条件表达式的值为假(包括零、空),则不会进入循环体,直接跳过循环部分。如果一开始 while 关键词后面条件表达式的值为真(包括非零、非空),则执行循环体;每执行完一次循环体,重新计算 while 关键词后面条件表达式的值,若为真,则继续执行循环体;循环体执行结束后重新判断 while 关键词后面的条件表达式;直到该条件表达式的值为假(包括零、空),则结束循环。条件表达式中变量的取值决定条件表达式值的真假,该变量称为循环控制变量。

在使用 while 语句时,要注意以下几点。

(1) 组成循环体的各语句必须以相同的格式缩进。

(2) 循环体既可以由单条语句组成,也可以由多条语句组成。如果语句尚未确定,可以暂时使用 pass 语句表示空操作,但不能没有任何语句。

(3) 循环开始之前要为循环控制变量赋初值,使得 while 后面的条件表达式有初始的真、假值。

(4) 如果一开始 while 后面的条件表达式为假(包括零、空),则不会进入循环;否则就进入循环,开始执行循环体。

(5) 循环体中要有语句改变循环控制变量的值,使得 while 后面的条件表达式因为该变量值的改变而可能出现结果为假(包括零、空)的情况,从而能够导致循环终止,否则会造成无限循环。

(6) Python 对大小写敏感,关键字 while 必须小写。

与 3.3 节中介绍的 if 语句比较,相同点和不同点如下。

(1) 相同点: 两者都由表达式、冒号、缩进的语句体组成。并且都是在表达式的值为真时执行语句体。

(2) 不同点: if 语句执行完语句体后,马上退出 if 语句。while 语句执行完语句体后,立刻又返回到条件表达式重新计算,只要条件表达式的值为真,它会一直重复这一过程,直到条件表达式的值为假时才结束循环。

while 循环既可以用于解决循环次数确定的问题,也可以用于解决循环次数不确定的问题。下面分别讨论这两种使用方式。

1. 利用计数器解决循环次数确定的问题

循环次数确定的问题是指在编写程序或循环开始执行之前可以预知循环即将执行的次数。为了控制循环次数,通常在程序中设置一个计数变量(循环控制变量),每次循环,该变量进行自增或自减操作,当变量值自增到大于设定的上限值或者自减到小于设定的下限值时,循环结束。

【例 3.6】 计算并输出小于或等于 200 的所有正偶数之和。

分析: 设置变量 aInt 从 1 开始计数,每次增长 1,直到 aInt 超过 200,循环终止。可以预知循环执行 200 次。每次判断 aInt 是否为偶数,若是偶数就累加到和变量 sumInt 中。

程序的执行流程如图 3.6 所示。

程序源代码如下:

```
# example3_6.py
# coding = gbk
aInt = 1
sumInt = 0

while aInt <= 200:
    if aInt % 2 == 0:
        sumInt = sumInt + aInt
    aInt = aInt + 1

print('1~200 的偶数和:',sumInt)
```

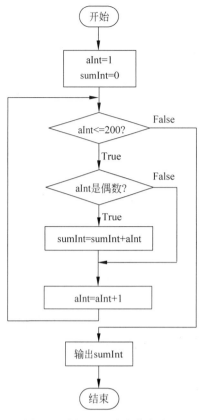

图 3.6 例 3.6 程序的执行流程

如上代码中，aInt 是循环控制变量，其初始值设为 1，每次循环步进为 1，其变化直接控制着循环的推进和次数。sumInt 的初始值为 0，用来累加 1~200 的偶数之和。

思考：在循环结束后，aInt 的值是多少？如果想要降低循环的次数，应该怎样修改程序？

如上代码的循环体共执行了 200 次。在循环结束时，aInt 的值是 201。如果要降低循环的次数，可以通过修改循环控制变量的初始值和每次的增长值来实现。

修改后的源代码如下：

```
#question3_2.py
#coding = gbk
aInt = 2
sumInt = 0

while aInt <= 200:
    sumInt = sumInt + aInt
    aInt = aInt + 2

print('1~200 的偶数和：',sumInt)
```

测试与思考：如果省略了语句 aInt＝aInt＋2，会出现什么运行结果？请总结该条语句的作用。如果省略了语句 sumInt＝0，会出现什么运行结果？将语句 sumInt＝0 放到循环体内，会产生怎样的结果？并请总结该条语句的作用。

如果要求 1~200 奇数的和，可以怎样修改程序？

2．利用信号值解决循环次数不确定的问题

循环次数不确定的问题是指在编写程序或程序运行前无法预知循环将要执行的次数。为了控制循环，一般在程序中设置一个类似触发器的变量（循环控制变量）。每次循环，该变量接收一个新值，当该变量值达到某信号值时，循环结束。

【例 3.7】 从键盘输入公司某商品的所有订单销售额，编程实现对输入的销售额累加求和。当输入的值小于或等于 0 时终止该操作。

分析：在编写程序时或程序运行之前均无法预知用户将从键盘连续输入多少个大于 0 的值，只要还没有输入小于或等于 0 的值，就利用循环一直累加相应的输入值，直到输入小于或等于 0 的值（信号量），循环才终止。

程序源代码如下：

```
#example3_7.py
#coding = gbk
fSale = float(input('请输入订单的销售额：'))
sumSales = 0

while fSale > 0 :
```

```
    sumSales += fSale
    fSale = float(input('请输入下一个订单的销售额: '))
print('商品的销售总额为:',sumSales)
```

程序 example3_7.py 的运行结果如下：

```
请输入订单的销售额:12
请输入下一个订单的销售额: 56.8
请输入下一个订单的销售额: 30
请输入下一个订单的销售额: 98.2
请输入下一个订单的销售额: 0
商品的销售总额为: 197.0
```

3.4.2 简单 for 循环结构

for 循环结构通过遍历一个序列(如字符串、列表、元组、range)等可迭代对象中的每个元素来建立循环。

简单 for 循环结构语句的语法形式如下：

```
for 变量 in 序列或迭代器等可迭代对象:
    循环体
```

简单 for 循环结构的执行流程如图 3.7 所示。

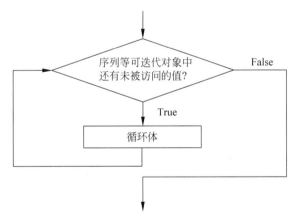

图 3.7 简单 for 循环结构的执行流程

循环开始时，for 关键词后面的变量从 in 关键词后面的序列或迭代器等可迭代对象中取其元素值，如果没有取到值，则不进入循环；如果可迭代对象中有值可取，则取到最前面的值，接着执行循环体。循环体执行完成后，for 关键词后面的变量继续取可迭代对象的下一个元素值，当没有值可取时，则终止循环；否则取到下一个元素值后继续执行循环体。然后重复以上过程，直到可迭代对象中没有新的值可取时，循环终止。

【例 3.8】 用列表存储若干城市的名称，利用 for 循环逐一输出城市名称。

程序源代码如下：

```
# example3_8.py
# coding = gbk
```

```
nameList = ['Beijing','Shanghai','Hangzhou','Nanjing','Taizhou','Wuhan']
print('城市名称列表:',end = " ")
for name in nameList:
    print(name,end = ' ')
```

程序 example3_8.py 的运行结果如下：

```
>>>
=== RESTART: D:\test\example3_8.py ===
城市名称列表: Beijing Shanghai Hangzhou Nanjing Taizhou Wuhan
>>>
```

在程序 example3_8.py 的每次循环过程中，变量 name 依次访问 nameList 列表中的一个字符串元素，然后执行循环体中的 print 语句，打印当前 name 变量值。print()函数输出结束时不换行，而是添加一个空格。

可以用 for 循环直接遍历 range 整数序列对象。例如：

```
>>> for i in range(0,10):
    print(i,end = ' ')
```

以上代码的运行结果为 0 1 2 3 4 5 6 7 8 9。

```
>>> for i in range(10):
    print(i,end = ' ')
```

以上代码的运行结果为 0 1 2 3 4 5 6 7 8 9。

```
>>> for i in range(3,15,1):
    print(i,end = ' ')
```

以上代码的运行结果为 3 4 5 6 7 8 9 10 11 12 13 14。

```
>>> for i in range(3,15):
    print(i,end = ' ')
```

以上代码的运行结果为 3 4 5 6 7 8 9 10 11 12 13 14。

```
>>> for i in range(3,15,2):
    print(i,end = ' ')
```

以上代码的运行结果为 3 5 7 9 11 13。

```
>>> for i in range(15,3,-2):
    print(i,end = ' ')
```

以上代码的运行结果为 15 13 11 9 7 5。

range 对象经常被用到 for 循环结构中，用于遍历序列的索引值。例 3.8 也可以使用以下方法实现。

```
# example3_8_1.py
# coding = gbk
nameList = ['Beijing','Shanghai','Hangzhou','Nanjing','Taizhou','Wuhan']
```

```
print('城市名称列表:',end = " ")

for i in range(len(nameList)):
    print(nameList[i],end = ' ')
```

程序 example3_8_2.py 的运行结果如下:

```
>>>
== RESTART: D:\test\example3_8_2.py ==
城市名称列表: Beijing Shanghai Hangzhou Nanjing Taizhou Wuhan
>>>
```

语句 range(len(nameList))先求 len(nameList)的值为 6；然后执行 range(6)，生成元素为 0、1、2、3、4、5 的可迭代对象。在 for 循环中，i 依次取可迭代对象中的值。将这个值作为访问列表 nameList 中元素的索引(即元素在列表中所处的位置)。通过 nameList[i]语句获取索引 i 对应的列表中的元素。

3.4.3　break 语句和 continue 语句

视频讲解

break 语句可以在 while 和 for 循环中用于提前终止循环。在循环的进行过程中，如果执行了 break 语句，则循环体中该 break 语句之后的部分不再执行并终止循环；如果 break 语句在具有两层循环嵌套的内层循环中，则只终止内层循环，进入外层循环的下一条语句继续执行。在多层嵌套的循环结构中，break 语句只能终止其所在层的循环。循环体中 break 语句是否执行，通常由分支结构来判断。

图 3.8 给出了循环体中含 break 语句的 while 循环结构执行流程。图 3.9 给出了循环体中含 break 语句的 for 循环结构执行流程。其中循环体 1、break 语句和循环体 2 三部分共同构成循环体。

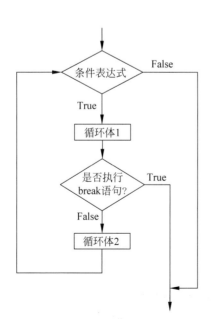 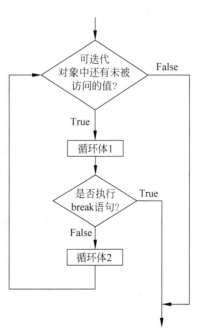

图 3.8　循环体中含 break 语句的 while 循环　　图 3.9　循环体中含 break 语句的 for 循环

【例 3.9】 求一个大于 1 的自然数除了自身以外的最大约数(因子)。

分析：为了寻找一个自然数 num 除自身以外的最大因子，可以使用循环结构。让循环控制变量 count 的初值为 num－1，只要 count 的值大于或等于 1，进行如下循环。

循环体步骤 1：判断 num 除以 count 的余数是否为 0，若为 0，该 count 值就是 num 的最大因子，利用 break 语句提前终止循环，否则进入循环体步骤 2。

循环体步骤 2：让 count 的值减 1。

程序源代码如下：

```
#example3_9_1.py
#coding = gbk
num = int(input('请输入一个大于1的自然数:'))
count = num - 1

while count > 0:
    if num % count == 0:
        print(count,'is the max factor of ',num)
        break

    count = count - 1
```

一个大于 1 的自然数除了自身以外的最大因子不会超过其除以 2 的整数商。因此可以将其除以 2 后的整数商作为循环控制变量的初始值，从而减少循环次数。

程序源代码如下：

```
#example3_9_2.py
#coding = gbk
num = int(input('请输入一个大于1的自然数:'))
count = num//2

while count > 0:
    if num % count == 0:
        print(count,'is the max factor of ',num)
        break

    count = count - 1
```

程序 example3_9_2.py 的运行结果如下：

```
请输入一个大于1的自然数:27
9 is the max factor of  27
```

程序 example3_9_2.py 的执行过程如下：

```
num = 27
count = 13
```

进入循环体：

因为 27 除以 13 的余数不为 0，break 不会执行，count 减 1 后的值为 12；

因为 27 除以 12 的余数不为 0，break 不会执行，count 减 1 后的值为 11；

因为 27 除以 11 的余数不为 0，break 不会执行，count 减 1 后的值为 10；

因为 27 除以 10 的余数不为 0，break 不会执行，count 减 1 后的值为 9；

因为 27 除以 9 的余数为 0，执行 break，提前终止循环。

输出：

```
9 is the max factor of  27
```

continue 语句可以用在 while 和 for 循环中。循环体中如果执行了 continue 语句，本次循环跳过循环体中 continue 语句之后的剩余语句，回到循环开始的地方重新判断是否进入下一次循环。在嵌套循环中，continue 语句只对其所在层的循环起作用。

图 3.10 给出了循环体中含 continue 语句的 while 循环结构执行流程。图 3.11 给出了循环体中含 continue 语句的 for 循环结构执行流程。其中循环体 1、continue 语句和循环体 2 三部分共同构成循环体。

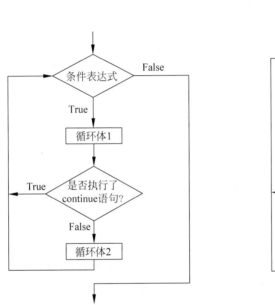 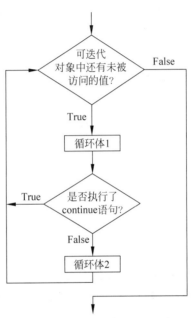

图 3.10　循环体中含 continue 语句的 while 循环　　图 3.11　循环体中含 continue 语句的 for 循环

break 语句与 continue 语句的主要区别如下。

（1）break 语句一旦被执行，循环体中 break 语句之后的部分不再执行，且终止该 break 所在层的循环。

（2）continue 语句的执行不会终止整个当前循环，只是提前结束本次循环，本次循环跳过循环体中 continue 语句之后的剩余语句，提前回到循环开始的地方，重新判断是否进入下一次循环。

【例 3.10】　阅读以下两个程序，理解 break 语句和 continue 语句的区别。

程序源代码如下：

```
#example3_10_1.py
strs = ['Mike','Tom','Null','Apple','Betty','Null','Amy','Dick']

for astr in strs:
```

```
        if astr == 'Null':
            break                  # 遇到单词 Null,则终止循环
        print(astr)
print('End')
```

程序 example3_10_1.py 的运行结果如下:

```
Mike
Tom
End
```

程序源代码如下:

```
# example3_10_2.py
strs = ['Mike','Tom','Null','Apple','Betty','Null','Amy','Dick']
for astr in strs:
    if astr == 'Null':
        continue               # 遇到单词 Null,则跳过该单词
    print(astr)
print('End')
```

程序 example3_10_2.py 的运行结果如下:

```
Mike
Tom
Apple
Betty
Amy
Dick
End
```

第一种情况下,if 语句里面是 break 语句。当触发了条件(即取到的字符串是'Null')则执行 break 语句,直接终止了循环,因此只输出了两个姓名 Mike 和 Tom。

第二种情况下,if 语句里面是 continue 语句。当触发了条件(即取到的字符串是'Null')则执行 continue 语句,只终止了当次循环,本次循环跳过循环体中 continue 语句之后的部分,提前进入下一次循环(即取得下一个字符串),因此输出了所有不是 Null 的姓名 Mike、Tom、Apple、Betty、Amy、Dick。

视频讲解

3.4.4 带 else 的循环结构

前面介绍了简单的 while 和 for 循环结构。与很多程序设计语言不同,Python 中的 while 和 for 语句后面还可以带有 else 语句块。

1. 带 else 的 while 循环

带 else 的 while 循环结构语法形式如下:

```
while 条件表达式:
    循环体
else:
    else 语句块
```

当条件表达式为真(True、非空、非零)时,反复执行循环体。当循环因为 while 后面的条件表达式为假(False、零、空)而导致不能进入循环或循环终止,else 语句块执行一次,然后结束该循环结构。如果该循环是因为执行了循环体中的 break 语句而导致循环终止,else 语句块不会执行,直接结束该循环结构。

如果循环体中没有 break 语句,带 else 语句块的 while 循环执行流程可以用图 3.12(a)表示。如果循环体中包含 break 语句,带 else 语句块的 while 循环执行流程可以用图 3.12(b)表示。图 3.12(b)中,循环体 1、break 语句部分、循环体 2 共同构成循环体。

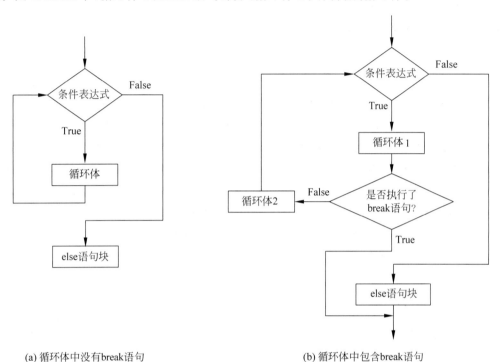

(a) 循环体中没有break语句　　　　　　(b) 循环体中包含break语句

图 3.12　while/else 循环结构的执行流程

【例 3.11】 从键盘输入一个正整数 n,用 while 循环找出小于或等于该正整数 n 且能被 23 整除的最大正整数。如果找到了,输出该正整数;如果没有找到,则输出"未找到"。

程序源代码如下:

```
# example3_11.py
# coding = gbk
n = int(input('请输入一个正整数:'))
i = n
while i > 0:
    if i % 23 == 0:
        print("小于或等于",n,"且能被 23 整除的最大正整数是:",i)
        break
    i = i - 1
else:
    print("未找到。")
```

程序 example3_11.py 的一种运行结果如下:

```
请输入一个正整数:20
未找到。
```

程序 example3_11.py 的另一种运行结果如下：

```
请输入一个正整数:100
小于或等于 100 且能被 23 整除的最大正整数是：92
```

2．带 else 的 for 循环

带 else 的 for 循环结构语法形式如下：

```
for 变量 in 序列或迭代器等可迭代对象：
    循环体
else：
    else 语句块
```

当变量能够从 in 后面的序列或迭代器等可迭代对象中取到值，则执行循环体。循环体执行结束后，变量重新从序列或迭代器等可迭代对象中取值。当变量从 in 后面的序列或迭代器等可迭代对象中取不到新的值时，则循环终止，else 语句块执行一次，然后终止循环结构。当循环是因为循环体中执行了 break 语句而导致终止时，则 else 语句块不执行，直接终止循环结构。

如果循环体中没有 break 语句，带 else 语句块的 for 循环执行流程可以用图 3.13(a)表示，如果循环体中带有 break 语句，带 else 语句块的 for 循环执行流程可以用图 3.13(b)表示。图 3.13(b)中，循环体 1、break 语句部分、循环体 2 共同构成循环体。

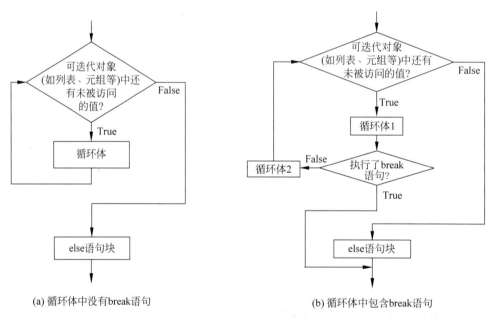

(a) 循环体中没有 break 语句　　　　(b) 循环体中包含 break 语句

图 3.13　for/else 结构执行流程图

【例 3.12】 有一个列表 sales=[5000,3000,8000,10600,6000,5000]。该列表中的元素依次表示某产品 1~6 月的销售额。请用 for 循环遍历该列表，找到第一个销售额大于或等于 6000 的元素，并打印该元素的值。如果没有找到，则输出"未找到"。

程序源代码如下：

```
# example3_12.py
# coding = gbk
sales = [5000, 3000, 8000, 10600, 6000, 5000]

for i in sales:
    if i >= 6000:
        print("第一个大于或等于6000的销售额是:",i)
        break
else:
    print('未找到。')
```

程序 example3_12.py 的运行结果如下：

第一个大于或等于 6000 的销售额是：8000

3.4.5 循环的嵌套

循环的嵌套是指在一个循环中又包含另外一个完整的循环，即循环体中又包含循环结构。循环嵌套的执行的过程是，先进入外层循环第 1 轮，然后执行完所有内层循环，接着进入外层循环第 2 轮，然后再次执行完内层循环，以此类推，直到外层循环执行完毕。

while 循环里面可以嵌套 while 循环，for 循环里面可以嵌套 for 循环。同时，while 循环和 for 循环也可以相互嵌套。循环的嵌套可以有很多层。典型的语法形式如下：

```
while 条件表达式 1:
    语句体 1-1
    while 条件表达式 2:
        循环体 2
    语句体 1-2
```

```
for 变量 1 in 可迭代对象 1:
    语句体 1-1
    for 变量 2 in 可迭代对象 2:
        循环体 2
    语句体 1-2
```

```
while 条件表达式:
    语句体 1-1
    for 变量 in 可迭代对象:
        循环体 2
    语句体 1-2
```

```
for 变量 in 可迭代对象:
    语句体 1-1
    while 条件表达式:
        循环体 2
    语句体 1-2
```

【例 3.13】 利用 $e = 1 + \dfrac{1}{1!} + \dfrac{1}{2!} + \dfrac{1}{3!} + \cdots + \dfrac{1}{n!}$，编写程序计算 e 的近似值。要求直到最后一项的值小于 10^{-8} 时，计算终止。输出最后一个 n 的值及 e 的值。

分析：将第一项 1 设为 e 的初始值。其他项为 $\dfrac{1}{n!}$，其中 n 的值为从 1 开始的自然数，直到 $\dfrac{1}{n!} < 10^{-8}$。while 循环的条件表达式用 True，自动进入下一轮循环。计算 n!，并将当前 $\dfrac{1}{n!}$ 项加入 e 中。如果当前 $\dfrac{1}{n!}$ 的值小于 10^{-8}，则利用 break 语句终止循环；否则让 n 递增 1，进入下一轮循环。

程序源代码如下：

```
# example3_13.py
# coding = gbk
e = 1
n = 1

while True:                    # 始终循环,直到执行 break 语句终止循环
    s = 1                      # 计算新的阶乘之前,初值重新设置为 1
    for i in range(1,n+1):
        s = s * i
    e = e + 1/s
    if 1/s < 1e-8 :
        break                  # 终止循环
    n = n + 1

print("n = ",n)
print("e = ",e)
```

程序 example3_13.py 的运行结果如下：

```
n =  12
e =  2.7182818282861687
```

【思考题】 改写程序,去除内层循环,提高程序的执行效率。

分析：利用 n！*(n+1)==(n+1)！这个等式,循环第 n 轮结束时变量 s 保存了 n! 的值,下一轮循环计算(n+1)！时,只需 s=s*(n+1)即可。

程序源代码如下：

```
# question3_3.py
# coding = gbk
e = 1
n = 1
s = 1

while True:                    # 始终循环,直到执行 break 语句终止循环
    s = s * n
    e = e + 1/s
    if 1/s < 1e-8 :
        break                  # 终止循环
    n = n + 1

print("n = ",n)
print("e = ",e)
```

3.4.6　嵌套循环中的 break 语句和 continue 语句

视频讲解

前面介绍的 break 语句只在一重循环中使用。在例 3.13 的程序 example3_13.py 中,虽然出现了嵌套循环,但是这个例子中的 break 语句实际上放在外层循环中,与内层的 for 循环一样,共同作为外层循环的循环体,所以该 break 语句明显与内层循环没有关系。如果执行了该 break 语句,将直接终止外层 while 循环。

如果 break 语句在具有两层循环嵌套的内层循环中,则只终止内层循环,然后进入外层循环的下一条语句继续执行。

【例 3.14】 程序反复接收自然数的输入,直到输入-1为止,计算并输出输入的自然数除了自身以外的最大约数。

分析:程序提示用户输入一个自然数,如果该数不为-1,则根据例 3.9 的方法计算并输出该自然数除自身外的最大约数;然后提示用户再输入一个自然数,利用循环重新计算并输出该自然数除自身外的最大约数;直到输入为-1时终止该程序。

程序源代码如下:

```
# example3_14.py
# coding = gbk
num = int(input('请输入一个自然数:'))
while num!= -1:
    count = num//2
    while count > 0:
        if num % count == 0:
            break
        count = count - 1

    print(count,'is the max factor of ',num)
    num = int(input('请再输入一个自然数:'))

print('程序结束')
```

程序 example3_14.py 的一次运行结果如下:

```
请输入一个自然数:15
5 is the max factor of 15
请再输入一个自然数:27
9 is the max factor of 27
请再输入一个自然数:28
14 is the max factor of 28
请再输入一个自然数:36
18 is the max factor of 36
请再输入一个自然数:-1
程序结束
```

程序 example3_14.py 的运行过程如下:

```
num = 15
进入外层循环:
count = 7
进入内层循环:
    因为 15 除以 7 的余数不为 0,所以 count = 6
    因为 15 除以 6 的余数不为 0,所以 count = 5
    因为 15 除以 5 的余数为 0,所以输出"5 is the max factor of 15",然后遇到 break,内层循环结束。进入外层循环的下一条语句。
    输入另一个 num = 27,回到外层循环起始语句:
    count = 13
    进入内层循环:
```

因为 27 除以 13 的余数不为 0,所以 count = 12
因为 27 除以 12 的余数不为 0,所以 count = 11
因为 27 除以 11 的余数不为 0,所以 count = 10
因为 27 除以 10 的余数不为 0,所以 count = 9

因为 27 除以 9 的余数为 0,所以输出"9 is the max factor of 27",然后遇到 break,内层循环结束。进入外层循环的下一条语句。

输入另一个 num = 28,回到外层循环起始语句:
……
输入另一个 num = 36,回到外层循环起始语句:
……
输入另一个 num = -1,结束外层循环
输出"程序结束"

【例 3.15】 寻找并打印输出所有三位数的素数。

分析:可以用循环取出 100~999 的每个数赋给变量 i,对每个给定的 i,用循环语句判断它是否为素数,若为素数,则打印输出。需要使用循环嵌套。

程序源代码如下:

```
# example3_15.py
# - * - coding: cp936 - * -
print("所有三位数的素数如下:",end = " ")
for i in range(100,1000):
    j = 2
    flag = 1
    while j < i:
        if i % j == 0:
            flag = 0
            break
        j += 1
    if flag == 1:
        print(i,end = " ")
```

程序 example3_15.py 的运行结果如下:

所有三位数的素数如下: 101 103 107 109 113 127 131 137 139 149 151 157 163 167 173 179 181 191 193 197 199 211 223 227 229 233 239 241 251 257 263 269 271 277 281 283 293 307 311 313 317 331 337 347 349 353 359 367 373 379 383 389 397 401 409 419 421 431 433 439 443 449 457 461 463 467 479 487 491 499 503 509 521 523 541 547 557 563 569 571 577 587 593 599 601 607 613 617 619 631 641 643 647 653 659 661 673 677 683 691 701 709 719 727 733 739 743 751 757 761 769 773 787 797 809 811 821 823 827 829 839 853 857 859 863 877 881 883 887 907 911 919 929 937 941 947 953 967 971 977 983 991 997

实际上,不管有多少层的循环嵌套,循环体中一个 break 语句的执行,只是终止该 break 语句所在的循环体,并且从 break 语句往外层搜索离该 break 语句最近的 while 或 for 循环,然后终止该循环。

如果执行循环结构 else 语句块中的 break 语句,将终止其上一层循环,而不仅是终止该 else 语句块。此 else 语句块所在的循环已经执行到 else 语句块,所以其所在的循环自然已经终止,否则不会执行到该语句块。

【例 3.16】 编写程序,寻找大于或等于 500 且小于 1000 的最小素数。

程序源代码如下:

```
# example3_16_1.py
# coding = utf-8
for i in range(500,1000):
    for j in range(2,i):
        if i % j == 0:
            break            # 该 break 语句终止内层循环
    else:
        print('求解范围内的最小素数为:',i,sep="")
        break                # 该 break 语句终止外层循环
```

程序 example3_16_1.py 的运行结果如下:

```
>>>
============ RESTART: D:\example3_16_1.py ============
求解范围内的最小素数为:503
>>>
```

在多层循环中,continue 语句的作用范围与 break 语句类似。不管有多少层的循环嵌套,一个 continue 语句的执行,只是跳过 continue 语句所在本层循环中循环体的剩余语句。

【例 3.17】 修改例 3.10 中的要求,对列表['Mike','Tom','Null','Apple','Betty','Null','Amy','Dick']中每个非 Null 的单词依次输出其组成的字母,如果遇到字母 i,则不输出。

程序源代码如下:

```
# example3_17.py
# coding = utf-8
strs = ['Mike','Tom','Null','Apple','Betty','Null','Amy','Dick']

for astr in strs:
    if astr == 'Null':
        continue            # 作用于外层循环

    for s in astr:
        if s == 'i':
            continue        # 作用于内层循环
        print(s,end = ' ')

    print()

print('End')
```

程序 example3_17.py 的运行结果如下:

```
M k e
T o m
A p p l e
B e t t y
A m y
```

```
D c k
End
```

3.5 控制结构的应用实例

【例3.18】 输入若干同学的计算机成绩,成绩分布在[0,120]区间内。求出这些同学的计算机成绩平均值、最小值和最大值。输入出现负数时终止输入,且该负数不计入统计范围。

分析:因为平均值是所有成绩之和再除以人数,所以设置总分变量 iSum 初始值为0,计数总人数的变量 sCnt 为0。因为需要求成绩的最大值和最小值,所以设置成绩最大值变量 sMax 在循环开始前是一个非常小的数,譬如是-100;设置成绩最小值变量 sMin 在循环开始前是一个非常大的数,譬如是150。

在程序运行时依次输入若干同学的计算机成绩,存入变量 aScore,以输入负数结束输入。每输入一名同学的成绩就进行以下操作。

(1) 将该学生的计算机成绩累加到变量 iSum 中。

(2) 对人数计数变量 sCnt 增加1。

(3) 判断该学生的成绩与成绩最大值的关系,如果该生成绩大于成绩最大值,则将成绩最大值修改为该生的成绩值,否则不做任何操作。

(4) 判断该学生的成绩与成绩最小值的关系,如果该生成绩小于成绩最小值,则将成绩最小值修改为该生的成绩值,否则不做任何操作。

(5) 输入下一名学生的成绩,继续做上述步骤(1)~步骤(4)的操作,直到输入负数结束。

通过上述分析可见,需要利用循环控制结构实现上述步骤(1)~步骤(5)操作,循环结束的条件是输入的成绩值为负数。而对变量 iSum、sCnt、sMax 和 sMin 的赋初值要放到循环体以外。步骤(3)和步骤(4)需要用分支控制结构实现。而步骤(5)的输入下一名学生的成绩,是推动程序进入下一轮循环的关键。

程序源代码如下:

```
#example3_18.py
#coding = gbk
iSum = 0
sCnt = 0
sMax = -100
sMin = 150
aScore = int(input('请输入一名同学的成绩:'))

while aScore >= 0:
    iSum = iSum + aScore
    sCnt = sCnt + 1
    if aScore > sMax:
        sMax = aScore
    if aScore < sMin:
        sMin = aScore
```

```
        aScore = int(input('请输入下一名同学的成绩:'))
print('计算机平均成绩:',iSum/sCnt)
print('计算机成绩最高分:',sMax)
print('计算机成绩最低分:',sMin)
```

程序 example3_18.py 的一次运行结果：

```
请输入一名同学的成绩:65
请输入下一名同学的成绩:70
请输入下一名同学的成绩:56
请输入下一名同学的成绩:89
请输入下一名同学的成绩:100
请输入下一名同学的成绩:95
请输入下一名同学的成绩:78
请输入下一名同学的成绩:88
请输入下一名同学的成绩:94
请输入下一名同学的成绩:103
请输入下一名同学的成绩:7
请输入下一名同学的成绩:-1
计算机平均成绩:76.81818181818181
计算机成绩最高分:103
计算机成绩最低分:7
```

思考：如果正确成绩位于[0,100]这个区间，也就是最高分只能是100分，那么我们就输入了一个错误的分数103。那么如何修改程序，可以使我们在输错成绩时有提示出现，并可以继续输入其他成绩呢？

习题3

1. 从键盘输入一个百分制的成绩(0～100)存放在变量 score 中，要求输出其对应的成绩等级 A～E。其中，score>=90，则输出'A'；80<=score<90，则输出'B'；70<=score<80，则输出'C'；60<=score<70，则输出'D'；score<60，则输出'E'。

2. 某电商平台上销售不同规格包装、不同价格的水笔。编写程序，在不考虑运费的情况下，从键盘分别输入两种规格包装水笔的支数和价格，分别计算单根水笔的价格，根据价格就低原则打印输出选择购买哪种包装的产品。

3. 输出1000以内的素数以及这些素数之和(素数是指除了1和该数本身之外，不能被其他任何整数整除的数)。

4. 编写程序，按公式 $s=1^2+2^2+3^2+\cdots+n^2$ 求累加和 s 小于 1000 的最大项数 n，程序的运行结果如下：

```
n    s
1    1
2    5
3    14
4    30
5    55
6    91
```

7	140
8	204
9	285
10	385
11	506
12	650
13	819
14	1015

累计和不超过 1000 的最大项是 n=13。

第 4 章 常用组合数据类型

学习目标

- 熟练掌握序列的基本概念。
- 熟练掌握列表、元组、字典和集合的概念及用法。
- 熟练掌握由一种类型对象生成另一种类型对象的方法。
- 理解可迭代(iterable)对象与迭代器(iterator)对象的概念。
- 熟悉列表推导式、字典推导式、集合推导式、生成器推导式的基本用法。
- 掌握序列解包的基本概念和用法。

Python 中常见的序列(如列表、元组、整数序列、字符串、字节串、字节数组等)、映射(如字典)以及集合是三类常用的组合数据类型。这些类型的对象按照一定的规则容纳其他数据对象,因此也被称为容器。

在 Python 中,把按照位置顺序排列而形成的数据集称为序列。Python 中的列表(list)、元组(tuple)、整数序列(range)、字符串(str)、字节串(bytes)、字节数组(bytearray)和内存视图(memoryview)等类型的对象都是序列。所有序列类型都可以进行某些特定的操作。这些操作包括索引(indexing)、分片(slicing)、加(adding)、乘(multiplying)以及检查某个元素是否属于序列的成员。除此之外,Python 还有计算序列长度、找出最大元素与最小元素、求和等内建函数。本章将介绍列表、元组和整数序列这三种序列。字符串在第 5 章单独介绍。本书不对字节串、字节数组和内存视图展开介绍,读者可以参考其他资料或 Python 官方文档。

本章首先介绍列表、元组、整数序列、字典和集合的概念与用法,接着介绍可迭代对象与迭代器对象,然后再介绍列表推导式、字典推导式、集合推导式、生成器推导式的基本用法,最后介绍序列解包、any()函数和 all()函数。

4.1 列表

列表(list)是一种序列,它是 Python 中最常用的组合数据类型之一。若干以逗号为分隔的数据元素按照一定的位置顺序放置在一对方括号内称为列表。列表元素可以为任意类型的数据。同一列表中各元素的类型可以各不相同。列表中的元素允许重复。Python 中,列表是可以修改的,修改方式包括向列表添加元素、从列表删除元素以及对列表的某个元素进行修改。也就是说,列表对象是可变的对象。

4.1.1 列表的创建

列表的创建,即用一对方括号将以逗号分隔的若干元素(数据、表达式的值、函数、lambda 表达式等)括起来。下面是几种创建列表的例子:

```
>>> list1 = [3.14, 1.61, 0, -9, 6]
>>> list2 = ['train', 'bus', 'car', 'ship']
>>> list3 = ['a',200,'b',150,'c',100]
>>> list4 = []        ♯创建空列表
>>> list4
[]
>>> list5 = list()
>>> list5
[]
```

视频讲解

list()用于生成一个空的列表。list、tuple、range、str、dict、set 等都是用于生成对象的类。目前为止,我们还没有学习面向对象的内容,读者还不熟悉类的概念。对初学者来说,可以将类名后面加圆括号,如 list(),看成是函数的调用。本质上来说,类名后面加圆括号,如 list(),是利用类 list 的定义创建一个 list 对象。

在 Python 中,经常用到列表中的列表,即二维列表。这种情况下,列表中的元素也是列表。例如:

```
>>> list_sample = [['IBM','Apple','Lenovo'],['America','America','China']]
```

4.1.2 列表的访问

列表的访问也就是对列表的索引进行操作的过程,并返回索引位置上的元素。列表中的每个元素被关联一个序号,即元素的位置,也称为索引或下标。索引值从 0 开始,第二个索引值是 1,以此类推,从左向右逐渐变大;列表索引也可以从后往前,索引值从 -1 开始,从右向左逐渐变小。该访问方式适用于列表、元组、字符串等所有序列类型的对象。序列中元素的访问如图 4.1 所示。

正向访问	X[0]	X[1]	X[2]	X[3]	X[4]
序列X	88	'ok'	90	66	'e'
逆向访问	X[-5]	X[-4]	X[-3]	X[-2]	X[-1]

图 4.1 序列中元素的访问

1. 一维列表的访问

```
>>> vehicle = ['train', 'bus', 'car', 'ship']
>>> vehicle[0]
'train'
>>> vehicle[1]
'bus'
>>> vehicle[2]
'car'
>>> vehicle[3]
'ship'
>>> vehicle[4]
Traceback (most recent call last):
  File "<pyshell♯20>", line 1, in <module>
```

```
         vehicle[4]
IndexError: list index out of range
>>> vehicle[-1]
'ship'
>>> vehicle[-2]
'car'
>>> vehicle[-3]
'bus'
>>> vehicle[-4]
'train'
>>> vehicle[-5]
Traceback (most recent call last):
  File "<pyshell#25>", line 1, in <module>
    vehicle[-5]
IndexError: list index out of range
```

在列表的索引操作中,如果索引值超出了范围,则会导致出错。

上述例子中,列表 vehicle 有 4 个元素,正向访问列表 vehicle 的合法索引范围是 0~3,逆向访问列表 vehicle 的合法索引范围是 -4~-1。其中 vehicle[0] 和 vehicle[-4]、vehicle[1] 和 vehicle[-3]、vehicle[2] 和 vehicle[-2]、vehicle[3] 和 vehicle[-1] 访问的元素相同。可以看出,若一个列表有 n 个元素,则访问元素的合法索引范围是 -n~n-1。当序号 i 为负数时,表示从右边计数,其访问的元素实际是序号为 n+i 位置上的元素。这个规律对所有序列类型均有效。

2. 二维列表的访问

对二维列表中的元素进行访问,需要使用两对方括号来表示,第一对方括号表示选择子列表,第二对方括号表示在选中的子列表中再选择其元素。例如:

```
>>> computer = [['IBM','Apple','Lenovo'],['America','America','China']]
>>> computer[0][-1]
'Lenovo'
>>> computer[1][2]
'China'
```

4.1.3 列表元素的修改

列表中的元素可以通过重新赋值来更改某个元素的值,要注意列表元素的合法索引范围,超过范围则会出错。例如:

```
>>> vehicle = ['train', 'bus', 'car', 'ship']
>>> vehicle[-1] = 'bike'
>>> vehicle
['train', 'bus', 'car', 'bike']
>>> vehicle[4] = 'bicycle'
Traceback (most recent call last):
  File "<pyshell#29>", line 1, in <module>
    vehicle[4] = 'bicycle'
IndexError: list assignment index out of range
```

4.1.4 列表的切片

在列表中,可以使用切片操作来选取指定位置上的元素组成新的列表,原列表保持不变。简单的切片方式如下:

原列表名[start : end]

需要提供开始值 start 和结束值 end 作为切片的开始和结束位置索引边界。开始值 start 索引位置上的元素是包含在切片内的,结束值 end 索引位置上的元素则不包括在切片内。当切片的左索引 start 为 0 时可缺省,当右索引 end 为列表长度时也可缺省。这个简单的切片操作从原列表中选取位置索引位于[start,end)区间内的元素组成新的列表。序列中的位置索引有时也被称为下标。例如:

视频讲解

```
>>> vehicle = ['train', 'bus', 'car', 'ship']
>>> vehicle[0:3]
['train', 'bus', 'car']
>>> vehicle[0:1]
['train']
>>> vehicle[:3]
['train', 'bus', 'car']
>>> vehicle[3:]
['ship']
>>> vehicle[:]
['train', 'bus', 'car', 'ship']
>>> vehicle[3:3]
[]
```

对列表切片操作时,也可以使用负数作为位置索引。例如:

```
>>> vehicle[-3:-1]        #获取索引为-3和-2位置上的元素组成新列表
['bus', 'car']
>>> vehicle[-2:]          #获取索引从-2至列表末尾位置上的元素组成新列表
['car', 'ship']
```

以上列表切片操作都是获取索引值位于[start,end)区间内的连续位置上的元素组成新列表。也就是切片选取元素时,索引值每次增长的步长为 1。其实,切片操作也可以提供一个非零整数(即可正可负,但不能为 0)作为索引值增长的步长 step 值。使用方式如下:

原列表名[start : end : step]

当步长为 1 时,step 参数可以省略。前面列表的切片操作步长均为 1,所以可以省略步长。当步长 step 不为 1 时,该参数不可省略。切片操作适用于所有序列类型。例如:

```
>>> n = [0, 1, 2, 3, 4, 5, 6, 7, 8, 9]
>>> n[0:10:2]             #步长为2,索引值从0开始,每次增长2,不包含索引值为10的元素
[0, 2, 4, 6, 8]
```

当切片开始值与结束值均省略,且步长 step 大于 0,表示在整个原列表范围内,切片索引从第 0 个位置开始,每次增长 step,直到超过原列表的索引范围。例如:

```
>>> n[::3]
[0, 3, 6, 9]
```

步长可以是负数。此时,开始点的索引值一般大于结束点的索引值,否则将得到一个空列表。例如:

```
>>> n[7:2:-1]                    #步长为负数
[7, 6, 5, 4, 3]
>>> n[11::-2]                    #11超过范围,实际索引从最后一个元素开始
[9, 7, 5, 3, 1]
>>> n[2:7:-1]                    #步长为负数,开始索引值小于结束索引值,结果为空列表
[]
>>> n[::-2]                      #这里步长为负数,表示在整个列表内,从后往前取值
[9, 7, 5, 3, 1]
>>> n[::-1]
[9, 8, 7, 6, 5, 4, 3, 2, 1, 0]
```

另外,利用切片还可以更改元素值。例如:

```
>>> n[2:4] = [10,11]             #分别更改索引号为2和3位置上的元素值
>>> n
[0, 1, 10, 11, 4, 5, 6, 7, 8, 9]
>>> n[-5::2] = [-1,-2,-3]        #分别更改索引号为-5、-3、-1三个位置上的元素值
>>> n
[0, 1, 10, 11, 4, -1, 6, -2, 8, -3]
>>> n[0:3]
[0, 1, 10]
>>> n[0:3] = [33]                #前3项位置用一个元素33替换
>>> n
[33, 11, 4, -1, 6, -2, 8, -3]
>>>
```

4.1.5 列表的运算

1. 列表相加

可以通过列表相加的方法生成新列表,原列表保持不变。例如:

```
>>> vehicle1 = ['train', 'bus', 'car', 'ship']
>>> vehicle2 = ['subway', 'bicycle']
>>> vehicle1 + vehicle2
['train', 'bus', 'car', 'ship', 'subway', 'bicycle']
>>> vehicle1                     #vehicle1 没有改变
['train', 'bus', 'car', 'ship']
>>> vehicle2                     #vehicle2 没有改变
['subway', 'bicycle']
>>> vehicle = vehicle1 + vehicle2    #生成新列表赋值给变量 vehicle
>>> vehicle
['train', 'bus', 'car', 'ship', 'subway', 'bicycle']
>>> vehicle += ['bike']          #复合赋值语句
>>> vehicle
['train', 'bus', 'car', 'ship', 'subway', 'bicycle', 'bike']
```

视频讲解

2. 列表相乘

用数字 n 乘以一个列表会生成一个新列表。在新列表中原来列表的元素将被重复 n

次。例如：

```
>>> vehicle1 = ['train', 'bus']
>>> vehicle1 * 2
['train', 'bus', 'train', 'bus']
>>> vehicle1                          #原列表保持不变
['train', 'bus']
>>> vehicle = vehicle1 * 2            #赋值语句
>>> vehicle
['train', 'bus', 'train', 'bus']
>>> vehicle * = 2                     #复合赋值语句
>>> vehicle
['train', 'bus', 'train', 'bus', 'train', 'bus', 'train', 'bus']
```

视频讲解

4.1.6 列表元素的插入与扩展

添加列表元素除了前面介绍的"＋""＋＝""＊""＊＝"运算符以外，还有 append()、extend()、insert()方法。

1. append()方法

append()方法用于追加单个元素到列表的尾部，其参数只接收一个元素。作为参数的元素可以是任何数据类型的对象。被追加的元素在列表中保持着原结构类型。例如：

```
>>> vehicle = ['train', 'bus', 'car', 'ship']
>>> vehicle.append ('plane')                    #追加一个元素'plane'
>>> vehicle
['train', 'bus', 'car', 'ship', 'plane']
>>> vehicle.append(8)                           #追加一个元素 8
>>> vehicle
['train', 'bus', 'car', 'ship', 'plane', 8]
>>> vehicle.append([8,9])                       #追加一个元素[8,9]
>>> vehicle
['train', 'bus', 'car', 'ship', 'plane', 8, [8, 9]]
>>> vehicle.append(10,11)                       #追加两个元素 10 和 11,出错
Traceback (most recent call last):
  File "<pyshell#7>", line 1, in <module>
    vehicle.append(10,11)
TypeError: append() takes exactly one argument (2 given)
```

2. extend()方法

列表的 extend()方法在列表的末尾一次性追加另一个可迭代对象(如列表、元组、字符串、字典、集合等)中的所有元素，扩展原有列表的元素。

可以用 extend()方法将作为参数的可迭代对象中的元素添加到调用 extend()方法的列表末尾。例如：

```
>>> vehicle = ['train', 'bus', 'car', 'ship']
>>> vehicle.extend(['plane'])
>>> vehicle
['train', 'bus', 'car', 'ship', 'plane']
>>> vehicle.extend([8])
>>> vehicle
```

```
['train', 'bus', 'car', 'ship', 'plane', 8]
>>> vehicle.extend([8,9])
>>> vehicle
['train', 'bus', 'car', 'ship', 'plane', 8, 8, 9]
>>> vehicle.extend(10,11)
Traceback (most recent call last):
  File "<pyshell#22>", line 1, in <module>
    vehicle.extend(10,11)
TypeError: extend() takes exactly one argument (2 given)
```

利用 extend()方法也可以将元组、字典、集合、字符串等可迭代对象中的元素添加到调用该方法的列表末尾。如果参数为字典,则添加字典中的所有键(key)到调用 extend()方法的列表末尾。例如:

```
>>> x = [1,2]
>>> x.extend((3,4))
>>> x
[1, 2, 3, 4]
>>> x.extend({1:'a','x':5})
>>> x
[1, 2, 3, 4, 1, 'x']
>>> x.extend({'y',8})
>>> x
[1, 2, 3, 4, 1, 'x', 8, 'y']
>>> x.extend("ab")
>>> x
[1, 2, 3, 4, 1, 'x', 8, 'y', 'a', 'b']
>>>
```

3. insert()方法

可以用 insert()方法将一个元素插入列表中的指定位置。列表的 insert()方法有两个参数,第一个参数是索引点,即插入的位置;第二个参数是被插入的元素。例如:

```
>>> vehicle = ['train', 'bus', 'car', 'ship']
>>> vehicle.insert(3,'plane')
>>> vehicle
['train', 'bus', 'car', 'plane', 'ship']
>>> vehicle.insert(0,'plane')
>>> vehicle
['plane', 'train', 'bus', 'car', 'plane', 'ship']
>>> vehicle.insert(-2,'bike')
>>> vehicle
['plane', 'train', 'bus', 'car', 'bike', 'plane', 'ship']
```

4.1.7 列表中特定元素出现次数的统计

视频讲解

列表对象的 count()方法用于统计某个元素在列表中出现的次数。例如:

```
>>> vehicle = ['train', 'bus', 'car', 'subway', 'ship', 'bicycle', 'car']
>>> vehicle.count('car')
2
```

```
>>> vehicle.count('bus')
1
>>> vehicle.count('bike')
0
```

统计元素出现次数时，True 和 1 等价，False 和 0 等价。例如：

```
>>> x = [True,False,'like',1,0,-1,[],1,0]
>>> x.count(True)
3
>>> x.count(1)
3
>>> x.count(False)
3
>>> x.count(0)
3
>>>
```

视频讲解

4.1.8 列表元素与列表对象的删除

1. del 命令删除列表元素或列表对象

使用 del 命令可以从列表中删除元素，也可以删除整个列表对象。例如：

```
>>> vehicle = ['train', 'bus', 'car', 'ship']
>>> del vehicle[3]
>>> vehicle                                    # 删除了列表中的元素'ship'
['train', 'bus', 'car']
>>> del vehicle[3]                             # 超出索引范围
Traceback (most recent call last):
  File "<pyshell#50>", line 1, in <module>
    del vehicle[3]
IndexError: list assignment index out of range
>>> del vehicle                                # 删除列表对象 vehicle
>>> vehicle                                    # 列表对象 vehicle 不存在了
Traceback (most recent call last):
  File "<pyshell#82>", line 1, in <module>
    vehicle
NameError: name 'vehicle' is not defined
```

2. remove()方法移除指定元素

remove()方法用于移除列表中与某值匹配的第一个元素。如果找不到匹配项，就会引发异常。例如：

```
>>> vehicle = ['train', 'bus', 'car', 'ship', 'subway', 'ship', 'bicycle']
>>> vehicle.remove('ship')
>>> vehicle
['train', 'bus', 'car', 'subway', 'ship', 'bicycle']
>>> vehicle.remove('ship')
>>> vehicle
['train', 'bus', 'car', 'subway', 'bicycle']
>>> vehicle.remove('ship')
Traceback (most recent call last):
```

```
    File "<pyshell#47>", line 1, in <module>
        vehicle.remove('ship')
ValueError: list.remove(x): x not in list
```

3. pop()方法删除并返回指定位置上的元素

pop()方法用于移除列表中的一个元素(默认为最后一个元素),并且返回该元素的值。pop()方法可以指定索引位置。当参数中指定的索引位置不在索引范围内或者在空列表中使用此方法均会触发异常。例如:

```
>>> vehicle = ['train', 'bus', 'car', 'ship']
>>> vehicle.pop()
'ship'
>>> vehicle
['train', 'bus', 'car']
>>> vehicle.pop(1)
'bus'
>>> vehicle
['train', 'car']
>>> vehicle.pop(2)                              #索引超过范围
Traceback (most recent call last):
    File "<pyshell#68>", line 1, in <module>
        vehicle.pop(2)
IndexError: pop index out of range
>>> vehicle.pop(0)
'train'
>>> vehicle
['car']
>>> vehicle.pop(-1)
'car'
>>> vehicle
[]
>>> vehicle.pop()                               #vehicle 为空列表
Traceback (most recent call last):
    File "<pyshell#73>", line 1, in <module>
        vehicle.pop()
IndexError: pop from empty list
```

4. clear()方法清除列表中的所有元素

clear()方法用于删除列表中的所有元素,但保留列表对象。例如:

```
>>> vehicle = ['train', 'bus', 'car', 'ship']
>>> vehicle.clear()
>>> vehicle                                     #列表 vehicle 中的元素全部删除,变成空列表
[]
```

请注意 clear()方法与 del 命令的区别,del 命令删除整个列表时,列表对象不再保留。

4.1.9 列表中特定元素位置的查找

列表对象的 index()方法可用于查找特定元素在列表中的位置。其调用格式如下:

index(value[, start = 0[, stop]])

视频讲解

index()方法用于从列表中找出与value值匹配的第一个元素索引位置。如果没有指定参数start的值，则从索引为0的位置开始查找，否则从索引为start的位置开始查找。如果没有指定结束索引位置stop的值，可以查找到列表最后元素，否则在位于[start,stop)内的索引区间查找。如果找不到匹配项，就会引发异常。例如：

```
>>> vehicle = ['train', 'bus', 'car', 'subway', 'ship', 'bicycle', 'car']
>>> vehicle.index('car')              #整个列表范围内'car'第1次出现的索引位置是2
2
>>> vehicle.index('plane')            #整个列表范围内没有'plane'
Traceback (most recent call last):
  File "<pyshell#81>", line 1, in <module>
    vehicle.index('plane')
ValueError: 'plane' is not in list
>>> vehicle.index('car',3)            #在从索引为3开始,'car'第1次出现的索引位置是6
6
>>> vehicle.index('car',3,6)          #在从3开始到6(不包含6)的索引范围内没有'car'
Traceback (most recent call last):
  File "<pyshell#83>", line 1, in <module>
    vehicle.index('car',3,6)
ValueError: 'car' is not in list
```

实际上可以先使用in运算符测试某个元素是否在该列表中，避免用index()查找索引位置时由于找不到指定元素而导致的错误。例如：

```
>>> vehicle = ['train', 'bus', 'car', 'subway', 'ship', 'bicycle', 'car']
>>> 'car' in vehicle
True
>>> 'plane' in vehicle
False
>>> vehicle = ['train', 'bus', 'car', 'subway', 'ship', 'bicycle', 'car']
>>> if 'car' in vehicle[3:6]:
        print('[3, 6)范围内car位置索引为:',vehicle.index('car',3,6))
    else:
        print('在[3, 6)范围内没有car')

在[3, 6)范围内没有car
>>>
```

也可以用count()方法先统计某元素在列表中相应范围内出现的次数。只有当某元素在指定范围内出现的次数大于0时，才可以在该列表的相应范围内执行index操作。例如：

```
>>> if vehicle[3:6].count("car")>0 :
        print('[3, 6)范围内car位置索引为:',vehicle.index('car',3,6))
    else:
        print('在[3, 6)范围内没有car')


在[3, 6)范围内没有car
>>>
```

4.1.10 列表元素位置的反转与元素的排序

1. 用 reverse() 方法反转列表中元素的位置

列表对象的 reverse() 方法用于将列表中的元素位置反向存放。列表中可以有不同类型的元素,reverse() 方法只是将位置反转。例如:

视频讲解

```
>>> numbers = [12,34,3.14,99, -10]
>>> numbers.reverse()
>>> numbers
[-10, 99, 3.14, 34, 12]
>>> vehicle = ['train', 'bus', 'car', 'subway', 'ship', 'bicycle']
>>> vehicle.reverse()
>>> vehice
['bicycle', 'ship', 'subway', 'car', 'bus', 'train']
>>> nv = [12,'bus',99,'train']
>>> nv.reverse()
>>> nv
['train', 99, 'bus', 12]
```

2. 用 sort() 方法对列表中元素进行排序

sort() 方法用于将列表中的元素按照特定规则进行排序。默认按升序排列。使用 reverse 参数来指明列表是否降序排列,参数是简单的布尔值 True 或 False,若其值等于 True 表示降序排序,默认为 False。如果列表中包含的是字符串,按字符串大小比较的规则排序。可以使用 key 参数来指明排序规则。例如:

```
>>> numbers = [12,34,3.14,99, -10]
>>> numbers.sort()
>>> numbers
[-10, 3.14, 12, 34, 99]
>>> numbers.sort(reverse = True)
>>> numbers
[99, 34, 12, 3.14, -10]
>>> numbers.sort(key = str)              # 按转换为字符串后的大小升序排列
>>> numbers
[-10, 12, 3.14, 34, 99]
>>> vehicle = ['train', 'bus', 'car', 'subway', 'ship', 'bicycle']
>>> vehicle.sort()
>>> vehicle
['bicycle', 'bus', 'car', 'ship', 'subway', 'train']
>>> vehicle.sort(key = len)              # 按字符串的长度升序排列
>>> vehicle
['bus', 'car', 'ship', 'train', 'subway', 'bicycle']
>>> vehicle.sort(reverse = True)
>>> vehicle
['train', 'subway', 'ship', 'car', 'bus', 'bicycle']
>>> vehicle.sort(key = len,reverse = True)
>>> vehicle
['bicycle', 'subway', 'train', 'ship', 'car', 'bus']
>>> nv = [12,'bus',99,'train']
>>> nv.sort()
Traceback (most recent call last):
```

```
    File "< pyshell♯63 >", line 1, in < module >
        nv.sort()
TypeError: '<' not supported between instances of 'str' and 'int'
>>> nv.sort(key = str)
>>> nv
[12, 99, 'bus', 'train']
>>> nv.sort(key = len)
Traceback (most recent call last):
    File "< pyshell♯66 >", line 1, in < module >
        nv.sort(key = len)
TypeError: object of type 'int' has no len()
```

4.1.11 适用于序列的常用函数

本节简单介绍几个常用函数。这些函数虽然放在本节介绍，但也适用于其他序列，有些甚至适用于其他可迭代对象。从表面上看，能用 for 循环遍历的对象是一个可迭代对象。列表、元组、字符串、整数序列、字典、集合等均为可迭代对象。可迭代对象的详细概念和用法将在 4.8 节介绍。

1. len()函数

len()函数用于返回一个容器所包含的元素的个数。可计算序列、字典和集合等对象的元素个数。例如：

```
>>> vehicle = ['train', 'bus', 'car', 'subway', 'ship', 'bicycle']
>>> len(vehicle)
6
```

2. max()函数

max()函数用于返回可迭代对象中元素的最大值。可计算序列、字典、集合等对象中元素的最大值。例如：

```
>>> number = [12,34,3.14,99,-10]
>>> max(number)
99
```

如果可迭代对象中的元素是字符串，则按照字符串的比较大小方法返回最大值。例如：

```
>>> vehicle = ['train', 'bus', 'car', 'subway', 'ship', 'bicycle']
>>> max(vehicle)
'train'
```

只有可迭代对象中的元素可以相互比较，才能使用 max()、min()等比较函数来获取相应的值，否则将出错。以下例子中，列表元素中既有数字又有字符串，数字与字符串无法比较大小，因此导致了错误。例如：

```
>>> num = [12,34,3.14,'99',-10]
>>> max(num)
Traceback (most recent call last):
    File "< pyshell♯67 >", line 1, in < module >
        max(num)
TypeError: '>' not supported between instances of 'str' and 'int'
```

如上代码出错的原因是字符串 str 和整数 int 类型之间不能进行比较运算。可以利用 max()中 key 参数指定的函数,将可迭代对象中的元素都转换为可比较的对象,然后再进行 max 运算。具体用法请查阅 max 函数文档。

3. min()函数

min()函数用于返回可迭代对象中所包含元素的最小值。可计算序列、字典、集合等对象中元素的最小值。同样,如果可迭代对象中包含的是字符串,也按字符串的比较大小方法返回最小值。可迭代对象中只有仅包含可相互比较的元素,才可以使用 max()、min()等比较函数。例如:

```
>>> numbers = [12,34,3.14,99,-10]
>>> min(numbers)
-10
>>> vehicle = ['train', 'bus', 'car', 'subway', 'ship', 'bicycle']
>>> min(vehicle)
'bicycle'
>>> num = [12,34,3.14,'99',-10]
>>> min(num)
Traceback (most recent call last):
  File "<pyshell#73>", line 1, in <module>
    min(num)
TypeError: '<' not supported between instances of 'str' and 'float'
```

4. sum()函数

sum(iterable,start=0)函数以 start 值为初始值,逐步累加可迭代对象 iterable 中的元素值。参数 start 默认值为 0。可用于列表、元组、整数序列等可迭代对象。例如:

```
>>> x = [1,8,9]
>>> sum(x)
18
>>>
```

在 Python 3.7 及以前的版本中,调用格式为 sum(iterable,start=0,/)。调用时,"/"之前的参数赋值不能写成关键参数(变量=值)的形式,如为 start 赋实际参数值时不能写成 start=10 这种变量赋值的形式。因此,在 Python 3.7 及以前的版本中,以下调用方法会出现错误。

```
>>> sum(x,start=10)
Traceback (most recent call last):
  File "<pyshell#2>", line 1, in <module>
    sum(x,start=10)
TypeError: sum() takes no keyword arguments
>>>
```

在 Python 3.7 及以前的版本中,sum()函数中的参数 start 只能采用参数位置来赋值。例如:

```
>>> sum(x,10)
28
>>>
```

从 Python 3.8 开始，调用格式修改为 sum(iterable,/,start=0)，参数 start 位于"/"之后，可以使用 start=10 的形式为变量 start 赋值，也可以按照位置的顺序，在第 2 个参数中为 start 赋值。例如：

```
>>> sum(x, start = 10)
28
>>> sum(x, 10)
28
>>>
```

函数参数传递的位置参数方式和关键参数方式将在第 6 章介绍。

5. sorted()函数

sorted(iterable,key=None,reverse=False)函数对可迭代对象 iterable 进行排序并返回一个新的列表。参数 key 表示排序的依据，参数 reverse 默认为 False 表示按照升序排列，如果 reverse=True 表示按照降序排列。sorted()函数可用于列表、元组、整数序列和字符串等可迭代对象。例如：

```
>>> numbers = [12,34,3.14,99, - 10]
>>> n1 = sorted(numbers)              # 新列表
>>> n1
[ - 10, 3.14, 12, 34, 99]
>>> numbers                           # 原列表未发生次序改变
[12, 34, 3.14, 99, - 10]
>>> n2 = sorted(numbers, reverse = True)
>>> n2
[99, 34, 12, 3.14, - 10]
>>> n3 = sorted(numbers, key = str)
>>> n3
[ - 10, 12, 3.14, 34, 99]
>>> vehicle = ['train', 'bus', 'car', 'subway', 'ship', 'bicycle']
>>> v1 = sorted(vehicle)
>>> v1
['bicycle', 'bus', 'car', 'ship', 'subway', 'train']
>>> v2 = sorted(vehicle, key = len)
>>> v2
['bus', 'car', 'ship', 'train', 'subway', 'bicycle']
>>> v3 = sorted(vehicle, reverse = True)
>>> v3
['train', 'subway', 'ship', 'car', 'bus', 'bicycle']
>>> v4 = sorted(vehicle, key = len, reverse = True)
>>> v4
['bicycle', 'subway', 'train', 'ship', 'bus', 'car']
```

思考：请比较 sorted()函数和列表中 sort()方法的异同。

4.1.12 可用于序列位置反转的 reversed 类

reversed 是一个类。目前为止，我们还没有学习面向对象的内容，大家还不熟悉类的概念和用法，这里暂时可以当作函数来看待。

reversed(sequence)将参数中序列 sequence 的元素位置反向并返回可迭代的 reversed 对象。本质上是以 sequence 为参数，创建 reversed 类的一个对象，该对象中的元素按照 sequence 参数中元素位置的反向顺序排列。可以利用 list 或 tuple 从 reversed 对象生成列表或元组等对象，以方便查看包含的元素。例如：

```
>>> vehicle = ['train', 'bus', 'car', 'subway', 'ship', 'bicycle']
>>> reversed(vehicle)
<list_reverseiterator object at 0x0000000002F370B8>
>>> list(reversed(vehicle))
['bicycle', 'ship', 'subway', 'car', 'bus', 'train']
>>> nv = [12,'bus',99,'train']
>>> reversed(nv)
<list_reverseiterator object at 0x0000000002F370B8>
>>> list(reversed(nv))
['train', 99, 'bus', 12]
```

思考：请比较列表中 reverse()方法和 reversed 类在元素位置反转上的异同。

4.1.13　列表元素的遍历

视频讲解

可以通过 for 或者 while 循环遍历列表中的所有元素。例如：

```
>>> vehicle = ['train', 'bus', 'car', 'subway', 'ship', 'bicycle']
>>> for i in vehicle:           ♯直接遍历每个元素
        print(i,end = ' ')


train bus car subway ship bicycle
>>> for i in range(len(vehicle)):    ♯通过索引遍历每个元素
        print(vehicle[i],end = ' ')


train bus car subway ship bicycle
>>> i = 0
>>> while i < len(vehicle):          ♯通过索引遍历每个元素
        print(vehicle[i],end = ' ')
        i += 1


train bus car subway ship bicycle
```

4.1.14　列表的应用实例

【例 4.1】 给定一个由 10 个整数值构成的列表[10,9,8,7,6,5,4,3,2,1]，编程实现只对列表中下标（索引）为偶数的元素进行升序排列。

程序源代码如下：

```
♯ example4_1.py
♯ coding = utf - 8
list1 = [10,9,8,7,6,5,4,3,2,1]
list2 = []
```

```
print("原来序列:",list1)
list2 = list1[::2]
list2.sort()
list1[::2] = list2
print("偶数下标升序:",list1)
```

程序 example4_1.py 的运行结果如下:

```
>>>
============ RESTART: G:\example4_1.py ============
原来序列: [10, 9, 8, 7, 6, 5, 4, 3, 2, 1]
偶数下标升序: [2, 9, 4, 7, 6, 5, 8, 3, 10, 1]
```

【例 4.2】 用户分别从键盘输入 4 个整数和 3 个整数组成两个列表 list1 和 list2,将列表 list2 合并到 list1 中,并在 list1 末尾再添加两个数字 90 和 100,然后对 list1 降序排列,最后输出最终的列表 list1。

程序源代码如下:

```
#example4_2.py
#coding = utf-8
list1 = []                              #初始化一个空列表
list2 = []
print("列表 list1:")
for i in range(4):                      #循环 4 次,输入 4 个整数放到列表 list1 中
    x = int(input("请输入第" + str(i+1) + "个整数:"))
    list1 += [x]

print("列表 list2:")
for i in range(3):                      #循环 3 次,输入 3 个整数放到列表 list2 中
    x = int(input("请输入第" + str(i+1) + "个整数:"))
    list2.append(x)

print("list1:",list1)
print("list2:",list2)
list1.extend(list2)                     #列表 list2 合并到 list1 中
print("列表 list2 合并到 list1 中后的数据:",list1)

#list1 = list1 + [90,100]
list1.extend([90,100])
print("加上 90,100 后的 list1 的数据:",list1)

list1.sort(reverse = True)              #list1 降序排列
print("降序排列后最终列表 list1 中的数据:",list1)
```

程序 example4_2.py 可能的一次运行结果如下:

```
>>>
============ RESTART: G:\example4_2.py ============
列表 list1:
请输入第 1 个整数:34
```

请输入第 2 个整数:56
请输入第 3 个整数:38
请输入第 4 个整数:89
列表 list2:
请输入第 1 个整数:3
请输入第 2 个整数:68
请输入第 3 个整数:14
list1: [34, 56, 38, 89]
list2: [3, 68, 14]
列表 list2 合并到 list1 中后的数据: [34, 56, 38, 89, 3, 68, 14]
加上 90,100 后的 list1 的数据: [34, 56, 38, 89, 3, 68, 14, 90, 100]
降序排列后最终列表 list1 中的数据: [100, 90, 89, 68, 56, 38, 34, 14, 3]

思考 1：列表 list2 合并到 list1 中可以用语句"list1＝list1＋list2"实现吗？

思考 2：在 list1 末尾添加两个数字 90 和 100 可以用 append()方法实现吗？如果可以，如何编程实现？

思考 3：如果是通过键盘输入两个数字添加到 list1 末尾，如何编程实现？

例如，在上例中，程序改为通过键盘输入两个数字 90、100 添加到 list1 末尾，程序可以写成：

```
#question4_2_3.py
#coding = utf-8
list1 = []                              #初始化一个空列表
list2 = []
print("列表 list1:")
for i in range(4):                      #循环 4 次,输入 4 个整数放到列表 list1 中
    x = int(input("请输入第" + str(i + 1) + "个整数:"))
    list1 += [x]
print("列表 list2:")
for i in range(3):                      #循环 3 次,输入 3 个整数放到列表 list2 中
    x = int(input("请输入第" + str(i + 1) + "个整数:"))
    list2.append(x)
print("list1:",list1)
print("list2:",list2)
list1.extend(list2)                     #列表 list2 合并到 list1 中
print("列表 list2 合并到 list1 中后的数据:",list1)

print("下面从键盘输入两个整数,分别添加到列表中")
for i in range(2):
    y = int(input("请输入第" + str(i + 1) + "个整数:"))
    list1.append(y)

print("加上",list1[-2],"和",list1[-1],"后的 list1 的数据:",list1,sep = "")

list1.sort(reverse = True)              #list1 降序排列
print("降序排列后最终列表 list1 中的数据:",list1)
```

【例 4.3】 某公司股票近一段时间的收盘价(单位：元)分别为 12.04,11.15,13.47,

13.58,12.04,12.04,11.15,12.58,11.15,请建立一个列表(data)存储这些数据。请编写程序解决如下问题。

(1) 上述共有几个数据？

(2) 统计收盘价为 12.04 元的次数。

(3) 找出收盘价中的最小数据，并删除首次出现的最小数据，最后显示列表 data。

程序源代码如下：

```
# example4_3.py
# coding = utf-8
data = [12.04,11.15,13.47,13.58,12.04,12.04,11.15,12.58,11.15]
print("共有" + str(len(data)) + "个数据,分别为:",data)
print("收盘价为 12.04 元的次数:",data.count(12.04))
x = min(data)
print("收盘价中的最小数据:",x)
data.remove(x)
print("删除首次出现的最小数据后的列表:",data)
```

程序 example4_3.py 的运行结果如下：

```
>>>
============ RESTART: G:\example4_3.py ============
共有 9 个数据,分别为: [12.04, 11.15, 13.47, 13.58, 12.04, 12.04, 11.15, 12.58, 11.15]
收盘价为 12.04 元的次数: 3
收盘价中的最小数据: 11.15
删除首次出现的最小数据后的列表: [12.04, 13.47, 13.58, 12.04, 12.04, 11.15, 12.58, 11.15]
```

思考：如果要删除所有出现的最小数据，如何编程实现？

• 第一种方法。

程序源代码如下：

```
# question4_3_1_1.py
# coding = utf-8
data = [12.04,11.15,13.47,13.58,12.04,12.04,11.15,12.58,11.15]
print("共有",len(data),"个数据,分别为:",data,sep = "")
print("收盘价为 12.04 元的次数:",data.count(12.04))
x = min(data)
print("收盘价中的最小数据:",x)
for i in range(data.count(x)):
    data.remove(x)
print("删除所有出现的最小数据后的列表:",data)
```

程序 question4_3_1_1.py 的运行结果如下：

```
>>>
============ RESTART: G:\ question4_3_1_1.py ============
共有 9 个数据,分别为: [12.04, 11.15, 13.47, 13.58, 12.04, 12.04, 11.15, 12.58, 11.15]
收盘价为 12.04 元的次数: 3
收盘价中的最小数据: 11.15
删除所有出现的最小数据后的列表: [12.04, 13.47, 13.58, 12.04, 12.04, 12.58]
```

- 第二种方法。

程序源代码如下：

```
#question4_3_1_2.py
#coding = utf-8
data = [12.04,11.15,13.47,13.58,12.04,12.04,11.15,12.58,11.15]
print("共有" + str(len(data)) + "个数据,分别为:",data)
print("收盘价为 12.04 元的次数:",data.count(12.04))
x = min(data)
print("收盘价中的最小数据:",x)
while x in data:
    data.remove(x)
print("删除所有出现的最小数据后的列表:",data)
```

第二种方法的运行结果与第一种方法的运行结果相同。

【例 4.4】 下面是上海某一周各天的最高和最低气温(单位为℃)。

最高气温：13、13、18、18、19、15、16；

最低气温：5、7、10、13、11、8、9。

编写程序，找出这一周中第几天最热(按最高气温计算)，最高气温是多少，这一周中第几天最冷(按最低气温计算)，最低气温是多少，并求出全周各天的平均气温，最后，根据这一周的气象数据判断上海是否已经入春(假设在气象意义上，入春的标准是连续 5 天日均气温大于或等于 10℃)。

分析：本题需要求取最高气温数据中的最大值及其位置、最低气温数据中的最小值及其位置、每天气温的平均值及该周气温平均值等。如果单纯用变量和循环来做，程序会比较复杂。因此这里用列表来保存数据，使用循环来控制程序。

运用循环结构来计算这周每天的平均气温、判断是否连续 5 天的日平均气温超过 10℃。可以将计算得到的各天的日平均气温保存在列表 L3 中。通过 for 循环可以依次访问该列表中的每个元素。设变量 k 是日均气温大于或等于 10℃ 的天数计数器，在访问 L3 列表的循环体外初始化为 0。如果 k 的值已经大于或等于 5，则不需要继续判断。只有当 k 小于 5，如果某天日均气温大于或等于 10℃则加 1。当 k 小于 5 时，一旦某天日均气温低于 10℃，就将累计的天数 k 清 0，后续重新计算大于或等于 10℃ 的天数。当循环结束，如果 k 这个连续天数计数器大于或等于 5，表明有连续 5 天的日均气温超过 10℃。

程序源代码如下：

```
#example4_4.py
#coding = gbk
L1 = [13,13,18,18,19,15,16]
L2 = [5,7,10,13,11,8,9]
L3 = []

maxVal = max(L1)
maxDay = L1.index(maxVal)
minVal = min(L2)
minDay = L2.index(minVal)
print("这周第",maxDay + 1,"天最热,最高",maxVal,"℃ ",sep = "")
print("这周第",minDay + 1,"天最冷,最低",minVal,"℃ ",sep = "")
```

```
for i in range(len(L1)):
    L3.append((L1[i] + L2[i])/2)

print('这周每天的日平均气温:',L3)
avg = sum(L3)/len(L3)
print("周平均气温为:",avg)

k = 0
for i in L3:
    if k < 5:
        if i >= 10:
            k += 1
        else:
            k = 0
    else:
        break

if k >= 5:
    print("上海这周已入春。")
else:
    print("上海这周未入春。")
```

程序 example4_4.py 的运行结果如下：

这周第 5 天最热,最高 19℃
这周第 1 天最冷,最低 5℃
这周每天的日平均气温: [9.0, 10.0, 14.0, 15.5, 15.0, 11.5, 12.5]
周平均气温为: 12.5
上海这周已入春。

4.2 元组

元组由不同的元素组成,每个元素的数据类型可以各不相同,如字符串、数字和元组等。元组和列表十分相似,元组是用一对圆括号括起、用逗号分隔的多个元素的组合。元组也是序列的一种,可以利用序列操作对元组进行处理。

元组的操作和列表有很多相似之处,但元组和列表之间也存在重要的不同,元组是不可更改的,是不可变对象。元组创建之后就不能修改、添加、删除成员。元组的上述特点使得其在处理数据时效率较高,而且可以防止出现误修改操作。

4.2.1 元组的创建

元组的创建,即用一对圆括号将以逗号分隔的若干元素(数据、表达式的值、函数、lambda 表达式等)括起来。下面是几个创建元组的例子：

```
>>> tuple1 = ('a',200,'b',150, 'c',100)
>>> tuple2 = (3.14, 1.61, 0, -9, 6)
>>> tuple3 = ('a',)                    #创建单一元素的元组
>>> tuple3
```

```
('a',)
>>> tuple4 = ()                              #创建空元组
>>> tuple4
()
>>> tuple5 = tuple()                         #创建空元组
>>> tuple5
()
```

当元组只有一个元素时,该元素后面的逗号不能省略。

4.2.2 元组的访问

和列表一样,可以通过索引、切片来访问元组中的成员。例如:

```
>>> vehicle = ('train', 'bus', 'car', 'ship', 'subway', 'bicycle')
>>> vehicle[1]
'bus'
>>> vehicle[0:3]
('train', 'bus', 'car')
```

4.2.3 元组的不可变特性

元组一旦定义,其元素就不可改变。例如:

```
>>> vehicle = ('train', 'bus', 'car', 'ship', 'subway', 'bicycle')
>>> vehicle[1] = 'bike'                      #不能更改元素值
Traceback (most recent call last):
  File "<pyshell#11>", line 1, in <module>
    vehicle[1] = 'bike'
TypeError: 'tuple' object does not support item assignment
```

当元组中的元素为可变对象(如列表)时,其元素对象的值可以改变,但这种改变不是改变元组,因为该元组元素指向的对象地址没有发生变化,是元组元素所指向的可变对象内容发生了变化。

创建元组 t 后,元组的存储结构如图 4.2 所示。其中元素 t[1]为一个列表。可以通过 id(t[1])查看元组的第一个元素(也就是列表)的地址。例如:

```
>>> t = (1,[2,3])                            #元组中第一个元素为可变对象列表[2,3]
>>> id(t[1])                                 #元组中第一个元素的内存地址
2264005750088
```

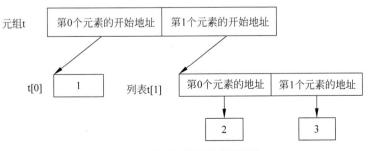

图 4.2 元组中元素的存储结构

如图 4.3 所示，可以在元组的元素 t[1]所对应的列表中添加元素。该操作不改变元组的元素 t[1]所对应的列表地址，因此元组对象本身没有改变。例如：

```
>>> t[1].append(5)              ＃列表中的元素可以变化
>>> t
(1, [2, 3, 5])
>>> id(t[1])                    ＃元组中第一个元素的内存地址没有发生变化
2264005750088
```

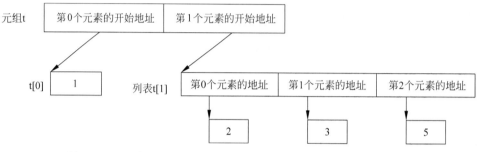

图 4.3　元组中可变对象元素添加值，并不改变元组中存储的地址值

如图 4.4 所示，可以修改元组元素 t[1]所对应的列表中元素的值。该操作不改变元组的元素 t[1]所对应的列表地址，因此元组对象本身没有改变。例如：

```
>>> t[1][1] = 6                 ＃列表中的元素可以变化
>>> t
(1, [2, 6, 5])
>>> id(t[1])                    ＃元组中第一个元素的内存地址没有发生变化
2264005750088
```

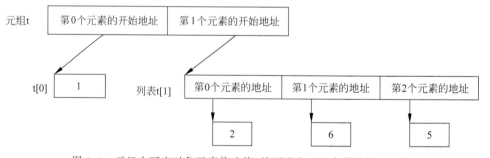

图 4.4　元组中可变对象元素修改值，并不改变元组中存储的地址值

如图 4.5 所示，试图改变元组中的元素 t[1]所对应的内存地址，也就是试图改变元组的第一个元素，操作不允许。因为元组一旦定义，其元素不允许改变。例如：

```
>>> t[1] = [8,9]                ＃元组中的元素不可改变
Traceback (most recent call last):
  File "< pyshell ♯ 14 >", line 1, in < module >
    t[1] = [8,9]
TypeError: 'tuple' object does not support item assignment
>>>
```

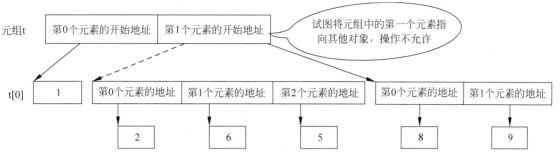

图 4.5 试图修改元组元素所指向的内存地址，操作失败

4.2.4 元组的运算

大部分适用于列表的运算也适用于元组。

1. 元组相加

通过元组相加的方法生成新元组。例如：

```
>>> vehicle1 = ('train', 'bus', 'car', 'ship')
>>> vehicle2 = ('subway', 'bicycle')
>>> vehicle1 + vehicle2
('train', 'bus', 'car', 'ship', 'subway', 'bicycle')
```

2. 元组与整数相乘

用整数 n 乘以一个元组，会生成一个新元组。在新元组中原来的元组元素将依次被重复 n 次。例如：

```
>>> vehicle1 = ('train', 'bus', 'car', 'ship')
>>> vehicle1 * 2
('train', 'bus', 'car', 'ship', 'train', 'bus', 'car', 'ship')
>>> vehicle2 = (('train', 'bus'), 'car', 'ship') * 2
>>> vehicle2
(('train', 'bus'), 'car', 'ship', ('train', 'bus'), 'car', 'ship')
```

4.2.5 元组的遍历

与列表类似，也可以通过 for 或者 while 循环遍历元组中的所有元素。例如：

```
>>> vehicle = ('train','bus','car','ship')
>>> for i in vehicle:              ♯直接遍历元组中的每个元素
        print(i,end = ' ')


train bus car ship
>>> for i in range(len(vehicle)):  ♯通过索引遍历元组中的元素
        print(vehicle[i],end = ' ')


train bus car ship
>>> i = 0
```

```
>>> while i < len(vehicle):                ♯通过索引遍历元组中的元素
        print(vehicle[i],end = ' ')
        i += 1
```

```
train bus car ship
```

4.1 节中介绍的切片、查找特定元素的位置、统计特定元素出现的次数、元素的遍历等方法和适用于序列的常用函数等均适用于元组和字符串等序列，这里不再重复阐述。

4.3 列表与元组之间的相互生成

为了方便初学者理解，很多资料将这部分内容称为列表与元组之间的转换。严格意义上说，从 Python 的一种数据类型生成另一种数据类型的过程不能称为类型转换。因为在这个过程中，原始数据保持不变，而是根据原有数据生成一个指定类型的新数据对象。

4.3.1 从列表生成元组

Python 中的 tuple 类可以接收一个列表参数，生成一个包含同样元素的元组。在学习面向对象之前，读者对类的概念不了解，可以把创建元组对象的 tuple() 写法看作一个函数的调用，方便理解。例如：

```
>>> vehicle = ['train', 'bus', 'car', 'ship', 'subway', 'bicycle']
>>> tuple(vehicle)
('train', 'bus', 'car', 'ship', 'subway', 'bicycle')
```

4.3.2 从元组生成列表

Python 中的 list 类接收一个元组参数，生成一个包含同样元素的列表。在学习面向对象之前，读者对类的概念不了解，可以把创建列表对象的 list() 写法看作一个函数的调用，方便理解。例如：

```
>>> vehicle = ('train','bus','car','ship','subway','bicycle')
>>> list(vehicle)
['train', 'bus', 'car', 'ship', 'subway', 'bicycle']
```

4.4 整数序列

range 是一种不可变的由整数构成的序列类型，称为整数序列。和其他序列类型一样，可以通过索引来访问其对应位置上的元素，也可以通过切片抽取指定位置上的元素生成新的 range 对象(原对象保持不变)。

4.4.1 整数序列的创建

有以下两种创建整数序列 range 对象的格式：range(start,stop[,step])和 range(stop)。它返回一个从 start 开始(包括 start)，到 stop 结束(不包括 stop)，且两个整数元素之间间隔为

step 的整数序列构成的 range 对象。

参数说明如下。

(1) start：整数序列元素的开始值为 start，默认是从 0 开始。例如，range(6)等价于 range(0,6)。

(2) end：整数序列元素到 end 结束，但不包括 end。例如，range(0,6)产生包含元素为 0,1,2,3,4,5 的 range 对象，但不包含 6。

(3) step：步长，表示所产生的整数序列对象元素之间的间隔，默认为 1。例如，range(0,6)等价于 range(0,6,1)。步长也可以是负数，这时开始值一般大于结束值，否则将产生一个元素个数为 0 的空整数序列对象。

用 range()产生的是一个 range 类型的对象，例如：

```
>>> x = range(10)
>>> print(x)
range(0, 10)
>>> type(x)
<class 'range'>
```

为了方便查看 range 对象中的元素，以 range 对象为基础，可以生成列表或元组，例如：

```
>>> y = list(x)
>>> y
[0, 1, 2, 3, 4, 5, 6, 7, 8, 9]
>>> z = tuple(x)
>>> z
(0, 1, 2, 3, 4, 5, 6, 7, 8, 9)
```

4.4.2 整数序列的索引和切片

可以通过索引值获取该索引位置上整数序列的元素值。整数序列的切片与其他序列的切片方式相同，整数序列的切片为从原整数序列中选取相应位置上的元素生成新的整数序列，原整数序列保持不变。例如：

```
>>> x = range(3,20,3)           ＃创建整数序列
>>> list(x)                     ＃通过整数序列构造列表，查看整数序列中的元素
[3, 6, 9, 12, 15, 18]
>>> x[2]                        ＃通过索引获取整数序列中的单个元素值
9
>>> y = x[1:5:2]                ＃生成整数序列的一个切片
>>> y                           ＃注意新 range 对象 y 的表示方式(开始值、结束值、步长)
range(6, 18, 6)
```

可以利用 len()函数来求 range 对象中的元素个数，也可以从 range 对象生成列表或元组。例如：

```
>>> len(y)
2
>>> list(y)                     ＃从 range 对象生成列表
[6, 12]
>>>
```

4.5 字典

字典在 Python 中用 dict 类表示。一个字典对象用一对花括号"{"和"}"作为边界,将以逗号分隔的元素括起来。每个元素是一对用冒号分隔的键(key)和值(value),冒号之前为键,冒号之后为值,表示从键到值的映射。图 4.6 表示字典{'Jack':95,'WAN':'Wide Area Network',1:'Tom','Alan':95}中从键到值的映射关系。

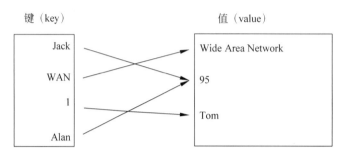

图 4.6　字典中的键与值的对应关系

字典是映射类型,表示从键到值的映射。字典中的键是唯一不重复的,可通过键来引用相应的值。

在 Python 3.5 及以前的版本中,字典是无序的,字典的显示次序由字典在内部的存储结构决定,与字典元素存入的顺序没有关系。从 Python 3.6 开始,字典元素按照存入的顺序进行存放,读取的顺序与存入的顺序相同,在位置上是有序的。但字典中的元素没有表示位置的索引号,因此不能像序列那样通过位置索引来引用成员数据。

4.5.1　字典的创建

字典可以通过以下几种方式来创建。

1. 直接使用花括号构造字典对象

可以直接使用花括号将以逗号分隔的元素括起来,每个元素是以冒号分隔的键-值对,冒号之前为键,冒号之后为值。例如:

```
>>> abbreviation = {'WAN':'Wide Area Network', 'CU':'Control Unit', 'LAN':'Local Area Network', 'GUI':'Graphical User Interface'}
>>> abbreviation
{'WAN': 'Wide Area Network', 'CU': 'Control Unit', 'LAN': 'Local Area Network', 'GUI': 'Graphical User Interface'}
>>>
```

如果花括号中没有元素,则表示创建一个空字典。例如:

```
>>> d = {}                          # 创建空字典
>>> d
{}
>>>
```

2. 调用 dict 类来构造字典对象

通过 dict 类来构造字典对象有如下几种方法。

(1) dict()创建空字典。例如:

```
>>> e = dict()                          #创建空字典
>>> e
{}
>>>
```

(2) dict(mapping) 从(key,value)元素组成的对象创建字典。例如:

```
>>> d = dict([["a",1],["b",2],["c",3]])    #根据列表来构建字典
>>> d
{'a': 1, 'b': 2, 'c': 3}
>>> e = dict((["a",1],["b",2],["c",3]))    #根据元组来构建字典
>>> e
{'a': 1, 'b': 2, 'c': 3}
>>>
>>> keys = ['WAN','CU','LAN']
>>> values = ('Wide Area Network','Control Unit','Local Area Network')
>>> b = dict(zip(keys,values))          #由序列构建zip对象,由zip对象创建字典
>>> b
{'WAN': 'Wide Area Network', 'CU': 'Control Unit', 'LAN': 'Local Area Network'}
>>>
```

上述代码中 zip(keys,values)根据 keys 和 values 来构建 zip 对象。在构建的 zip 对象中,每个元素分别为 keys 和 values 中相同位置上的元素构成的元组。zip()类的具体用法将在 4.8.3 节介绍。

(3) dict(∗∗kwargs) 以 name=value 参数传递方式创建字典。例如:

```
>>> a = dict(WAN = 'Wide Area Network',CU = 'Control Unit',LAN = 'Local Area Network')
>>> a
{'WAN': 'Wide Area Network', 'CU': 'Control Unit', 'LAN': 'Local Area Network'}
>>>
```

3. 通过字典的类方法 formkeys()从序列创建字典

```
>>> x = dict.fromkeys(['WAN', 'CU', 'LAN', 'GUI'])      #以列表元素为键
>>> x
{'WAN': None, 'CU': None, 'LAN': None, 'GUI': None}
>>> type(x)
<class 'dict'>
>>>
>>> y = dict.fromkeys(('WAN', 'CU', 'LAN', 'GUI'))      #以元组元素为键
>>> y
{'WAN': None, 'CU': None, 'LAN': None, 'GUI': None}
>>> type(y)
<class 'dict'>
>>>
>>> z = dict.fromkeys('WAN')                            #以字符串中的每个字符元素为键
>>> z
{'W': None, 'A': None, 'N': None}
>>> type(z)
<class 'dict'>
>>>
```

在字典中，键可以是任何不可修改类型的数据（不可变对象），如数值、字符串等。列表是可变的，不能作为字典的键。元组中如果没有可变对象的元素，该元组可以作为字典的键。如果元组中含有列表等可变对象的元素，则该元组不能作为字典的键。字典的键对应的值可以是任何类型的数据。字典对象和后面要学到的集合 set 对象是可变的对象，不能作为字典的键。

4.5.2 修改与扩充字典元素

1. 通过键-值映射关系修改字典中的数据

在字典中，某个键相关联的值可以通过赋值语句来修改，如果指定的键不存在，则相当于向字典中添加新的键-值对。例如：

```
>>> abbreviation = {'WAN':'Wide Area Network', 'CU':'Control Unit', 'LAN':'Local Area Network', 'GUI':'Graphical User Interface'}
>>> abbreviation['CU'] = 'control unit'
>>> abbreviation
{'WAN': 'Wide Area Network', 'CU': 'control unit', 'LAN': 'Local Area Network', 'GUI': 'Graphical User Interface'}
>>> abbreviation['FTP'] = 'File Transfer Protocol'
>>> abbreviation
{'WAN': 'Wide Area Network', 'CU': 'control unit', 'LAN': 'Local Area Network', 'GUI': 'Graphical User Interface', 'FTP': 'File Transfer Protocol'}
```

2. setdefault()方法

使用字典的 setdefault(key,default=None)方法时，如果字典中包含参数 key 对应的键，则返回该键对应的值；否则以参数 key 的值为键，以参数 default 的值为该键对应的值，在字典中插入键-值对元素，并返回该元素的值部分。例如：

```
>>> abbreviation = {'WAN':'Wide Area Network', 'CU':'Control Unit', 'LAN':'Local Area Network', 'GUI':'Graphical User Interface'}
>>> abbreviation.setdefault('CU')
'Control Unit'
>>> abbreviation.setdefault('FTP','File Transfer Protocol')
'File Transfer Protocol'
>>> abbreviation
{'WAN': 'Wide Area Network', 'CU': 'Control Unit', 'LAN': 'Local Area Network', 'GUI': 'Graphical User Interface', 'FTP': 'File Transfer Protocol'}
>>> abbreviation.setdefault('cu')
>>> abbreviation
{'WAN': 'Wide Area Network', 'CU': 'Control Unit', 'LAN': 'Local Area Network', 'GUI': 'Graphical User Interface', 'FTP': 'File Transfer Protocol', 'cu': None}
```

3. 字典的更新

字典的 update()方法将参数中字典的所有键-值对一次性地添加到左侧调用该方法的字典中。如果两个字典中存在有相同的键，则以参数字典中相应键的值更新左侧调用该方法的字典。例如：

```
>>> abbreviation = {'WAN':'Wide Area Network', 'CU':'Control Unit', 'LAN':'Local Area Network', 'GUI':'Graphical User Interface'}
```

```
>>> bb = {'CU':'control unit','FTP':'File Transfer Protocol'}
>>> abbreviation.update(bb)
>>> abbreviation
{'WAN': 'Wide Area Network', 'CU': 'control unit', 'LAN': 'Local Area Network', 'GUI': 'Graphical
User Interface', 'FTP': 'File Transfer Protocol'}
```

Python 3.9 开始引入了更新运算符(|=),能够产生与 update()方法同样的效果。例如:

```
>>> aa = {'WAN':'Wide Area Network', 'CU':'Control Unit', 'LAN':'Local Area Network', 'GUI':
'Graphical User Interface'}
>>> aa |= bb
>>> aa
{'WAN': 'Wide Area Network', 'CU': 'control unit', 'LAN': 'Local Area Network', 'GUI': 'Graphical
User Interface', 'FTP': 'File Transfer Protocol'}
>>>
```

无论使用 update()方法,还是使用更新运算符|=,均直接更新表达式左侧的字典。也就是运算结束后,表达式左侧的字典直接发生了变化。右侧的字典保持不变。

4. 字典的合并

对字典 d1 和 d2,可以采用{ ** d1, ** d2}的方式合并两个字典,生成新的字典,原字典均保持不变。如果 d1 和 d2 中有相同的键,则合并后的字典中采用右侧 d2 中的相应字典项。运算符两侧的其他项均包含在新字典中。例如:

```
>>> abbreviation = {'WAN':'Wide Area Network', 'CU':'Control Unit', 'LAN':'Local Area Network',
'GUI':'Graphical User Interface'}
>>> bb = {'CU':'control unit','FTP':'File Transfer Protocol'}
>>> x = { ** abbreviation, ** bb}              #合并生成新字典
>>> x
{'WAN': 'Wide Area Network', 'CU': 'control unit', 'LAN': 'Local Area Network', 'GUI': 'Graphical
User Interface', 'FTP': 'File Transfer Protocol'}
>>> abbreviation                                #原字典保持不变
{'WAN': 'Wide Area Network', 'CU': 'Control Unit', 'LAN': 'Local Area Network', 'GUI': 'Graphical
User Interface'}
>>> bb                                          #原字典保持不变
{'CU': 'control unit', 'FTP': 'File Transfer Protocol'}
>>>
```

变量前面加 ** 前缀的作用见第 6 章。

从 Python 3.9 开始引入了字典的合并运算符(|),能够产生与{ ** d1, ** d2}相同的效果。例如:

```
>>> y = abbreviation | bb
>>> y
{'WAN': 'Wide Area Network', 'CU': 'control unit', 'LAN': 'Local Area Network', 'GUI': 'Graphical
User Interface', 'FTP': 'File Transfer Protocol'}
>>> abbreviation
{'WAN': 'Wide Area Network', 'CU': 'Control Unit', 'LAN': 'Local Area Network', 'GUI': 'Graphical
User Interface'}
>>> bb
{'CU': 'control unit', 'FTP': 'File Transfer Protocol'}
>>>
```

4.5.3 字典元素相关计算

1. 字典中键-值对的数量的统计

len()可以返回字典中项(键-值对)的数量。例如：

```
>>> abbreviation = {'WAN':'Wide Area Network', 'CU':'Control Unit', 'LAN':'Local Area Network', 'GUI':'Graphical User Interface'}
>>> len(abbreviation)
4
```

2. 检查字典中是否含有某项值的键

in 运算可以用来检查某项值是否为字典中的键。如果该值为当前字典中的一个键，则返回布尔值 True，否则返回布尔值 False。例如：

```
>>> abbreviation = {'WAN':'Wide Area Network', 'CU':'Control Unit', 'LAN':'Local Area Network', 'GUI':'Graphical User Interface'}
>>> 'CU' in abbreviation
True
>>> 'cu' in abbreviation
False
```

4.5.4 根据字典的键查找对应的值

1. 通过键-值对的映射关系查找与特定键相关联的值

查找与特定键相关联的值，其返回值就是字典中与给定的键相关联的值。例如：

```
>>> abbreviation = {'WAN':'Wide Area Network', 'CU':'Control Unit', 'LAN':'Local Area Network', 'GUI':'Graphical User Interface'}
>>> abbreviation['LAN']
'Local Area Network'
```

如果指定的键在字典中不存在，则报错(KeyError)。例如：

```
>>> abbreviation['lan']
Traceback (most recent call last):
  File "<pyshell#8>", line 1, in <module>
    abbreviation['lan']
KeyError: 'lan'
```

2. get()方法

字典的 get(key,default=None)方法可返回以参数 key 作为键所对应的值；如果参数 key 不是字典中的键，则返回参数 default 指定的值。参数 default 的默认值为 None。例如：

```
>>> abbreviation = {'WAN':'Wide Area Network', 'CU':'Control Unit', 'LAN':'Local Area Network', 'GUI':'Graphical User Interface'}
>>> abbreviation.get('WAN')              # 返回键'WAN'所对应的值'Wide Area Network'
'Wide Area Network'
>>> abbreviation.get('WAN','键不存在！')
'Wide Area Network'
>>> a = abbreviation.get('wan')          # 'wan'不是字典中的键，返回 None
>>> print(a)
```

```
None
>>> abbreviation.get('wan','键不存在!')    #'wan'不是字典中的键,返回第二个参数的值
'键不存在!'
```

4.5.5 删除字典中的元素

1. 用 del 命令删除字典元素或整个字典

del 命令可以用来删除字典中指定键对应的元素,也可以用来删除整个字典。例如:

```
>>> abbreviation = {'WAN':'Wide Area Network', 'CU':'Control Unit', 'LAN':'Local Area Network',
'GUI':'Graphical User Interface'}
>>> del abbreviation['CU']
>>> abbreviation
{'WAN': 'Wide Area Network', 'LAN': 'Local Area Network', 'GUI': 'Graphical User Interface'}
>>> del abbreviation['gui']                #键不存在
Traceback (most recent call last):
  File "<pyshell#18>", line 1, in <module>
    del abbreviation['gui']
KeyError: 'gui'
>>> del abbreviation                       #删除整个字典
>>> abbreviation
Traceback (most recent call last):
  File "<pyshell#20>", line 1, in <module>
    abbreviation
NameError: name 'abbreviation' is not defined
```

2. clear()方法

字典中的 clear()方法可删除字典的所有元素,使其变成空字典。例如:

```
>>> abbreviation = {'WAN':'Wide Area Network', 'CU':'Control Unit', 'LAN':'Local Area Network',
'GUI':'Graphical User Interface'}
>>> abbreviation.clear()
>>> abbreviation
{}
```

注意其与 del 命令的区别。

3. pop()方法

字典中的 pop(k[,d])方法可删除字典中指定键 k 对应的键-值对,并返回相应的值。如果字典中不存在键为 k 的项,且指定了参数 d,则返回 d;否则将抛出 KeyError 异常。例如:

```
>>> abbreviation = {'WAN':'Wide Area Network', 'CU':'Control Unit', 'LAN':'Local Area Network',
'GUI':'Graphical User Interface'}
>>> abbreviation.pop('CU')                 #返回键为'CU'的值,并在字典中删除该键-值对
'Control Unit'
>>> abbreviation
{'WAN': 'Wide Area Network', 'LAN': 'Local Area Network', 'GUI': 'Graphical User Interface'}
>>> abbreviation.pop('Lan')                #不存在键'Lan',触发异常
Traceback (most recent call last):
  File "<pyshell#70>", line 1, in <module>
    abbreviation.pop('Lan')
```

```
KeyError: 'Lan'
>>> abbreviation.pop('Lan','local')        #两个参数,不存在键'Lan',返回第2个参数值
'local'
```

4. popitem()方法

字典中的 popitem()方法可删除字典中的一个元素,并将该元素中的键和值构成一个元组返回,如果字典为空则触发异常。例如:

```
>>> abbreviation = {'WAN':'Wide Area Network', 'CU':'Control Unit', 'LAN':'Local Area Network',
'GUI':'Graphical User Interface'}
>>> abbreviation.popitem()
('GUI', 'Graphical User Interface')
>>> abbreviation
{'WAN': 'Wide Area Network', 'CU': 'Control Unit', 'LAN': 'Local Area Network'}
>>> abbreviation.popitem()
('LAN', 'Local Area Network')
>>> abbreviation.popitem()
('CU', 'Control Unit')
>>> abbreviation.popitem()
('WAN', 'Wide Area Network')
>>> abbreviation
{}
>>> abbreviation.popitem()                 #字典为空触发异常
Traceback (most recent call last):
  File "<pyshell#83>", line 1, in <module>
    abbreviation.popitem()
KeyError: 'popitem(): dictionary is empty'
```

4.5.6 获取字典元素对象

1. keys()与values()方法

keys()方法可将字典中的键以可迭代的 dict_keys 对象返回。values()方法可将字典中的值以可迭代的 dict_values 对象形式返回。可迭代对象的概念和判断方法将在4.8节中详细介绍。可迭代对象中的元素可以用 for 循环进行遍历。例如:

```
>>> abbreviation = {'WAN':'Wide Area Network', 'CU':'Control Unit', 'LAN':'Local Area Network',
'GUI':'Graphical User Interface'}
>>> itObj = abbreviation.keys()
>>> itObj
dict_keys(['WAN', 'CU', 'LAN', 'GUI'])
>>> list(itObj)
['WAN', 'CU', 'LAN', 'GUI']
>>> tuple(itObj)
('WAN', 'CU', 'LAN', 'GUI')
>>>
>>> abbreviation = {'WAN':'Wide Area Network', 'CU':'Control Unit', 'LAN':'Local Area Network',
'GUI':'Graphical User Interface'}
>>> itObj = abbreviation.values()
>>> itObj
dict_values(['Wide Area Network', 'Control Unit', 'Local Area Network', 'Graphical User Interface'])
```

```
>>> list(itObj)
['Wide Area Network', 'Control Unit', 'Local Area Network', 'Graphical User Interface']
>>> tuple(itObj)
('Wide Area Network', 'Control Unit', 'Local Area Network', 'Graphical User Interface')
```

2. items()方法

items()方法可将字典中的所有键和值以可迭代的 dict_items 对象形式返回，每个键-值对组成元组作为一个元素。例如：

```
>>> abbreviation = {'WAN':'Wide Area Network', 'CU':'Control Unit', 'LAN':'Local Area Network', 'GUI':'Graphical User Interface'}
>>> itObj = abbreviation.items()
>>> itObj
dict_items([('WAN', 'Wide Area Network'), ('CU', 'Control Unit'), ('LAN', 'Local Area Network'), ('GUI', 'Graphical User Interface')])
>>>
```

可以用 dict_items 对象来构造列表或元组。

```
>>> list(abbreviation.items())
[('WAN', 'Wide Area Network'), ('CU', 'Control Unit'), ('LAN', 'Local Area Network'), ('GUI', 'Graphical User Interface')]
>>> tuple(abbreviation.items())
(('WAN', 'Wide Area Network'), ('CU', 'Control Unit'), ('LAN', 'Local Area Network'), ('GUI', 'Graphical User Interface'))
```

3. 字典元素的视图

字典中的 keys()、values()和 items()方法分别返回 dict_keys、dict_values 和 dict_items 类型的对象。这几个对象中的元素是字典元素的视图，不复制字典中的元素，其元素跟随字典中相应元素增加、删除或修改。例如：

```
>>> abbreviation = {'WAN':'Wide Area Network', 'CU':'Control Unit', 'LAN':'Local Area Network', 'GUI':'Graphical User Interface'}
>>> keysObj = abbreviation.keys()
>>> keysObj
dict_keys(['WAN', 'CU', 'LAN', 'GUI'])
>>> valuesObj = abbreviation.values()
>>> valuesObj
dict_values(['Wide Area Network', 'Control Unit', 'Local Area Network', 'Graphical User Interface'])
>>> itemsObj = abbreviation.items()
>>> itemsObj
dict_items([('WAN', 'Wide Area Network'), ('CU', 'Control Unit'), ('LAN', 'Local Area Network'), ('GUI', 'Graphical User Interface')])
>>>
```

在字典中添加一项，相应的 dict_keys、dict_values 和 dict_items 视图中就自动增加了对应的数据。例如：

```
>>> abbreviation['CPU'] = 'Central Processing Unit'
>>> keysObj
dict_keys(['WAN', 'CU', 'LAN', 'GUI', 'CPU'])
>>> valuesObj
```

```
dict_values(['Wide Area Network', 'Control Unit', 'Local Area Network', 'Graphical User Interface',
'Central Processing Unit'])
>>> itemsObj
dict_items([('WAN', 'Wide Area Network'), ('CU', 'Control Unit'), ('LAN', 'Local Area Network'),
('GUI', 'Graphical User Interface'), ('CPU', 'Central Processing Unit')])
>>>
```

4.5.7 遍历字典

1. 遍历字典的键

```
>>> abbreviation = {'WAN':'Wide Area Network', 'CU':'Control Unit', 'LAN':'Local Area Network',
'GUI':'Graphical User Interface'}
>>> for i in abbreviation:                    ♯默认遍历字典的键
        print(i,abbreviation[i])


WAN Wide Area Network
CU Control Unit
LAN Local Area Network
GUI Graphical User Interface
>>> for i in abbreviation.keys():
        print(i,abbreviation[i])


WAN Wide Area Network
CU Control Unit
LAN Local Area Network
GUI Graphical User Interface
```

2. 遍历字典的值

```
>>> abbreviation = {'WAN':'Wide Area Network', 'CU':'Control Unit', 'LAN':'Local Area Network',
'GUI':'Graphical User Interface'}
>>> for i in abbreviation.values():
        print(i)


Wide Area Network
Control Unit
Local Area Network
Graphical User Interface
```

3. 遍历字典的键-值对

```
>>> abbreviation = {'WAN':'Wide Area Network', 'CU':'Control Unit', 'LAN':'Local Area Network',
'GUI':'Graphical User Interface'}
>>> for i in abbreviation.items():
        print(i)


('WAN', 'Wide Area Network')
('CU', 'Control Unit')
```

```
('LAN', 'Local Area Network')
('GUI', 'Graphical User Interface')
```

4.5.8 字典的应用实例

【例4.5】 假设姓名不重复,现有若干同学的姓名和成绩组成键-值对存放在字典 stu 中。stu={"张琳":58,"孙治平":70,"徐小伟":89,"徐丽萍":69,"童万丽":90,"钱志敏":84,"赵虚余":64},请编程完成如下任务。

(1) 在字典中添加姓名为"晋宇浩"的同学,成绩显示为"缺考"。
(2) 张琳的成绩改为60。
(3) 删除徐小伟以及他的成绩。
(4) 显示原有字典和现有字典。
(5) 统计当前总人数。
(6) 从键盘输入一名同学的姓名,显示该同学的成绩,如字典中无此同学则显示"没找到该同学"。

- 第一种方法。

程序源代码如下:

```
#example4_5_1.py
#coding = utf-8
stu = {"张琳":58,"孙治平":70,"徐小伟":89,"徐丽萍":69,\
    "童万丽":90,"钱志敏":84,"赵虚余":64}
print("原有字典:",stu)
stu['晋宇浩'] = '缺考'
stu['张琳'] = 60
del stu["徐小伟"]
print("现有字典:",stu)
print('当前总人数为:',len(stu))
name = input('请输入姓名:')
if name in stu:
    print('该同学成绩为:',stu[name])
else:
    print("没找到该同学")
```

程序 example4_5_1.py 可能的一种运行结果如下:

```
>>>
============ RESTART: G:\example4_5_1.py ============
原有字典: {'张琳': 58, '孙治平': 70, '徐小伟': 89, '徐丽萍': 69, '童万丽': 90, '钱志敏': 84, '赵虚余': 64}
现有字典: {'张琳': 60, '孙治平': 70, '徐丽萍': 69, '童万丽': 90, '钱志敏': 84, '赵虚余': 64, '晋宇浩': '缺考'}
当前总人数为: 7
请输入姓名:童万丽
该同学成绩为: 90
```

程序 example4_5_1.py 可能的另一种运行结果如下：

```
>>>
============ RESTART: G:\example4_5_1.py ============
原有字典: {'张琳': 58, '孙治平': 70, '徐小伟': 89, '徐丽萍': 69, '童万丽': 90, '钱志敏': 84, '赵虚余': 64}
现有字典: {'张琳': 60, '孙治平': 70, '徐丽萍': 69, '童万丽': 90, '钱志敏': 84, '赵虚余': 64, '晋宇浩': '缺考'}
当前总人数为: 7
请输入姓名:张平
没找到该同学
```

- 第二种方法。

程序源代码如下：

```
#example4_5_2.py
#coding = utf-8
stu = {"张琳":58,"孙治平":70,"徐小伟":89,"徐丽萍":69,\
    "童万丽":90,"钱志敏":84,"赵虚余":64}
print("原有字典:",stu)
stu.update({'晋宇浩':'缺考','张琳':60})
stu.pop("徐小伟")
print("现有字典:",stu)
print('当前总人数为:',len(stu))
name = input('请输入姓名:')
if name in stu.keys():
    print('该同学成绩为:',stu[name])
else:
    print("没找到该同学")
```

思考：从键盘输入一名同学的姓名，如果该姓名存在则输出成绩后又可以再次输入姓名、输出成绩，直到字典中没有该姓名时程序结束运行。请编写实现该功能的程序，保存为question4_5_1.py。该程序可能的一次运行结果如下：

```
>>>
============ RESTART: G:\question4_5_1.py ============
原有字典: {'张琳': 58, '孙治平': 70, '徐小伟': 89, '徐丽萍': 69, '童万丽': 90, '钱志敏': 84, '赵虚余': 64}
现有字典: {'张琳': 60, '孙治平': 70, '徐丽萍': 69, '童万丽': 90, '钱志敏': 84, '赵虚余': 64, '晋宇浩': '缺考'}
当前总人数为: 7
请输入姓名:孙治平
该同学成绩为: 70
请输入姓名:童万丽
该同学成绩为: 90
请输入姓名:晋宇浩
该同学成绩为: 缺考
请输入姓名:章赞
没找到该同学
```

【例 4.6】 某人买了 4 只股票，编号为 1～4，股票代码、股票名称和买入价分别是

601398、工商银行、5.51；000001、平安银行、8.94；601939、建设银行、6.89；601328、交通银行、5.61。请用字典实现根据编号查询购买的股票信息。要求在输入编号后，可以一直查询购买的股票信息，直到输入编号以外的任意数字时显示"无查询结果"，并结束程序。

程序源代码如下：

```
#example4_6.py
#coding=utf-8
info={'1':['601398','工商银行',5.51],'2':['000001','平安银行',8.94],\
      '3':['601939','建设银行',6.89],'4':['601328','交通银行',5.61]}
no=input("请输入编号:")
while no in info:
    print(info[no])
    no=input("请输入编号:")
else:
    print("无查询结果!")
```

程序example4_6.py可能的一次运行结果如下：

```
>>>
============ RESTART: G:\ example4_6.py ============
请输入编号:3
['601939', '建设银行', 6.89]
请输入编号:1
['601398', '工商银行', 5.51]
请输入编号:4
['601328', '交通银行', 5.61]
请输入编号:2
['000001', '平安银行', 8.94]
请输入编号:5
无查询结果!
```

思考：如何让股票信息不是直接以列表形式显示，而是如同"股票代码：601939,股票名称：建设银行,买入价：6.89"这种方式显示，请修改程序。

程序源代码如下：

```
#quesion4_6_1.py
#coding=utf-8
info={'1':['601398','工商银行',5.51],'2':['000001','平安银行',8.94],\
      '3':['601939','建设银行',6.89],'4':['601328','交通银行',5.61]}
no=input("请输入编号:")
while no in info:
    print("股票代码:",info[no][0],",股票名称:",info[no][1],\
          ",买入价:",info[no][2],sep="")
    no=input("请输入编号:")
else:
    print("无查询结果!")
```

程序question4_6_1.py可能的一次运行结果如下：

```
>>>
============ RESTART: G:\ question4_6_1.py ============
```

```
请输入编号:3
股票代码:601939,股票名称:建设银行,买入价:6.89
请输入编号:1
股票代码:601398,股票名称:工商银行,买入价:5.51
请输入编号:4
股票代码:601328,股票名称:交通银行,买入价:5.61
请输入编号:2
股票代码:000001,股票名称:平安银行,买入价:8.94
请输入编号:0
无查询结果!
```

【例 4.7】 根据客户等级及订货量计算订货金额。

建立字典,客户分 A、B、C、D 类,A 类客户享受 9 折优惠,B 类客户享受 92 折优惠,C 类客户享受 95 折优惠,D 类客户不享受折扣优惠。假定商品标准价格是 100 元。不管哪类客户,对于不同的订货量,还可享受不同的价格优惠:订货量小于 500 的无折扣,订货量在 [500,1999] 区间内的折扣为 0.05,订货量在 [2000,4999] 区间内的折扣为 0.1,订货量在 [5000,20 000] 区间内的折扣为 0.15,20 000 及以上的折扣为 0.2。客户可同时享受价格优惠和客户等级优惠。订货量为整数。

要求:只要输入客户等级和订货量,根据标准价格,就计算出订货金额;对客户等级和订货量需判断是否输入正确,客户等级或订货量不输入任何字符或者输入有误,均会退出程序,显示"请输入正确信息,谢谢!"。

程序源代码如下:

```
#example4_7.py
#coding=utf-8
classification = {'A':0.9,'B':0.92,'C':0.95,'D':1.00}          #定义字典
degree = input('请输入客户等级(A~D):')
number1 = input('请输入订货量:')
while degree!='' and number1!='' and \
      degree in ['A','B','C','D'] and number1.isdigit():
    discount1 = classification[degree]                          #根据客户等级(键)查折扣(值)
    number = int(number1)
    if number < 500:
        discount2 = 0
    elif number < 2000:
        discount2 = 0.05
    elif number < 5000:
        discount2 = 0.1
    elif number < 20000:
        discount2 = 0.15
    else:
        discount2 = 0.2
    total = 100 * number * (discount1) * (1-discount2)
    print('客户等级折扣为:',discount1)
    print('订货量折扣为:',discount2)
    print('订货金额为:',total)
    degree = input('请输入客户等级(A~D):')
    number1 = input('请输入订货量:')
```

```
else:
    print('请输入正确信息,谢谢!')
```

上述代码中,number1.isdigit()用于判断字符串对象 number1 中的内容是否为数字。

程序 example4_7.py 可能的一次运行结果如下:

```
>>>
=========== RESTART: G:\ example4_7.py ============
请输入客户等级(A～D):A
请输入订货量:100
客户等级折扣为: 0.9
订货量折扣为: 0
订货金额为: 9000.0
请输入客户等级(A～D):B
请输入订货量:600
客户等级折扣为: 0.92
订货量折扣为: 0.05
订货金额为: 52440.0
请输入客户等级(A～D):C
请输入订货量:3000
客户等级折扣为: 0.95
订货量折扣为: 0.1
订货金额为: 256500.0
请输入客户等级(A～D):D
请输入订货量:10000
客户等级折扣为: 1.0
订货量折扣为: 0.15
订货金额为: 850000.0
请输入客户等级(A～D):E
请输入订货量:2000000
请输入正确信息,谢谢!
```

思考:请结合第 3 章的相关知识,说明需要设计怎样的测试用例才能把每个分支都检测到?

4.6 从字典生成列表与元组

4.6.1 从字典生成列表

Python 中的 list()可以从字典生成列表。例如:

```
>>> abbreviation = {'WAN':'Wide Area Network', 'CU':'Control Unit', 'LAN':'Local Area Network',
'GUI':'Graphical User Interface'}
>>> list(abbreviation)                          #默认从键生成列表
['WAN', 'CU', 'LAN', 'GUI']
>>> list(abbreviation.keys())
['WAN', 'CU', 'LAN', 'GUI']
>>> list(abbreviation.values())
['Wide Area Network', 'Control Unit', 'Local Area Network', 'Graphical User Interface']
>>> list(abbreviation.items())
```

[('WAN', 'Wide Area Network'), ('CU', 'Control Unit'), ('LAN', 'Local Area Network'), ('GUI', 'Graphical User Interface')]

4.6.2 从字典生成元组

Python 中的 tuple()可以从字典生成元组。例如：

```
>>> abbreviation = {'WAN':'Wide Area Network', 'CU':'Control Unit', 'LAN':'Local Area Network', 'GUI':'Graphical User Interface'}
>>> tuple(abbreviation)            #默认从键生成元组
('WAN', 'CU', 'LAN', 'GUI')
>>> tuple(abbreviation.keys())
('WAN', 'CU', 'LAN', 'GUI')
>>> tuple(abbreviation.values())
('Wide Area Network', 'Control Unit', 'Local Area Network', 'Graphical User Interface')
>>> tuple(abbreviation.items())
(('WAN', 'Wide Area Network'), ('CU', 'Control Unit'), ('LAN', 'Local Area Network'), ('GUI', 'Graphical User Interface'))
```

可以从字典生成相应的列表或元组。4.5.1 节介绍了如何从列表、元组或字符串等序列生成字典。

4.7 集合

集合对象表示由不重复元素组成的无序、有限集合，集合中的元素是不可变对象。Python 中的内置集合包括可变的 set 和不可变的 frozenset 两种类型。本节主要介绍可变的 set 集合。frozenset 集合的用法请参考其他资料或 Python 官方文档。

set 类型的集合用一对花括号("{}")将一组无序、不重复的元素括起来，元素之间用逗号分隔。元素可以是各种类型的不可变对象。

4.7.1 set 集合的创建

集合类型的对象有两种创建方式：一种是用一对花括号将多个元素括起来，元素之间用逗号分隔；另一种是用 set()创建集合对象。如果 set()中没有参数，则创建空集合；也可以用 set(obj)方式从字符串、列表、元组等类型的 obj 来创建集合。例如：

```
>>> vehicle = {'train','bus','car','ship'}
>>> vehicle
{'car', 'ship', 'train', 'bus'}
>>> type(vehicle)
<class 'set'>

>>> vehicle = set(['train','bus','car','ship'])
>>> vehicle
{'car', 'ship', 'train', 'bus'}
>>> type(vehicle)
<class 'set'>
```

注意，空集合只能用 set()来创建，而不能用花括号{}表示，因为 Python 将{}用于表示空字典。例如：

```
>>> a = set()
>>> a
set()
>>> type(a)
<class 'set'>
>>> b = {}
>>> b
{}
>>> type(b)
<class 'dict'>
```

集合中没有相同的元素，因此 Python 在创建集合时会自动删除重复的元素。例如：

```
>>> vehicle = {'train','bus','car','ship','bus'}
>>> vehicle
{'car', 'ship', 'train', 'bus'}
```

4.7.2　set 集合的运算

1. len()

len()函数用于返回集合中元素的个数。例如：

```
>>> vehicle = {'train','bus','car','ship','bus'}
>>> len(vehicle)
4
```

2. in

运算符 in 可用于判断某元素是否存在于集合之中，结果为 True 或 False。例如：

```
>>> vehicle = {'train','bus','car','ship'}
>>> 'bus' in vehicle
True
>>> 'bike' in vehicle
False
```

3. 并集、交集

并集：创建一个新的集合，该集合包含两个集合中的所有元素。交集：创建一个新的集合，该集合为两个集合中的公共部分。例如：

```
>>> vehicle1 = {'train','bus','car','ship'}
>>> vehicle2 = {'subway','bicycle','bus'}
>>> vehicle1|vehicle2                              #并集
{'car', 'ship', 'bicycle', 'train', 'bus', 'subway'}
>>> vehicle1&vehicle2                              #交集
{'bus'}
```

4. 差集

A－B 表示集合 A 与 B 的差集，返回由出现在集合 A 中但不出现在集合 B 中的元素所构成的集合。例如：

```
>>> vehicle1 = {'train','bus','car','ship'}
>>> vehicle2 = {'subway','bicycle','bus'}
>>> vehicle1 - vehicle2
{'car', 'ship', 'train'}
>>> vehicle2 - vehicle1
{'bicycle', 'subway'}
```

5. 对称差

对称差运算的结果是由两个集合中那些不重叠的元素所构成的新集合。例如：

```
>>> vehicle1 = {'train','bus','car','ship'}
>>> vehicle2 = {'subway','bicycle','bus'}
>>> vehicle1^vehicle2
{'ship', 'car', 'bicycle', 'train', 'subway'}
```

6. 子集和超集

如果集合 A 中的每个元素都是集合 B 中的元素，则集合 A 是集合 B 的子集。如果集合 A 是集合 B 的一个子集，那么集合 B 是集合 A 的一个超集。

(1) A<=B,检测 A 是否是 B 的子集。

(2) A<B,检测 A 是否是 B 的真子集。

(3) A>=B,检测 A 是否是 B 的超集。

(4) A>B,检测 A 是否是 B 的真超集。

例如：

```
>>> vehicle1 = {'train','bus','car','ship'}
>>> vehicle2 = {'car','ship'}
>>> vehicle2 < vehicle1
True
>>> vehicle2 > vehicle1
False
>>> vehicle1 = {'train','bus','car','ship'}
>>> vehicle2 = {'car','ship','bike'}
>>> vehicle2 < vehicle1
False
>>> vehicle2 > vehicle1
False
>>>
```

4.7.3 set 集合的方法

1. union()与 intersection()方法

union()方法用于实现并集运算。intersection()方法用于实现交集运算。例如：

```
>>> vehicle1 = {'train','bus','car','ship'}
>>> vehicle2 = {'subway','bicycle','bus'}
>>> vehicle1.union(vehicle2)                    #并集,生成新的集合
{'car', 'ship', 'bicycle', 'train', 'bus', 'subway'}
>>> vehicle1                                    #vehicle1 未发生改变
{'bus', 'ship', 'car', 'train'}
>>> vehicle2                                    #vehicle2 未发生改变
```

```
{'bus', 'bicycle', 'subway'}
>>> vehicle1.intersection(vehicle2)    #交集
{'bus'}
```

2. update()方法

s1.update(s2)方法用于实现将集合 s2 中的元素添加到 s1 中，s1 集合中的元素发生了变化，s2 保持不变。例如：

```
>>> vehicle1 = {'train','bus','car','ship'}
>>> vehicle2 = {'subway','bicycle','bus'}
>>> vehicle1.update(vehicle2)
>>> vehicle1                                    #vehicle1 发生了改变
{'car', 'ship', 'bicycle', 'train', 'bus', 'subway'}
>>> vehicle2                                    #vehicle2 保持不变
{'bus', 'subway', 'bicycle'}
>>>
```

运算符|=可实现与 update()方法相同的功能，例如：

```
>>> vehicle1 = {'train','bus','car','ship'}
>>> vehicle1 | = vehicle2
>>> vehicle1                                    #|= 左侧的集合被更新
{'bus', 'ship', 'bicycle', 'car', 'subway', 'train'}
>>> vehicle2                                    #|= 右侧的集合保持不变
{'bus', 'subway', 'bicycle'}
>>>
```

3. difference()方法

difference()方法用于实现差集运算。例如：

```
>>> vehicle1 = {'train','bus','car','ship'}
>>> vehicle2 = {'subway','bicycle','bus'}
>>> vehicle1.difference(vehicle2)
{'car', 'ship', 'train'}
>>> vehicle2.difference(vehicle1)
{'bicycle', 'subway'}
```

4. symmetric_difference()方法

symmetric_difference 方法用于实现对称差运算。例如：

```
>>> vehicle1 = {'train','bus','car','ship'}
>>> vehicle2 = {'subway','bicycle','bus'}
>>> vehicle1.symmetric_difference(vehicle2)
{'ship', 'car', 'bicycle', 'train', 'subway'}
```

5. issubset()与 issuperset()方法

s1.issubset(s2)方法用于判断 s1 是否为 s2 的子集。s1.issuperset(s2)方法用于判断 s1 是否为 s2 的超集。例如：

```
>>> vehicle1 = {'train','bus','car','ship'}
>>> vehicle2 = {'car','ship'}
>>> vehicle2.issubset(vehicle1)
True
```

```
>>> vehicle1.issuperset(vehicle2)
True
>>> vehicle1 = {'train','bus','car','ship'}
>>> vehicle2 = {'car','ship','bike'}
>>> vehicle2.issubset(vehicle1)
False
>>> vehicle1.issubset(vehicle2)
False
>>> vehicle1.issuperset(vehicle2)
False
>>> vehicle2.issuperset(vehicle1)
False
```

6. add()方法

add()方法的作用是向集合中添加元素。例如：

```
>>> vehicle1 = {'train','bus','car','ship'}
>>> vehicle1.add('subway')
>>> vehicle1
{'ship', 'bus', 'car', 'train', 'subway'}
```

7. remove()方法

remove()方法的作用是从集合中删除元素，如果集合中没有该元素，则出错。例如：

```
>>> vehicle1 = {'train','bus','car','ship'}
>>> vehicle1.remove('bus')
>>> vehicle1
{'ship', 'car', 'train'}
>>> vehicle1.remove('bus')
Traceback (most recent call last):
  File "<pyshell#84>", line 1, in <module>
    vehicle1.remove('bus')
KeyError: 'bus'
```

8. discard()方法

discard()方法的作用是从集合中删除元素，如果集合中没有该元素，也不提示出错。例如：

```
>>> vehicle1 = {'train','bus','car','ship'}
>>> vehicle1.discard('bus')
>>> vehicle1
{'ship', 'car', 'train'}
>>> vehicle1.discard('bus')
```

9. pop()方法

pop()方法的作用是从集合中删除任一元素，并返回该元素；如果集合为空，则抛出KeyError异常。例如：

```
>>> vehicle1 = {'train','bus','car','ship'}
>>> vehicle1.pop()
'bus'
```

```
>>> vehicle1.pop()
'ship'
>>> vehicle1.pop()
'car'
>>> vehicle1.pop()
'train'
>>> vehicle1.pop()
Traceback (most recent call last):
    File "<pyshell#96>", line 1, in <module>
        vehicle1.pop()
KeyError: 'pop from an empty set'
```

10. clear()方法

clear()方法的作用是从集合中删除所有元素,变成一个空集合。例如:

```
>>> vehicle1 = {'train','bus','car','ship'}
>>> vehicle1.clear()
>>> vehicle1
set()
```

4.7.4 set 集合的应用实例

【例 4.8】 编写程序,产生 15 个 1~9 的数字存放于列表中并显示,再将列表中重复的元素去除后显示。

提示:可以使用 random 模块中的 randint(min,max)函数每次生成一个位于[min, max]区间内的随机整数。

程序源代码如下:

```
# example4_8.py
# coding = utf-8
import random
numbers = []
for i in range(15):
    n = random.randint(1,9)
    numbers.append(n)
print("产生的 15 个数:",numbers)
temp = list(set(numbers))
print("去重后:",temp)
```

程序 example4_8.py 可能的一次运行结果如下:

```
>>>
============ RESTART: G:\ example4_8.py ============
产生的 15 个数: [3, 4, 9, 8, 7, 4, 3, 9, 7, 3, 3, 7, 9, 1, 2]
去重后: [1, 2, 3, 4, 7, 8, 9]
```

思考:这样编写程序,去重后次序发生了改变,如果需要不改变列表次序,程序该如何编写?

程序源代码如下:

```
# question4_8_1.py
```

```
#coding=utf-8
import random
numbers = []
for i in range(15):
    n = random.randint(1,9)
    numbers.append(n)
print("产生的 15 个数:",numbers)
temp = list(set(numbers))
temp.sort(key = numbers.index)
print("去重后不改变次序:",temp)
```

程序 question4_8_1.py 可能的一次运行结果如下:

```
>>>
============ RESTART: G:\ question4_8_1.py ============
产生的 15 个数: [7, 9, 9, 1, 3, 1, 5, 6, 7, 6, 9, 7, 3, 6, 2]
去重后不改变次序: [7, 9, 1, 3, 5, 6, 2]
```

4.8 可迭代对象与迭代器对象

4.8.1 可迭代对象

列表、元组、字符串、字典可以用 for…in…进行遍历。从表面来看,只要可以用 for…in…进行遍历的对象就是可迭代(Iterable)对象。列表、元组、字符串、字典都是可迭代对象。实际上,如果一个对象实现了 __iter__ 方法,那么这个对象就是可迭代对象。以列表为例:

```
>>> help(list)
Help on class list in module builtins:

class list(object)
 |  list(iterable=(), /)
 ...
 Methods defined here:
 ...
 __iter__(self, /)
 |      Implement iter(self).
 ...
```

从上面的帮助信息可以看出,list 类中实现了 __iter__ 方法,list 对象就是可迭代对象。

可以通过调用 Python 内置函数 isinstance() 来判断一个对象是否属于可迭代对象。其中 Iterable 类位于模块 collections.abc 中,早期版本的 Python 中 Iterable 类位于 collections 模块中。例如:

```
>>> from collections.abc import Iterable
>>> isinstance(['abc',1,8.5],Iterable)
True
>>> isinstance(('abc',1,8.5),Iterable)
True
>>> isinstance({1:'one',2:'two'},Iterable)
```

```
True
>>> isinstance({'one','two'},Iterable)
True
>>> isinstance('abcdefg',Iterable)
True
>>> isinstance(range(10),Iterable)
True
>>> isinstance(123,Iterable)
False
```

通过以上例子可以发现,一个数字是不可迭代的,而一个 range 对象是可迭代的,集合也是可迭代的。

自定义可迭代的类将在第 9 章介绍。

4.8.2 迭代器对象

实现了 __iter__ 方法和 __next__ 方法的类的对象称为迭代器(Iterator)对象(简称迭代器)。从定义来看,迭代器对象也是一种可迭代对象。迭代器可以通过其 __next__ 方法不断返回下一个值,也可以通过内置函数 next() 访问参数中迭代器的下一个元素。

列表、元组、字符串、字典、集合实现了 __iter__ 方法,但并未实现 __next__ 方法,这些对象均不能称为迭代器。

可以通过调用 Python 内置函数 isinstance() 来判断一个对象是否属于迭代器。例如:

```
>>> from collections.abc import Iterator
>>> isinstance([],Iterator)
False
>>> isinstance((),Iterator)
False
>>> isinstance({1:'one',2:'two'},Iterator)
False
>>> isinstance({'one','two'},Iterator)
False
>>> isinstance('abcdefg',Iterator)
False
>>> isinstance(range(10),Iterator)
False
>>> isinstance(123,Iterator)
False
```

虽然列表、元组、字符串、字典、集合都是可迭代对象,但它们不是迭代器。可以通过 iter() 函数从可迭代对象生成迭代器。例如:

```
>>> help(iter)          ♯查看 iter()函数的用法
Help on built-in function iter in module builtins:

iter(...)
    iter(iterable) -> iterator
```

```
        iter(callable, sentinel) -> iterator

        Get an iterator from an object. In the first form, the argument must
        supply its own iterator, or be a sequence.
        In the second form, the callable is called until it returns the sentinel.
>>> from collections.abc import Iterator
>>> vehicle = ['train','bus','car','ship']
>>> v = iter(vehicle)
>>> type(v)
<class 'list_iterator'>
>>> isinstance(v,Iterator)              #是否属于迭代器
True
>>> v.__next__()
'train'
>>> v.__next__()                        #返回下一个值
'bus'
>>> next(v)                             #通过内置函数next()访问下一个值
'car'
>>> v.__next__()
'ship'
>>> v.__next__()                        #没有下一个元素了,触发迭代停止StopIteration异常
Traceback (most recent call last):
  File "<pyshell#21>", line 1, in <module>
    v.__next__()
StopIteration
```

自定义迭代器类将在第 9 章介绍。

4.8.3 创建常用的迭代器对象

可以根据已知的可迭代对象创建 enumerate、zip、map 或 filter 类型的迭代器对象。enumerate、zip、map 和 filter 都是类。在类名后面添加圆括号表示创建该类的一个对象。因目前还未介绍自定义类及对象创建的方法,这里暂且可以把 enumerate()、zip()、map() 和 filter() 看成函数来使用。

1. enumerate()

格式:enumerate(iterable,start=0)。

功能:构建 enumerate 类型的迭代器对象,该对象中的每个元素为一个元组,每个元组包含两个元素,前一个元素为索引(下标)值,后一个元素为参数中可迭代对象中的相应元素。第 1 个参数 iterable 是一个可迭代对象,第 2 个参数 start 表示索引(下标)编号的开始值,默认从 0 开始编号。

通过帮助信息可以得知,enumerate 类实现了 __iter__() 和 __next__() 方法,因此 enumerate 对象是一个迭代器(Iterator)对象。迭代器对象是一种可迭代(Iterable)对象。以下给出部分 enumerate 迭代器对象的构造及由该迭代器对象生成列表或元组的例子。

```
>>> vehicle = ['train','bus','car','ship']
```

```
>>> vv1 = enumerate(vehicle)
>>> type(vv1)
<class 'enumerate'>
>>> from collections.abc import Iterator
>>> isinstance(vv1,Iterator)
True
>>> list(vv1)                          #根据 enumerate 对象 vv1 生成列表
[(0, 'train'), (1, 'bus'), (2, 'car'), (3, 'ship')]
>>> vv2 = enumerate(vehicle,1)         #指定编号的开始值为 1
>>> type(vv2)
<class 'enumerate'>
>>> isinstance(vv2,Iterator)
True
>>> tuple(vv2)                         #根据 enumerate 对象 vv2 生成元组
((1, 'train'), (2, 'bus'), (3, 'car'), (4, 'ship'))
```

上述代码中,使用 list() 和 tuple() 分别从迭代器对象 vv1 和 vv2 构造列表与元组后,vv1 和 vv2 已经被从头遍历到最后了,不能再使用 __next__() 方法或 next() 函数获取下一个元素了,否则将引发异常。例如:

```
>>> vv2.__next__()                     #没有下一个元素了,触发迭代停止 StopIteration 异常
Traceback (most recent call last):
  File "<pyshell#11>", line 1, in <module>
    vv2.__next__()
StopIteration
```

下述代码的例子中,重新创建 enumerate 迭代器对象,赋值给 vv2。可以通过 __next__() 方法或 next() 函数获取下一个未被访问的元素。

```
>>> vv2 = enumerate(vehicle,1)         #下标从 1 开始
>>> vv2.__next__()                     #返回下一个值
(1, 'train')
>>> vv2.__next__()
(2, 'bus')
>>> vv2.__next__()
(3, 'car')
>>> vv2.__next__()
(4, 'ship')
>>> vv2.__next__()
Traceback (most recent call last):
  File "<pyshell#17>", line 1, in <module>
    vv2.__next__()
StopIteration
```

可以使用循环来遍历 enumerate 迭代器对象中的元素。例如:

```
>>> for i in enumerate(vehicle):       #遍历 enumerate 对象中的元素
        print(i,end = ' ')
(0, 'train') (1, 'bus') (2, 'car') (3, 'ship')
>>> for i,x in enumerate(vehicle):
        print(i,x,end = ' ')           #遍历 enumerate 对象元素的下标和值
0 train 1 bus 2 car 3 ship
```

list、tuple、dict 和 set 类能够根据可迭代对象中的元素生成相应的列表、元组、字典和集合。例如：

```
>>> vv1 = enumerate(vehicle)
>>> dict(vv1)                    #根据 enumerate 对象 vv1 生成字典
{0: 'train', 1: 'bus', 2: 'car', 3: 'ship'}
>>> vv1 = enumerate(vehicle)
>>> set(vv1)                     #根据 enumerate 对象 vv1 生成集合
{(3, 'ship'), (2, 'car'), (0, 'train'), (1, 'bus')}
```

根据字典元素生成 enumerate 对象时，默认取字典中的键来生成对象。也可以指定根据字典中的键、值还是键-值对构成的元组来生成 enumerate 对象。例如：

```
>>> stu = {'no':1802005,'name':'Lily','sex':'Female'}
>>> list(enumerate(stu))
[(0, 'no'), (1, 'name'), (2, 'sex')]
>>> list(enumerate(stu.keys()))
[(0, 'no'), (1, 'name'), (2, 'sex')]
>>> list(enumerate(stu.values()))
[(0, 1802005), (1, 'Lily'), (2, 'Female')]
>>> list(enumerate(stu.items()))
[(0, ('no', 1802005)), (1, ('name', 'Lily')), (2, ('sex', 'Female'))]
```

2. zip()

格式：zip(*iterables,strict=False)。

参数：*iterables 表示可以接收多个可迭代对象的实际参数，这种参数的调用方式将在第 6 章详细介绍。如果参数 strict 为 True，当遍历完参数中的其中一个可迭代对象后而其他可迭代对象中还有未遍历完的元素时，将出现 ValueError 异常。

功能：生成一个 zip 对象，该对象中的每个元素为一个元组；如果参数中有 n 个可迭代对象，则该元组有 n 个元素；第 i 个元组的元素依次来自每个可迭代对象的第 i 个元素；如果 strict 为 False，当参数中各个可迭代对象的元素个数不同时，遍历完元素个数最小的可迭代对象后就结束；如果 strict 为 True，当参数中各个可迭代对象的元素个数不完全相同时，当遍历完元素个数最小的可迭代对象后，将产生 ValueError 异常。

zip 对象是一种生成器对象。生成器是一种特殊的迭代器。生成器对象只有在遍历时才返回相应位置上的元素。关于生成器的概念和用法将在 4.9.4 节和第 6 章介绍。

前面已经介绍过，迭代器是一种可迭代对象。下面给出几个 zip 对象创建及通过由 zip 对象创建列表查看 zip 对象中元素的例子。

```
>>> vehicle = ['train','bus','car','ship']
>>> vv1 = zip('abcd',vehicle)
>>> list(vv1)
[('a', 'train'), ('b', 'bus'), ('c', 'car'), ('d', 'ship')]
>>> ('b', 'bus') in zip('abcd',vehicle)
True
>>> ('b', 'car') in zip('abcd',vehicle)
False
>>> vv2 = zip('abcd',enumerate(vehicle))
>>> list(vv2)
```

```
[('a', (0, 'train')), ('b', (1, 'bus')), ('c', (2, 'car')), ('d', (3, 'ship'))]
```

当可迭代对象长度不同时，strict 默认为 False，匹配完短的可迭代对象就结束。例如：

```
>>> vv3 = zip(range(2),vehicle)
>>> list(vv3)
[(0, 'train'), (1, 'bus')]
```

当可迭代对象的长度不同，且 strict 参数值为 True 时，在遍历该 zip 对象时将产生 ValueError 异常。例如：

```
>>> list(zip(range(2),vehicle,strict = True))
Traceback (most recent call last):
  File "<pyshell#21>", line 1, in <module>
    list(zip(range(2),vehicle,strict = True))
ValueError: zip() argument 2 is longer than argument 1
```

注意，上述代码中，如果直接用 zip(range(2),vehicle,strict=True)，则不会产生异常。只有在遍历该 zip 对象的元素时才会产生 ValueError 异常。上述代码中，用 list 构造列表时遍历了该 zip 对象，而用于生成该 zip 对象的可迭代对象元素个数不同，因此产生了异常。

如果参数中只有一个可迭代对象，生成的 zip 对象中的每个元素为只有一个元素的元组，每个元组中的元素依次来自可迭代对象相应位置上的元素。例如：

```
>>> list(zip(vehicle))
[('train',), ('bus',), ('car',), ('ship',)]
```

3. map()

格式：map(func, * iterables)。

功能：把一个函数 func() 依次映射到可迭代对象的每个元素上，返回一个 map 对象。

参数中的 func 表示一个函数或一个 lambda 表达式。自定义函数与 lambda 表达式将在第 6 章介绍。参数 * iterables 前的 * 表示参数 iterables 接收不定个数的可迭代对象，其个数由函数 func() 中的参数个数决定。

通过帮助信息可以得知，map 对象是一个迭代器对象。如下代码演示了 map() 函数的参数中分别传递一个可迭代对象和两个可迭代对象时的情况。

```
>>> aa = ['1','5.6','7.8','9']
>>> bb1 = map(float,aa)
>>> bb1
<map object at 0x0000000002F76400>
>>> list(bb1)
[1.0, 5.6, 7.8, 9.0]
>>> list(map(str,range(5)))
['0', '1', '2', '3', '4']
>>>
>>> x = map(pow,(2,3,4),(5,4,3))      #分别计算 2 的 5 次方、3 的 4 次方、4 的 3 次方
>>> x
<map object at 0x000001A69B852888>
>>> list(x)
[32, 81, 64]
>>>
```

参数 func 也可以是自定义函数或 lambda 表达式,这些内容将在第 6 章介绍。

4. filter()

格式：filter(function or None, iterable)。

功能：把一个带有一个参数的函数 function 作用到一个可迭代对象上,返回一个 filter 对象,filter 对象中的元素由可迭代对象中使函数 function 返回值为 True 的那些元素组成。如果指定函数为 None,则返回可迭代对象中等价于 True 的元素。

通过帮助信息可以得知,filter 对象是一个迭代器对象。如下代码演示了 filter 对象的用法。

```
>>> import math
>>> math.ceil(-0.5)                  # ceil()函数的作用是取大于或等于参数的最小整数
0
>>>
>>> a = [-1.2, -0.5, 0.5, 1]
>>> x = filter(math.ceil, a)         # 指定函数为 math.ceil
>>> x
<filter object at 0x000001A69B7DCC08>
>>> list(x)
[-1.2, 0.5, 1]
>>>
>>> dd = [6, True, 1, 0, False]
>>> ee = filter(None, dd)            # 指定函数为 None
>>> list(ee)
[6, True, 1]
```

参数 function 也可以是自定义函数或 lambda 表达式,这些内容将在第 6 章介绍。

4.9 推导式

推导式(Comprehensions),又称生成式或解析式。利用列表推导式、字典推导式、集合推导式可以从一个数据对象构建出另一个新的数据对象。利用生成器推导式可以构建生成器对象。

4.9.1 列表推导式

列表推导式(List Comprehension)是 Python 开发时用得最多的技术之一,表示对可迭代对象的元素进行遍历、过滤或再次计算,生成满足条件的新列表。它的结构是在一对方括号里包含一个函数或表达式(再次计算),接着是一个 for 语句(遍历),然后是 0 个或多个 for 语句(遍历)或者 if 语句(过滤),在逻辑上等价于循环语句,但是形式上更简洁。

语法形式如下：

```
[function / expression for value1 in Iterable1 if condition1
                      for value2 in Iterable2 if condition2
                      …
                      for valuen in Iterablen if conditionn]
```

1. 列表推导式和循环语句 for

如果要将一个数字列表中的元素均扩大两倍组成新列表,利用循环语句,可以这样做：

```
>>> n = [10, -33,21,5, -7, -9,3,28, -16,37]
>>> number = []
>>> for i in n:
        number.append(i * 2)


>>> number
[20, -66, 42, 10, -14, -18, 6, 56, -32, 74]
```

利用列表推导式,可以这样做:

```
>>> n = [10, -33,21,5, -7, -9,3,28, -16,37]
>>> number = [i * 2 for i in n]
>>> number
[20, -66, 42, 10, -14, -18, 6, 56, -32, 74]
```

不难看出,利用列表推导式更加简洁。由于 Python 内部对列表推导式做了大量优化,还能保证较快的运行速度。

for 循环可以嵌套。同样地,列表推导式中也可以有多个 for 语句,构成嵌套循环。

如果要将一个二维数字列表中的元素展开后扩大两倍组成新列表,利用循环嵌套语句,可以这样做:

```
>>> n = [[10, -33,21],[5, -7, -9,3,28, -16,37]]  #二维列表
>>> number = []
>>> for i in n:
        for j in i:
            number.append(j * 2)


>>> number
[20, -66, 42, 10, -14, -18, 6, 56, -32, 74]
```

利用列表推导式,可以这样做:

```
>>> n = [[10, -33,21],[5, -7, -9,3,28, -16,37]]
>>> number = [j * 2 for i in n for j in i]
>>> number
[20, -66, 42, 10, -14, -18, 6, 56, -32, 74]
```

2. 列表推导式和条件语句 if

在列表推导式中,条件语句 if 对可迭代对象中的元素进行筛选,起到过滤的作用。

接着上面的例子,如果是将一个数字列表中正数的元素扩大两倍组成新列表,利用列表推导式,可以这样做:

```
>>> n = [10, -33,21,5, -7, -9,3,28, -16,37]
>>> number = [i * 2 for i in n if i > 0]
>>> number
[20, 42, 10, 6, 56, 74]
```

另外,在列表推导式中还可以使用 if/else 形式的分支结构三元运算。

将一个数字列表中的正偶数扩大 2 倍、正奇数扩大 3 倍组成新列表,利用列表推导式,

可以这样做：

```
>>> n = [10, -33,21,5, -7, -9,3,28, -16,37]
>>> number = [i * 2 if i % 2 == 0 else i * 3 for i in n if i > 0]
>>> number
[20, 63, 15, 9, 56, 111]
```

【例4.9】 现有一产品1—31日的销售额如下：

123,226,136,178,124,167,183,194,119,135,189,125,173,193,143,226,201,200,211,226,132,163,225,129,150,151,226,177,189,134,222

请找出最大销量以及销售日输出。请用列表推导式完成。

程序源代码如下：

```
#example4_9.py
#coding = utf-8
sales = [123,226,136,178,124,167,183,194,119,135,189,125,173,193,143,\
        226,201,200,211,226,132,163,225,129,150,151,226,177,189,134,222]
highest = max(sales)
hh = [i for i,j in enumerate(sales,1) if j == highest]
print('最大销量:',highest)
print('销售日分别为:',end = ' ')
for i in hh:
    print("第",i,"日",sep = "",end = " ")
```

程序example4_9.py的运行结果如下：

```
>>>
============ RESTART: G:\ example4_9.py ============
最大销量: 226
销售日分别为: 第2日 第16日 第20日 第27日
>>>
```

3. 列表推导式中使用函数

在列表推导式中可以使用函数。

以下代码利用列表推导式快速生成包含5个3~9(包含3和9)的随机整数列表rlist。其中使用了random模块中的randint()函数生成随机整数。

```
>>> import random
>>> rlist = [random.randint(3,9) for i in range(5)]
>>> rlist
[6, 5, 4, 4, 5]
```

以下代码利用列表生成式计算列表rlist中每个元素的平方值,并将这些平方值作为元素构成一个列表。计算平方值时使用pow()函数。例如：

```
>>> number = [pow(i,2) for i in rlist]
>>> number
[36, 25, 16, 16, 25]
>>>
```

列表推导式中也可以使用第6章中介绍的自定义函数或lambda表达式。

4. 同时遍历多个列表或可迭代对象

有两个成绩列表 score1 和 score2，将 score1 中分数为 90 及以上和 score2 中分数为 85 及以下的元素两两分别组成元组，将这些元组组成列表 nn 中的元素。例如：

```
>>> score1 = [86,78,98,90,47,80,90]
>>> score2 = [87,78,89,92,90,47,85]
>>> nn = [(i,j) for i in score1 if i>=90 for j in score2 if j<=85]
>>> nn
[(98, 78), (98, 47), (98, 85), (90, 78), (90, 47), (90, 85), (90, 78), (90, 47), (90, 85)]
```

4.9.2 字典推导式

字典推导式和列表推导式的使用方法类似，只不过是将方括号变成花括号，并且需要两个表达式、一个生成键、一个生成值，两个表达式之间使用冒号分隔，最后生成的是字典。

语法形式如下：

```
{key_expression: value_expression for value1 in Iterable1 if condition1
                                  for value2 in Iterable2 if condition2
                                  ...
                                  for valuen in Iterablen if condition}
```

例如，列表 name 存储若干人的名字（名字不重复），列表 score 在对应的位置上存储这些人的成绩，利用字典推导式，以名字为键、成绩为值组成新字典 dd。例如：

```
>>> name = ['Bob','Tom','Alice','Jerry','Wendy','Smith']
>>> score = [86,78,98,90,47,80]
>>> dd = {i:j for i,j in zip(name,score)}
>>> dd
{'Bob': 86, 'Tom': 78, 'Alice': 98, 'Jerry': 90, 'Wendy': 47, 'Smith': 80}
```

以名字为键、成绩为值组成新字典 exdd，新字典中的键-值对只包含成绩为 80 及以上的。代码如下：

```
>>> exdd = {i:j for i,j in zip(name,score) if j>=80}
>>> exdd
{'Bob': 86, 'Alice': 98, 'Jerry': 90, 'Smith': 80}
```

从上面生成的字典 dd 中挑出成绩及格的组成新字典 pdd。代码如下：

```
>>> pdd = {i:j for i,j in dd.items() if j>=60}
>>> pdd
{'Bob': 86, 'Tom': 78, 'Alice': 98, 'Jerry': 90, 'Smith': 80}
```

以名字为键、名字的长度为值组成新字典 nd。代码如下：

```
>>> nd = {i:len(i) for i in name}
>>> nd
{'Bob': 3, 'Tom': 3, 'Alice': 5, 'Jerry': 5, 'Wendy': 5, 'Smith': 5}
```

请读者理解以下字典推导式：

```
>>> num = {i:j for i in range(5) for j in range(5)}
>>> num
{0: 4, 1: 4, 2: 4, 3: 4, 4: 4}
```

实际上前面的字典推导式在逻辑上等同于以下循环格式：

```
>>> num = { }
>>> for i in range(5):
        for j in range(5):          #以 i 为 key 的 value 部分最终由 j 的最大值替换
            num[i] = j


>>> num
{0: 4, 1: 4, 2: 4, 3: 4, 4: 4}
```

【例 4.10】 从键盘输入一个字符串，统计字符出现的次数。请用字典推导式完成。
程序源代码如下：

```
#example4_10.py
#coding = utf - 8
ss = input('请输入一个字符串:')
letter_counts = {i:ss.count(i) for i in ss}
for i in letter_counts:
    print("字符",i,"出现",letter_counts[i],"次",sep = "")
```

程序 example4_10.py 可能的一次运行结果如下：

```
>>>
============ RESTART: G:\ example4_10.py ============
请输入一个字符串:喜欢 Python! 喜欢 Python! love!
字符喜出现 2 次
字符欢出现 2 次
字符 P 出现 2 次
字符 y 出现 2 次
字符 t 出现 2 次
字符 h 出现 2 次
字符 o 出现 3 次
字符 n 出现 2 次
字符!出现 3 次
字符 l 出现 1 次
字符 v 出现 1 次
字符 e 出现 1 次
```

4.9.3 集合推导式

集合也有自己的推导式，与列表推导式类似，只不过是将方括号变成花括号，最后生成的是集合。

语法形式如下：

```
{function / expression for value1 in Iterable1 if condition1
                      for value2 in Iterable2 if condition2
                      ...
                      for valuen in Iterablen if conditionn }
```

比较以下语句，看看列表推导式和集合推导式的异同。

```
>>> alist = [i * 2 for i in (1,2,3,3,2,1,4)]
>>> alist
[2, 4, 6, 6, 4, 2, 8]
>>> bset = {i * 2 for i in (1,2,3,3,2,1,4)}
>>> bset
{8, 2, 4, 6}
```

不难发现,构建列表 alist 和集合 bset 时,除了方括号和花括号不同以外,其他语法均相同。alist 生成一个列表,里面的元素是元组(1,2,3,3,2,1,4)中每个元素的两倍,而且元素位置一一对应。blist 生成一个集合,里面的元素是元组(1,2,3,3,2,1,4)中每个元素的两倍并去掉重复元素后的结果,并且并非与元组的元素位置一一对应。

另外,需要说明的是元组没有推导式。例如:

```
>>> b = (i/2 for i in (1,2,10,20))
>>> type(b)                          #b 并不是元组,是一个生成器对象
<class 'generator'>
>>> from collections.abc import Iterator
>>> isinstance(b,Iterator)           #生成器对象是一种迭代器
True
>>> tuple(b)                         #可以通过 tuple()由生成器对象来构造元组
(0.5, 1.0, 5.0, 10.0)
>>> b = (i/2 for i in (1,2,10,20))
>>> list(b)
[0.5, 1.0, 5.0, 10.0]
```

4.9.4 生成器推导式

生成器推导式的用法与列表推导式类似,即把列表推导式的方括号改成圆括号。它与列表推导式最大的区别是:生成器推导式的结果是一个生成器对象,这是一种特殊的迭代器;列表推导式的结果是一个列表。

生成器对象可以通过 for 循环、对象的 __next__()方法或 Python 内置的 next()函数进行遍历,也可以转换为列表或元组。生成器对象不支持使用下标访问元素,已经访问过的元素也不支持再次访问。当所有元素访问结束之后,如果想再次访问就必须重新创建该生成器对象。例如:

```
>>> gen = (i//3 for i in range(1,10) if i%3 == 0)
>>> gen
<generator object <genexpr> at 0x0000000002F0BB88>
>>> list(gen)                        #生成器对象转换为列表
[1, 2, 3]
>>> gen.__next__()                   #不能再次访问
Traceback (most recent call last):
  File "<pyshell#29>", line 1, in <module>
    gen.__next__()
StopIteration
>>> gen = (i//3 for i in range(1,10) if i%3 == 0)   #重新生成生成器对象
>>> gen.__next__()                   #访问下一个元素
1
>>> next(gen)                        #访问下一个元素
2
```

```
>>> gen.__next__()
3
>>> next(gen)                                    #访问完毕,不能再次访问
Traceback (most recent call last):
  File "<pyshell#34>", line 1, in <module>
    next(gen)
StopIteration
>>> gen = (i//3 for i in range(1,10) if i%3 == 0)
>>> for i in gen:                                #for循环遍历
        print(i,end = ' ')

1 2 3
```

另外包含 yield 语句的函数也可以用来创建生成器对象,将在第 6 章介绍。

4.10　序列解包

序列解包(Sequence Unpacking)是 Python 语言赋值语句的一种技巧和方法,在 Python 中经常用到。

1. 多变量同时赋值

```
>>> x,y,z = 'a','b','c'
>>> x
'a'
>>> y
'b'
>>> z
'c'
>>> x,y = 'a','b','c'
Traceback (most recent call last):
  File "<pyshell#50>", line 1, in <module>
    x,y = 'a','b','c'
ValueError: too many values to unpack (expected 2)
>>> x,y,z = 'a','b'
Traceback (most recent call last):
  File "<pyshell#51>", line 1, in <module>
    x,y,z = 'a','b'
ValueError: not enough values to unpack (expected 3, got 2)
```

注意,像上述这样的赋值要左右元素的个数相等。但下列语句并不是将多个元素赋值给变量 x,而是将赋值号右侧所有元素构成的一个元组赋值给左侧的变量 x,也就是右侧的元组省略了圆括号。

```
>>> x = 'a','b','c'                              #实际上 x 得到一个元组
>>> x
('a', 'b', 'c')
```

2. 一个对象值赋给多个变量

一个类似于序列结构的对象可以根据其元素的数量,一次同时为多个变量赋值。这个

对象可以是一个列表、元组、字符串、zip 对象、enumerate 对象、map 对象等可迭代对象,也可以是由字典的 key 或 value 组成的可迭代对象。例如:

```
>>> x,y,z = ['a','b','c']
>>> print(x,y,z)
a b c
>>> x,y,z = sorted([22,33,11])      # sorted([22,33,11])的结果是排好序的可迭代对象
>>> print(x,y,z)
11 22 33
>>> x = 'a','b','c'
>>> x
('a', 'b', 'c')
>>> i,j,k = x                        # x 是一个元组,这个元组可以进一步赋值到多个变量上
>>> print(i,j,k)
a b c
>>> s = {'Lily':165, 'Tom':177, 'Mary':168}
>>> height1,height2,height3 = s.values()   # s.values()是由字典的 value 组成的可迭代对象
>>> print(height1,height2,height3)
165 177 168
>>> name1,name2,name3 = s.keys()    # s.keys()是由字典的 key 组成的可迭代对象
>>> print(name1,name2,name3)
Lily Tom Mary
>>> name1,name2,name3 = s           # 实际上是对字典的 key 所组成的可迭代对象解包
>>> print(name1,name2,name3)
Lily Tom Mary
>>> s.popitem()
('Mary', 168)
>>> name,height = s.popitem()        # s.popitem()返回一个元组,再赋值到多个变量上
>>> print(name,height)
Tom 177
>>> x,y,z = 'abc'                    # 字符串的序列解包
>>> print(x,y,z)
a b c
>>> x,y,z = range(1,10,4)            # range 对象的序列解包
>>> print(x,y,z)
1 5 9
>>> x,y,z = iter(['a','b','c'])      # 迭代器对象的序列解包
>>> print(x,y,z)
a b c
>>> x,y = enumerate(['abc',28])      # enumerate 对象的序列解包
>>> x
(0, 'abc')
>>> y
(1, 28)
>>> print(x,y)
(0, 'abc') (1, 28)
>>> x,y = zip(['a','b'],[1,2])       # zip 对象的序列解包
>>> print(x,y)
```

```
('a', 1) ('b', 2)
>>> x,y = map(int,['45','67'])        # map 对象的序列解包
>>> print(x,y)
45 67
```

input()函数也可以同时为多个变量赋值。例如：

```
>>> x,y = input("请输入 x,y 值:")
请输入 x,y 值:ab
>>> x
'a'
>>> y
'b'
```

当用户输入 ab，按 Enter 键之后，input()函数得到字符串序列'ab'。根据序列解包原则，分别将序列中的元素'a'、'b'赋予变量 x、y，结果就是 x 的值为'a'，y 的值为'b'。

但是，如果想得到 x 的值'ab'，y 的值'cd'，直接输入 abcd 或者 ab cd 等均是错误的。例如：

```
>>> x,y = input("请输入 x,y 值:")
请输入 x,y 值:abcd
Traceback (most recent call last):
  File "<pyshell#7>", line 1, in <module>
    x,y = input("请输入 x,y 值:")
ValueError: too many values to unpack (expected 2)
```

对于上述问题，可以结合 split()和 map()将多个输入值一次赋给多个变量。split()和 map()的具体用法请分别参考 5.7 节和 4.8 节。

```
>>> m = input("请输入 x,y 值:")
请输入 x,y 值:ab cd
>>> m
'ab cd'
>>> m.split()                         # 默认以空白符分隔字符串 m，得到子串构成的列表
['ab', 'cd']
>>> x,y = m.split()
>>> x
'ab'
>>> y
'cd'
```

上述例子中，输入 ab cd，m 得到字符串'ab cd'(注意 ab 和 cd 之间用空格分隔)，然后通过字符串的 split()方法得到元素为字符串的列表(['ab','cd'])，最后通过序列解包将'ab'和'cd'分别赋给 x 和 y。

如果输入 12 34 想得到整数值 12 和 34 该怎么做？

```
>>> m = input("请输入 x,y 值:")
请输入 x,y 值:12 34
>>> m
'12 34'
>>> m.split()
['12', '34']
```

```
>>> x,y = map(int,m.split())
>>> x
12
>>> y
34
```

上述例子中,输入 12 34,m 得到字符串'12 34'(注意 12 和 34 之间用空格分隔),然后通过字符串的 split()方法得到元素为字符串的列表(['12','34']),再通过 map()将 int()作用于该列表,得到包含若干整数的 map 对象,最后通过对 map 对象进行序列解包将 12 和 34 分别赋给 x 和 y。

如果输入用",",分隔,又该如何做呢?有如下两种方法。

(1) 与上面类似,通过 split()和 map()得到多变量的值。

```
>>> m = input("请输入 x,y 值:")
请输入 x,y 值:12,34
>>> x,y = map(int,m.split(','))        #split()中指定以逗号来分隔字符串
>>> x
12
>>> y
34
```

(2) 直接与 eval()函数连用得到多变量的值。

```
>>> m = eval(input("请输入 x,y 值:"))
请输入 x,y 值:12,34
>>> m
(12, 34)
>>> type(m)  #得到一个元组
<class 'tuple'>
>>> x,y = eval(input("请输入 x,y 值:"))      #得到元组后直接通过序列解包赋值给 x 和 y
请输入 x,y 值:12,34
>>> x
12
>>> y
34
```

3. 交换两个变量的值

```
>>> x,y = 44,55
>>> y,x = x,y
>>> print(x,y)
55 44
```

4. 使用序列解包同时遍历多个序列

```
>>> names = ['Lily','Tom','Mary']
>>> height = [165,177,168]
>>> for i,j in zip(names,height):
        print(i,j,end = ' ')

Lily 165 Tom 177 Mary 168
```

4.11 any()与all()函数

调用内置函数 any(iterable,/)时,如果可迭代对象 iterable 中存在一个元素 x 使得 bool(x)为 True,则函数 any()返回 True;否则返回 False。如果 iterable 为空,则 any()函数返回 False。例如:

```
>>> k = ["a",False,5]
>>> any(k)
True
>>> k = []
>>> any(k)
False
>>>
```

调用内置函数 all(iterable,/)时,如果可迭代对象 iterable 中的任意一个元素 x 都使得 bool(x)为 True,则函数 all()返回 True;只要存在一个元素 y 使得 bool(y)为 False,则函数 all()返回 False。如果 iterable 为空,则函数 all()返回 True。例如:

```
>>> k = ["a",1.5,5]
>>> all(k)
True
>>> k = ["a",False,5]
>>> all(k)
False
>>> k = []
>>> all(k)
True
>>>
```

习题 4

1. 从键盘依次输入多个正整数(每次输入一个)构成一个列表,输入−1 表示结束,并且−1 不添加到列表中。输出此列表,分别计算并输出列表中奇数和偶数的和。

2. 已知 10 位学生的成绩分别为 68 分、75 分、32 分、99 分、78 分、45 分、88 分、72 分、83 分、78 分,请将成绩存放在列表中,并对其进行统计,输出优(100~90 分)、良(89~80 分)、中(79~60 分)、差(59~0 分)四个等级的人数。

3. 利用 while 循环创建一个包含 10 个奇数的列表,如果输入的不是奇数要给出提示信息并能继续输入,然后计算该列表的和与平均值。

4. 请用字典编程。已知某班学生的姓名和成绩如下:

姓名	成绩	姓名	成绩
张三	45	司音	90
李四	78	赵敏	78
徐来	40	张旭宁	99
沙思思	96	柏龙	60
如一	65	思琪	87

输出这个班的学生姓名和成绩,并求出全班同学的人数和平均分并显示。

5. 某家商店根据客户消费总额的不同将客户分为不同的类型。如果消费总额≥10 万元,为铂金卡客户(platinum);如果消费总额≥5 万元且<10 万元,为金卡客户(gold);如果消费总额≥3 万元且<5 万元,为银卡客户(silver);如果消费总额<3 万元,为普卡客户(ordinary)。现有一批顾客的消费金额(单位:万元)分别为 2.3、4.5、24、17、1、7.8、39、21、0.5、1.2、4、1、0.3,将消费金额存储在列表 list1 中,输出一个字典,分别以 platinum、gold、silver、ordinary 为键,以各客户类型人数为值。

6. 某企业为职工发放奖金:如果入职超过 5 年,且销售业绩超过 15 000 元的员工,奖金比例为 0.2;销售业绩超过 10 000 元的员工,奖金比例为 0.15;销售业绩超过 5000 元的员工,奖金比例为 0.1;其他奖金比例为 0.05。如果入职不超过 5 年,且销售业绩超过 4000 元的员工,奖金比例为 0.045;否则为 0.01。输入入职年限、销售业绩,输出奖金比例、奖金,并将奖金存放到列表中,然后输出该列表。入职年限(为整数)输入−1 时结束输入。为了简化,所有输入均假定正确,无须判断小于 0 的情况。奖金为销售业绩与奖金比例的乘积。

7. 输入 5 个整数放到列表 list1 中,输出下标及值,然后将列表 list1 中大于平均值的元素组成一个新列表 list2,输出平均值和列表 list2。请利用列表推导式解决该问题。

8. 编写程序,将由 1、2、3、4 这四个数字组成的每位数都不相同的所有三位数存入一个列表中并输出该列表。请利用列表推导式解决该问题。

9. 编写程序,给定列表[1,9,8,7,6,5,13,3,2,1],先输出原列表,删除其中所有奇数后再输出列表。请利用列表推导式解决该问题。

10. 百钱买百鸡问题。一只公鸡售价 5 元,一只母鸡售价 3 元,三只小鸡售价 1 元,现在要用一百元钱买一百只鸡,问公鸡、母鸡、小鸡各可买多少只?请利用列表推导式解决该问题。

第 5 章 字符串与正则表达式

学习目标
- 掌握字符串的构造方法。
- 理解字符的编码及编码与字符的相互转换方法。
- 熟练掌握字符串的格式化方法。
- 掌握字符串前特定字符的作用。
- 掌握字符串的截取方法。
- 掌握适用于字符串的常用内置函数及字符串对象的常用方法。
- 熟悉 string 模块中的函数和常量。
- 了解正则表达式的概念和元字符的用法。

在 Python 中，字符串主要有 str 类型的对象、io 模块中的 StringIO 对象和 array 模块中的 array 对象。str 类型的字符串是不可变对象，一旦创建完成，该对象就不可再修改。io 模块中的 StringIO 对象和 array 模块中的 array 对象均为可变的对象，对象中的内容可以修改。限于篇幅，本书不对这两种可变类型的字符串对象展开阐述。若没有特别说明，本书中的字符串均指 str 类型的字符串。

字符串是一类特殊的数据集对象，是指以一对引号（单引号、双引号或三引号）为边界的字符序列。引号之间的字符序列是字符串的内容。str 类型的字符串是一种不可变序列。既然字符串属于序列，那么字符串就支持序列的一系列通用操作，如元素访问、切片、成员测试、计算长度等。但因为字符串是不可变的，针对字符串的某些操作就会有所限制，如不能使用切片来修改字符串中的字符等。字符串也是一种可迭代对象。

本章首先介绍字符串对象的构造，然后介绍字符串编码方式，再介绍字符串格式化、以特定字符为前缀的字符串、字符串的截取、适用于字符串的常用函数及字符串对象的常用方法、string 模块的基本用法，最后简单介绍正则表达式的概念与用法。

视频讲解

5.1 字符串构造

在 Python 中，字符串的构造主要通过两种方法来实现。一种是使用 str 类来构造字符串对象；另一种是以成对的单引号、双引号或三引号为边界符，直接将字符序列括起来。使用引号是一种非常便捷的构造字符串的方式。

1. 用 str 类来构造字符串

可以用 str(object='') 或 str(bytes_or_buffer[,encoding]) 两种格式来构造字符串。第

一种格式是从一个对象 object 来构造字符串。例如：

```
>>> x = str()                    #生成一个空字符串
>>> x
''
>>> len(x)
0
>>> str(10)
'10'
>>> y = str([1,2,3])
>>> y
'[1, 2, 3]'
>>> len(y)                       #列表中每个逗号后面自动添加了一个空格,所以长度为9
9
>>>
```

第二种格式在 5.2 节介绍。

2. 单引号或双引号构造字符串

在用单引号或双引号作为边界符构造字符串时，要求引号成对出现。如 'Python World!'、'ABC'、"what is your name?"，都是构造字符串的方法。

'string"在 Python 中不是一个合法的字符串，会提示以下错误信息：

```
>>> a = 'string"
SyntaxError: EOL while scanning string literal
```

3. 单双引号构造字符串的特殊用法

如果代码中的字符串包含了单引号，且不用转义字符，那么整个字符串就要用双引号作为边界符来构造，否则就会出错。例如：

```
>>> "Let's go!"
"Let's go!"
>>> print("Let's go!")           #用 print()函数输出更直观
Let's go!
>>> 'Let's go!'
SyntaxError: invalid syntax
```

如果代码中的字符串包含了双引号，且不用转义字符，那么整个字符串要用单引号作为边界符来构造。例如：

```
>>> '"Hello world!",he said.'
'"Hello world!",he said.'
>>> print('"Hello world!",he said.')    #用 print()函数输出更直观
"Hello world!",he said.
```

4. 字符串中引号的转义

字符串中引号的转义，可以解决如下的错误。例如：

```
>>> 'Let's go!'
SyntaxError: invalid syntax
```

如果按照如下方式来表示就是可以的：

```
>>> 'Let\'s go!'
"Let's go!"
>>> print('Let\'s go!')
Let's go!
```

上面代码中的反斜线"\"对字符串中的引号进行了转义,表示反斜线后的单引号是字符串中的一个普通字符,而不是构造字符串的边界符。如下例子为利用反斜线对其后面的双引号进行转义。

```
>>> "\"Hello world!\"he said"
'"Hello world!"he said'
>>> print("\"Hello world!\"he said")
"Hello world!"he said
```

5. 转义字符

转义字符以"\"开头,后接某些特定的字符或数字。Python 中常用的转义字符如表 5.1 所示。

表 5.1 Python 中常用的转义字符

转义字符	含 义	转义字符	含 义
\(位于行尾)	续行符	\v	纵向(垂直)制表符
\\	一个反斜杠(\)	\f	换页符
\'	单引号(')	\ooo	3 位八进制数 ooo 对应的字符
\"	双引号(")	\xhh	2 位十六进制数 hh 对应的字符
\n	换行符	\uhhhh	4 位十六进制数 hhhh 表示的 Unicode 字符
\r	回车		
\t	横向(水平)制表符		

示例:

```
>>> print("你好\n再见!")          #\n 表示换行,相当于按 Enter 键
你好
再见!
>>> print("你好我好\t大家都很好\t爱你们")
你好我好   大家都很好   爱你们
>>> print('\123\x6a')             #八进制数 123 对应的字符是 S,十六进制数 6a 对应的字符 j
Sj
```

6. 原始字符串

假设在 C:\test 文件夹中有一个文件夹 net,如何输出完整路径呢？可能你想到的是:

```
>>> print("C:\test\net")
c:	est
et
```

怎么会是这样的输出呢？原来字符串中"\t"和"\n"都表示转义字符。

正确的路径应如何表示呢？

第 1 种方法:使用"\\"表示反斜杠,则 t 和 n 不再形成\t 和\n。例如:

```
>>> print("C:\\test\\net")
c:\test\net
```

第 2 种方法：使用原始字符串。例如：

在字符串前面加上字母 r 或 R 表示原始字符串，所有的字符都是原始的本义而不会进行任何转义。例如：

```
>>> print(r"C:\test\net")
c:\test\net
```

7. 三重引号字符串

三重引号字符串是一种特殊的用法。三重引号将保留所有字符串的格式信息。如字符串跨越多行，行与行之间的回车符、引号、制表符或者其他任何信息，都将保存下来。在一对三重引号之间可以自由地使用单引号和双引号。例如：

```
>>> '''"What's your name?"
    "My name is Jone"'''
'"What\'s your name?"\n "My name is Jone"'
>>> print('''"What's your name?"
    "My name is Jone"''')
"What's your name?"
    "My name is Jone"
```

需要注意的是，当作为字符串内容的字符序列中最后一个字符为双引号时，如果字符串边界符使用三重引号，要使用三重单引号；如果字符串边界符使用三重双引号，则需要在作为字符串内容的并且是最后一个字符的双引号前加反斜杠，对其进行转义。反之，当字符串内容中的最后一个字符为单引号时，如果字符串边界符使用三重引号，要使用三重双引号；否则，作为字符串最后一个位置上内容的单引号前需要添加反斜杠来进行转义。例如：

```
>>> y = """Let's say:"Hello World!\""""     # 字符串内容中最后一个字符为双引号
>>> y
'Let\'s say:"Hello World!"'
>>> print(y)
Let's say:"Hello World!"
```

【例 5.1】 编写程序，分别用双引号、单引号和三引号作为字符串边界符，实现语句 Let's say："Hello World!"的正确输出。

程序源代码如下：

```
# example5_1.py
# coding = utf-8
print("Let's say:\"Hello World!\"")
print('Let\'s say:"Hello World!"')
print('''Let's say:"Hello World!"''')
```

程序 example5_1.py 的运行结果如下：

```
>>> 
============ RESTART: G:\ example5_1.py ============
Let's say:"Hello World!"
Let's say:"Hello World!"
Let's say:"Hello World!"
```

5.2 字符串编码

任何字符在计算机中都是以特定的编码来表示、存储和传输的。为了方便相互之间的信息交换和识别,在计算机领域先后制定了多种编码方式。

ASCII(American Standard Code for Information Interchange,美国信息交换标准代码)是基于拉丁字母的一套计算机编码系统,主要用于显示现代英语和其他西欧语言。它是现今最通用的单字节编码系统,并等同于国际标准 ISO/IEC 646。

ASCII 使用指定的 7 位或 8 位二进制数组合来表示 128 或 256 种可能的字符。标准 ASCII 也叫基础 ASCII 码,使用 7 位二进制数(剩下的最高位为二进制 0)来表示所有的大写和小写字母、数字 0～9、标点符号及在英语中使用的特殊控制字符。128～255 为扩展 ASCII。

标准 ASCII 与字符的对照关系如表 5.2 所示。

表 5.2 标准 ASCII 与字符的对照关系

ASCII	字符	ASCII	字符	ASCII	字符	ASCII	字符	ASCII	字符	ASCII	字符
0	NUL	22	SYN	44	,	66	B	88	X	110	n
1	SOH	23	ETB	45	-	67	C	89	Y	111	o
2	STX	24	CAN	46	.	68	D	90	Z	112	p
3	ETX	25	EM	47	/	69	E	91	[	113	q
4	EOT	26	SUB	48	0	70	F	92	\	114	r
5	ENQ	27	ESC	49	1	71	G	93	]	115	s
6	ACK	28	FS	50	2	72	H	94	^	116	t
7	BEL	29	GS	51	3	73	I	95	_	117	u
8	BS	30	RS	52	4	74	J	96	`	118	v
9	HT	31	US	53	5	75	K	97	a	119	w
10	LF	32	(space)	54	6	76	L	98	b	120	x
11	VT	33	!	55	7	77	M	99	c	121	y
12	FF	34	"	56	8	78	N	100	d	122	z
13	CR	35	#	57	9	79	O	101	e	123	{
14	SO	36	$	58	:	80	P	102	f	124	|
15	SI	37	%	59	;	81	Q	103	g	125	}
16	DLE	38	&	60	<	82	R	104	h	126	~
17	DC1	39	'	61	=	83	S	105	i	127	DEL
18	DC2	40	(	62	>	84	T	106	j		
19	DC3	41	)	63	?	85	U	107	k		
20	DC4	42	*	64	@	86	V	108	l		
21	NAK	43	+	65	A	87	W	109	m		

GB2312 是我国制定的简体中文编码,GBK 是对 GB2312 的扩充。GBK 编码在 Windows 内部对应其代码页(Code Page)为 cp936。这些编码均使用 2 字节表示简体中文。

不同国家有不同的语言,也就有不同的编码。日本制定了 Shift_JIS 编码、韩国制定了

Euc-kr 编码，而不同的编码格式之间差别很大。并且同一编号在不同的编码体系中可能表示不同的字符。如果一篇文章既有英文又有中文，还有日文，那无论采用上述哪种编码，都可能会出现乱码。

Unicode 编码把所有语言的字符都统一到一套编码里，这样就不会再有乱码问题了。对于 ASCII 中的字符，Unicode 采用与 ASCII 相同的编码，只是将编码的长度由 8 位扩展为 16 位；而对于其他语言文字的字符，全部重新统一编码。最常用的 Unicode 编码是用 2 字节表示一个字符，对有些字符需要 3~4 字节的编码来表示。

采用 Unicode 编码，乱码问题是没有了，但新的问题又出来了，如果有一篇文章全是英文，用 Unicode 编码比 ASCII 编码需要多一倍的存储空间，这样既浪费存储空间又影响传输效率。为了解决 Unicode 编码的存储和传输问题，提出了 UTF(Unicode Transformation Format，Unicode 转换格式)编码。

UTF 编码规定了 Unicode 字符串的存储与传输格式。UTF 家族中使用最广泛的是 UTF-8，还有 UTF-16、UTF-32 等。UTF-8 编码是"可变长编码"，它可以使用 1~4 字节的编码表示一个符号。编码的长度根据不同的字符而有所变化。UTF-8 编码以 1 字节表示一个英语字符(兼容 ASCII)，以 3 字节表示一个中文字符，还有一些语言使用 2 字节或 4 字节表示一个字符。从 Unicode 到 UTF-8 并不是直接对应，而是要经过一些算法和规则来转换的。

Python 中 str 表示字符串类型，支持 Unicode 编码；bytes 表示字节串类型。两者均是不可变对象类型。str 类型和 bytes 类型经常需要相互转换。例如，字符串需要转换为字节串在网络上进行传输，对方接收到字节串后需要转换为字符串呈现出来。

str 类里有一个 encode()方法，根据字符串生成由参数中 encoding 指定的编码方式编码的 bytes 类型的字节串。例如：

```
>>> help(str.encode)
Help on method_descriptor:

encode(self, /, encoding = 'utf - 8', errors = 'strict')
    Encode the string using the codec registered for encoding.

    encoding
      The encoding in which to encode the string.
    errors
      The error handling scheme to use for encoding errors.
      The default is 'strict' meaning that encoding errors raise a
      UnicodeEncodeError. Other possible values are 'ignore', 'replace' and
      'xmlcharrefreplace' as well as any other name registered with
      codecs.register_error that can handle UnicodeEncodeErrors.
```

bytes 类有个 decode()方法，将字节串使用参数 encoding 指定的编码方式解码成为字符串 str 类型的数据。例如：

```
>>> help(bytes.decode)
Help on method_descriptor:

decode(self, /, encoding = 'utf - 8', errors = 'strict')
```

Decode the bytes using the codec registered for encoding.

encoding
　　The encoding with which to decode the bytes.
errors
　　The error handling scheme to use for the handling of decoding errors.
　　The default is 'strict' meaning that decoding errors raise a
　　UnicodeDecodeError. Other possible values are 'ignore' and 'replace'
　　as well as any other name registered with codecs.register_error that
　　can handle UnicodeDecodeErrors.

```
>>> s = '我'
>>> s
'我'
>>> type(s)                      #s 是 str 类型字符串
<class 'str'>
>>> s1 = s.encode('gbk')         #编码成字节串 bytes 类型,GBK 编码格式
>>> s1
b'\xce\xd2'
>>> type(s1)                     #s1 是字节串 bytes 类型
<class 'bytes'>
>>> s2 = s.encode('utf-8')       #编码成字节串 bytes 类型,UTF-8 编码格式
>>> s2
b'\xe6\x88\x91'
>>> type(s2)                     #s2 是字节串 bytes 类型
<class 'bytes'>
>>> s3 = s1.decode('gbk')        #使用 GBK 进行解码,将字节串转换为字符串
>>> s3
'我'
>>> type(s3)                     #s3 是字符串 str 类型
<class 'str'>
>>> s4 = s2.decode('utf-8')      #使用 UTF-8 进行解码,将字节串转换为字符串
>>> s4
'我'
>>> type(s4)                     #s4 是字符串 str 类型
<class 'str'>
>>> s5 = s.encode('ascii')       #中文字符串不能以 ASCII 编码
Traceback (most recent call last):
  File "<pyshell #34>", line 1, in <module>
    s5 = s.encode('ascii')
UnicodeEncodeError: 'ascii' codec can't encode character '\u6211' in position 0: ordinal not in range(128)
>>> 'ABC'.encode('ascii')        #英文字符串可以以 ASCII 编码
b'ABC'
```

　　另外,也可以使用 bytes 类的对象构造方法 bytes(string,encoding[,errors]) 和 str 类的对象构造方法 str(bytes_or_buffer[,encoding[,errors]])完成字节串和字符串的相互构造。可以用 bytes(string,encoding[,errors])根据参数中的字符串 string 来构造 bytes 类型的字节串。可以使用 str(bytes_or_buffer[,encoding[,errors]])根据参数中的字节串 bytes_or_buffer 来构造 str 类型的字符串。例如:

```
>>> s = '阳光'
>>> s
'阳光'
>>> type(s)                          #字符串 str 类型
<class 'str'>
>>> b = bytes(s,encoding = 'gbk')
>>> b
b'\xd1\xf4\xb9\xe2'
>>> type(b)                          #字节串 bytes 类型
<class 'bytes'>
>>> u = bytes(s,encoding = 'utf-8')
>>> u
b'\xe9\x98\xb3\xe5\x85\x89'
>>> type(u)
<class 'bytes'>
>>> bs = str(b,encoding = 'gbk')
>>> bs
'阳光'
>>> type(bs)                         #str 类型
<class 'str'>
>>> us = str(u,encoding = 'utf-8')
>>> us
'阳光'
>>> type(us)                         #str 类型
<class 'str'>
>>>
```

Python 3 中,字符串默认采用 Unicode 编码,支持中文字符,无论是数字字符、英文字母、汉字等都按一个字符来对待和处理。例如:

```
>>> s1 = '大熊猫'
>>> len(s1)                          #字符个数
3
>>> s2 = 'I like 这 18 只大熊猫'
>>> len(s2)
14
>>>
```

另外,在 Python 3.x 中可以使用中文作为标识符。例如:

```
>>> 你好 = 'abc'
>>> 你好
'abc'
    >>>
```

可以使用 sys 模块中的 getdefaultencoding()函数获取 Python 环境系统(Python 解释器)对 Unicode 字符串当前使用的默认编码类型。例如:

```
>>> import sys
>>> sys.getdefaultencoding()
'utf-8'
>>>
```

5.3 字符串格式化

使用 print() 函数很容易输出各种对象，但 print() 函数无法输出设计复杂的格式。用加号拼接字符串常量和字符串变量可以生成满足某些格式要求的字符串，但通常需要复杂或大量的程序代码。Python 提供了字符串格式化的方法，使得程序可以在字符串中嵌入变量并定义变量代入的格式。这样可以定义并生成复杂格式的字符串。本节介绍利用%运算符、字符串的 format() 方法、f-string 字面量方法进行字符串格式化的过程。

5.3.1 用%格式化字符串

视频讲解

用%进行字符串格式化涉及两个概念：格式定义和格式化运算。字符串内部格式的定义以%开头。字符串后面的格式化运算符%表示用其后面的对象代替格式串中的格式，最终得到一个字符串。

字符串格式化的一般形式如图 5.1 所示。这里字符串中只给出了一个格式定义。字符串中，格式定义的两端均可以有普通字符或其他字符串格式的定义。

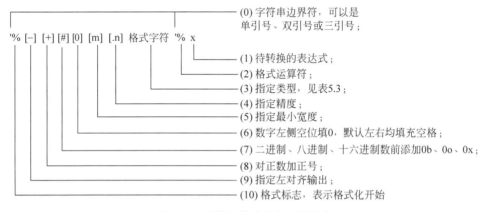

图 5.1　字符串格式化的一般形式

1. 字符串格式的书写

（1）[ ]中的内容可以省略。

（2）简单的格式是%加格式字符，如%f、%d、%c 等。

（3）当最小宽度及精度都出现时，它们之间不能有空格，格式字符和其他选项之间也不能有空格，如%8.2f。

2. 常用格式字符的含义

常用字符串格式字符的说明如表 5.3 所示。

表 5.3　常用字符串格式字符的说明

格 式 字 符	说　　明
%c	格式化字符或编码
%s	格式化字符串
%d、%i	格式化整数

续表

格式字符	说明
%u	格式化无符号整数
%%	百分号(%)
%o	格式化八进制数
%x	格式化十六进制数
%f	格式化浮点数,默认保留 6 位小数,可指定小数位数
%F	同%f;并且将 inf 和 nan 分别转换为 INF 和 NAN
%e、%E	分别用 e 和 E 表示科学记数法格式的浮点数,如 1.2e+03 表示 1.2×10^3
%g、%G	根据值的大小采用科学记数法或者浮点数形式;采用科学记数法时,分别用 e 和 E 表示;当数值中的数字个数大于 6 时,默认保留 6 个数字,可以自己指定保留的数字个数

3. 最小宽度和精度

最小宽度是转换后的值所保留的最小字符个数。精度(对于数字来说)则是结果中应该包含的小数位数。

```
>>> a = 3.1416
>>> '%6.2f' % a
'  3.14'
```

上述代码把 a 转换为含 6 个字符的小数串,保留 2 位小数,对第 2 位四舍五入。不足 6 个字符则在左边补空格。例如:

```
>>> '%f' % 3.1416            # 单独的%f 默认保留 6 位小数
'3.141600'
>>> '%.2f' % 3.1416           # 指定保留 2 位小数
'3.14'
>>> '%7.2f' % 3.1416          # 宽度 7 位,保留 2 位小数,空位填空格
'   3.14'
>>> '%07.2f' % 3.1416         # 宽度 7 位,保留 2 位小数,空位填 0
'0003.14'
>>> '%+07.2f' % 3.1416        # 宽度 7 位,保留 2 位小数,正数加正号,空位填 0
'+003.14'
>>> '%-7.2f' % -3.1416        # 宽度 7 位,保留 2 位小数,空位填空格,左对齐输出
'-3.14  '
>>> "%2d" % 56
'56'
>>> "%2d" % 5
' 5'
>>> "%-2d" % 56
'56'
>>> "%-2d" % 5
'5 '
```

上述代码中,"%-2d"%5 表示 5 占两个字符宽度,左对齐输出。因此,输出中 5 后面补一个空格。

下面例子中,字符串'5'用格式化整数%d 输出,引发异常。

```
>>> '%d' % '5'
Traceback (most recent call last):
  File "<pyshell#20>", line 1, in <module>
    '%d'%'5'
TypeError: %d format: a number is required, not str
>>> '%s' % 5                          #与str()等价
'5'
```

可以一次格式化多个对象,这些对象表示成一个元组形式。这些对象的位置与格式化字符的位置一一对应。例如:

```
>>> '%.2f,%4d,%s' % (3.456727,89,'Lily')
'3.46, 89,Lily'
```

上述代码中,%.2f 表示 3.456727 的格式形式,%4d 表示 89 的格式形式,%s 表示'Lily'的格式形式,字符串里面的逗号(,)原封不动输出。

格式化运算符后面也可以是变量,例如:

```
>>> name = 'Lily'
>>> age = 18
>>> '我叫%s,今年%d岁' % (name,age)
'我叫Lily,今年18岁'
```

4. 进位制和科学记数法

把一个数转换成不同的进位制,也可按科学记数法进行转换。例如:

```
>>> a = 123456
>>> y = '%o' % a                      #转换为八进制串
>>> y
'361100'
>>> ya = '%#o' % a                    #八进制时前添加 0o
>>> ya
'0o361100'
>>> z = '%x' % a                      #转换为十六进制串
>>> z
'1e240'
>>> za = '%#x' % a                    #十六进制数前添加 0x
>>> za
'0x1e240'
>>> se = '%e' % a                     #转换为科学记数法串,中间用 e
>>> se
'1.234560e+05'
```

以上代码表示将十进制数 a 分别转换为八进制串、十六进制串和科学记数法串。

如下代码演示了格式字符 e、E、f、F、g 和 G 的用法。

```
>>> '%e' % 12345.678                  #采用科学记数法形式,中间用 e
'1.234568e+04'
>>> '%E' % 12345.678                  #采用科学记数法形式,中间用 E
'1.234568E+04'
>>> '%F' % 12345.678
'12345.678000'
```

```
>>> '%f' % 12345.678
'12345.678000'
>>> '%g' % 12345.678                #采用浮点数形式,g 或 G 默认都保留 6 个数字
'12345.7'
>>> '%g' % 1234.5678
'1234.57'
>>> '%g' % 123.45678
'123.457'
>>> '%g' % 12.345678
'12.3457'
>>> '%g' % 1.2345678
'1.23457'
>>> '%.3g' % 12345.678              #保留 3 个数字,自动转换为用 e 表示的科学记数法形式
'1.23e+04'
>>>
>>> '%G' % 12345.678                #采用浮点数形式,g 或 G 默认保留 6 个数字
'12345.7'
>>> '%.4G' % 12345.678              #保留 4 个数字,自动转换为用 E 表示的科学记数法形式
'1.235E+04'
>>> '%.3G' % 12345.678              #保留 3 个数字,自动转换为用 E 表示的科学记数法形式
'1.23E+04'
>>>
>>> '%g' % 12345                    #少于 6 个数字的整数,以实际位数显示整数
'12345'
>>> '%g' % 123456                   #6 个数字的整数,以实际位数显示整数
'123456'
>>> '%g' % 1234567                  #多个 6 个数字的整数,转换为科学记数法表示,数字保留 6 位
'1.23457e+06'
>>>
```

【例 5.2】 利用格式化字符方式输出如图 5.2 所示的九九乘法表。

```
1*1=1
2*1=2    2*2=4
3*1=3    3*2=6    3*3=9
4*1=4    4*2=8    4*3=12   4*4=16
5*1=5    5*2=10   5*3=15   5*4=20   5*5=25
6*1=6    6*2=12   6*3=18   6*4=24   6*5=30   6*6=36
7*1=7    7*2=14   7*3=21   7*4=28   7*5=35   7*6=42   7*7=49
8*1=8    8*2=16   8*3=24   8*4=32   8*5=40   8*6=48   8*7=56   8*8=64
9*1=9    9*2=18   9*3=27   9*4=36   9*5=45   9*6=54   9*7=63   9*8=72   9*9=81
```

图 5.2 九九乘法表

程序源代码如下:

```
#example5_2.py
#coding=utf-8
for i in range(1,10):
    for j in range(1,i+1):
        print("%d*%d=%-4d"%(i,j,i*j),end=" ")
    print()
```

在例 5.2 中,乘数和被乘数均占一个字符的宽度输出;积占四个字符的宽度输出且左对齐。

5.3.2 用 format()方法格式化字符串

从 Python 2.6 开始加入了 format()方法来格式化字符串,使用起来更加方便和简洁。format()方法通过{}和:来代替传统%的方式来表示格式的定义。其一般形式如图 5.3 所示。

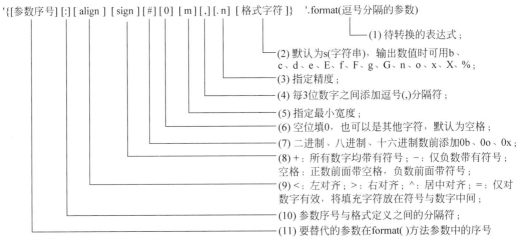

图 5.3 format()方法的一般形式

在一个字符串中可以有多个花括号{和}括起来的格式定义与占位符。format()方法中的大部分格式字符与传统的利用%进行格式化的格式字符相同。格式符 n 与 g 的功能相同,插入随区域而异的数字分隔符。格式符%表示将数字表示为百分数,也就是将参数值乘以 100,然后在后面加上百分号。

format()方法格式化时,可以使用位置参数,根据位置顺序来传递参数。例如:

```
>>> '我叫{},今年{}岁'.format('张清',18)
'我叫张清,今年 18 岁'
>>>
```

也可以通过索引值来引用位置参数,只要 format()方法相应位置上有参数值即可,参数索引从 0 开始。例如:

```
>>> '我叫{0},今年{1}岁'.format('张清',18)
'我叫张清,今年 18 岁'
>>> '我叫{1},今年{0}岁'.format(18,'张清')
'我叫张清,今年 18 岁'
>>>
```

也可以使用序列,通过 format()方法中序列参数的位置索引和序列中元素索引来引用相应值。例如:

```
>>> my = ['张清',18]
>>> '我叫{0[0]},今年{0[1]}岁'.format(my)
'我叫张清,今年 18 岁'
>>>
```

也可以用"＊序列名称"的形式作为 format()方法的实际参数。作为实际参数的序列名称前面加星号(＊)表示将序列展开,然后通过位置依次将展开后的元素传递到目标字符串中。例如：

```
>>> '我叫{},今年{}岁'.format(＊my)
'我叫张清,今年 18 岁'
>>>
```

也可以使用关键参数的形式(变量名＝值)为 format()方法传递实际参数。例如：

```
>>> '我叫{name},今年{age}岁'.format(name = '张清',age = 18)    #关键参数形式
'我叫张清,今年 18 岁'
>>> name = '张清';age = 18
>>> '我叫{name},今年{age}岁'.format(name,age)                  #不能这样写
Traceback (most recent call last):
  File "< pyshell#1 >", line 1, in < module >
    '我叫{name},今年{age}岁'.format(name,age)
KeyError: 'name'
>>> '我叫{n},今年{a}岁'.format(n = name,a = age)               #采用关键参数形式
'我叫张清,今年 18 岁'
>>>
```

也可用"＊＊字典名"的形式为 format()方法传递实际参数。作为实际参数的字典名称前面加两个星号(＊＊)将字典中的元素依次展开为"键＝值"的关键参数形式。例如：

```
>>> my = {'name':'张清','age':18}
>>> '我叫{name},今年{age}岁'.format(＊＊my)
'我叫张清,今年 18 岁'
>>>
```

位置参数与关键参数传递方式、序列前面加一个星号的参数传递方式、字典前面加两个星号的参数传递方式将在第 6 章详细介绍。

如果需要设置格式,则按照图 5.3 中的模式在冒号后面设置格式符。例如：

```
>>> '{0:.2f}'.format(2/3)
'0.67'
>>> '{0:b}'.format(8)              #二进制
'1000'
>>> '{0:o}'.format(8)              #八进制
'10'
>>> '{0:x}'.format(18)             #十六进制
'12'
>>> '{0:#x}'.format(10)            #十六进制前加 0x
'0xa'
>>> '{:,}'.format(1234567890)      #千分位格式化,数字每 3 位加一个逗号
'1,234,567,890'
>>> '{0:*>10}'.format(18)          #右对齐
'********18'
>>> '{0:*<10}'.format(18)          #左对齐
'18********'
>>> '{x:*^10}'.format(x = 18)      #居中对齐
'****18****'
```

```
>>> '{0:*=10}'.format(-18)                    # *放在-和18中间
'-*******18'
>>> '{0:_},{0:#x}'.format(9999)               #_作为分隔符
'9_999,0x270f'
```

5.3.3 用 f-strings 字面量方法格式化字符串

Python 3.6 开始增加了 f-strings 特性,称为字面量格式化字符串。如果一个字符串前面带有 f 或 F 字符,则字符串中可以含有表达式,该表达式需要用花括号括起来。将计算完的花括号内的表达式结果转换为字符串,替换到该花括号及其内部表达式所在的位置,生成一个格式化的字符串对象。这种格式化方式类似于字符串的 format()方法,使用起来更加灵活、方便。推荐使用此方式进行字符串的格式化。

f-strings 采用{content：format}设置字符串格式。content 是替换并填入字符串的内容,可以是变量、表达式、函数、lambda 表达式等。format 是格式描述符,与字符串 format()方法中的格式描述符相同。采用默认格式时不必指定格式描述符,只需要{content}即可。例如:

```
>>> name = '张清'
>>> age = 18
>>> weight = 60.5
>>> s = F"我叫{name：>6s},今年{age：^4d}岁,体重{weight：.2f}kg。"
>>> s
'我叫    张清,今年 18 岁,体重 60.50kg。'
>>>
>>> import datetime
>>> birth = 1990
>>> high = 180
>>> s = f'我叫{name},今年{datetime.datetime.now().year-birth}岁,身高{high:.2f}cm。'
>>> s
'我叫张清,今年 29 岁,身高 180.00cm。'
>>>
```

格式描述符的详细用法可以参考 Python 官方文档(登录网址 https：//docs.python.org,执行 Documentation→Library Reference→Text Processing Services→Format String Syntax 命令)。

花括号中可以放入系统内置函数、对象的方法或自定义函数。例如:

```
>>> s = f"姓名:{input('请输入姓名:')} 学号:{int(input('请输入学号:'))}"
请输入姓名:杨
请输入学号:2020055001
>>> s
'姓名:杨 学号:2020055001'
>>>
>>> s = f"转换为大写字母后:{input('英文字符串:').upper()}"
英文字符串:abcd
>>> s
'转换为大写字母后:ABCD'
>>>
>>> def fun(x):
```

```
        return x + 10
>>> s = f"函数调用结果:{fun(5)}"
>>> s
'函数调用结果:15'
>>>
```

上述代码中定义了一个自定义函数 fun()，然后在格式化字符串的花括号内调用了该函数，得到 5+10 的结果。自定义函数的方法将在第 6 章详细介绍。

花括号中也可以放入列表和字典的相关运算。例如：

```
>>> list1 = [1,6,8,"a","b","c","d"]
>>> s = F"列表的切片:{list1[1:6:2]}"
>>> s
"列表的切片:[6, 'a', 'c']"
>>>
>>> d = {"a":1,"b":2}
>>> s = f'取字典中指定 key 的 value:{d["b"]}'
>>> s
'取字典中指定 key 的 value:2'
>>>
```

花括号中也可以是三元运算等其他表达式，将返回的结果替入相应位置。

5.4 字符串前加特定字符的作用

一个字符串前面可以带有 r、b 等字符，用来表示特定的含义。

5.4.1 去除转义功能

在普通字符串中，反斜杠用于和后面的字符一起构成表示特殊含义的转义字符，如'\n'表示换行、'\t'表示一个 Tab 键的位置等。这些字符串中的反斜杠和后面的字符共同表示一个特殊含义的字符。如果要使这些字符去掉转义的功能，如需要让字符串'\n'中的反斜杠\和字母 n 分别表示两个字符的原意，那么可以在字符串的开始边界符前面加上字符 r 或 R。例如：

```
>>> x = "a\nb"              #\n 构成一个转义字符,表示一个换行符
>>> len(x)
3
>>> print(x)
a
b
>>> y = r"a\nb"             #前面的 r 去掉了反斜杠的转义功能,\n 分别表示两个单独的字符
>>> len(y)
4
>>> print(y)
a\nb
>>>
```

5.4.2 字节串的表示

字符串前加 b 或 B 表示使用 ASCII 编码的字节串来表示字符串。这种方式只能对 ASCII 表中的字符所构成的字符串进行编码,字符串中不能包含非 ASCII 表中的字符。例如:

```
>>> y = b"我是学生"
SyntaxError: bytes can only contain ASCII literal characters.
>>> z = b"abc"
>>> z
b'abc'
>>> type(z)
<class 'bytes'>
>>>
```

可以使用 encode() 方法将任何字符串转换为字节串;反过来,可以利用字节串的 decode() 方法将任何字节串转换为字符串。5.1 节中已经介绍过这种方法,为了加深理解,这里再举一个相互转换的例子。

```
>>> s = z.decode("ascii")
>>> s
'abc'
>>> type(s)
<class 'str'>
>>>
```

5.1 节中提到,可以利用 bytes() 的对象创建方法将任何字符串转换为字节串,也可以利用 str() 的对象创建方法将任何字节串转换为字符串。

Python 3 中,对字符串默认采用 Unicode 编码。对于一些没有采用 Unicode 编码的字符串,前面加 u 可以强制字符串采用 Unicode 格式进行编码。

视频讲解

5.5 字符串截取

字符串的截取就是取出字符串中的子串。截取有两种方法:一种是索引 str[index]取出单个字符;另一种是切片 str[[start]:[end]:[step]]取出一片字符。切片方式与 4.1.4 节介绍的一样。

字符串中字符的索引与列表一样,可以双向索引,如图 5.4 所示。

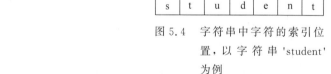

图 5.4 字符串中字符的索引位置,以字符串 'student' 为例

```
>>> s = 'student'
>>> s[0]
's'
>>> s[-1]
't'
>>> s[1:3]              #取出位置为 1 到位置为 2 的字符,不包括位置为 3 的字符
'tu'
>>> s[:3]               #取出从头至位置为 2 的字符
```

```
'stu'
>>> s[-2:]              #取出从倒数第 2 个位置开始的所有字符
'nt'
>>> s[:]                #取出全部字符
'student'
>>> s[::2]              #步长为 2
'suet'
>>> s[0] = 'e'
Traceback (most recent call last):
  File "<pyshell#7>", line 1, in <module>
    s[0] = 'e'
TypeError: 'str' object does not support item assignment
>>> s[1:3] = 'ut'
Traceback (most recent call last):
  File "<pyshell#8>", line 1, in <module>
    s[1:3] = 'ut'
TypeError: 'str' object does not support item assignment
```

字符串属于不可变序列类型,不支持字符串修改。

【例 5.3】 用 import this 可以导入 Python 之禅的文字描述。请用列表 lists 保存 Python 之禅的前 4 句,每句字符串作为列表的一个元素。从键盘分别输入表示子串开始和结束的位置的数字,在列表的每个字符串元素中分别截取两个位置之间的子串(假设第 1 个字符的位置为 1;要取的子串包含开始和结束两个位置的字符)。采用字符串格式化形式分别输出列表中所有元素的字符串及其长度,以及相应位置之间的子串。这里假定两个位置的输入值均正确。

视频讲解

Python 之禅的内容如下。

```
>>> import this
The Zen of Python, by Tim Peters

Beautiful is better than ugly.
Explicit is better than implicit.
Simple is better than complex.
Complex is better than complicated.
Flat is better than nested.
Sparse is better than dense.
(略去剩余部分)
```

一种实现方法的程序源代码如下:

```
#example5_3.py
#coding=utf-8
lists = ["Beautiful is better than ugly.","Explicit is better than implicit.",\
        "Simple is better than complex.","Complex is better than complicated."]
d1 = int(input("请输入第一个位置:"))
d2 = int(input("请输入第二个位置:"))
for s in lists:
    #print('字符串%s,长度为:%d,子串为:%s'%(s,len(s),s[d1-1:d2]))
    #print('字符串{},长度为:{},子串为:{}'.format(s,len(s),s[d1-1:d2]))
    print(f'字符串{s},长度为:{len(s)},子串为:{s[d1-1:d2]}')
```

程序 example5_3.py 的一次运行结果如下：

```
>>>
============ RESTART: G:\ example5_3.py ============
请输入第一个位置:3
请输入第二个位置:14
字符串 Beautiful is better than ugly.,长度为:30,子串为:autiful is b
字符串 Explicit is better than implicit.,长度为:33,子串为:plicit is be
字符串 Simple is better than complex.,长度为:30,子串为:mple is bett
字符串 Complex is better than complicated.,长度为:35,子串为:mplex is bet
```

视频讲解

5.6　字符串常用内置函数

在 Python 中有很多内置函数可以对字符串进行操作。如 len()、ord()、chr()、max()、min()等。例如：

```
>>> s = 'Merry days will come,believe.'
>>> len(s)                          #字符串长度
29
>>> max(s)                          #最大字符
'y'
>>> min(s)                          #最小字符
' '
>>> ord('M')                        #获取该字符的 Unicode 码
77
>>> chr(77)                         #把编码转换为对应的字符
'M'
>>> ord('好')
22909
>>> chr(22909)
'好'
```

【例 5.4】　请用两首歌曲名(《优美旅程》、*Fantasy*)组成列表 songs，编写程序，依次显示每首歌曲名、歌曲名的每个字符以及该字符的 Unicode 编码。

- 第一种方法。

程序源代码如下：

```
#example5_4_1.py
#coding = utf-8
songs = ["优美旅程","Fantasy"]
for s in songs:
    print(s)
    for i in s:                     #直接遍历序列中的元素
        print(i,ord(i),sep = '-',end = ' ')
    print()
```

程序 example5_4_1.py 的一次运行结果如下：

```
>>>
============ RESTART: G:\ example5_4_1.py ============
```

优美旅程
优－20248 美－32654 旅－26053 程－31243
Fantasy
F－70 a－97 n－110 t－116 a－97 s－115 y－121

- 第二种方法。

程序源代码如下：

```
#example5_4_2.py
#coding=utf-8
songs=["优美旅程","Fantasy"]
for s in songs:
    print(s)
    for i in range(len(s)):          #通过序列索引遍历元素
        print(s[i],ord(s[i]),sep='-',end=' ')
    print()
```

字符串属于序列，与列表一样，可以有两种方法遍历序列。

思考1：如果要求输出为如下形式，程序应该如何修改？

优美旅程
字符优的Unicode编码为20248
字符美的Unicode编码为32654
字符旅的Unicode编码为26053
字符程的Unicode编码为31243
Fantasy
字符F的Unicode编码为70
字符a的Unicode编码为97
字符n的Unicode编码为110
字符t的Unicode编码为116
字符a的Unicode编码为97
字符s的Unicode编码为115
字符y的Unicode编码为121

修改的方法很多，其中一种修改方法的程序源代码如下：

```
#question5_4_1.py
#coding=utf-8
songs=["优美旅程","Fantasy"]
for s in songs:
    print(s)
    for i in s:
        print("字符%s的Unicode编码为%d"%(i,ord(i)))
```

思考2：如果只显示歌曲名字符串的下标为奇数的字符以及该字符的Unicode编码，程序应该如何修改？

修改后的程序源代码如下：

```
#question5_4_2.py
#coding=utf-8
songs=["优美旅程","Fantasy"]
for s in songs:
```

```
            print(s)
            for i in range(1,len(s),2):
                print("字符{}的Unicode编码为{}".format(s[i],ord(s[i])))
```

程序 question5_4_2.py 的运行结果如下：

```
>>>
============ RESTART: G:\ question5_4_2.py ============
优美旅程
字符美的Unicode编码为32654
字符程的Unicode编码为31243
Fantasy
字符a的Unicode编码为97
字符t的Unicode编码为116
字符s的Unicode编码为115
```

【例5.5】 编写程序，输入一个字符串，分别统计大写字母、小写字母、数字以及其他字符的个数，并分别以前面介绍的3种字符串格式化方式分别显示各种字符的个数。数字仅包括阿拉伯数字。

程序源代码如下：

```
#example5_5.py
#coding=utf-8
s=input('请输入一个字符串:')
c1,c2,c3,c4=0,0,0,0
for i in s:
    if "A"<=i<="Z":
        c1+=1
    elif "a"<=i<="z":
        c2+=1
    elif "0"<=i<="9":
        c3+=1
    else:
        c4+=1
print("大写字母%d个;小写字母%d个;数字%d个;其他字符%d个。"%(c1,c2,c3,c4))
print("大写字母{0}个;小写字母{1}个;数字{2}个;其他字符{3}个。".format(c1,c2,c3,c4))
print(f"大写字母{c1}个;小写字母{c2}个;数字{c3}个;其他字符{c4}个。")
```

程序 example5_5.py 的一次运行结果如下：

```
>>>
============ RESTART: G:\ example5_5.py ============
请输入一个字符串:学生 I am a student since 2000
大写字母1个;小写字母15个;数字4个;其他字符8个。
大写字母1个;小写字母15个;数字4个;其他字符8个。
大写字母1个;小写字母15个;数字4个;其他字符8个。
```

视频讲解

5.7　字符串常用方法

由于字符串属于不可变序列类型，常用方法中涉及返回字符串的都是新字符串，原有字符串对象不变。

1. center()、ljust()、rjust()

格式：center(self, width, fillchar = ' ', /)
　　　ljust(self, width, fillchar = ' ', /)
　　　rjust(self, width, fillchar = ' ', /)

说明：width 用于指定宽度；

　　　fillchar 表示填充的字符，默认为空格。

功能：返回一个宽度为 width 的新字符串，原字符串居中（左对齐或右对齐）出现在新字符串中，如果 width 大于字符串长度，则使用 fillchar 进行填充。例如：

```
>>> '你好'.center(10)                    #居中对齐,以空格填充
'   你好   '
>>> '你好'.center(10,"*")                #居中对齐,以*填充
'****你好****'
>>> '你好'.ljust(10,"!")                 #右对齐,以!填充
'你好!!!!!!!!'
>>> '你好'.rjust(10,"-")                 #左对齐,以-填充
'--------你好'
```

【例 5.6】 使用 format()方法和 ljust()方法打印出例 5.2 中的九九乘法表。

程序源代码如下：

```
#example5_6.py
#coding = utf-8
for i in range(1,10):
    for j in range(1,i+1):
        print("{0}*{1}={2}".format(i,j,i*j).ljust(8),end=" ")
    print()
```

2. lower()、upper()

lower()方法将大写字母转换为小写字母，其他字符不变，并返回新字符串。upper()方法将小写字母转换为大写字母，其他字符不变，并返回新字符串。经常用这两种方法来解决不区分大小写的相关问题。例如：

视频讲解

```
>>> s = 'PYthon is A programming language.'
>>> s.lower()
'python is a programming language.'
>>> s                              #原字符串不变
'PYthon is A programming language.'
>>> s1 = s.lower()
>>> s1                             #新字符串
'python is a programming language.'
>>> s.upper()
'PYTHON IS A PROGRAMMING LANGUAGE.'
>>> s                              #原字符串不变
'PYthon is A programming language.'
>>> s2 = s.upper()
>>> s2                             #新字符串
'PYTHON IS A PROGRAMMING LANGUAGE.'
```

【例 5.7】 有一批淘宝用户名：风云 Th、Brown、飘然 12345、云 S、thomas。编写程序，将这些用户名存储在一个列表中，从键盘输入不区分大小写的用户名，判断能否找到该用户名。例如，输入 Thomas、THOmas、thoMAs 等均能找到 thomas。

程序源代码如下：

```
#example5_7.py
#coding=utf-8
names = ["风云 Th","Brown","飘然 12345","云 S","thomas"]
name = input("请输入用户名:")
for s in names:
    if name.lower() == s.lower():
        print("找到")
        break
else:
    print("未找到")
```

程序 example5_7.py 的运行结果如下：

```
>>>
=========== RESTART: G:\example5_7.py ===========
请输入用户名:Thomas
找到
>>>
=========== RESTART: G:\example5_7.py ===========
请输入用户名:yhoms
未找到
>>>
=========== RESTART: G:\example5_7.py ===========
请输入用户名:风云 th
找到
>>>
```

【例 5.8】 用户从键盘依次输入若干字符串组成一个列表 list1。每输完一个字符串加入列表后，询问是否结束输入。如果此时输入 y 或者 yes（大小写无关），则结束输入。然后将该列表转换为元组 tuple1，分别输出 list1 和 tuple1。

程序源代码如下：

```
#example5_8.py
#coding=utf-8
print("请输入若干字符串组成列表 list1")
yy = 'n'
i = 1
list1 = []                              #初始化一个空列表
while yy.upper() not in ['Y','YES'] :   #判断是否结束
    x = input("请输入第" + str(i) + "个元素:")
    list1.append(x)
    i += 1
    yy = input("输入结束了吗?(y 或 yes 表示结束,大小写无关,其他继续):")
tuple1 = tuple(list1)
print("列表 list1:",list1)
print("元组 tuple1:",tuple1)
```

程序 example5_8.py 可能的一次运行结果如下：

```
>>> 
=========== RESTART: G:\example5_8.py ===========
请输入若干字符串组成列表 list1
请输入第 1 个元素:Alice
输入结束了吗?(y 或 yes 表示结束,大小写无关,其他继续):n
请输入第 2 个元素:Tom
输入结束了吗?(y 或 yes 表示结束,大小写无关,其他继续):ye
请输入第 3 个元素:Rose
输入结束了吗?(y 或 yes 表示结束,大小写无关,其他继续):y
列表 list1: ['Alice', 'Tom', 'Rose']
元组 tuple1: ('Alice', 'Tom', 'Rose')
```

3. capitalize()、title()、swapcase()

capitalize()方法将字符串首字母转换为大写形式，其他字母转换为小写形式。title()方法将每个单词的首字母转换为大写形式，其他部分的字母转换为小写形式。swapcase()字符将大小写互换。三种方法均返回新字符串，原字符串对象不进行任何修改。例如：

视频讲解

```
>>> s = 'merry days will come, believe.'
>>> s.capitalize()
'Merry days will come, believe.'
>>> s1 = s.title()
>>> s1
'Merry Days Will Come, Believe.'
>>> s
'merry days will come, believe.'
>>> s1.swapcase()
'mERRY dAYS wILL cOME, bELIEVE.'
```

4. islower()、isupper()、isdigit()

islower()、isupper()、isdigit()方法的功能分别是测试字符串是否为小写字母、大写字母、数字字符。如果是，则返回 True；否则返回 False。例如：

视频讲解

```
>>> s = 'merry days will come, believe.'
>>> s.islower()
True
>>> s.isupper()
False
>>> s = '1234'
>>> s.isdigit()
True
>>> s = '1234.5'
>>> s.isdigit()
False
```

str 类中还有一些测试字符串是否为空白字符的方法，请读者利用 help(str)命令自行查看帮助信息。

【例 5.9】 改写例 5.5 的程序，利用 isupper()、islower()、isdigit()方法分别判断是否为大写字母、小写字母、数字字符，并分别统计以上三种字符的个数。用字符串格式化方式分别显示三种字符的个数。

程序源代码如下：

```
# example5_9.py
# coding = utf - 8
s = input('请输入一个字符串:')
c1,c2,c3,c4 = 0,0,0,0
for i in s:
    if i.isupper():
        c1 += 1
    elif i.islower():
        c2 += 1
    elif i.isdigit():
        c3 += 1
    else:
        c4 += 1
print(f"大写字母{c1}个;小写字母{c2}个;数字字符{c3}个;其他字符{c4}个。")
```

程序 example5_9.py 的一次运行结果如下：

```
>>>
============ RESTART: G:\ example5_9.py ============
请输入一个字符串:学生 I am a student since 2000
大写字母 1 个;小写字母 15 个;数字字符 4 个;其他字符 8 个。
```

5. find()、rfind()

格式：s.find(sub[,start[,end]])
　　　s.rfind(sub[,start[,end]])

说明：sub 表示字符串(子串)；
　　　start 表示开始位置；
　　　end 表示结束位置。查找范围从 start 开始到 end 结束,不包括 end。

功能：在一个较长的字符串 s 中,在[start,end)范围内查找并返回子串 sub 首次出现的位置索引,如果没有找到则返回 −1。默认范围是整个字符串。其中 find()方法为从左往右查找,rfind()方法为从右往左查找。例如：

视频讲解

```
>>> s = 'Heart is living in tomorrow'
>>> s.find('Heart')              # 在整个字符串范围内查找
0
>>> s.find('is')
6
>>> s.find('heart')              # 子串不存在返回 −1
−1
>>> s.find('i')                  # 有多个子串'i',只会返回查找范围内第 1 次出现的位置
6
>>> s.find('i',7)                # 从索引位置 7 开始查找到最后
10
>>> s.find('i',11)
12
>>> s.find('i',13)
16
```

```
>>> s.find('i',17)
-1
>>> s.find('i',11,16)              # 从索引位置11开始查找到索引位置16(不包括16)
12
>>> s.find('i',7,10)
-1
>>> s.rfind('i')                   # 返回最右端索引位置
16
>>> s.rfind('i',0,16)
12
```

6. index()、rindex()

格式：s.index(sub[,start[,end]])
　　　s.rindex(sub[,start[,end]])

功能：在一个较长的字符串 s 中,查找并返回在[start,end)范围内子串 sub 首次出现的位置索引,如果不存在则抛出异常。默认范围是整个字符串。其中 index()方法为从左往右查找,rindex()方法为从右往左查找。例如：

视频讲解

```
>>> s = 'Heart is living in tomorrow'
>>> s.index('i')
6
>>> s.index('i',7)
10
>>> s.index('is')
6
>>> s.index('in')
12
>>> s.index('heart')               # 子串不存在,抛出异常
Traceback (most recent call last):
  File "<pyshell#29>", line 1, in <module>
    s.index('heart')
ValueError: substring not found
>>> s.index('i',7,11)
10
>>> s.index('i',7,10)              # [7,10)范围内子串不存在,抛出异常
Traceback (most recent call last):
  File "<pyshell#31>", line 1, in <module>
    s.index('i',7,10)
ValueError: substring not found
>>> s.rindex('i')                  # 字符'i'在字符串 s 中最后一次出现的位置
16
```

7. count()

格式：s.count(sub[,start[,end]])

功能：在一个较长的字符串 s 中,查找并返回[start,end)范围内子串 sub 出现的次数,如果不存在则返回 0。默认范围是整个字符串。例如：

视频讲解

```
>>> s = 'Heart is living in tomorrow'
>>> s.count('i')
4
```

```
>>> s.count('i',11)
2
>>> s.count('Is')
0
```

视频讲解

8. split()方法

split(self, /, sep=None, maxsplit=-1)方法以 sep 指定字符为分隔符,从左往右将字符串分隔开来,并将分隔后的子串组成列表返回。参数 maxsplit 表示最大分隔次数;默认为 -1,表示分隔次数没有限制,只要出现分隔符 sep 就进行分隔。

```
>>> s1 = 'Heart,is,living,in,tomorrow'
>>> s1.split(",")                    #通过逗号","分隔
['Heart', 'is', 'living', 'in', 'tomorrow']
>>> s1.split(";")                    #通过分号";"分隔;s1 中没出现分号,s1 整体作为列表的单一元素
['Heart,is,living,in,tomorrow']
>>> s2 = 'Heart is living in tomorrow'
>>> s2.split()                       #默认通过空白符分隔
['Heart', 'is', 'living', 'in', 'tomorrow']
>>> s2.split(',')
['Heart is living in tomorrow']
>>> s3 = 'Heart\tis\n\nliving\t\tin tomorrow'
>>> s3.split()                       #默认通过空白字符分隔
['Heart', 'is', 'living', 'in', 'tomorrow']
```

对于 split()方法,如果不指定分隔符,实际上表示以任何空白字符(包括连续出现的)作为分隔符。空白字符包括空格、换行符、制表符等。

除了 split()方法,还有 rsplit()方法,表示从右往左将字符串分隔开,这两种方法均能指定最大分隔次数。读者可以通过 help(str.rsplit)命令查看帮助信息,这里不再深入阐述。

【例 5.10】 编写程序,从键盘输入最近几天的温度,用逗号分隔,求平均温度,保留两位小数。

第一种方法的程序源代码如下:

```
#example5_10_1.py
#coding = utf-8
s = input("请输入最近几天的温度,用逗号分隔:")
li = s.split(",")
ss = 0
for i in li:
    ss += float(i)

avg = ss/len(li)
print("平均温度:{:.2f}".format(avg))
```

程序 example5_10_1.py 的一次运行结果如下:

```
>>>
============ RESTART: G:\ example5_10_1.py ============
请输入最近几天的温度,用逗号分隔:25,27.5,29
平均温度:27.17
```

第二种方法的程序源代码如下:

```
# example5_10_2.py
# coding = utf-8
s = input("请输入最近几天的温度,用逗号分隔:")
li = s.split(",")
c = list(map(float,li))
avg = sum(c)/len(c)
print("平均温度:{:.2f}".format(avg))
```

第三种方法的程序源代码如下:

```
# example5_10_3.py
# coding = utf-8
c = eval(input("请输入最近几天的温度,用逗号分隔:"))
avg = sum(c)/len(c)
print("平均温度:{:.2f}".format(avg))
```

9. join()

join()方法可用来连接可迭代对象中的元素,并在两个元素之间插入指定字符串,返回一个字符串。例如:

```
>>> s1 = 'Heart is living in tomorrow'         # 字符串序列中,每个字符为一个元素
>>> '+'.join(s1)
'H+e+a+r+t+ +i+s+ +l+i+v+i+n+g+ +i+n+ +t+o+m+o+r+r+o+w'
>>> s2 = ['Heart','is','living','in','tomorrow']     # 该列表中,每个字符串为一个元素
>>> '+'.join(s2)
'Heart+is+living+in+tomorrow'
>>> s3 = 'Heart','is','living','in','tomorrow'       # s3 是元组,每个字符串为一个元素
>>> ','.join(s3)
'Heart,is,living,in,tomorrow'
>>> type(s3)
<class 'tuple'>
```

join()方法是 split()方法的逆方法。例如:

```
>>> s = 'Heart is living in tomorrow'
>>> slie = s.split()
>>> slie
['Heart', 'is', 'living', 'in', 'tomorrow']
>>> ss = ' '.join(slie)
>>> ss
'Heart is living in tomorrow'
```

【例 5.11】 编写程序,以空格分隔输入英文单词,然后将英文单词首字母大写、其他位置上的字母小写后输出。

程序源代码如下:

```
# example5_11_1.py
# coding = utf-8
s = input('请输入英文单词,用空格分隔:')
w = s.split()
```

```
f = [i.title() for i in w]
ss = ' '.join(f)
print('单词首字母大写:',ss)
```

程序 example5_11_1.py 的一次运行结果如下：

```
>>>
============ RESTART: G:\ example5_11_1.py ============
请输入英文单词,用空格分隔:heart is living in tomorrow
单词首字母大写: Heart Is Living In Tomorrow
```

也可以将输入的整体作为字符串,直接利用字符串的 title() 方法来实现,程序源代码如下：

```
# example5_11_2.py
# coding = utf - 8
s = input('请输入英文单词,用空格分隔:')
t = s.title()
print('单词首字母大写:',t)
```

10. replace()

replace(old,new,count=-1)方法用于查找字符串中的 old 子串并用 new 子串来替换。参数 count 默认值为-1,表示替换所有匹配项,否则最多替换 count 次。返回替换后的新字符串。例如：

```
>>> s = 'Heart is living in tomorrow'
>>> s.replace('i','I')
'Heart Is lIvIng In tomorrow'
>>> s                                      # 原字符串不变
'Heart is living in tomorrow'
>>> s1 = '中国北京,北京地铁,地铁沿线,沿线站名'
>>> s2 = s1.replace('北京','Beijing')        # 替换所有匹配项
>>> s2
'中国 Beijing,Beijing 地铁,地铁沿线,沿线站名'
>>> s3 = s1.replace('北上','Beijing')        # 字符串中无"北上"匹配项
>>> s3
'中国北京,北京地铁,地铁沿线,沿线站名'
>>> s1 = '中国北京,北京地铁,地铁沿线,沿线站名'
>>> s4 = s1.replace('北京','Beijing',1)      # 指定最大替换次数
>>> s4
'中国 Beijing,北京地铁,地铁沿线,沿线站名'
>>>
```

11. maketrans()、translate()

maketrans()方法用于生成字符映射表,translate()方法用于根据字符映射表替换字符。这两种方法联合起来使用可以一次替换多个字符。例如：

```
>>> t = ''.maketrans('iort','mn24')         # 两个序列中的元素按照次序一一对应用于替换
>>> s = 'Heart is living in tomorrow'
>>> s.translate(t)
'Hea24 ms lmvmng mn 4nmn22nw'
```

【例 5.12】 编写程序,生成一个包含 10 个不重复的取自 a~z(随机生成)的小写字母的列表,将原列表中的 abcdefg 分别替换为 1234567。先输出原列表和新列表,再逐个输出新列表中的元素。

提示:产生随机数需要导入 random 模块,其中 random.randint(a,b)用于生成一个指定范围内的整数。其中参数 a 是下限,参数 b 是上限,生成的随机数 n 满足 a≤n≤b。

程序源代码如下:

```
# example5_12.py
# coding = utf-8
import random
list1 = []

while len(list1)< 10:
    c = chr(random.randint(ord('a'),ord('z')))
    if c not in list1:
        list1.append(c)

print("原列表:",list1)
s1 = ','.join(list1)
t = ''.maketrans('abcdefg','1234567')
s2 = s1.translate(t)
list2 = s2.split(',')
print("新列表:",list2)
print("逐个输出新列表中的元素:")
for i in list2:
    print(i, end = ' ')
```

程序 example5_12.py 的一次运行结果如下:

```
>>>
============ RESTART: G:\ example5_12.py ============
原列表: ['x', 'e', 'b', 'c', 'j', 'w', 'a', 'l', 'p', 'r']
新列表: ['x', '5', '2', '3', 'j', 'w', '1', 'l', 'p', 'r']
逐个输出新列表中的元素:
x 5 2 3 j w 1 l p r
```

12. strip()、lstrip()、rstrip()

strip(chars=None,/)方法用于去除字符串两侧的空白字符或指定字符序列中的字符,并返回新字符串。lstrip(chars=None,/)方法用于去除字符串左侧的空白字符或指定字符序列中的字符,并返回新字符串。rstrip(chars=None,/)方法用于去除字符串右侧的空白字符或指定字符序列中的字符,并返回新字符串。例如:

```
>>> s = 'Heart is living in tomorrow \n \n'
>>> s.strip()           # 没有指定字符参数,默认去除 s 两端的空白字符
'Heart is living in tomorrow'
>>> s1 = 'HHwHeart is liwving iHn tomorrowHww'
>>> s1.strip('Hw')      # 从两端逐一去除字符序列'Hw'中的字符,直到不是该序列中的字符为止
'eart is liwving iHn tomorro'
>>> s1.lstrip('Hw')     # 从左侧逐一去除字符序列'Hw'中的字符,直到不是该序列中的字符为止
```

```
'eart is liwving iHn tomorrowHww'
>>> s1.rstrip('Hw')          #从右侧逐一去除字符序列'Hw'中的字符,直到不是该序列中的字符为止
'HHwHeart is liwving iHn tomorro'
>>>
```

思考：如何去除字符串中所有的空格？

程序源代码如下：

```
>>> s = 'Heart is living in tomorrow'
>>> s.replace(' ','')        #将空格替换为空字符串
'Heartislivingintomorrow'
```

5.8 字符串 string 模块

字符串 string 模块定义了 Formatter 类、Template 类、capwords 函数和常量,熟悉 string 模块可以简化某些字符串的操作。可以通过 help() 函数了解 string 模块的主要内容：

```
>>> import string
>>> help(string)
Help on module string:

NAME
    string - A collection of string constants.
...
FUNCTIONS
    capwords(s, sep = None)
        capwords(s [,sep]) -> string
    ...

DATA
    __all__ = ['ascii_letters', 'ascii_lowercase', 'ascii_uppercase', 'cap...
    ascii_letters = 'abcdefghijklmnopqrstuvwxyzABCDEFGHIJKLMNOPQRSTUVWXYZ'
    ascii_lowercase = 'abcdefghijklmnopqrstuvwxyz'
    ascii_uppercase = 'ABCDEFGHIJKLMNOPQRSTUVWXYZ'
    digits = '0123456789'
    hexdigits = '0123456789abcdefABCDEF'
    octdigits = '01234567'
    printable = '0123456789abcdefghijklmnopqrstuvwxyzABCDEFGHIJKLMNOPQRSTU...
    punctuation = '!"#$%&\'()*+,-./:;<=>?@[\\]^_`{|}~'
    whitespace = ' \t\n\r\x0b\x0c'
```

【例 5.13】 输入由英文单词组成的字符串,单词之间用空格分隔,调用 string 模块中的 capwords() 函数把字符串中每个英语单词的首字母转换为大写,其他字母转换为小写,返回新字符串。

程序源代码如下：

```
#example5_13.py
#coding = utf - 8
import string
s = input('请输入英文单词,用空格分隔:')
```

```
ss = string.capwords(s)
print('单词首字母大写:',ss)
```

程序 example5_13.py 的某一次运行结果如下：

请输入英文单词,用空格分隔:I am a student
单词首字母大写：I Am A Student

【例 5.14】 在例 5.12 中生成一个包含 10 个不重复的取自 a~z(随机生成)的小写字母的列表是利用 chr()函数和 random 模块中 randint()方法生成的。请改用 random.choice()函数从 string.ascii_lowercase 字符串常量中随机选择字符的方式实现随机生成 a~z 字符的功能。

程序源代码如下：

```
#example5_14.py
#coding = utf-8
import random
import string
list1 = []
i = 0
while i < 10:
    c = random.choice(string.ascii_lowercase)
    if c not in list1:
        i += 1
        list1.append(c)
print("原列表:",list1)
```

程序 example5_14.py 的一次运行结果如下：

```
>>>
=========== RESTART: G:\ example5_14.py ============
原列表:['y', 'u', 's', 'l', 'x', 't', 'e', 'o', 'n', 'w']
```

说明：这种方法直接用到 string 模块中的常量 ascii_lowercase 和 random 模块中 choice()函数。choice()函数的功能是在一个非空的序列中随机选择一个元素。例如：

```
>>> import random
>>> x = '012345abcde'
>>> random.choice(x)
'd'
>>> random.choice(x)
'3'
>>> random.choice(x)
'1'
```

5.9 正则表达式

正则表达式是一个特殊的字符序列,利用事先定义好的一些特殊字符以及它们的组合组成一个规则(模式),通过检查一个字符串是否与这种规则匹配来实现对字符的过滤或匹配。这些特殊的字符称为元字符。正则表达式是字符串处理的有力工具。

Python 中，re 模块提供了正则表达式操作所需要的功能。re 模块中 findall(pattern, string,flags=0)函数返回字符串 string 中所有非重叠匹配项(子串)构成的列表；如果没有找到匹配的，则返回空列表。pattern 是正则表达式。string 表示待匹配的字符串。flags 是标志位，表示匹配方式，如是否忽略大小写、是否多行匹配等，这里不展开讨论。re 模块中的 split(pattern,string,maxsplit=0,flags=0)函数提供了按照正则表达式来切分字符串的功能，返回一个由各子串组成的列表。

普通字符会和自身匹配。例如：

```
>>> import re
>>> s = r'abc'
>>> re.findall(s,'aabaab')            # 无匹配
[]
>>> re.findall(s,'aabcaabc')          # 两处匹配
['abc', 'abc']
```

前面已经提到，在字符串前面加 r 或 R 表示去掉字符串内部的转义功能，保持原生字符，不进行转义。正则表达式字符串前一般写上 r 或 R。除非正则表达式字符串内部确实有用转义方式表示的特殊字符，此时前面一定不能加 r 或 R。

下面介绍常用的正则表达式元字符。

1. ".": 表示除换行符以外的任意一个字符

```
>>> import re
>>> s = 'hi,i am a student.my name is Hilton.'
>>> re.findall(r'i',s)                # 匹配所有的 i
['i', 'i', 'i', 'i']
>>> re.findall(r'.',s)                # 匹配除换行符以外的任意一个字符
['h', 'i', ',', 'i', ' ', 'a', 'm', ' ', 'a', ' ', 's', 't', 'u', 'd', 'e', 'n', 't', '.', 'm', 'y', ' ', 'n',
'a', 'm', 'e', ' ', 'i', 's', ' ', 'H', 'i', 'l', 't', 'o', 'n', '.']
>>> re.findall(r'i.',s)               # 匹配 i 后面跟除换行符以外的任意一个字符的形式
['i,', 'i ', 'is', 'il']
```

与"."类似(但不相同)的一个符号是"\S"，表示不是空白符的任意一个字符。注意是大写字母 S。例如：

```
>>> re.findall(r'i\S',s)              # 匹配 i 后面跟不是空白符的任意一个字符的形式
['i,', 'is', 'il']
```

2. "[]"：指定字符集

(1) "[]"常用来指定一个字符集，如[abc]、[a-z]、[0-9]。

(2) 元字符在方括号中不起作用，只表示本来的字符含义。例如，[akm$]和[m.]中元字符$和点(.)都只表示字符的原意，不起元字符的作用。

(3) 方括号内的"^"表示补集，匹配不在区间范围内的字符，例如，[^3]表示除 3 以外的字符。

举例如下：

```
>>> import re
>>> s = 'map mit mee mwt meqwt'
>>> re.findall(r'me',s)
```

```
['me', 'me']
>>> re.findall(r'm[iw]t',s)           #匹配 m 后跟 i 或者 w 再跟 t 的形式
['mit', 'mwt']
>>> re.findall(r'm[.]',s)             #"."放在[]内,表示普通字符,不表示元字符
[]
>>> s = '0x12x3x567x8xy'
>>> re.findall(r'x[0123456789]x',s)   #每次只取[]中的一个字符
['x3x', 'x8x']
>>> re.findall(r'x[0-9]x',s)          #[0-9]与[0123456789]等价
['x3x', 'x8x']
>>> re.findall(r'x[^3]x',s)           #x 后跟不为 3 的字符再跟 x
['x8x']
```

3. "^": 匹配行首,匹配以^后面的字符开头的字符串

```
>>> import re
>>> s1 = "hello world, hello Mary."
>>> re.findall(r"hello", s1)          #匹配所有 hello 字符串
['hello', 'hello']
>>> re.findall(r"^hello", s1)         #匹配以 hello 开头的字符串
['hello']
>>> s2 = "hi world, hello Mary."
>>> re.findall(r"^hello", s2)         #s2 中没有以 hello 开头的字符串
[]
```

4. "$": 匹配行尾,匹配以 $ 之前的字符结束的字符串

```
>>> import re
>>> s = 'hello hello world hello Mary hello John'
>>> re.findall(r'hello$ ',s)
[]
>>> s = 'hello hello world hello Mary hello'
>>> re.findall(r'hello$ ',s)
['hello']
>>> s = 'map mit mee mwt meqmtm$ '
>>> re.findall(r'm[aiw]$ ',s)         #匹配以 ma、mi、mw 结尾的字符串
[]
>>> re.findall(r'm[aiwt$ ]',s)        # $ 在[]中作为普通字符
['ma', 'mi', 'mw', 'mt', 'm$ ']
>>> re.findall(r'm[aiwt$ ]$ ',s)      #匹配以 ma、mi、mw、mt、m$ 结尾的字符串
['m$ ']
```

5. "\": 反斜杠后面可以加不同的字符以表示不同的特殊意义

(1) \b 匹配单词头或单词尾。

(2) \B 与\b 相反,匹配非单词头或单词尾。

(3) \d 匹配任何十进制数;相当于[0-9]。

(4) \D 与\d 相反,匹配任何非数字字符,相当于[^0-9]。

(5) \s 匹配任何空白字符,相当于[\t\n\r\f\v]。

(6) \S 与\s 相反,匹配任何非空白字符,相当于[^\t\n\r\f\v]。

(7) \w 匹配任何字母、数字或下画线字符,相当于[a-zA-Z0-9_]。

(8) \W 与 \w 相反，匹配任何非字母、数字和下画线字符，相当于[^a-zA-Z0-9_]。

(9) 也可以放在元字符前用于取消元字符的功能。例如，"\\"和"\["分别取消了反斜杠和左方括号的元字符功能，使右侧的反斜杠和左方括号只表示普通字符。

这些特殊字符都可以包含在[]中。如[\s,.]将匹配任何空白字符、","或"."。

```
>>> import re
>>> s = '0x12x3x567x8xy'
>>> re.findall(r'[0-9]',s)            #匹配0~9中的单个数字字符
['0', '1', '2', '3', '5', '6', '7', '8']
>>> re.findall(r'\d',s)
['0', '1', '2', '3', '5', '6', '7', '8']
>>> re.findall(r'[x\d]',s)            #匹配字母x或数字
['0', 'x', '1', '2', 'x', '3', 'x', '5', '6', '7', 'x', '8', 'x']
```

正则表达式除了能够匹配不定长的字符集，还能指定正则表达式的一部分的重复次数，所涉及的元字符有"*""+""?""{}"。

6. "*"：匹配位于 * 之前的字符或子模式的0次或多次出现

```
>>> import re
>>> s = 'a ab abbbbb abbbbbxa'
>>> re.findall(r'ab*',s)              #a后面跟重复0到多次的b
['a', 'ab', 'abbbbb', 'abbbbb', 'a']
```

7. "+"：匹配位于 + 之前的字符或子模式的1次或多次出现

```
>>> import re
>>> s = 'a ab abbbbb abbbbbxa'
>>> re.findall(r'ab+',s)              #a后面跟重复1到多次的b
['ab', 'abbbbb', 'abbbbb']
```

8. "?"：匹配位于 ? 之前的0个或1个字符

当"?"紧随于其他限定符（*、+、{n}、{n,}、{n,m}）之后时，匹配模式是"非贪心的"。"非贪心的"模式匹配搜索到尽可能短的字符串，而默认的"贪心的"模式匹配搜索到尽可能长的字符串。例如：

```
>>> import re
>>> s = 'a ab abbbbb abbbbbxa'
>>> re.findall(r'ab+',s)              #最大模式、贪心模式
['ab', 'abbbbb', 'abbbbb']
>>> re.findall(r'ab+?',s)             #最小模式、非贪心模式
['ab', 'ab', 'ab']
```

如果有字符串 s='hi,i am a student.my name is Hilton.'，那么 re.findall(r'i.*e',s) 和 re.findall(r'i.*?e',s) 会得到怎样不同的结果，为什么？

```
>>> import re
>>> s = 'hi,i am a student.my name is Hilton.'
>>> re.findall(r'i.*e',s)             #贪心模式
['i,i am a student.my name']
>>> re.findall(r'i.*?e',s)            #非贪心模式
['i,i am a stude']
```

在正则表达式中,". "表示除换行符之外的任意字符," * "表示位于它之前的字符可以重复任意0次或多次,只要满足这样的条件,都会被匹配。所以 r'i. * e'表示 i 后面跟 0 个或多个除换行符之外的任意字符(最大模式匹配,贪心的)再跟字母 e。那么 re.findall(r'i. * e',s)会一直匹配到 name。r'i. * ? e'表示 i 后面跟 0 个或多个除换行符之外的任意字符,后面的"?"表示最小模式匹配(非贪心的),然后再跟字母 e。所以 re.findall(r'i. * ? e',s)会搜索到尽可能短的字符串,直到 stude 就结束了。

9. "{m,n}":表示至少有 m 个重复,至多有 n 个重复。m、n 均为十进制数

省略 m 表示 0 个重复,省略 n 表示无穷多个重复。{0,}等同于 * ;{1,}等同于+;{0,1}与? 相同。如果可以,最好使用 * 、+、或?。例如:

```
>>> import re
>>> s = 'a b baaaaba'
>>> re.findall(r'a{1,3}',s)
['a', 'aaa', 'a', 'a']
>>> s = '021 - 33507yyx,021 - 33507865,010 - 12345678,021 - 123456789'
>>> re.findall(r'021 - \d{8}',s)
['021 - 33507865', '021 - 12345678']
>>> re.findall(r'\b021 - \d{8}\b',s)    #\b表示匹配字符串的头或尾
['021 - 33507865']
```

注意,因为"\b"是一个特殊符号的转义表示,为了使"\b"表示正则表达式中的元字符,必须在正则表达式的字符串前加 r 或 R,去掉转义功能。

再来看一下上例中正则表达式字符串前如果不添加 r 或 R 的运行结果。

```
>>> re.findall("\b021 - \d{8}\b",s)
[]
```

这个例子表示电话号码形式的前后均为转义字符"\b"表示的符号。因此字符串 s 中没有匹配的子串。

【例 5.15】 随机产生 10 个长度为 1~25,由字母、数字和"_"、"."、"#"、"%"特殊字符组成的字符串构成的列表,找出列表中符合下列要求的字符串:长度为 5~20,必须以字母开头、可带数字和"_"、"."。

程序源代码如下:

```
#example5_15.py
#coding = utf - 8
import string
import random
import re
z = []
#生成包含大小写字母、数字和指定符号的字符串
x = string.ascii_letters + string.digits + "_. # %"

#为了生成 10 个字符串元素,执行 10 次循环
for i in range(10):
    #生成字符作为元素,个数为 1~25 随机数的字符列表 y
    y = [random.choice(x) for i in range(random.randint(1,25))]
    #用 join()方法将字符列表 y 中的字符元素合并为字符串
    #并将此字符串加入列表 z 中
```

```
        z.append(''.join(y))
print("列表:",z)
print("满足要求的字符串是:")

#总长度为 5~20
#以字母开头(1 个字符):^[a-zA-Z]{1}
#可带"数字""_"".",至尾部共 4~19 个:[a-zA-Z0-9._]{4,19}$
m=r'^[a-zA-Z]{1}[a-zA-Z0-9._]{4,19}$'
for s in z:
    if re.findall(m,s):
        print(s)
```

程序 example5_15.py 的一次运行结果如下:

```
>>>
============ RESTART: G:\ example5_15.py ============
列表: ['uG5fSOIpLRcnJFZw2pqe5KEn', 'eO#.E%w9OCatpt0mZTXnV1V', 'AdIgyXk9lHNnfXdKW_cGNSrf2',
'S8', 'v4YSGIRODHmjlq', 'wRhB7_TfuZHGAI8U7VJ', 'rS6na8xdD6jhglHzflH4', 'S7UhrUhokQfJKsGJee',
'n4PTNb', 'YDw6qfdYswPzrzGCwn7t']
满足要求的字符串是:
v4YSGIRODHmjlq
wRhB7_TfuZHGAI8U7VJ
rS6na8xdD6jhglHzflH4
S7UhrUhokQfJKsGJee
n4PTNb
YDw6qfdYswPzrzGCwn7t
```

本节以 re 模块中的 findall()函数为例,介绍了正则表达式的用法。re 模块中还有很多其他非常有用的函数和类。读者可以通过帮助文档或其他资料来进一步深入了解它们的用法。

习题 5

1. 编写程序,输入一个时间(h:min:s),输出该时间经过 5min30s 后的时间。

2. 编写程序,输入一个字符串,将该字符串中下标(索引)为偶数的字符组成新串并通过字符串格式化方式显示。

3. 编写程序,生成一个由 15 个不重复的大小写字母组成的列表。

4. 给定字符串"site sea suede sweet see kase sse ssee loses",编写程序,匹配出所有以 s 开头、e 结尾的单词。

5. 编写程序,生成 15 个包括 10 个字符的随机密码,密码中的字符只能由大小写字母、数字字符和特殊字符"@""$""#""&""_""~"构成。

6. 给定列表 x=["13915556234","13025621456","15325645124","15202362459"],编写程序,检查列表中的元素是否为移动手机号码,这里移动手机号码的规则是:手机号码共 11 位数字;以 13 开头,后面跟 4、5、6、7、8、9 中的某一个;或者以 15 开头,后面跟 0、1、2、8、9 中的某一个。

函数的设计

学习目标

- 熟练掌握函数的设计和使用方法。
- 深入理解各类参数,熟悉参数的传递过程。
- 了解仅限位置参数和仅限关键参数的定义与用法。
- 掌握参数与返回值类型的注解方法。
- 掌握变量的作用域、生成器函数和 lambda 表达式的用法。
- 掌握常用的函数式编程方法。
- 了解对象执行函数的用法。
- 了解函数递归的设计与使用方法。

本章先介绍函数的定义与调用过程,接着介绍函数返回值、位置参数与关键参数、默认参数、参数与返回值类型的注解、个数可变的参数等内容,再介绍变量作用域、生成器函数、lambda 表达式、常用函数式编程,以及对象执行函数,最后介绍递归的思想和递归函数的用法。

6.1 函数的定义

视频讲解

假设需要分别计算 6!、16!、26!,利用已经学过的知识,代码可能是这样的:

```
#y1.py
#coding=utf-8
#计算6!
s=1
for i in range(1,7):
    s*=i
print("6!=",s)

#计算16!
s=1
for i in range(1,17):
    s*=i
print("16!=",s)

#计算26!
s=1
for i in range(1,27):
```

```
        s *= i
print("26!= ",s)
```

程序 yl.py 的运行结果如下：

```
6!= 720
16!= 20922789888000
26!= 403291461126605635584000000
```

从如上例子可以看出，计算 6!、16! 和 26! 的三部分代码中，除了 range() 中的数字不一样外其他的都非常相似，也就是说大部分代码是重复的。那么，能不能编写一段通用的代码然后重复使用呢？答案是肯定的，可以利用函数来解决这个问题。

函数是为实现一个特定功能而组合在一起的语句集。该语句集需要用一个标识符来命名。该标识符被称为函数名。函数可以用来定义可重用代码、组织和简化代码。使用者通过函数名来调用函数体中的语句集。

函数定义的格式如下：

```
def 函数名(形式参数):
    函数体
```

函数通过 def 关键字定义，包括函数名、形式参数、函数体。函数名是标识符，命名必须符合 Python 标识符的规定。形式参数简称为形参，写在一对圆括号里面，形参是可选的，即函数可以包含参数，也可以不包含参数，多个形参之间用逗号隔开。def 与函数名所在行以冒号结束。函数体用来实现函数的功能，是语句序列，必须往右边缩进一些空格。

【例 6.1】 定义一个函数，函数的功能是打印一行"Hello World!"，并调用该函数。

程序源代码如下：

```
# example6_1.py
# coding = utf-8
def sayHello():                    # 函数定义
    print("Hello World!")          # 函数体

# 主程序
sayHello()                          # 函数调用
```

程序 example6_1.py 运行结果如下：

```
Hello World!
```

这里定义了一个名为 sayHello() 的函数，这个函数每调用一次只能打印出一行"Hello World!"，并且不使用任何参数。图 6.1 解释了这个函数的定义。

图 6.1　sayHello() 函数的定义图解

上述程序从上向下执行时,遇到 def、class 等定义部分,先跳过不执行。当程序找到非定义部分时开始执行。非定义部分的程序通常称为主程序。这里的注释语句"♯主程序"只是为了方便人们阅读,对计算机没有任何作用。上述程序从主程序部分的 sayHello()语句开始执行。执行 sayHello()语句就是调用该函数,然后执行函数中的 print("Hello World!")。执行完函数体后返回到调用该函数的地方,执行主程序的下一行代码。这里主程序中调用完 sayHello()后就没有下一行了,程序结束。

那么,如果要打印出"Hello!"和"How are you?",则不能使用此函数。应如何改进此函数使之能打印出其他字符串呢?

函数定义时可以在函数名后面括号内列出形参。多个形参之间用逗号隔开。形参在函数被执行之前没有具体的值(也可以带默认值)。调用该函数时,需要为形参提供具体的值,函数才能执行。在函数调用时函数名后面括号中的参数称为实际参数,简称实参。多个实参之间用逗号隔开。函数调用时将实参值传递给相应的形参,然后执行函数体。带默认值的形参(默认参数)将在本章后面再做详细介绍。下面介绍带形参的函数定义。

【例 6.2】 改进 sayHello()函数,使该函数能打印出其他字符串,并利用该函数打印出"Hello!"和"How are you?"。

程序源代码如下:

```
# example6_2.py
# coding = utf-8
def sayHello(s):                    # 函数定义
    print(s)                        # 函数体

# 主程序
sayHello("Hello!")                  # 函数调用
sayHello("How are you?")
```

程序 example6_2.py 的运行结果如下:

```
Hello!
How are you?
```

这里改进的 sayHello()函数有一个形参 s。主程序中有两次调用 sayHello()函数,调用时分别将具体的字符串值"Hello!"和"How are you?"赋给了形参。这里的字符串"Hello!"和"How are you?"都是实参。图 6.2 解释了这个函数的定义和主程序的调用。而要想打印出"Hello World!",只需要在主程序中写上 sayHello("Hello World!")即可。

一些函数可能只完成特定功能而无返回值(如例 6.1 和例 6.2),而另一些函数可能需要返回一个计算结果给调用者。如果函数有返回值,则被称为带返回值的函数,使用关键字 return 来返回一个值。执行 return 语句同时意味着函数的终止。

图 6.2 改进的 sayHello()函数定义和调用图解

【例 6.3】 定义一个函数，其功能是求正整数的阶乘，并利用该函数求解 6!、16! 和 26! 的结果。

程序源代码如下：

```
# example6_3.py
# coding = utf-8
def jc(n):                          # 函数定义
    s = 1
    for i in range(1, n + 1):
        s *= i
    return s

# 主程序
i = 6
k = jc(i)
print(f"{i}!={k}")
i = 16
k = jc(i)
print(f"{i}!={k}")
i = 26
k = jc(i)
print(f"{i}!={k}")
```

程序 example6_3.py 的运行结果如下：

```
6!= 720
16!= 20922789888000
26!= 403291461126605635584000000
```

这里定义了一个名为 jc() 的函数，它有一个形参 n，函数返回 s 的值，即 n 的阶乘值。图 6.3 解释了这个函数的定义。

函数必须先定义再调用。如果调用语句出现在函数定义之前，调用时就会得到一个函数名没有定义的错误信息。

图 6.3 jc() 函数的定义图解

视频讲解

6.2 函数的调用过程

函数的定义是通过参数和函数体决定函数能做什么，并没有被执行。而函数一旦被定义，就可以在程序的任何地方被调用。当调用一个函数时，程序控制权就会转移到被调用的函数上，真正执行该函数；执行完函数后，被调用的函数就会将程序控制权交还给调用者。

下面分别以例 6.2 和例 6.3 为例，详细描述函数的调用过程。

在例 6.2 中，从主程序开始执行。执行主程序中的第一条语句，遇到函数调用，程序控制权转移到 sayHello() 函数，sayHello() 函数的形参 s 被赋予实参 "Hello!"，然后执行函数体，打印出字符串 "Hello!"，函数执行完毕后返回主程序。接着执行主程序中的第二条语句，这时又遇到函数调用，同样，函数 sayHello() 的形参 s 被赋予实参 "How are you?"，然后执行函数体打印出字符串 "How are you?"，函数执行完毕后返回主程序，程序结束。

在例6.3中,从主程序开始执行。执行主程序中的第一条语句,将6赋值给变量i,然后执行主程序中的第二条语句,调用函数jc(i)。当jc()函数被调用时,实参变量i的值被传递到形参n,程序控制权转移到jc()函数,然后就开始执行jc()函数。当jc()函数的return语句被执行后,jc()函数将计算结果返回给调用者,并将程序的控制权转移给调用者主程序。回到主程序后,jc()函数的返回值赋值给变量k。接下来执行主程序中的第三条语句打印出结果。然后继续执行主程序的第四条语句,将16赋值给变量i,以此类推(后续调用与前面一致,不再重复)。图6.4解释了jc()函数调用的过程。

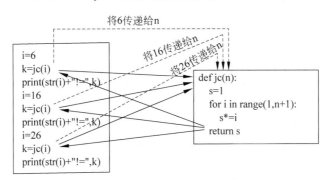

图6.4 jc()函数的调用过程

前面的函数调用比较简单。稍微复杂一点的情况是函数体中还可以调用其他函数,在这种情况下,函数又是怎样调用的呢?

【例6.4】 利用计算正整数阶乘的函数,编写求阶乘和1!+2!+…+n!的函数,利用该函数求1!+2!+3!+4!+5!的值。

程序源代码如下:

```
# example6_4.py
# coding = utf - 8
# 求正整数阶乘的函数
def jc(n):                              # 函数定义
    s = 1
    for i in range(1, n + 1):
        s * = i
    return s

# 求阶乘和的函数
def sjc(n):                             # 函数定义
    ss = 0
    for i in range(1, n + 1):
        ss += jc(i)
    return ss

# 主程序
i = 5
k = sjc(i)
print("1! + 2! + 3! + 4! + 5!= ", k)
```

程序example6_4.py的运行结果如下:

1!+2!+3!+4!+5!=153

例 6.4 中,从主程序开始执行。执行主程序中的第一条语句,将 5 赋值给变量 i,然后执行主程序中的第二条语句,调用函数 sjc(i)。当 sjc()函数被调用时,实参变量 i 的值被传递给形参 n,程序控制权转移到 sjc()函数。然后开始执行 sjc()函数。在 sjc()函数中,当执行到 for 循环,i 的值取 1,调用函数 jc(i)。当 jc()函数被调用时,变量 i 的值被传递给函数 jc()的形参 n,程序控制权转移到 jc()函数。然后开始执行 jc()函数。当 jc()函数的 return 语句被执行后,jc()函数将计算结果返回给调用者,并将程序的控制权转移给调用者 sjc()函数。然后将 jc()函数的返回值与原来的 ss 值相加再赋值给 ss。接着在 sjc()函数的 for 循环中,i 的值取 2,然后与前面一样,调用函数 jc(i),以此类推(这里不再一一叙述)。一直到 i 的值为 5 为止。当最后 jc()函数将程序的控制权转移给 sjc()函数,jc()函数的返回值就又会与原来的 ss 值相加再赋值给 ss。当 sjc()函数的 return 语句被执行后,sjc()函数将计算结果返回给调用者,并将程序的控制权转移给调用者主程序。sjc()函数的返回值赋给变量 k,这个返回值也就是 1!+2!+3!+4!+5!的和了。接下来再执行主程序中的第三条语句,输出计算结果。图 6.5 解释了 sjc()函数的调用过程。

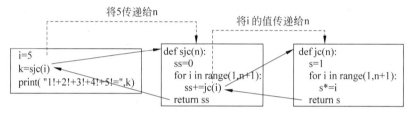

图 6.5 sjc()函数的调用过程

每次程序控制权跳转时,当前程序运行位置都会记录在堆栈中。每个函数执行结束后,程序都可以根据堆栈中的记录跳回到它离开的地方。

6.3 函数的返回

函数的执行结果通过返回语句 return 返回给调用者。函数体中不一定有表示返回的 return 语句。例 6.1 和例 6.2 给出了无返回语句的函数。例 6.3 和例 6.4 给出了带返回语句的函数。函数调用时的参数传递实现了从函数外部向函数内部输入数据,而函数的返回则解决了函数向外部输出信息的问题。如果一个函数的定义中没有 return 语句,系统将自动在函数体的末尾插入 return None 语句。

【例 6.5】 定义一个函数求圆的面积,然后调用它打印出给定半径的圆的面积。

第一种方法的程序源代码如下:

```
# example6_5_1.py
# coding = utf-8
# 定义函数 circle1(),直接打印出圆的面积
import math

def circle1(r):                              # 函数定义
    area = math.pi * r * r
```

```
        print(f"半径为{r}的圆面积为:{area}")
#主程序
circle1(3)                                    #函数调用
```

程序 example6_5_1.py 的运行结果如下:

半径为 3 的圆面积为:28.274333882308138

从形式上看,circle1()函数不返回任何值。对于这类不带 return 语句的函数,实际上,在函数体中的语句执行结束后,返回到主程序之前,函数执行了系统自动插入的 return None 语句,返回一个 None 值。

为了体现无返回值的函数和带返回值函数的区别,重新设计一个新的函数,该函数返回圆的面积。如何定义带返回值的函数呢? Python 语言提供了 return 语句用于从函数返回值,格式如下:

```
def 函数名(形式参数):
    ...
    return <表达式 1>,…,<表达式 n>
```

return 语句后面的表达式可以是任何类型的对象。如果 return 语句后面有多个表达式,这些表达式将自动构成一个元组被返回。

例 6.5 的第二种方法的程序源代码如下:

```
#example6_5_2.py
#coding = utf-8
#定义函数 circle2(),返回圆的面积
import math

def circle2(r):                               #函数定义
    area = math.pi * r * r
    return area

#主程序
r = 3
area = circle2(r)                             #函数调用
print(f"半径为{r}的圆面积为:{area}")
```

程序 example6_5_2.py 的运行结果如下:

半径为 3 的圆面积为:28.274333882308138

函数 circle2()返回一个数字,返回值赋给主程序中的变量 area。也可以不通过变量 area,直接用于打印输出。上述主程序也可以写为

```
r = 3
print(f"半径为{r}的圆面积为:{circle2(r)}")
```

例 6.5 只是求出给定半径的圆的面积,如果要同时求出圆的周长又该如何编写程序呢? 返回值又有什么不同呢?

当一个函数需要返回多个值时,在 return 语句之后跟上多个需要返回的表达式或变

量,这些表达式的值和变量将共同构成一个元组返回给调用者。

【例 6.6】 定义一个函数,函数的功能是求圆的面积和周长,然后调用它打印出给定半径的圆的面积和周长。

程序源代码如下:

```
# example6_6_1.py
# coding = utf-8
# 定义函数 circle4(),返回圆的面积和周长
import math
def circle4(r):                              # 函数定义
    area = math.pi * r * r
    perimeter = 2 * math.pi * r
    return area,perimeter

# 主程序
r = 3
print(circle4(r))                            # 函数调用
```

程序 example6_6_1.py 的运行结果如下:

(28.274333882308138, 18.84955592153876)

主程序也可以写成如下形式,然后分别打印出圆的面积和周长。

```
# 主程序
r = 3
re = circle4(r)                              # 函数调用
print("半径为",r,"的圆面积为:",re[0])
print("半径为",r,"的圆周长为:",re[1])
```

运行结果如下:

半径为 3 的圆面积为: 28.274333882308138
半径为 3 的圆周长为: 18.84955592153876

不难看出,当函数具有多个返回值时,返回的"多个值"实际上构成了一个元组。如程序 example6_6_1.py 所示,直接使用 print(circle4(r)) 打印出一个元组。也可以用 re=circle4(r),先用 re 接收返回的元组,再用 re[0] 和 re[1] 打印出元组的第 1 个和第 2 个元素。也可以利用多变量同时赋值语句来接收多个返回值。这种方式实际上是对返回的元组进行解包,将返回的元组中的元素分别赋值给不同的变量。例如,example6_6_1.py 的主程序还可以写成如下形式,然后分别打印出圆的面积和周长。

```
# 主程序
r = 3
cr,cp = circle4(r)                   # 调用函数返回元组,用序列解包方法将元素分别赋值给单变量
print("半径为",r,"的圆面积为:",cr)
print("半径为",r,"的圆周长为:",cp)
```

运行结果如下:

半径为 3 的圆面积为: 28.274333882308138
半径为 3 的圆周长为: 18.84955592153876

在这里，用 cr 接收面积的返回值，cp 接收周长的返回值。实际上是用 cr 和 cp 分别接收返回值元组中的两个值。

实际上，程序 example6_6_1.py 中的函数 circle4(r) 返回语句"return area, perimeter"中的两个变量自动构成了元组(area, perimeter)。在编写程序时省略了元组中的圆括号。因此这里返回的是一个元组对象。函数中的 return 语句可以返回任何一个对象，包括列表、字符串、字典、集合等。当 return 语句后面出现多个对象时，实际上是这些对象构成一个元组，返回一个元组对象。

前面已经提到，如果某个函数没有返回语句，系统将自动插入 return None 语句，返回一个特殊值 None。

一般来说，函数执行完所有步骤之后才得出计算结果并返回，return 语句通常出现在函数的末尾。但是，有时希望改变函数的正常流程，在函数到达末尾之前就终止并返回，例如，当函数检查到错误的数据时就没有必要继续执行。对于例 6.6 中的程序，可以检查输入，如果不是正数则退出函数；否则就对数据进行处理。代码如下：

```
# example6_6_2.py
# coding = utf-8
import math
def circle5(r):                              # 函数定义
    if r <= 0:
        print("要求输入正数!")
        return
    area = math.pi * r * r
    perimeter = 2 * math.pi * r
    return (area, perimeter)

# 主程序
print(circle5(-3))                           # 函数调用
print(circle5(3))
```

程序 example6_6_2.py 的运行结果如下：

```
要求输入正数!
None
(28.274333882308138, 18.84955592153876)
```

上述程序中，当函数中执行了 print("要求输入正数!")后，通过 return 语句返回了一个 None。此时，执行主程序中 print(circle5(-3)) 相当于执行 print(None)，所以接着输出了 None。

6.4 位置参数与关键参数

当调用函数时，需要将实参传递给形参。参数传递时有两种方式：位置参数和关键参数。位置参数是指按照参数的位置来传递，关键参数是指按照参数赋值的形式来传递。

当使用位置参数时，实参和形参在顺序、个数和类型上必须一一匹配。前面的示例中，调用带参数的函数时均使用位置参数的方式。在函数调用中，也可以通过"变量名＝值"的

"键-值"形式将实参传递给形参,使得参数可以不按顺序来传递,让函数参数的传递更加清晰、易用。采用这种方式传递的参数称为关键参数(也称关键字参数)。

【例 6.7】 改进 sayHello()函数,使之能输出多行字符串。调用该函数打印 3 行"Hello!"字符串。

程序源代码如下:

```
#example6_7.py
#coding=utf-8
def sayHello(s,n):                          #函数定义
    for i in range(n):
        print(s)

#主程序
sayHello("Hello!",3)                        #位置参数形式
#sayHello(3,"Hello!")                       #error
print("位置参数方式调用结束,开始关键参数形式的调用")
sayHello(n=3,s="Hello!")                    #关键参数形式
```

程序 example6_7.py 的运行结果如下:

```
>>>
== RESTART: d:\test\example6_7.py ==
Hello!
Hello!
Hello!
位置参数方式调用结束,开始关键参数形式的调用
Hello!
Hello!
Hello!
>>>
```

主程序中,使用 sayHello("Hello!",3)输出 3 行"Hello!"字符串。在语句 sayHello("Hello!",3)中,按照形参定义的顺序与实参排列顺序的对应关系,将字符串"Hello!"传递给 s,将 3 传递给 n。如果使用 sayHello(3,"Hello!"),根据对应关系,则表示将 3 传递给 s,将字符串"Hello!"传递给 n,程序会出现如下错误:

```
cannot concatenate 'str' and 'int' objects
```

函数调用 sayHello(n=3,s="Hello!")中,采用关键参数形式,将整数 3 传递给形式参数 n,将字符串"Hello!"传递给形式参数 s。

【例 6.8】 编写一个函数,有三个形参,其中两个传递字符分别作为开始字符和结束字符,打印出字符编码表中两个字符之间的所有字符(包含参数中的两个字符),每行打印的字符个数由第三个形式参数指定。

程序源代码如下:

```
#example6_8.py
#coding=utf-8
def printChars(ch1, ch2, number):
    count = 0
```

```
        for i in range(ord(ch1), ord(ch2) + 1):
            count += 1
            if count % number!= 0:
                print("%4s" % chr(i),end = ' ')
            else:
                print("%4s" % chr(i))

#主程序
printChars("!","9",10)                    #以位置参数形式传递
print()
printChars(number = 10,ch2 = "9",ch1 = "!")  #以关键参数形式传递
print()
printChars("!",number = 10,ch2 = "9")     #位置参数和关键参数混合使用
```

程序 example6_8.py 的运行结果如下：

```
   !    "    #    $    %    &    '    (    )    *
   +    ,    -    .    /    0    1    2    3    4
   5    6    7    8    9
   !    "    #    $    %    &    '    (    )    *
   +    ,    -    .    /    0    1    2    3    4
   5    6    7    8    9
   !    "    #    $    %    &    '    (    )    *
   +    ,    -    .    /    0    1    2    3    4
   5    6    7    8    9
```

在 printChars()函数中，ch1、ch2 表示两个字符，number 表示每行打印字符的个数。在主程序中，使用 printChars("!","9",10)表示输出字符!到字符 9 之间的字符，每行打印 10 个字符。在该语句中，按照参数位置顺序将字符"!"传递给 ch1，将字符"9"传递给 ch2，将 10 传递给 number。函数调用 printChars(number＝10,ch2＝"9",ch1＝"!")中，采用关键参数形式，将实参 10 传递给形参 number，将实参字符 9 传递给形参 ch2，将实参字符串"!"传递给形参 ch1。函数调用 printChars("!",number＝10,ch2＝"9")中，第一个参数采用位置参数形式进行传递，后两个参数采用关键参数形式进行传递。

6.5 仅限位置参数和仅限关键参数

从 Python 3.8 开始支持自定义的仅限位置参数功能，在此之前的版本并不支持。例如，如下代码中的函数 f1(a,b,/,c)的形参 a 和 b 位于斜杠(/)之前，只能采用位置参数的传递方式为其传递实参的值，不能以关键参数的方式为其传递实参值。

```
def f1(a,b,/,c):
    print(a,b,c)
```

如下代码中的函数 f2(a,b,*,c)的形参 c 位于星号(*)后面，只能采用关键参数的形式为其传递实参值，不能以位置参数的形式为其传递实参值。

```
def f2(a,b,*,c):
    print(a,b,c)
```

6.6 默认参数

函数的形参可以设置默认值。这种形参通常称为默认参数。Python 允许定义带默认参数的函数,如果在调用函数时不为这些参数提供值,这些参数就使用默认值;如果在调用时有实参,则将实参的值传递给形参,形参定义的默认值将被忽略。具有默认参数值的函数定义格式如下:

```
def 函数名(非默认参数,形参名=默认值,…):
    函数体
```

函数定义时,形参中非默认参数与默认参数可以并存,但非默认参数之前不能有默认参数。

【例 6.9】 默认参数的应用实例。阅读程序 example6_9.py,分析函数调用的过程及程序的运行结果。

程序源代码如下:

```
# example6_9.py
# coding = utf-8
# 函数定义
def sayHello(s = "Hello!", n = 2, m = 1):
    for i in range(n):
        print(s * m)

# 主程序
# 形参没有赋予新值,均取默认值
sayHello()
print()
# 按照顺序依次赋值给形参
sayHello("Ha!", 3, 4)
print()

# 以位置参数方式,形参中 s 赋予新值"Ha!"
# m 采用关键参数形式赋实参 2
# n 没有赋新值,取默认值 2
sayHello("Ha!", m = 2)
```

程序 example6_9.py 的运行结果如下:

```
>>>
== RESTART: d:\test\example6_9.py ==
Hello!
Hello!

Ha! Ha! Ha! Ha!
Ha! Ha! Ha! Ha!
Ha! Ha! Ha! Ha!

Ha! Ha!
```

Ha! Ha!
>>>

改进的 sayHello() 函数的功能是输出多行重复的字符串。在该函数的定义中有三个参数 s、n 和 m，s 的默认值是字符串"Hello!"，n 的默认值是 2，m 的默认值是 1。

在主程序中，sayHello()调用语句没有提供实参值，所以程序就将默认值"Hello!"赋给 s，将默认值 2 赋给 n，将默认值 1 赋给 m，运行结果就是打印出两行字符串"Hello!"。

调用 sayHello("Ha!",3,4)时，这三个参数均是按位置赋值的，字符串"Ha!"赋给 s，3 赋给 n，4 赋给 m，运行结果就是打印出三行字符串"Ha! Ha! Ha! Ha!"，行数由 n 决定，字符串"Ha!"的重复次数由 m 决定。

调用 sayHello("Ha!",m=2)时，根据位置顺序，将字符串"Ha!"赋给 s。没有提供实参值赋给 n，则将默认值赋给 n。采用关键参数形式，将整数 2 赋值给形参 m。打印出两行字符串"Ha! Ha!"。从这个例子可以看出，函数调用时可以跳过对一些默认参数的重新赋值，采用关键参数形式直接对后面的默认参数传递新值。

例 6.9 中的三个参数均用了默认参数。前面已经介绍，形参中是可以混用默认值参数和非默认值参数的，混用时非默认值参数必须定义在默认值参数之前。如 def sayHello(s, n=2)是有效的，而 def sayHello(s="Hello!",n)是无效的。

在程序的一次运行过程中，如果多次调用同一个带有默认参数的函数，默认参数在第一次被调用时就分配存储空间。这是由于在 Python 中，函数也是一个对象，在第一次调用时创建这个对象，并在内存中分配了函数对象的存储空间。默认参数的存储空间也在此时完成分配。

【例 6.10】 阅读程序 example6_10.py 并分析其运行结果。

```
#example6_10.py
def defaultVar(a,b = 10):
    print('参数 b 的地址:',id(b))
    return a + b

#主程序
print(defaultVar(1))
print(defaultVar(2))
print(defaultVar(11,100))
print(defaultVar(3))
```

程序 example6_10.py 的运行结果如下：

```
>>>
================ RESTART: d:/example6_10.py ================
参数 b 的地址：140729938043824
11
参数 b 的地址：140729938043824
12
参数 b 的地址：140729938046704
111
参数 b 的地址：140729938043824
13
>>>
```

主程序中共四次调用了带默认参数的函数 defaultVar()。其中第1、第2和第4次调用时,参数 b 采用默认值。第1次调用时为参数 b 的默认值 10 分配了存储空间,第2 和第 4 次调用时,参数 b 依然采用默认值,该默认值的存储空间地址没有变化。

当默认参数为可变对象时,要注意内存的这一分配方式对连续多次调用函数造成的影响。

【例 6.11】 阅读程序 example6_11.py 并分析其运行结果。

```
# example6_11.py
# coding = utf-8
def defaultList(x, L = []):
    print('列表地址:', id(L))
    L.append(x)
    return L

# 主程序
print(defaultList('a'))
print(defaultList('b'))
print(defaultList('bb', ['aa']))
print(defaultList('c'))
print(defaultList(1))
```

程序 example6_11.py 的运行结果如下:

```
>>>
================ RESTART: d:\example6_13.py ================
列表地址: 2279473588360
['a']
列表地址: 2279473588360
['a', 'b']
列表地址: 2279473587720
['aa', 'bb']
列表地址: 2279473588360
['a', 'b', 'c']
列表地址: 2279473588360
['a', 'b', 'c', 1]
>>>
```

主程序中第 1 次调用 defaultList() 函数时,参数 L 采用默认值 []。此时系统为这个空列表分配了存储空间,L 指向这个存储空间。函数中为列表 L 添加了字符串元素 'a'。第 2 次调用时,实参依然没有为参数 L 指定值,函数中参数 L 依然采用上一次地址中的列表 ['a']。第 2 次调用函数时在上一次基础上再添加一个元素 'b',因此返回结果为 ['a', 'b']。第 3 次调用时,为参数 L 指定了实参值 ['aa'],因此不再采用默认存储空间。第 4 次调用该函数时,L 依然采用默认存储空间,其值为第 2 次调用结束时的 L 值 ['a', 'b']。这次调用函数时又添加了一个元素 'c',因此 L 的值更改为 ['a', 'b', 'c']。第 5 次调用与第 4 次调用类似。

如果想要每次调用函数时都将带默认参数的形参重新置为默认值,需要有语句在函数中显示地修改该变量的值。可以将程序 example6_11.py 修改为程序 example6_11_modify.py。

程序源代码如下：

```python
# example6_11_modify.py
# coding = utf-8
def defaultList(x, L=[]):
    if L == []:                    # 如果 L 为默认值
        L = []                     # 重置对象
    print('列表地址:', id(L))
    L.append(x)
    return L

# 主程序
print(defaultList('a'))
print(defaultList('b'))
print(defaultList('bb', ['aa']))
print(defaultList('c'))
print(defaultList(1))
```

程序 example6_11_modify.py 的某次运行结果如下：

```
>>>
============ RESTART: d:\example6_11_modify.py ============
列表地址: 2259793389960
['a']
列表地址: 2259793389960
['b']
列表地址: 2259793389960
['aa', 'bb']
列表地址: 2259793389960
['c']
列表地址: 2259793389960
[1]
>>>
```

修改后，函数调用采用可变对象的默认值时，上一次的运行结果不会对后续调用造成影响。默认参数为字典或集合的情况也类似。

6.7 参数与返回值类型注解

Python 是一种动态语言，在声明一个参数时不需要指定类型，并且函数的返回值也没有类型的定义。在编写程序时，参数可以接收任意值，运行时可能就会因为类型不匹配而导致错误。函数没有指明返回值类型，有时只有运行后才能确定类型，这可能导致在调用程序运行时出错。为了使函数调用者明确函数的参数类型和返回值类型，引入了类型注解的概念，可以为函数参数和函数返回值标注类型。这种类型的注解不是强制执行的，在定义函数时也可以没有。本章前面自定义的函数中并没有使用类型注解。类型注解的引入便于一些集成开发环境（IDE）可以在程序运行前进行校验，从而发现一些隐藏的类型不匹配错误。即使使用了类型注解，目前大部分编辑器仍然不作类型检查。

在参数名后面添加一个英文冒号，并在冒号后面写出类型名称，可实现参数类型注解。

如果该参数有默认值,则默认值的赋值号放在参数类型名称后面。如果要为函数注解返回值类型,则在参数列表的右侧圆括号后面添加"->类型"。

如下代码中定义的函数 f(x),用类型注解指明参数 x 的类型为 int,用函数返回值类型注解指明函数返回值类型为 int。另外指明参数 x 的默认值为 5。

```
def f(x : int = 5) -> int :
    return x + 1
```

在一些 IDE 中,要求实参必须是形参指定的类型,并且返回值必须与指定的类型一致。但目前大部分 IDE 并不作检查,因此实参不是整数也可以调用 f(x),如 f(1.1)。

若需了解注解方面更多的内容,建议阅读 Python 官方文档或其他资料。

6.8 个数可变的参数

当需要接收不定个数的参数时,形参以元组或字典等组合对象的形式收集不定个数的实参。实参也可以以序列、字典等组合对象形式,为形参中的多个参数分配值。实参和形参也可以均为组合对象,从而可以实现不定个数参数的传递。

视频讲解

6.8.1 以组合对象为形参接收多个实参

从前面的介绍中可以知道,一个形参只能接收一个实参的值。其实在 Python 中,一个形参可以接收不定个数的实参,即用户可以给函数提供可变个数的实参。这可以通过在形参前面使用标识符——一个星号(*)或两个星号(**)来实现。

1. 将多个以位置参数方式传递的实参收集为形参中的元组

在函数定义的形参前面加一个星号(*),该参数将可接收不定个数的、以位置参数传递的实参,并构成一个元组。

【例 6.12】 编写一个函数,使其接收任意个数的参数并打印。

程序源代码如下:

```
#example6_12.py
#coding = utf-8
#函数定义
def all_1( * args):
    print(args)

#主程序
all_1()
all_1("a")
all_1("a",2)
all_1("a",2,"b")
#all_1(x = "a",y = 2)          #这里不能以关键参数的形参传递
```

程序 example6_12.py 的运行结果如下:

```
()
('a',)
('a', 2)
('a', 2, 'b')
```

在函数 all_1() 的定义中,形参 args 前面有一个星号标识符(*),表明形参 args 可以接收不定个数的、以位置参数形式传递的实参。主程序中调用 all_1(),没有传递实参,形参 args 得到一个空的元组;主程序中调用 all_1("a"),传递一个参数给 args,结果以元组的形式输出('a',);主程序中调用 all_1("a",2),传递两个参数给 args,结果也是以元组的形式输出('a',2);主程序中调用 all_1("a",2,"b"),传递三个参数给 args,结果还是以元组的形式输出('a',2,'b')。从这个示例中可以看出,不管传递几个参数到 args,都是将接收的所有参数按照次序组合到一个元组上。

example6_12.py 主程序的最后一行被注释掉了,否则将出现以下错误信息:

```
Traceback (most recent call last):
  File "D:\example6_12.py", line 12, in <module>
    all_1(x = "a", y = 2)
TypeError: all_1() got an unexpected keyword argument 'x'
```

因为加一个星号(*)的形参不接收以关键参数形式传递的实参。不定个数的以关键参数形式传递的实参可以被以两个星号(**)为前缀的形参接收,并收集为字典形式。

【例 6.13】 编写一个函数,接收任意个数的数字实参并求和。

程序源代码如下:

```
# example6_13.py
# coding = utf - 8
# 函数定义
def all_2( * args):
    print(args)
    s = sum(args)
    return s

# 主程序
print(all_2(1,2,3))
print(all_2(1,2,4,5,6))
```

程序 example6_13.py 的运行结果如下:

```
(1, 2, 3)
6
(1, 2, 4, 5, 6)
18
```

在函数 all_2() 的定义中,还是使用形参 *args 接收不定长度的实参。在主程序中调用 all_2(1,2,3) 时,传递三个实参给 args,实际上接收的所有参数被组合到一个元组上,返回元组中各元素的和并打印。在主程序中调用 all_2(1,2,4,5,6) 时,传递五个实参给 args。

在 Python 中,有很多内置函数可以接收可变长度的实参,例如,max 和 min 都可以接收任意个数的实际参数。

```
>>> max(1,2)
2
>>> max(1,2,3)
3
```

```
>>> max(4,7,9,2)
9
>>> min(4,5)
4
>>> min(5,6,4,8,3)
3
```

以标识符一个星号(*)为前缀的形参可以和其他普通形参联合使用,这时一般将以星号(*)为标识符的形参放在形参列表的后面,普通形参在前面。

【例 6.14】 普通形参在前、以一个星号(*)为前缀的形参在后的形参混合使用案例。阅读程序 example6_14.py,并分析程序的运行结果。

程序源代码如下:

```
# example6_14.py
# coding = utf-8
# 函数定义
def all_3(brgs, * args):
    print(brgs)
    print(args)

# 主程序
all_3("abc","a",2,3,"b")
all_3("abc")
```

程序 example6_14.py 的运行结果如下:

```
abc
('a', 2, 3, 'b')
abc
()
```

在函数 all_3()中定义了两个形参 brgs 和 args,其中 brgs 是普通形参,args 是可以收纳可变长度参数的形参。在主程序中调用 all_3("abc","a",2,3,"b"),按照次序,将"abc"传递给 brgs,剩下的三个参数都传递给 args。输出时 brgs 以普通字符串的形式输出,args 还是以元组的形式输出。可以不给以星号(*)为前缀的形参传递实参,但必须给不带默认值的普通形参传递实参。

以星号(*)为前缀的形参也可以放在普通参数的前面。这时,在函数调用时,星号(*)标注的形参后面的普通形参以关键参数的形式接收实参值。

【例 6.15】 以一个星号(*)为前缀的形参放在普通形参前面的使用案例。阅读程序 example6_15.py 并分析其运行结果。

程序源代码如下:

```
# example6_15.py
# coding = utf-8
# 函数定义
def middleStar(x, * args,y):
    print(x,args,y)
```

```
#主程序
middleStar("abc","a",2,3,y = "b")
middleStar("abc",y = None)
middleStar(y = None,x = "abc")
```

程序 example6_15.py 的运行结果如下：

```
abc ('a', 2, 3) b
abc () None
abc () None
```

这种情况下，一个以星号(*)标注的形参后面的普通形参必须以关键参数的形式接收实参值；以一个星号(*)标注的形参前面的普通形参既可以接收关键参数形式传递的实参，也可以接收位置参数形式传递的实参。

2．将多个以关键参数形式传递的实参收集为形参中的字典

前面已经提到，以一个星号(*)为前缀的形参不接收以关键参数形式传递的实参值。在 Python 的函数形参中还提供了一种参数名前面加两个星号(**)的方式。这时，函数调用者须以关键参数的形式为其赋值，以两个星号(**)为前缀的形参得到一个以关键参数中变量名为 key，右边表达式值为 value 的字典。

【例 6.16】 以"**"为前缀的形参收集多个以关键参数形式传递的实参使用案例。阅读程序 example6_16.py 并分析其运行结果。

程序源代码如下：

```
#example6_16.py
#coding = utf - 8
#函数定义
def all_4( ** args):
    print(args)

#主程序
all_4(x = "a",y = "b",z = 2)
all_4(m = 3,n = 4)
all_4()
```

程序 example6_16.py 的运行结果如下：

```
>>>
=== RESTART: D:\example6_16.py ===
{'x': 'a', 'y': 'b', 'z': 2}
{'m': 3, 'n': 4}
{}
>>>
```

在函数 all_4()的定义中，参数 args 前面有两个星号(**)，表明该形参 args 可以将不定个数以关键参数形式给出的实参收集起来转换为一个字典。在主程序中第 1 次调用该函数时，以关键参数形式将 3 个参数传递给 args，输出的结果是一个字典。第 2 次调用该函数，以关键参数形式将两个参数传递给 args，输出的结果还是一个字典。第 3 次调用时，没有传递实参，形参 args 得到一个空字典。

【例 6.17】 阅读程序 example6_17.py 并与例 6.13 进行比较。

程序源代码如下：

```
# example6_17.py
# coding = gbk
# 函数定义
def all_5( ** args):
    print(args)
    s = 0
    for i in args.keys():
        s += args[i]
    return s
# 主程序
print(all_5(x = 1, y = 2, c = 3))
print(all_5(aa = 1, bb = 2, cc = 4, dd = 5, ee = 6))
```

程序 example6_17.py 运行结果如下：

```
>>>
=== RESTART: D:\example6_17.py ===
{'x': 1, 'y': 2, 'c': 3}
6
{'aa': 1, 'bb': 2, 'cc': 4, 'dd': 5, 'ee': 6}
18
>>>
```

例 6.17 的程序中，函数定义中采用以两个星号（**）为前缀的形参，程序调用者采用关键参数的形式为形参赋值。形参以关键参数中赋值号左边的变量为 key、以关键参数中赋值号右边的表达式值为 value 来构造字典。最终对字典中的 value 求和。

例 6.13 的程序中，函数定义采用以一个星号（*）为前缀的形参，程序调用者采用位置参数的形式为形参赋值。形参得到一个元组。最终对元组中的元素求和。

以两个星号（**）为前缀的形参、以一个星号（*）为前缀的形参、普通参数在函数定义中可以混合使用。这时，普通参数放在最前面，其次是以一个星号（*）为前缀的形参，最后是以两个星号（**）为前缀的形参。

【例 6.18】 以两个星号（**）为前缀的形参、以一个星号（*）为前缀的形参、普通参数混合的使用案例。阅读程序 example6_18.py 并分析其运行结果。

程序源代码如下：

```
# example6_18.py
# coding = utf-8
# 函数定义
def all_6(a, * aa, ** bb):
    print(a)
    print(aa)
    print(bb)

# 主程序
all_6(1,2,3,4,xx = "a",yy = 2)
all_6(1,xx = "a",yy = 2)
```

程序 example6_18.py 的运行结果如下：

```
1
(2, 3, 4)
{'xx': 'a', 'yy': 2}
1
()
{'xx': 'a', 'yy': 2}
```

6.8.2 以组合对象为实参给多个形参分配参数

视频讲解

函数定义时的形参为单变量时，实参可以是以一个星号（*）为前缀的序列变量，然后将此序列中的元素分配给相应的单变量形参；实参也可以是以两个星号（**）为前缀的字典变量，根据字典中的 key 和形参变量名的对应关系，将字典中的 value 传递给相应的单变量形参。实参组合对象中的元素个数必须与单变量形参个数相同。

【例 6.19】 以单变量为形参、以序列和字典为实参传递参数案例。阅读程序 example6_19.py，分析其运行结果并解释原因。

程序源代码如下：

```
# example6_19.py
# coding = utf-8
# 函数定义,形参为单变量参数
def snn3(x,y,z):
    return x + y + z

# 主程序
aa = [1,2,3]                    # 列表
print(snn3( * aa))              # 实参为列表变量(以"*"为前缀)
bb = (6,2,3)                    # 元组
print(snn3( * bb))              # 实参为元组变量(以"*"为前缀)
ss = "abc"
print(snn3( * ss))              # 实参为字符串变量(以"*"为前缀)
cc = [8,9]
print(snn3(7, * cc))            # 实参为单变量 + 序列(以 * 为前缀)
print(snn3( * cc,20))
d1 = {"x":1,"y":2,"z":3}
print(snn3( ** d1))             # 实参为字典变量(以"**"为前缀)
d2 = {"y":2,"z":3}
print(snn3(1, ** d2))
d3 = {"x":1,"y":2}
# 以"**"为前缀的实参之后的普通实参以关键参数的形式传递
print(snn3( ** d3,z = 3))
```

程序 example6_19.py 的运行结果如下：

```
6
11
abc
24
37
```

6
6
6

本例中,函数 snn3()中的形参是 3 个单变量,返回值为这 3 个变量的和,而在主程序中调用时 aa 是一个列表,也就是说用序列作实参,则要在序列前加一个星号(*),而且序列的元素个数与函数 snn3()中的形参个数相同,aa 中的元素正好也是 3 个,这样调用时就写成snn3(*aa),输出结果 6 就是 aa 列表中 3 个元素的和。如果主程序中写成 snn3(aa),则程序会出现这样的错误:snn3() takes exactly 3 arguments (1 given),因为这时调用时将列表 aa 作为一个整体传递给形参 x,而形参 y 和 z 没有值,因此出错。而用 *aa,则能把实参序列中的元素分解,然后以位置参数的方式传递给各个形参。也就是把列表 aa 中的元素 1 传递给 x、2 传递给 y、3 传递给 z,函数 snn3()接收了 3 个参数。

bb 是一个元组,ss 是一个字符串。这两个变量与 aa 相同,也是用序列作实参,调用时要在序列前加一个星号(*)。

cc 也是一个列表,但是只有两个元素,主程序中通过 snn3(7,*cc)或 snn3(*cc,20)均可调用。先将以一个星号(*)为前缀的序列分解为多个元素,然后按照位置顺序分别进行参数传递。

d1、d2 和 d3 均为字典。作为实参为单变量形参传递并分配值时,实参变量名前面加两个星号(**)。在调用时,先将字典中每个元素分解为"键=值"的形式作为关键参数形式的实参。如果以两个星号(**)为前缀的实参变量后面还有普通参数需要传递,则须采用关键参数形式。

视频讲解

6.8.3 形参和实参均为组合对象

当形参和实参均为序列时,可以通过在形参和实参前均添加一个星号(*)来实现参数传递,也可均不添加星号(*)。当形参和实参均为字典时,可以通过在形参和实参前均添加两个星号(**)来实现参数传递,也可以均不添加。

1. 形参与实参均为序列

当形参与实参均为序列时,可以通过在形参和实参前面均添加一个星号(*)来实现参数传递。

【例 6.20】 形参和实参均为序列,分别添加一个星号(*)作为形参和实参的前缀来实现参数传递。

程序源代码如下:

```
# example6_20.py
# coding = utf-8
# 以"*"为前缀的序列变量作为形参的函数定义
def snn1(*args):
    print(args)
    for i in args:
        print(i,end = ' ')
    print()


# 主程序
```

```
aa = [1,2,3]
snn1(*aa)                       # 序列前添加"*"作为实参
snn1(*[4,5])                    # 序列前添加"*"作为实参
bb = (6,2,3,1)
snn1(*bb)                       # 序列前添加"*"作为实参
snn1(*'abc')                    # 序列前添加"*"作为实参
```

程序 example6_20.py 的运行结果如下：

```
>>>
=============== RESTART: D:\test\example6_20.py ===============
(1, 2, 3)
1 2 3
(4, 5)
4 5
(6, 2, 3, 1)
6 2 3 1
('a', 'b', 'c')
a b c
>>>
```

请大家注意观察程序 example6_20.py 的运行结果。主程序中两个列表前面加了一个星号(*)后作为实参传递给形参，形参中以一个星号(*)为前缀的变量得到的是一个元组。

从本质上说，实参序列变量前添加一个星号(*)，在参数传递时，将该序列变量分解为以该序列中的元素为单位的单变量进行传递。这种方式传递的不是序列，而是单变量。以一个星号(*)为前缀的形参序列变量接收到这些单变量值后，在新的内存地址上生成一个元组。

实际上，当实参与形参类型相同时，参数可以直接传递，实参和形参均不需要添加任何星号为前缀。例 6.20 的程序可以改为以下方式实现。

```
# example6_20_another.py
# coding = utf-8
# 以序列变量作为形参的函数定义
def snn1(args):
    print(args)
    for i in args:
        print(i,end = ' ')
    print()

# 主程序
aa = [1,2,3]
snn1(aa)                        # 序列作为实参
snn1([4,5])                     # 序列作为实参
bb = (6,2,3,1)
snn1(bb)                        # 序列作为实参
snn1('abc')                     # 序列作为实参
```

程序 example6_20_another.py 的运行结果如下：

```
>>>
========== RESTART: D:\test\example6_20_another.py ==========
```

```
[1, 2, 3]
1 2 3
[4, 5]
4 5
(6, 2, 3, 1)
6 2 3 1
abc
a b c
>>>
```

从以上程序的运行结果可以看出,在这种方式下,形参变量接收到的对象类型与实参变量的对象类型相同。

当形参序列和实参序列均采用不添加任何星号方式进行参数传递时,实参将序列对象本身传递给形参。形参和实参指向同一个对象(同一个内存地址)。如果实参序列是一个可变对象,那么在函数体内部对该序列的任何修改,都将引起函数调用者相应实参序列的相同变化。

2. 形参与实参均为字典

当形参和实参均为字典时,可以通过在形参和实参前均添加两个星号(**)来实现参数传递。

【例6.21】 形参和实参均为字典,分别添加两个星号(**)作为形参和实参的前缀来实现参数传递。

程序源代码如下:

```
# example6_21.py
# coding = utf-8
# 字典变量前加"**"作为形参的函数定义
def snn2(**args):
    print(args)
    s = 0
    for i in args.keys():
        s += args[i]
    return s

# 主程序
cc = {'x': 1, 'y': 2, 'c': 3}
# 字典前添加"**"作为实参
print(snn2("**"cc))
# 字典前添加"**"作为实参
print(snn2(**{'aa': 1, 'bb': 2 ,'cc': 4, 'dd': 5, 'ee': 6}))
```

程序example6_21.py的运行结果如下:

```
>>>
============== RESTART: D:\test\example6_21.py ==============
{'x': 1, 'y': 2, 'c': 3}
6
{'aa': 1, 'bb': 2, 'cc': 4, 'dd': 5, 'ee': 6}
18
>>>
```

实参中字典前面加两个星号(**)的方式向形参传递参数时,本质上是将字典元素拆成多个关键参数形式传递的单变量进行传递的,形参接收参数后在不同的内存地址上构造新的字典。

实际上,当实参与形参类型相同时,参数可以直接传递,实参和形参均不需要添加任何星号为前缀。例6.21的程序可以改为以下方式实现。

```
#example6_21_another.py
#coding=utf-8
#字典变量作为形参的函数定义
def snn2(args):
    print(args)
    s=0
    for i in args.keys():
        s+=args[i]
    return s

#主程序
cc={'x':1,'y':2,'c':3}
#字典作为实参
print(snn2(cc))
#字典作为实参
print(snn2({'aa':1,'bb':2,'cc':4,'dd':5,'ee':6}))
```

程序example6_21_another.py的运行结果如下:

```
>>>
========== RESTART: D:\test\example6_21_another.py ==========
{'x': 1, 'y': 2, 'c': 3}
6
{'aa': 1, 'bb': 2, 'cc': 4, 'dd': 5, 'ee': 6}
18
>>>
```

当形参字典和实参字典均采用不添加任何星号的方式进行参数传递时,实参将字典对象本身传递给形参。形参和实参指向同一个对象(同一个内存地址)。由于字典对象是可变对象,那么在函数体内部对该字典的任何修改,都将引起函数调用者相应实参字典的相同变化。

6.9 变量作用域

变量的作用域是指一个变量能够作用的范围,也就是在多大范围内能够被解释器识别。根据变量的作用域,变量可分为全局变量和局部变量。声明在函数外部的变量被称为全局变量,作用范围是所在程序文件内从定义开始至程序结束,包括变量定义后所调用的函数内部。一般声明在函数内部的变量是局部变量,该变量只能在该函数内部使用,超出范围就不能使用。也可以通过global关键字将函数内部的变量声明为全局变量,该变量可以在主程序中调用该函数后的剩余语句中使用。

【例6.22】 局部变量与全局变量的使用案例。阅读程序example6_22.py并分析其运行结果。

程序源代码如下：

```python
# example6_22.py
# coding = utf-8
def fun():
    x = 5                    # 函数内定义的局部变量只能在函数内使用
    global y                 # 函数内声明一个全局变量
    y = 10
    # 使用了主程序中声明的全局变量a
    # 要使用主程序中声明的全局变量,主程序必须在函数调用之前声明
    return a + x + y

# 主程序
# 主程序上函数调用之前声明的全局变量a可以在函数体内部使用
a = 10
# print(y)                   # 函数调用之前不能使用函数内声明的全局变量
print(fun())
# print(x)                   # 不可以直接引用函数内的局部变量
print(y)                     # 函数调用后可以使用函数内声明的全局变量
```

程序example6_22.py的运行结果如下：

```
25
10
```

为了提高程序的正确性和模块化程度,要尽量避免使用global在函数体内定义全局变量；也要尽量避免在函数内直接使用主程序中定义的全局变量,尽量以参数传递方式来使用相关数据。根据此思想,程序example6_22.py可以进一步完善如下。

```python
# example6_22_1.py
# coding = utf-8
def fun(a):
    x = 5
    y = 10
    return a + x + y, y

# 主程序
a = 10
m, n = fun(a)
print(m)
print(n)
```

程序example6_22_1.py的运行结果保持不变。

在此基础上再来讨论一下,如果函数调用者将实参以变量参数的形式传递给函数形参,函数体内部对该形参进行修改,函数调用结束后,函数调用者相应的实参变量是否发生了变化？这要分两种情况来讨论。如果传递的参数变量是一个不可变对象的变量,函数内部对该形参变量的任何修改都不会对调用者的实参产生影响。如果传递的参数变量是一个可变对象的变量,函数内部对该形参变量的修改都会反馈到实参变量,函数调用结束后,实参也

能看到相同的修改效果。

【例 6.23】 分析函数内部对可变对象参数和不可变对象参数的修改对实参影响。
程序源代码如下：

```
#example6_23.py
#coding = utf-8
def fun(x,y):
    x += 10
    y.append(10)
    return x,y

#主程序
a = 1
b = [1]
print("调用函数前,a = ",a)
print("调用函数前,b = ",b)
fun(a,b)
print("调用函数后,a = ",a)
print("调用函数后,b = ",b)
```

程序 example6_23.py 的运行结果如下：

```
调用函数前,a =  1
调用函数前,b =  [1]
调用函数后,a =  1
调用函数后,b =  [1, 10]
```

程序 example6_23.py 中，fun()函数有两个参数 x 和 y，函数调用时，将整数变量 a 传递给 x，列表变量 b 传递给 y。整数是不可变对象，列表是可变对象。函数体内对 x 的修改使得 x 指向了新的对象 11，而实参 a 仍然指向原来的对象 1。所以调用结束后，a 的值保持不变。函数体内在 y 所指向的列表后添加一个元素，由于列表是可变对象，直接加在原对象的后面，y 所指向的对象和 b 所指向的对象地址都没有发生变化，都指向原来的对象。所以列表变量 y 添加了元素，也就是列表变量 b 添加了元素。因此，函数调用结束后，b 的值也跟随函数内 y 的值一样发生了变化。

6.10 生成器函数

第 4 章已简单介绍了迭代器的概念和用法。迭代器从对象集合的第一个元素开始访问，直到所有的元素被访问完。它可以记住遍历的位置，只能前进不会后退。使用迭代器的优点是，可以在遍历大量数据的同时节省内存。

生成器是一种特殊的迭代器。这种迭代器更加优雅，不需要写__iter__()和__next__()方法，系统自动创建了这些方法，只需要在函数中使用一个 yiled 关键字以惰性方式逐一返回元素。生成器一定是迭代器(反之不成立)。

6.10.1 生成器函数的定义

本节介绍如何在函数中使用 yield 语句获得生成器对象。先来看一个利用普通函数求斐波那契数列的例子。

【例6.24】 编写程序,打印输出斐波那契数列的前 n 个元素。其中 n 的值由用户从键盘输入。

分析：斐波那契数列前两个元素分别是 0 和 1,从第三个元素开始,每个元素均是其前两个元素之和。根据前面的知识,可以用如下源代码来实现。

```
# example6_24_1.py
# coding = utf-8
def fib(n):
    i, a, b = 0, 0, 1
    L = []
    while i < n:
        i += 1
        L.append(a)
        a, b = b, a + b
    return L

# 主程序
n = int(input('请输入个数:'))
L = fib(n)
for x in L:
    print(x)
```

程序 example6_24_1.py 的方法是先调用函数 fib() 生成一个列表保存斐波那契数列,然后在主程序中遍历该列表元素并打印输出。当输入的 n 值比较大时,采用该方法需要预先生成一个占很大存储空间的列表。

Python 中使用了 yield 的函数返回生成器对象,此函数称为生成器函数,只能用于迭代操作。在调用该函数的过程中,每次遇到 yield 语句时,函数会暂停执行,并保存当前所有的运行状态信息,返回 yield 后面的值,并在下一次执行生成器对象的 __next__() 方法或 Python 内置的 next() 函数时从当前位置继续运行。

可以利用 yield 将程序 example6_24_1.py 中的 fib() 函数改写成生成器函数,返回生成器对象,节省存储空间。程序可以改写如下：

```
# example6_24_2.py
# coding = utf-8
def fib(n):
    i, a, b = 0, 0, 1
    while i < n:
        i += 1
        yield a
        a, b = b, a + b

# 主程序
n = int(input('请输入个数:'))
L = fib(n)                          # 此时 L 是个生成器对象
for x in L:
    print(x)
```

前面已经介绍过，利用生成器推导式也可以创建生成器对象。

6.10.2 生成器与迭代器的区别

生成器是一种特殊的迭代器，自动实现了 __iter__() 和 __next__() 方法。生成器与迭代器的主要区别在于：生成器在迭代的过程中可以改变当前迭代值，而修改普通迭代器的当前迭代值会发生异常。

可以利用生成器的 send(val) 方法将参数 val 传递给 yeild 表达式左边的变量，并返回该值。调用 __next__() 方法相当于 send(None) 并使生成器继续运行，直到通过 yield 返回下一个值。

【例 6.25】 阅读程序 example6_25.py，理解生成器如何通过 send() 方法重新设置当前值。

程序源代码如下：

```
# example6_25.py
# coding = gbk
def myGenerator(num):              # 定义生成器
    c = 0                          # 当前迭代值，初始化为 0
    while c < num:
        val = yield c              # 接收 send() 发送值赋予 val，并返回 c 的当前值
        print("val:",val)
        c = c + 2 if val is None else val

ge = myGenerator(10)               # 获得一个生成器对象
print(ge.__next__())               # 第 1 次直接返回当前 c 的值 0
print("结束获取第 1 个迭代值")
print(ge.__next__())               # 相当于 send(None)，使得 val = None，
                                   # 然后根据 c = c + 2 if val is None else val，
                                   # 计算得到 c = 2，然后返回当前 c 的值
print("结束获取第 2 个迭代值")

print(ge.send(5))                  # 使得 val = 5，
                                   # 然后根据 c = c + 2 if val is None else val，
                                   # 计算得到 c = 5，然后返回当前 c 的值
print("结束重新设置开始值")

print(ge.__next__())               # 相当于 send(None)，使得 val = None，
                                   # 然后根据 c = c + 2 if val is None else val，
                                   # 计算得到 c = 7，然后返回当前 c 的值
print("结束获取重新开始的第 1 个迭代值")

print(ge.__next__())
print("结束获取重新开始的第 2 个迭代值")
```

程序 example6_26.py 的运行结果如下：

```
>>>
==================== RESTART: D:\example6_25.py ====================
0
```

结束获取第 1 个迭代值
val: None
2
结束获取第 2 个迭代值
val: 5
5
结束重新设置开始值
val: None
7
结束获取重新开始的第 1 个迭代值
val: None
9
结束获取重新开始的第 2 个迭代值
>>>

6.11 lambda 表达式

6.11.1 lambda 表达式的概念

lambda 表达式又称 lambda 函数，是一个匿名函数，比 def 格式的函数定义简单很多。lambda 表达式可以接收任意多个参数，但只返回一个表达式的值。lambda 中不能包含多个表达式。lambda 表达式的定义格式如下：

```
lambda 形式参数：表达式
```

其中，形式参数可以有多个，它们之间用逗号隔开；表达式只有一个。返回表达式的计算结果。

以下例子中表达式左边的变量相当于给 lambda 表达式定义了一个函数名。可以将此变量名作为函数名来调用该 lambda 表达式。

```
>>> f = lambda x,y : x + y
>>> f(5,10)
15
>>>
```

6.11.2 节将看到 lambda 表达式通常以匿名的方式出现。

6.11.2 lambda 表达式的应用

1. lambda 表达式作为列表或元组的元素

lambda 表达式可以作为列表的元素。例如：

```
>>> list1 = [lambda x:x + 10,lambda x:x ** 2]
>>> type(list1)
<class 'list'>
>>> list1[0](5)
15
>>> list1[1](5)
25
>>>
```

lambda 表达式也可以作为元组的元素。例如：

```
>>> tuple1 = (lambda x:x + 10,lambda x:x ** 2)
>>> type(tuple1)
<class 'tuple'>
>>> tuple1[0](5)
15
>>> tuple1[1](5)
25
>>>
```

2. lambda 表达式作为字典的 value

lambda 表达式也可以作为字典的 value。例如：

```
>>> d = {'add':(lambda x:x + 10),'multi':(lambda x:x * 10)}
>>> type(d)
<class 'dict'>
>>> d['add'](5)
15
>>> d['sub'] = lambda x:x - 10
>>> d['sub'](5)
- 5
>>>
```

3. lambda 表达式作为排序的依据

lambda 表达式经常作为元素排序的依据。例如：

```
>>> import random
>>> d = [random.randint(0,40) for i in range(10)]
>>> d
[6, 27, 0, 16, 3, 20, 36, 7, 14, 23]
>>> d.sort()
>>> d
[0, 3, 6, 7, 14, 16, 20, 23, 27, 36]
>>> random.shuffle(d)              #随机打乱 d 中元素的顺序
>>> d
[36, 14, 27, 6, 3, 23, 7, 0, 20, 16]
>>> d.sort(key = lambda x:len(str(x)))
>>> d
[6, 3, 7, 0, 36, 14, 27, 23, 20, 16]
>>> d.sort(key = lambda x:str(x))
>>> d
[0, 14, 16, 20, 23, 27, 3, 36, 6, 7]
>>> d.sort(key = lambda x:str(x),reverse = True)
>>> d
[7, 6, 36, 3, 27, 23, 20, 16, 14, 0]
>>>
```

6.12　常用函数式编程

第 4 章中讨论过利用 map 和 filter 类可以将参数中的可迭代对象分别作用于参数中的函数。这里继续讨论如何利用 filter 与 map 类及 reduce()函数将可迭代对象作用于自定义函数和 lambda 表达式。我们反复提到,在学习自定义类及创建对象的方法之前,可以将 filter 与 map 看作函数来使用。

6.12.1 利用 filter()寻找可迭代对象中满足自定义函数要求的元素

filter()的使用格式为 filter(function or None,iterable),其作用是把一个带有一个参数的函数 function 作用到一个可迭代(Iterable)对象上,返回一个 filter 对象,filter 对象中的元素由可迭代对象中使函数 function 返回值为 True 的那些元素组成;如果指定函数为 None,则返回可迭代(Iterable)对象中等价于 True 的元素。返回的 filter 对象是一个迭代器(Iterator)对象。

第 4 章已探讨过利用系统已有函数作为参数 function 值的 filter()使用方式,这里主要讨论将自定义函数或 lambda 表达式作为 function 参数值的情况。例如:

```
>>> aa = [5,6, -9, -56, -309,206]
>>> def func(x):                        # 定义函数,x 为奇数返回 True,否则返回 False
        return x % 2!= 0

>>> bb = filter(func,aa)                # 自定义函数作为参数
>>> type(bb)                            # bb 是一个 filter 对象
<class 'filter'>
>>> list(bb)
[5, -9, -309]
>>> cc = filter(lambda x:x % 2!= 0,aa)  # lambda 表达式作为参数
>>> list(cc)
[5, -9, -309]
>>> [x for x in aa if x % 2!= 0]        # 列表推导式同样能实现这样的功能
[5, -9, -309]
>>> dd = [6,True,1,0,False]
>>> ee = filter(None,dd)                # 指定函数为 None
>>> list(ee)
[6, True, 1]
```

【例 6.26】 从键盘输入一个正整数值 n,编程求其所有因子(不包括 1 和该数本身)的和。如果键盘输入的 n 不是大于 0 且小于或等于 1000 的数字,则要求重新输入,直到输入的值满足要求。输出由 n 的所有因子组成的列表及所有因子的和。

程序源代码如下:

```
# example6_26.py
# coding = utf - 8
n = input("请输入一个正整数 n(n <= 1000):")
while not n.isdigit() or int(n)> 1000 or int(n)<= 0:
    print('输入错误,请重新输入')
    n = input("请输入一个正整数 n(n <= 1000):")

n = int(n)
a = list(filter(lambda x:n % x == 0,range(2,n//2 + 1)))
print(f"因子为:{a},因子之和为:{sum(a)}")
```

程序 example6_26.py 的某一次运行结果如下：

```
>>>
============ RESTART: G:\ example6_26.py ============
请输入一个正整数 n(n<=1000):-9
输入错误,请重新输入
请输入一个正整数 n(n<=1000):0
输入错误,请重新输入
请输入一个正整数 n(n<=1000):2000
输入错误,请重新输入
请输入一个正整数 n(n<=1000):6
因子为:[2, 3],因子之和为:5
```

程序 example6_26.py 的另一次运行结果如下：

```
>>>
============ RESTART: G:\ example6_26.py ============
请输入一个正整数 n(n<=1000):24
因子为:[2, 3, 4, 6, 8, 12],因子之和为:35
```

6.12.2　利用 reduce() 对可迭代对象元素按照自定义函数进行迭代计算

reduce() 是函数,其调用格式为 reduce(function,iterable[,initializer])。其中参数 function 函数是有两个参数的函数,iterable 是需要迭代计算的可迭代对象,initializer 是计算的初始化参数,是可选参数。

reduce() 函数对一个可迭代对象中的所有数据进行如下操作：用作为 reduce 参数的两参数函数 function 先对初始值 initializer 和可迭代对象 iterable 中的第 1 个元素进行 function 函数定义的相关计算；然后用得到的结果再与可迭代对象 iterable 中的第 2 个元素进行相关计算；直到遍历计算完可迭代对象 iterable 中的所有元素,最后得到一个结果。如果参数中没有初始值 initializer,则直接从可迭代对象 iterable 中的第 1 个和第 2 个元素开始计算,然后依次将结果和下一个对象进行计算,直到遍历计算完可迭代对象 iterable 中的所有元素,最后得到一个结果。

reduce() 函数在 Python 2 中是内置函数,从 Python 3 开始移到了 functools 模块,使用之前需要先导入。例如：

```
>>> from functools import reduce
>>> reduce(pow,(2,3,4))         # 先计算 2 的 3 次幂,结果为 8;再计算 8 的 4 次幂
4096
```

下面两个例子都是先计算 2 的 3 次幂,结果为 8；然后计算 8 的 4 次幂,结果为 4096；再计算 4096 的 5 次幂,结果为 1152921504606846976。

```
>>> reduce(pow,(3,4,5),2)
1152921504606846976
>>> reduce(pow,(2,3,4,5))
1152921504606846976
>>>
```

下面例子演示了 reduce() 函数中以自定义函数或 lambda 表达式为参数的用法。

```
>>> from functools import reduce
>>> def fun(x,y):
        return x * y

>>> reduce(fun,(1,2,3,4))              # 自定义函数作为参数,没有初始值
24
>>> reduce(fun,(1,2,3,4),10)           # 自定义函数作为参数,带初始值
240
>>>
>>> d = [24, 19, 38, 16, 33, 19, 18, 9, 3, 32]
>>> reduce(lambda x,y:x + y,d)         # lambda 表达式作为参数,没有初始值
211
>>>
>>> reduce(lambda x,y:x + y,d,1000)    # lambda 表达式作为参数,带初始值
1211
>>>
```

6.12.3　利用 map() 将可迭代对象元素作用到自定义函数

map 类创建对象的初始化格式为 map(func, * iterables),其作用是把一个函数 func 依次映射到可迭代对象的每个元素上,返回一个 map 对象。参数中的 func 表示一个函数或一个 lambda 表达式。参数 * iterables 前的 "*" 表示参数 iterables 接收不定个数的可迭代对象,其个数由函数 func 中的参数个数决定。返回的 map 对象是一个迭代器对象。

第 4 章中已探讨过利用系统已有函数作为参数 func 值的 map() 使用方式,这里主要讨论将自定义函数或 lambda 表达式作为 func 参数值的情况。例如:

```
>>> def cc(x,y):
        return x ** 2 + y ** 2

>>> list(map(cc,[1,2],(2,3)))          # 自定义函数作为参数
[5, 13]
>>>
```

上述代码中,先取 [1,2] 中的第 1 个元素 1 和 (2,3) 中的第 1 个元素 2 分别传递给函数 cc() 中的 x 和 y,计算得到 5。再取 [1,2] 中的第 2 个元素 2 和 (2,3) 中的第 2 个元素 3 分别传递给函数 cc() 中的 x 和 y,计算得到 13。如下代码演示了 lambda 表达式作为 map() 函数中参数的用法。

```
>>> d = [24, 19, 38, 16, 33, 19, 18, 9, 3, 32]
>>> m = map(lambda x:x - 5,d)          # lambda 表达式作为参数
>>> list(m)
[19, 14, 33, 11, 28, 14, 13, 4, -2, 27]
>>>
>>> list(map(lambda x,y:x ** 2 + y ** 2,[1,2],(2,3)))    # lambda 表达式作为参数
[5, 13]
```

下面例 6.27 和例 6.28 分别对例 2.3 和例 2.4 改用 map() 来实现。

【例 6.27】 通过输入函数 input() 输入股票代码、股票名称、当天股票最高价和最低

价,利用 map()从数字字符串来构造最高价和最低价的浮点数,输出股票代码、股票名称、最高价、最低价,以及最高价与最低价的差价。

程序源代码如下:

```
#example6_27.py
#coding = utf-8
nn = input('请输入股票代码和股票名称,以英文逗号分隔:')
number,name = nn.split(',')
hl = input('请输入当天最高价和最低价,以英文逗号分隔:')
highest,lower = map(float,hl.split(','))
diff = highest - lower
print(f"股票代码:{number}、股票名称:{name}")
print(f"最高价:{highest}、最低价:{lower}、差值:{diff}")
```

程序 example6_27.py 的运行结果如下:

```
>>>
============ RESTART: G:\ example6_27.py ============
请输入股票代码和股票名称,以英文逗号分隔:600663,陆家嘴
请输入当天最高价和最低价,以英文逗号分隔:15.55,15.05
股票代码:600663、股票名称:陆家嘴
最高价:15.55、最低价:15.05、差值:0.5
>>>
```

上述代码中,hl 通过 input()函数得到字符串(用","分隔的最高价和最低价,如"15.55,15.05"),接着通过字符串的 split(',')方法得到元素为数字字符串的列表(如['15.55','15.05'])。然后通过 map()将 float()作用于该列表中的所有元素,得到包含两个浮点数的 map 对象。再通过对 map 对象进行序列解包将浮点数(如 15.55 和 15.05)分别赋给 highest 和 lower。最后通过公式计算差值 diff。

【例 6.28】 请编写一个程序,接收用户从键盘输入的一个复数的实部和虚部,输入时中间用空格分隔,然后输出其复数表示形式,以及其模。

程序源代码如下:

```
#example6_28.py
#coding = utf-8
import math
x = input("请输入复数的实部和虚部(用空格分隔):")
a,b = map(float,x.split())
c = math.sqrt(a ** 2 + b ** 2)
print(f"输入的复数为:{a} + {b}j, 模为:{c}")
```

程序 example6_28.py 的运行结果如下:

```
>>>
============ RESTART: G:\ example6_28.py ============
请输入复数的实部和虚部(用空格分隔):2.5 6.7
输入的复数为:2.5 + 6.7j, 模为:7.15122367151245
>>>
```

上述代码中,x 通过 input()函数得到字符串(用空格分隔的实部和虚部,如"3.5 6.7")。接着通过字符串的 split()方法得到元素为数字字符串的列表(如['3.5','6.7'])。然后通过

map()将 float()作用于该列表中的每个元素,得到包含两个浮点数的 map 对象。再通过对 map 对象进行序列解包将浮点数(如 3.5 和 6.7)分别赋给 a 和 b。最后通过公式计算模 c。

6.13 对象执行函数

6.13.1 eval()函数

格式：eval(expression[,globals[,locals]])

其中,expression 是用字符串表示的合法表达式；globals 是一个用字典对象表示的变量作用域全局命名空间；locals 是一个用字典对象表示的变量作用域局部命名空间。

eval()函数可返回一个字符串表示的合法表达式的计算结果。例如：

```
>>> a = 5
>>> eval("a + 1")
6
>>> g = {'a':10}
>>> eval("a + 1",g)              #a 使用变量作用域 g 中的值 10
11
>>>
```

当全局命名空间和局部命名空间中有相同名称的变量时,使用局部命名空间中的变量。例如：

```
>>> b = 100
>>> g = {'a':10,"b":200}
>>> c = 30
>>> l = {"b":300,"c":20}
>>> eval('a+b+c',g,l)            #a 使用 g 中的值 10,b 和 c 分别使用 l 中的值 300 和 20
330
>>> eval('a+b+c')                #a、b、c 分别使用默认作用域中的值 5、100、30
135
>>>
```

6.13.2 exec()函数

exec()函数执行存储在字符串中的合法语句。相比于 eval()函数,exec()函数可以执行更加复杂的 Python 语句。

格式：exec(object[,globals[,locals]])

其中,object 是必选参数,表示需要执行的用字符串表示的语句；globals 是一个用字典对象表示的变量作用域全局命名空间；locals 是一个用字典对象表示的变量作用域局部命名空间。

exec()函数的使用实例如下：

```
>>> a = 1
>>> b = 10
>>> c = 100
>>> express = """
sum = a + b + c
print("sum = ",sum,sep = "")
```

```
"""
>>> exec(express)
sum = 111
>>> exec(express,{"a":5,"b":50,"c":200})
sum = 255
>>> exec(express,{"a":5,"b":50,"c":200},{"c":300})
sum = 355
>>> exec(express,{"b":50,"c":200})
Traceback (most recent call last):
  File "<pyshell#58>", line 1, in <module>
    exec(express,{"b":50,"c":200})
  File "<string>", line 2, in <module>
NameError: name 'a' is not defined
```

如果要执行写在文件中的 Python 语句,如执行一个 py 文件,则可以先读取文件中的内容作为字符串,然后执行该字符串。例如,要读取 d 盘 test 目录下文件 test.py 中的内容,并作为语句执行,则可以使用如下语句:

```
with open('d:/test/test.py','r') as f:
    exec(f.read())
```

6.14 递归

函数内部可以调用其他函数。如果一个函数在内部直接或间接地调用自己本身,这是一种递归的方法。递归是一种非常实用的程序设计技术。许多问题具有递归的特性,在某些情况下,用其他方法很难解决的问题,利用递归可以轻松解决。

【例 6.29】 利用递归的思想来实现阶乘函数,然后调用该函数求正整数的阶乘。

分析:正整数 n 的阶乘可以这样定义:

$$n! = \begin{cases} 1, & n=1 \\ n \times (n-1)!, & n>1 \end{cases}$$

也就是说,如果要求 4!,根据阶乘定义,4! = 4×3!,而 3! = 3×2!,2! = 2×1!,1! = 1,以此回推,2! = 2×1! = 2×1 = 2,3! = 3×2! = 3×2 = 6,4! = 4×3! = 4×6 = 24,这样就能求得 4!。可以把这种思想融入程序代码中。

程序源代码如下:

```
#example6_29.py
#coding = utf-8
def fac(n):                      #函数定义
    if n == 1:
        s = 1
    else:
        s = n * fac(n-1)
    return s

#主程序
a = eval(input("please enter n:"))
print(f"{a}!= {fac(a)}")
```

程序 example6_29.py 的运行结果如下：

please enter n:4
4!= 24

下面以输入 4 为例说明程序的递归调用过程，如图 6.6 所示。

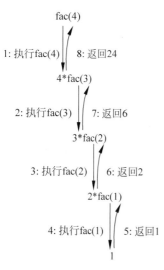

图 6.6　fac(4)递归调用过程

一个递归调用可能导致更多的递归调用，要终止一个递归调用，必须最终递归到满足一个终止条件。递归调用是通过栈来实现的，分为递推过程和回归过程。每调用一次自身，把当前参数压栈，直到达到递归终止条件，这个过程叫递推过程。当达到递归终止条件时，从栈中一一弹出当前的参数进行计算，直到栈为空，这个过程叫回归过程。图 6.6 中，步骤 1～步骤 4 是递推过程，步骤 5～8 是回归过程。

一个递归调用当达到终止条件时，就将结果返回给调用者。然后调用者进行计算并将结果返回给它自己的调用者。这个过程持续进行，直到结果被传回原始的调用者为止。因此在编写递归函数时必须满足以下两点。

(1) 有明确的递归终止条件及终止时的值。
(2) 能用递归形式表示，并且向终止条件的方向发展。

请思考，如果按如下方式编写 fac()函数会出现什么问题？

```
def  fac(n):
    s = n * fac(n-1)
    return s
```

如上递归没有终止条件，会永远递归调用下去，理论上，程序也永不停止。这种现象被称为无限递归。在大多数程序环境中，无限递归的函数并不会真的永远执行，Python 会在递归深度到达上限时报告一个错误信息。

前面已经提到，递归调用是通过栈来实现的，由于栈的大小不是无限的，递归调用的次数过多，会导致栈溢出。因此使用递归函数时需要注意防止栈溢出。解决递归调用栈溢出的方法是通过尾递归优化，这里不作详细阐述，感兴趣的读者可参考相关资料。

【例 6.30】　猴子吃桃子问题。一天猴子摘了若干桃子，每天吃现有桃子数的一半多 1 个，第 7 天早上只剩下 1 个桃子，问：猴子共摘了多少个桃子？试用迭代和递归两种方法实现。

(1) 迭代方法。

分析：根据题意，可以用后一天的桃子数推出前一天的桃子数。
设第 n 天的桃子为 x_n，是前一天的桃子的二分之一减去 1。
即 $x_n = \frac{1}{2} x_{n-1} - 1$，也就是 $x_{n-1} = (x_n + 1) \times 2$。

程序源代码如下：

```
#example6_30_1.py
#coding = utf-8
```

```
x = 1
# 往前迭代 6 次
for i in range(6,0,-1):
    x = (x + 1) * 2

print("peaches:",x)
```

程序 example6_30_1.py 的运行结果如下：

peaches: 190

(2) 递归方法。

分析：根据题意，第 n 天的桃子数=(第 n+1 天的桃子数+1)×2，而第 7 天的桃子数为 1，这就是终止条件。可以列出如下表达式：

$$f(n) = \begin{cases} 1, & n=7 \\ (f(n+1)+1) \times 2, & n<7 \end{cases}$$

程序源代码如下：

```
# example6_30_2.py
# coding = utf-8
def f(n):                    # 函数定义
    if n == 7:
        s = 1
    else:
        s = (f(n+1) + 1) * 2
    return s

# 主程序
print("peaches:",f(1))
```

程序 example6_30_2.py 的运行结果如下：

peaches: 190

例 6.29 和例 6.30 既可以用递归方法实现，也可以用非递归方法实现。求正整数的阶乘这样的问题可以用递归的方法实现，也可以像例 6.3 一样用循环的方法实现。但有些问题使用递归很容易解决，不使用递归则很难解决，如经典的汉诺塔问题。

汉诺塔问题：

有 n 个标记 1、2、3、…、n 的大小互不相同的盘子和三个标记 A、B、C 的塔。借助塔 C 把所有盘子从塔 A 移动到塔 B。初始状态时所有盘子都放在塔 A，无论何时，盘子都不能放在比它小的盘子的上方，每次只能移动一个盘子，并且这个盘子必须在塔顶位置。

当只有 1 个盘子，即 n=1 时，可以简单地把这个盘子直接从塔 A 移动到塔 B。这就是所说的终止条件。当 n>1 时，依次解决以下三个子问题即可（具体分析过程请读者参阅相关资料，这里不一一论述）。

(1) 借助塔 B 将前 n−1 个盘子从 A 移到 C。
(2) 将盘子 n 从塔 A 移到塔 B。
(3) 借助塔 A 将前 n−1 个盘子从 C 移到 B。

【例 6.31】 编写函数解决汉诺塔问题,打印出移动 4 个盘子的解决方案。

程序源代码如下:

```
# example6_31.py
# coding = utf-8
# ftower,表示原始塔
# ttower,表示目标塔
# atower,表示过渡塔
def han(n,ftower,ttower,atower):       # 函数定义
    if n == 1:                          # 递归终止条件
        # 直接将盘子从原始塔移动到目标塔
        print(n,"from",ftower,"to",ttower)
    else:
        # 借助目标塔,将前 n-1 个盘从原始塔移动到过渡塔
        han(n-1,ftower,atower,ttower)
        # 将最后一个盘直接从开始塔移动到目标塔
        print(n,"from",ftower,"to",ttower)
        # 借助原始塔,将前 n-1 个盘从过渡塔移动到目标塔
        han(n-1,atower,ttower,ftower)

# 主程序
a = int(input("please enter n:"))
han(a,"A","B","C")
```

程序 example6_31.py 的运行结果如下:

```
please enter n:4
1 from A to C
2 from A to B
1 from C to B
3 from A to C
1 from B to A
2 from B to C
1 from A to C
4 from A to B
1 from C to B
2 from C to A
1 from B to A
3 from C to B
1 from A to C
2 from A to B
1 from C to B
```

习题 6

1. 编写函数,利用辗转相除法求两个自然数的最大公约数,并利用该函数求 25 与 45 的最大公约数、36 与 12 的最大公约数。

辗转相除法的算法如下:

(1) 两个自然数 x 和 y,保证 x≥y,否则交换 x 与 y 的值。

(2) 计算 x 除以 y 的余数 r。

(3) 若 r==0,则 y 就是最大公约数;否则用 y 替换 x,用 r 替换 y,重复步骤(2)。

2. 编写一个函数,计算投资的未来价值,公式如下:

$$投资的未来价值 = 投资额 \times (1+月回报率)^{月数}$$

利用该函数计算投资额为 1000,年回报率为 4.5%,第 1~10 年中每一年的未来价值。约定:如果年回报率为 4.5%,只需要输入 4.5 即可,那么年回报率需要除以 100。月回报率就等于年回报率除以 12。

3. 编写两个函数分别按单利和复利计算利息,根据本金、年利率、存款年限得到本息之和与利息。调用这两个函数计算 1000 元在银行存 3 年,在年利率是 6% 的情况下,单利和复利分别获得的本息之和与利息。单利计算指只有本金计算利息。复利计算是指不仅本金计算利息,利息也计算利息,也就是通常所说的"利滚利"。如本题按单利计算本息之和为 $1000+1000\times 6\% \times 3=1180$ 元,其中利息为 118 元;按复利计算本息之和为 $1000\times(1+6\%)^3=1191.016$ 元,其中利息为 191.016 元。

4. 编写函数,判断一个数是否为素数。调用该函数判断从键盘中输入的数是否为素数。素数也称质数,是指只能被 1 和它本身整除的数。

5. 编写函数,判断一个数是否为水仙花数。调用该函数打印出 1000 以内的所有水仙花数。水仙花数是指一个 n 位数(n≥3),它的每个位上的数字的 n 次幂之和等于它本身。例如:$1^3+5^3+3^3=153$,则 153 是水仙花数。

6. 编写函数求斐波那契数列的前 20 项。斐波那契数列的第 1、第 2 项分别是 0、1,从第 3 项开始,每项都是前两项之和,如 0、1、1、2、3、5、8、13、21、…。试用递归函数实现。

第7章 程序的组织与常用标准模块

学习目标
- 了解包及其定义方法。
- 掌握第三方库的安装方法。
- 熟练掌握模块的__name__属性及其在编程中的作用。
- 掌握常用标准模块的使用方法。

在第1章已经阐述过,模块是程序的一种组织形式,它将彼此具有特定关系的一组Python可执行代码、函数、类或变量组织到一个独立文件中,可以供其他程序使用。程序员一旦创建了一个Python源文件,就可以作为一个模块来使用,其不带.py扩展名的文件名就是模块名。本章主要阐述包的概念与定义、第三方模块的安装方法、模块的__name__属性、常用标准模块的用法。

7.1 包及其定义

为了方便管理,通常将一组相关的程序文件(模块)放在一起,以特定目录的形式组织打包。作为包的目录中必须至少包含一个名为__init__.py 的文件,也可以包含一些模块文件和作为子包的子目录。作为子包的子目录中同样至少包含一个名为__init__.py 的文件。文件__init__.py 的内容可以为空。

__init__.py 文件的主要作用如下。

(1) 作为 Python 中包与普通目录的区别标识。

(2) 编写代码,定义类、函数、变量等对象。

(3) 定义__all__变量来确定采用 from moduleName import * 时导入的模块名称。

假如在 d 盘根目录下建立了 pythonpackagetest 目录,在该目录下又创建了一个__init__.py 文件,并在该文件中定义了变量 PI=3.14159。这时,可以通过以下方式来调用这个 PI 变量值。

```
>>> import sys
>>> sys.path.append('d:/')           #添加查找路径
>>> import pythonpackagetest
>>> pythonpackagetest.PI
3.14159
>>>
```

也可以用此方法来引用自定义包下__init__.py 文件中定义的其他对象。我们再在此文件中定义 XX＝5、YY＝10 两个变量和 printTest1()、printTest2() 两个函数。此时 __init__.py 文件的内容为

```
PI = 3.14159
XX = 5
YY = 10

def printTest1():
    print('Test1')

def printTest2():
    print('Test2')
```

此时通过 from pythonpackagetest import * 方式导入后，可以引用 PI、XX、YY 三个全部变量的值及全部函数。例如：

```
>>> import sys
>>> sys.path.append('d:/')
>>> from pythonpackagetest import *
>>> PI
3.14159
>>> XX
5
>>> YY
10
>>>
>>> printTest1()
Test1
>>> printTest2()
Test2
>>>
```

从刚才的例子中可以看到，通过 from 模块名 import * 这种方式可以导入模块中的所有对象。现在再在此 __init__.py 文件中定义变量 __all__＝['PI','YY','printTest2']。pythonpackagetest 目录下 __init__.py 文件的内容为

```
PI = 3.14159
XX = 5
YY = 10

def printTest1():
    print('Test1')

def printTest2():
    print('Test2')

__all__ = ['PI','YY','printTest2']
```

变量 __all__ 定义了通过 from 模块名 import * 所能够导入的对象内容。不在变量 __all__ 列表中的对象不能通过此方式导入。例如：

```
>>> import sys
>>> sys.path.append('d:/')
>>> from pythonpackagetest import *
>>> PI
3.14159
>>> XX
Traceback (most recent call last):
  File "<pyshell#4>", line 1, in <module>
    XX
NameError: name 'XX' is not defined
>>> YY
10
>>> printTest1()
Traceback (most recent call last):
  File "<pyshell#6>", line 1, in <module>
    printTest1()
NameError: name 'printTest1' is not defined
>>> printTest2()
Test2
>>>
```

下面再在 pythonpackagetest 包目录下创建 hello.py 和 helloworld.py 两个文件，也就是两个模块。文件 hello.py 中定义了函数 printHello()，其内容为

```
def printHello():
    print('Hello')
```

文件 helloworld.py 中定义了 printHelloWorld() 函数，其内容为

```
def printHelloWorld():
    print('Hello World!')
```

可以通过如下方式引用这两个模块中的函数：

```
>>> import sys
>>> sys.path.append('d:/')
>>> import pythonpackagetest.hello
>>> pythonpackagetest.hello.printHello()
Hello
>>> import pythonpackagetest.helloworld
>>> pythonpackagetest.helloworld.printHelloWorld()
Hello World!
>>> import pythonpackagetest.hello as hello
>>> hello.printHello()
Hello
>>> import pythonpackagetest.helloworld as helloworld
>>> helloworld.printHelloWorld()
Hello World!
>>>
```

7.2　第三方模块及其安装

Python 的优势之一在于其广泛的用户群和众多的社区志愿者，他们提供了很多实用的模块。一些模块已经被吸收为 Python 的标准模块，随着 Python 解释器一起安装，可以直

接通过 import 语句导入。但是更多的模块并不是 Python 的标准模块。使用 import 语句导入非标准模块之前必须提前安装相应的模块到开发环境中。这种模块被称为第三方模块。例如，NumPy 需要先安装到 Python 环境中才可以通过 import 语句导入使用。

模块在发布时通常被打包成库的形式，便于下载和安装。一个库中可以包含多个模块。用于封装第三方模块的库通常被称为第三方库。本书需要用到一些第三方库。本节以安装 NumPy 库为例，介绍如何安装第三方库，并使用其中的模块。本书中用到的 Matplotlib 和 Pandas 库的安装方法将在第 16 章介绍。读者也可以参考其他资料或相关软件库的官方文档。

有四种常用的第三方库安装方法，分别是安装包含第三方库的增强版的 Python 发行版本、使用 pip 工具在线安装、下载 whl 文件后安装和下载源代码文件后安装。

1. 安装增强版的 Python 发行版本

获得 NumPy 的最简单方法是安装增强版的 Python 发行版本。这些版本包含了很多 Python 的第三方库。Anaconda 是目前比较常用的 Python 增强型发行版本，适用于 Windows、OSX、Linux 等操作系统，并且完全免费。它包含 300 多个用于科学、数学、工程、数据分析等的 Python 库。读者可以到 Anaconda 官方网站下载并安装。

2. 使用 pip 工具在线安装

如果需要用到以上增强型版本也不包含的第三方库，或者用户希望安装完标准的 Python 发行版本后自行添加需要的库，则可以采用此方法进行安装。如果使用 Anaconda，先选择 Anaconda 菜单中的 Anaconda Prompt 命令，打开命令窗口，然后使用以下命令来在线安装：

```
pip install 拟安装的库名
```

如果使用标准的 Python 发行版本，先按键盘上的 Windows 符号＋R 组合键，打开如图 7.1 所示的"运行"对话框。在该对话框中的"打开"文本框中输入 cmd，然后按"确定"按钮，打开操作系统的命令行窗口。在命令行窗口中使用以下命令来在线安装：

```
pip install 拟安装的库名
```

图 7.1 Windows 的"运行"对话框

pip 是 Python 官方提供的模块安装工具。新的 Python 标准发行版中包含了 pip 工具，较早的 Python 标准发行版本需要先自行安装 pip 工具。使用 pip 在线安装第三方库需要计算机联网，默认自动从 PyPI 官方站点下载库文件，自动完成安装。

利用 pip 进行在线安装时，通常有如下两种情况。

(1) 优先自动下载已经完成编译的 whl 文件,然后自动完成安装。

(2) 如果没有相应的 whl 文件,就自动下载以 tar.gz 或 zip 等格式压缩的源代码。然后自动完成编译(通常依赖于相应版本的 VC++),再自动进行安装。如果编译时需要 VC++ 环境,则需要先手动完成 VC++ Redistributable 的安装。

受网络等因素的影响,在线安装可能会失败。这时可以通过在参数-i 后面加安装源地址来尝试改用国内的安装源,以提高网络传输速度。可以通过百度搜索国内 PyPI 镜像安装源地址。例如,采用清华大学的 PyPI 镜像安装源,可以使用以下命令来安装 NumPy:

```
pip install numpy -i https://pypi.tuna.tsinghua.edu.cn/simple
```

在线安装时,pip 工具默认安装最新版本的软件包。如果需要安装指定版本的软件包,则需要指明版本号。例如,要安装 1.22.3 版本的 NumPy,可以使用以下命令:

```
pip install numpy == 1.22.3 -i https://pypi.tuna.tsinghua.edu.cn/simple
```

3. 下载 whl 文件后安装

whl 文件是已经完成编译的软件安装包。用户可以到 Python 官方的 PyPI 仓库(https://pypi.org/)或其他网站下载需要的 whl 库文件,然后使用 pip 工具完成安装。

这里以安装 NumPy 为例来说明用户如何利用 whl 文件自行安装需要的第三方库。先登录 https://pypi.org/project/numpy/ 下载 NumPy 相应版本的 whl 安装程序,如 numpy-1.22.3-cp310-cp310-win_amd64.whl。打开 Windows 命令行窗口,进入 whl 文件所在文件目录,并输入命令 pip install numpy-1.22.3-cp310-cp310-win_amd64.whl 来完成安装。

下载 whl 文件后进行安装与下载源文件后进行安装相比,可以避免因本地没有相应的软件编译环境而造成的安装失败。与在线安装相比,这种方式可以避免因网速太慢引起安装超时,从而导致的安装失败。

4. 下载源代码文件后安装

可以先下载第三方工具的源代码发行文件(如 numpy-1.22.3.zip),然后在命令行下转到该文件所在目录,利用"pip install 文件名"进行安装。使用 pip 工具安装源代码发行文件之前通常需要先安装编译源代码所依赖的相应版本的 VC++ Redistributable。这对初学者来说可能有一定的难度。建议初学者尽量选用其他三种方法进行安装。

采用以上任何一种方式安装完成后,可以通过以下方式查看已安装模块的版本:

```
>>> import numpy
>>> numpy.__version__
'1.22.3'
>>>
```

7.3 模块的 __name__ 属性

每个模块都有一个 __name__ 属性(注意 __name__ 两端各有两个下画线),该属性保存当前模块执行过程中的名称。当一个程序模块独立运行时,该 __name__ 属性自动被赋予值为 __main__ 的字符串。如果一个程序模块被其他程序通过 import 导入使用,则其 __name__ 属性自动被赋予值为模块名(文件名)的字符串。

【例 7.1】 编写一个函数 printName()打印模块当前的 __name__ 属性值,主程序调用执行该函数,程序保存为 nametest.py。

程序源代码如下:

```
# nametest.py
# coding = utf - 8
def printName():
    print("当前__name__值为:",__name__)

# 主程序
printName()
```

程序 nametest.py 的运行结果如下:

当前__name__值为: __main__

因为 nametest.py 程序作为一个独立模块运行,因此其 __name__ 值为字符串"__main__"。

【例 7.2】 编写一个程序,调用例 7.1 中 nametest.py 中的 printName()函数,程序保存为 nametestimport.py。为了简化阐述,程序与 nametest.py 保存到同一个目录下。

程序源代码如下:

```
# nametestimport.py
# coding = utf - 8
import nametest
nametest.printName()
```

程序 nametestimport.py 的运行结果如下:

当前__name__值为: nametest
当前__name__值为: nametest

因为 nametest.py 作为一个模块被 nametestimport.py 程序通过 import 引用,因此其 __name__ 属性值为模块的名称 nametest。

为什么执行结果的字符串重复打印两次呢? 因为被 import 引用的 nametest.py 中,有主程序调用 printName()函数的语句,因此在 import nametest 时执行了一次 printName(),输出了"当前__name__值为: nametest"。nametestimport.py 中接着通过语句 nametest.printName()调用了 printName()函数,再一次输出"当前__name__值为: nametest"。

因此,如果一个程序模块可能被其他程序通过 import 引用,最好在主程序开始之前添加"if __name__ == '__main__':"的条件语句,这样,该模块在被其他程序通过 import 引用时,因为其__name__属性的值不为__main__,主程序不会执行。

修改例 7.1 的程序如下:

```
# nametest2.py
# coding = utf - 8
def printName():
    print("当前__name__值为:",__name__)

# 主程序
if __name__ == '__main__':          # 添加了判断语句
    printName()
```

直接运行该程序的执行结果与原来一样。

相应地,将例 7.2 的程序修改如下:

```
#nametestimport2.py
#coding=utf-8
import nametest2
nametest2.printName()
```

此时,程序的运行结果如下:

当前__name__值为: nametest2

因为,当 nametest2.py 被 nametestimport2.py 引用时,nametest2 中的 __name__ 属性值为 __nametest2__,此时 nametest2 中的主程序 if 后面的条件为假,因此 printName() 没有被调用。直到 nametestimport2.py 执行 nametest2.printName() 函数时,才打印一次。

如果进一步考虑到例 7.2 中的程序将来可能被其他程序通过 import 引用,也可以将其进一步修改为

```
#nametestimport3.py
#coding=utf-8
import nametest2

if __name__ == '__main__':
    nametest2.printName()
```

7.4 常用包与标准模块

本节简单介绍 Python 编程中一些常用的包和标准模块。

7.4.1 collections 包

collections 包中包含了用于处理序列、字典等组合对象的各种类,其中 Counter 类是 dict 类的子类。Counter 类及其 most_common() 方法的部分用法参见如下代码:

```
>>> from collections import Counter
>>> words=["春节","春季","春节","春分","春季","春节"]
>>> c=Counter(words)
>>> c
Counter({'春节': 3, '春季': 2, '春分': 1})
>>> c.most_common()              #按照出现次数从多到少列出元素及其出现次数
[('春节', 3), ('春季', 2), ('春分', 1)]
>>> c.most_common(1)             #列出出现次数最多的元素及其出现次数
[('春节', 3)]
>>> c.most_common(2)
[('春节', 3), ('春季', 2)]
>>>
```

7.4.2 pprint 模块

pprint(pretty-print)模块使得输出更加美观。该模块包含 PrettyPrinter 类、pprint() 函

数等。pprint()函数的调用格式如下:

```
pprint(object,stream = None,indent = 1,width = 80,depth = None, * ,compact = False,sort_dicts = True)
```

它将对象以更美观的格式打印到输出流(默认为 sys.stdout)。例如:

```
>>> from pprint import pprint
>>> data = [12.5,80,"欢度春节",(1,3,5),"Hello World!",
    12.5,80,"欢度春节",(1,3,5),"Hello World!",
    12.5,80,"欢度春节",(1,3,5),"Hello World!"]
>>> print(data)                          ♯用内置的 print()函数输出
[12.5, 80, '欢度春节', (1, 3, 5), 'Hello World!', 12.5, 80, '欢度春节', (1, 3, 5), 'Hello World!', 12.5, 80, '欢度春节', (1, 3, 5), 'Hello World!']
>>> pprint(data)                         ♯用 pprint 模块中的 pprint()函数输出
[12.5,
 80,
 '欢度春节',
 (1, 3, 5),
 'Hello World!',
 12.5,
 80,
 '欢度春节',
 (1, 3, 5),
 'Hello World!',
 12.5,
 80,
 '欢度春节',
 (1, 3, 5),
 'Hello World!']
>>>
```

7.4.3 random 模块

random 模块中的类和函数用于生成伪随机数、进行随机排序或随机采样等。例如:

```
>>> import random
>>> random.random()                      ♯生成一个[0, 1)的随机浮点数
0.4363633068290167
>>> random.random()
0.1764705190954221
>>> random.seed(1)                       ♯给定随机数种子,确保重复执行时生成相同的随机数
>>> random.random()
0.13436424411240122
>>> random.seed(1)
>>> random.random()                      ♯相同的随机数种子下,生成相同的随机数
0.13436424411240122
>>> random.randint(10,99)                ♯生成一个位于区间[10, 99]的随机整数
18
>>> random.choice(["a","b",1,2,"c","d"]) ♯从参数的序列中随机选择一个元素
2
>>> s = ["a","b",1,2,"c","d"]
```

```
>>> random.shuffle(s)                    # 打乱序列中的元素顺序
>>> s
['b', 'd', 1, 'c', 2, 'a']
>>> random.sample(s,3)                   # 从序列中随机选择指定个数的元素构成新列表
['a', 'c', 1]
>>>
```

7.4.4　日期与时间模块

Python 中处理日期与时间的模块主要有 datetime、time 和 calendar。例如：

```
import time
bTime = time.time()                      # 获取从基准时间到当前时间的秒数
i = 0
while i < 1000000:
    i += 1

eTime = time.time()                      # 获取从基准时间到当前时间的秒数
print(f"运行时间为{eTime - bTime}秒")
```

上述代码的运行结果如下：

运行时间为 20.674134254455566 秒

习题 7

1. 下载并安装至少一个第三方模块。
2. Python 程序 __name__ 属性在哪些情况下分别具有什么值？有何作用？
3. 使用 random 模块的 randint() 函数生成一个 0~9 的随机整数 n，让用户猜一猜并输入所猜的数 x，如果 x 大于 n，则显示"太大"；如果 x 小于 n，则显示"太小"；如此循环，直至猜中该数，显示"恭喜！你猜中了！"。

第 8 章 文件操作

学习目标
- 了解文件的基础知识。
- 熟练掌握典型数据文件的读写方法。
- 熟练掌握典型数据文件的指针移动方式。
- 熟练掌握 Excel 文件的读写方法。

大部分数据都是通过文件进行存储的。本章主要介绍如何利用 Python 打开、读写和关闭数据文件,读写过程中文件指针的移动方式,以及 Excel 文件的读写方法,最后通过一些案例串联以上主要知识点。

8.1 文件的基础知识

为了使保存的数据便于修改和分享,数据通常以文件的形式存储在磁盘等外部存储介质中。从存储简单字符的文本到具有复杂格式的 Word 文档,从静态图像到多媒体视频,从桌面数据库 Access 到复杂的网络数据库 Oracle 等,这些信息最终都以文件的形式存储到磁盘上。因此,文件的处理在整个信息世界具有重要的地位。

无论何种类型的文件,在内存或磁盘上最终都是以二进制编码存储的。根据逻辑上编码的不同,可以区分为文本文件和二进制文件。

文本文件基于字符编码,如 ASCII 码、UTF-8 编码等。文本文件存储的是普通字符串,能够用记事本等文本编辑器直接显示字符并进行编辑。

二进制文件是基于值编码的,以字节串的形式存储,其编码长度根据值的大小而变化。通常在文件的头部相关属性中定义表示值的编码长度。二进制文件不能用文本编辑器显示或编辑,如声音、图像等文件。

8.2 文件的打开与关闭

通常而言,可通过 open()函数打开一个文件。open()函数的调用格式如下:

```
open(file, mode = 'r', buffering = -1, encoding = None, errors = None, newline = None, closefd = True, opener = None)
```

file 表示文件名。如果文件名不带路径,表示当前路径下的文件。其他参数都包含了默认值。mode 表示文件的打开方式,默认为 r 和 t 的组合,表示以只读形式打开文本文件。

表 8.1 列出了 open()函数中参数 mode 的可选值。通常使用这些可选值的组合来打开文件。详细的文件打开方式将在 8.3 节阐述。buffering 表示缓冲策略,encoding 表示用于文本文件解码和编码的编码名称(将在 8.3 节展开阐述)。errors 也只用于文本文件的处理,表示如何处理编码错误。针对参数 errors 可选的表示处理方式的字符串,本书不展开阐述。newline 表示通用换行工作方式,只用在文本模式下。关于 newline 参数的可选项含义,以及 closefd 和 opener 参数的含义,读者可以参考帮助文档。调用 open()函数之后,将返回一个文件对象。

表 8.1　open()函数中参数 mode 的可选值

处理类型	参数 mode 的取值	含 义
读写方式	r	以读形式打开(默认)
	w	以写形式打开;如果文件已存在,则先清空文件原有内容
	x	创建一个新文件,并以写的形式打开
	a	以写的形式打开;如果文件已存在,新写的内容添加到原有内容的后面
文件类型	b	二进制文件方式
	t	文本文件方式(默认)
增加读或写	+	在读写方式字符后加上"+",表示既可读又可写的方式

假如在 d 盘根目录下存在一个名为 test.txt 的文件,可以通过以下语句打开它:

```
>>> f = open(r'd:\test.txt')
```

如果 d 盘中不存在这个文件,则会提示以下错误:

```
Traceback (most recent call last):
  File "<pyshell#1>", line 1, in <module>
    f = open(r'd:\test1.txt')
FileNotFoundError: [Errno 2] No such file or directory: 'd:\\test1.txt'
```

在 Windows 操作系统下,Python 函数中使用的文件名所包含的路径名有如下三种写法:

```
>>> f = open(r'd:\test.txt')
>>> f = open('d:\\test.txt')
>>> f = open('d:/test.txt')
```

Python 中的文件对象有三种常用属性:closed 属性用于判断文件是否关闭,若文件处于打开状态,则返回 False;mode 属性返回文件的打开模式;name 属性返回文件的名称。

在文件读写完毕之后,要注意使用 f.close()方法关闭文件,以把缓存区的数据写入磁盘,释放内存资源供其他程序使用。

处理纯文本的文件既可以在 t 模式下存取,也可以在 b 模式下存取。在 t 模式下,数据的存取以字符串(unicode)为读写单位。在 b 模式下,数据的存取以字节串(bytes)为单位。也就是说,纯文本数据既可以用文本文件来存取,也可以用二进制文件来存取。而包含非文本内容(如图像、声音等)的数据必须以二进制文件来存取。

8.3 读写文件

如果给 open() 函数只提供了一个参数 file,那么将返回一个只读的文件对象。如果要将数据写入文件中,需通过 mode 参数提供文件打开模式。可以从表 8.1 中选择部分值组合后作为 mode 的实参传递给 open() 函数,open() 函数读写文件的常用组合模式如表 8.2 所示。

表 8.2 open() 函数读写文件的常用组合模式

mode 的取值	权限 读	权限 写	权限 附加	是否以二进制读写	是否删除原内容	文件不存在时,是否产生异常	文件指针的初始位置
r	√					是	头
rb	√			是		是	头
r+	√	√				是	头
rb+	√	√		是		是	头
w		√			是	否,新建文件	头
wb		√		是	是	否,新建文件	头
w+	√	√			是	否,新建文件	头
wb+	√	√		是	是	否,新建文件	头
a			√			否,新建文件	尾
ab			√	是		否,新建文件	尾
a+	√		√			否,新建文件	尾
ab+	√		√	是		否,新建文件	尾

r 表示只读模式,是 mode 参数的默认值。w 模式可以向文件中写入数据。如果文件中原来有数据,那么通过 w 模式打开文件时,原有数据将被清除。a 模式可以向文件末尾添加数据。此外,"+"可以和以上三种模式配合使用,表示同时允许读和写。例如,通过 r+ 返回的文件对象既可以读,也可以写。w+ 和 r+ 之间的区别在于:w+ 打开文件时将删除原有文件数据,若打开的文件不存在,则会新建一个文本文件;r+ 打开文件时不删除原有文件数据,若打开的文件不存在,则产生异常。a+ 模式以读写方式打开文件,不删除原有文件数据,允许在任意位置读,但只能在文件末尾追加数据,若打开的文件不存在,则新建一个文本文件。

最后,b 模式也可附加在其他模式之后,用于声明处理的是二进制文件。Python 中,open() 函数默认打开的为文本文件。然而,当需要处理二进制文件时,如图像或者声音,应提供 b 给 mode 参数,例如,rb 用于读取二进制文件。

此外,参数 buffering 可控制文件读写时是否需要缓冲。若取 0(或 False),则无缓冲,即直接将数据写入磁盘文件;若取 1(或 True),则有行缓冲,碰到换行就将数据写入磁盘,否则数据先不写入磁盘,除非使用 flush() 或 close() 方法强制将缓冲区内容写入磁盘;若取大于 1 的数,该数则为所取缓存区中的字节数;若取负数,则表示使用默认缓存区的大小。如果不提供参数,则 buffering 的默认参数值为 1。如果 buffering 的值取大于负数,缓冲区不满时数据不会写入磁盘,直到缓冲区满或使用 flush()或 close()方法强制将缓冲区内容写入磁盘。

open()函数中的 encoding 表示文本文件存储时所采用的字节串编码方式和读取时的解码方式。存储和读取要采用同一种编码方式。如果该参数未指定,所采用的编码方式由操作系统来决定。可以采用 locale.getpreferredencoding()来获取操作系统当前的默认字符编码。例如:

```
>>> import locale
>>> locale.getpreferredencoding()
'cp936'
>>>
```

GBK 编码在 Windows 内部对应的代码页是 cp936。

8.3.1 文本文件的写入

open()函数在 r+、w、w+、a、a+等模式下打开文件后,返回一个可写的文本文件对象,在此基础上可以向文本文件写入数据。文件对象读写数据的方法见表 8.3,其中 write()、writelines()用于向文件对象中写入数据。

表 8.3 文件对象的读写方法

方法	作用
read()	读取文本数据,若不加任何参数,将所有内容作为一个字符串返回;若给定某个正整数 n,将返回 n 个字符(若从当前文件指针位置到最后不足 n 个字符,则返回所有字符)所构成的字符串
readline()	若没有任何参数,则读取文件的一行字符构成字符串;若包含一个正整数参数 n,则读取 n 个字符构成字符串
readlines()	以行为单位读取文本数据,返回一个列表,每行的字符串内容作为列表的一个元素
write()	写入文本数据
writelines()	对序列中的所有字符串元素逐个写入,每写完一个元素后不会自动换行,除非该元素包含换行符"\n"

如下代码先以写的方式打开 d:\test.txt 文件对象。如果文件不存在,则自动创建文件对象。接着,在文件对象中写入两行字符串,内容分别为 123 和 abc。写入字符串 123 时,后面有\n,因此产生了换行。然后用文件对象的 close()方法关闭文件对象,文件对象中的内容将被写入磁盘文件中。

```
>>> f = open('d:\\test.txt','w')
>>> f.write('123\n')
4
>>> f.write('abc')
3
>>> f.close()
```

打开 d 盘的 test.txt 文件可以发现其中有两行文本:123 和 abc。另外,需注意的是,一旦在 w 或 w+模式下打开某个已经存在的文件,则该文件里的原有数据会被清空。在刚才创建的 test.txt 文件基础上,如果继续运行如下代码:

```
>>> f = open('d:\\test.txt','w+')
>>> f.write('567\n')
4
>>> f.write('def')
3
>>> f.close()
```

此时,打开 d 盘的 test.txt 文件可以发现其中有两行字符串:567 和 def,之前的内容已被清除。

除了 write()方法外,writelines()可实现将序列中的字符串元素逐个写入文件中。如下代码用 append 模式再次打开 test.txt 文件,并在文件末尾添加两行字符串,内容分别为 123 和 abc。

```
>>> f = open('d:\\test.txt','a')
>>> a_list = ['\n123','\nabc']
>>> f.writelines(a_list)
>>> f.close()
```

打开 test.txt 文件后可以发现有 4 行文本,分别为 567、def、123 和 abc。

用 writelines()方法写入序列中元素时,每写完一个元素后并不会自动换行,除非该元素包含换行符"\n"。如果待写入的序列元素中没有换行符,下一个元素将直接接在其后面。运行以下代码:

```
>>> f = open('d:\\test.txt','w+')
>>> a_list = ['123','abc',"def"]
>>> f.writelines(a_list)
>>> f.close()
```

运行完成后,打开 test.txt 文件,可以发现序列 a_list 中的三个字符串元素已被写在同一行。如果想在写完序列中的一个元素后换行,则需要在每个元素后面添加一个换行符"\n"。例如:

```
>>> f = open('d:\\test.txt','w+')
>>> a_list = ['123','abc',"def"]
>>> b_list = [line + "\n" for line in a_list]     # 每个元素后面加一个换行符"\n"
>>> f.writelines(b_list)
>>> f.close()
```

此时打开 test.txt 文件后可以发现,列表中的每个元素在写完后都换行了。

8.3.2　文本文件的读取

open()函数在 r、r+、w+ 和 a+ 等模式下打开文件后,返回一个可读的文本文件对象,在此基础上实现对文本文件的读取。如表 8.3 所示,从文件对象读取数据的方法有 read()、readline()、readlines()。

在 d 盘根目录下新建一个名为 test.txt 的文件,并在其中输入两行英文"hello Python!"和"how are you!",然后保存并关闭文件。在 r 模式下构建文件对象 f 之后,可以用 read()、readline()和 readlines()等方法读取 f 中的数据。利用 read()方法可读取文件中指定个数

的字符,若括号中无数字,则直接读取文件中所有的字符;若参数中提供数字,则一次读取指定个数的字符。例如:

```
>>> f = open('d:\\test.txt')
>>> f.read(3)
'hel'
>>> f.read(2)
'lo'
>>> f.read()
' Python!\nhow are you!'
>>> f.close()
```

文件对象的 readline() 方法可实现逐行读取字符,若括号中无数字,则默认读取一行;若括号中有数字,则读取这一行中对应数量的字符(如果该数字大于这一行剩余的字符数,则读取这一行剩余的所有字符)。例如:

```
>>> f = open('d:\\test.txt')
>>> f.readline()
'hello Python!\n'
>>> f.readline(3)
'how'
>>> f.readline()
' are you!'
>>> f.close()
```

文件对象的 readlines() 方法可读取一个文件中的所有行,并将其作为一个列表返回。每行的信息作为列表中的一个字符串元素。例如:

```
>>> f = open('d:\\test.txt')
>>> f.readlines()
['hello Python!\n', 'how are you!']
>>> f.close()
```

值得注意的是,调用 readlines() 方法将返回一个以文件每行内容作为元素的列表存储在内存之中。当文件存储的信息量较小时,对于计算性能的影响较小;但当文件很大时,则需要占用较大的内存,影响计算机的正常运行。此时,有三种方法可以替代 readlines() 方法以减少内存的占用:①组合使用循环结构与 readline() 方法,逐行读取文本内容;②利用 iter(文件对象)返回一个迭代器,从而降低对计算机内存的占用;③利用文件对象迭代功能,逐行读取信息。以下 3 种方法是等效的。

方法 1:

```
f = open('d:\\test.txt')
line = f.readline()
while line:
    print(line, end = '')
    line = f.readline()
f.close()
```

方法 2:

```
f = open('d:\\test.txt')
```

```
for line in iter(f):
    print(line,end = '')
f.close()
```

方法3：

```
f = open('d:\\test.txt')
for line in f:
    print(line,end = '')
f.close()
```

最后，如果需要将迭代器转换为列表，则可考虑以下方法：

```
>>> f = open('d:\\test.txt')
>>> li = list(f)
>>> print(li)
['hello Python!\n', 'how are you!']
```

8.3.3 采用指定编码存取文本文件

文本文件的读和写需要采用同一种编码方式，否则在文件中读取中文等非ASCII码字符时将出现解码错误。这里举个例子来说明如何在写或读文本文件时指定编码方式。

```
>>> f = open("d:/test1.txt",mode = "w",encoding = "utf-8")    #以UTF-8编码写文件
>>> f.write("字符编码测试")
6
>>> f.close()
>>>
>>> f = open("d:/test1.txt")                                   #以操作系统默认的编码方式读取文件
>>> f.read()
Traceback (most recent call last):
  File "<pyshell #71>", line 1, in <module>
    f.read()
UnicodeDecodeError: 'gbk' codec can't decode byte 0xac in position 4: illegal multibyte sequence
>>> f.close()
>>>
>>> import locale
>>> locale.getpreferredencoding()                              #查询操作系统默认的编码方式
'cp936'
>>>
>>> f = open("d:/test1.txt",encoding = "utf-8")                #采用UTF-8编码读取文件
>>> f.read()
'字符编码测试'
>>> f.close()
>>>
```

8.3.4 序列化与二进制文件的写入

为了将内存中的字典、列表、集合以及各种对象保存到一个文件中或传输给网络中的其他节点，必须把这些对象先转换为二进制的字节序列，这一过程称为对象的序列化。将二进制文件中的字节序列或网络中接收到的二进制字节序列恢复到内存中的对象过程称为反序列化。

Python 中用于对象序列化和反序列化的模块主要有 struct、pickle、json、messagepack 等。其中 struct、pickle 和 json 都是标准模块；messagepack 是非标准模块，需要单独安装。本书只介绍 struct 和 pickle 模块的序列化和反序列化方法。其他模块的用法请参考相关资料。

本节介绍对象的序列化及其二进制字节序列写入文件的方法。反序列化的内容在 8.3.5 节介绍。

可以通过 struct 模块中 Struct 类的对象方法 pack() 将对象序列化为二进制的字节序列，然后用文件对象的 write() 方法将这些字节序列写入二进制文件对象。也可以用 pickle 模块的 dump() 函数将对象序列化为二进制的字节序列并直接写入二进制文件。

方法一：用 struct.Struct 类中的对象方法 pack() 将数据对象序列化为二进制的字节序列，然后通过文件对象的 write() 方法将这些字节序列写入二进制文件对象。基本步骤如下。

(1) 导入 struct 包。
(2) 创建 struct.Struct 对象。
(3) 利用 struct.Struct 对象的 pack() 方法将数据对象序列化为二进制的字节序列。
(4) 用文件对象的 write() 方法将二进制的字节序列写入准备好的二进制文件对象。

struct.Struct 对象的创建格式为 Struct(fmt)，其中 fmt 是由格式字符组成的字符串。struct.Struct 对象的格式字符如表 8.4 所示。

表 8.4　struct.Struct 对象的格式字符

格 式 字 符	对应的 C 语言类型	对应的 Python 语言类型	字 节 数
x	pad byte	no value	
c	char	bytes of length 1	1
b	signed char	integer	1
B	unsigned char	integer	1
?	_Bool	bool	1
h	short	integer	2
H	unsigned short	integer	2
i	int	integer	4
I	unsigned int	integer	4
l	long	integer	4
L	unsigned long	integer	4
q	long long	integer	8
Q	unsigned long long	integer	8
f	float	float	4
d	double	float	8
s	char[]	bytes	
p	char[]	bytes	
P	void *	integer	

【例 8.1】 利用 struct.Struct 类中的对象方法 pack() 将一个整数、一个字符串、一个浮点数和一个布尔值序列化为二进制的字节序列，并新建文件对象用其 write() 方法将这些字

节序列写入该文件中。

程序源代码如下：

```
#example8_1.py
#coding = utf-8
import struct

#待存储的数据，也可以采用下一行的方式
values = (8,b'abc',9.9,True)
#values = (8,bytes('abc', encoding = "utf8") ,9.9,True)

#传入格式字符串，创建Struct对象
s = struct.Struct('I3sf?')

#利用Struct对象中的pack()方法将数据对象序列化为二进制字节序列
packed_data = s.pack( * values)

f = open('example8_1.dat','wb')          #文件的扩展名可以任意给定
f.write(packed_data)                     #文件对象中写入二进制字节序列
f.close()
```

上述代码中，Struct()参数中的格式字符I表示整数，3s表示3个字符组成的字符串，f表示浮点数，？表示布尔值。

运行程序example8_1.py，结束后在该文件的同一目录下生成example8_1.dat文件。

方法二：用pickle模块的dump()函数将数据对象序列化为二进制的字节序列并直接写入二进制文件。

pickle模块的dump()函数最基本的调用格式为dump(数据对象，文件对象)。其功能是将数据对象序列化为二进制的字节串并写入二进制文件对象中。

【例8.2】 利用pickle模块的dump()函数分别将一个字符串、一个列表、一个字典、一个整数和一个浮点数序列化并写入二进制文件中。

程序源代码如下：

```
#example8_2.py
#coding = utf-8
import pickle
s = '好好学习'
li = [1,2,'天天向上',9.9]
d = {1:10,2:20}
x = 8
y = 8.8
f = open('example8_2.dat', 'wb')
pickle.dump(s, f)
pickle.dump(li, f)
pickle.dump(d, f)
pickle.dump(x, f)
pickle.dump(y, f)
f.close( )
```

运行程序example8_2.py，结束后在该文件的同一目录下生成example8_2.dat文件。

序列化得到的二进制字节序列不一定要存储在文件中,也可以通过网络传输到网络的其他节点上。

8.3.5 二进制文件的读取与反序列化

将二进制文件中的字节序列或网络中接收到的二进制字节序列恢复到内存中的对象过程称为反序列化。

针对通过 struct.Struct 类的对象方法 pack() 序列化而来的二进制的字节序列,反序列化时,首先打开相应的二进制文件,读取文件内容,然后利用 struct 模块中的 unpack() 函数将字节序列反序列化为原数据对象。

【例 8.3】 读取例 8.1 生成的 example8_1.dat 文件中的信息,并在屏幕上输出。

程序源代码如下:

```
# example8_3.py
import struct
f = open('example8_1.dat', 'rb')
s = f.read()
# struct.unpack()函数中的格式字符串
# 须与 struct.Struct 中的格式字符串相同
t = struct.unpack('I3sf?', s)
print(t)
for x in t:
    print(x)
f.close()
```

程序 example8_3.py 的运行结果如下:

```
(8, b'abc', 9.899999618530273, True)
8
b'abc'
9.899999618530273
True
```

针对用 pickle 模块的 dump() 函数序列化而来的二进制字节序列,可以利用 pickle 模块的 load() 函数每次读取一个对象内容的字节序列,自动反序列化为相应的数据对象。

【例 8.4】 读取例 8.2 生成的 example8_2.dat 文件内容,并在屏幕上打印输出。

程序源代码如下:

```
# example8_4.py
import pickle
f = open('example8_2.dat', 'rb')
try:
    while True:
        x = pickle.load(f)
        # pickle.load 从文件中无内容可读时,抛出 EOFError 异常
        print(x)
except EOFError:
    print('读取完毕')
f.close()
```

程序 example8_4.py 的运行结果如下：

好好学习
[1, 2, '天天向上', 9.9]
{1: 10, 2: 20}
8
8.8
读取完毕

上述代码中用到的异常处理机制将在第 11 章介绍。

用于反序列化的二进制字节序列不一定是从文件读取的，也可能是从网络中接收的。

8.4 文件指针

建立文件对象 f 之后，可通过调用其内置方法 f.seek(offset[,where])移动指针的位置，进而实现文件数据的灵活读写。具体而言，参数 where 定义了指针位置的参照点，where 可以缺省，其默认值为 0，即文件头位置；若 where 取值为 1，则参照点为当前指针位置；若 where 取值为 2，则参照点为文件尾。offset 参数定义了指针相对于参照点 where 的偏移量，取整数值。如果 offset 取正值，则向文件尾方向移动；如果 offset 取负值，则向文件头方向移动。在文本文件中，如果没有使用 b 模式选项打开文件，从文件尾开始计算相对位置时就会引发异常。因此，如果需要从文本文件的文件尾这个相对位置来计算指针的偏移量，需要使用 b 模式打开文本文件。

值得注意的是，对指针位置重新定位时，指针可以向后移至任意位置，但不可移至文件头之前。此外，指针位置的计算都是以字节为单位的。在不同模式下打开的文件对象，文件指针的起始位置各不相同，详细情况参见表 8.5。

表 8.5 各模式下文件对象的初始指针位置

模　式	指 针 位 置	模　式	指 针 位 置
r	文件头	w+	文件头
r+	文件头	a	文件尾
w	文件头	a+	文件尾

8.5 将标准输出重定向到文件

有时为了保存交互模式下的输出结果，需要临时对标准输出进行重定向，使结果可以输出到文件中。例如：

```
>>> import sys
>>> out = sys.stdout         #用变量 out 记住标准输出对象
>>> f = open("d:/test/out.txt","w")
>>> sys.stdout = f           #将标准输出重定向到文件对象 f
>>> 1 + 2                    #交互模式下没有直接输出，而是输出到文件 f 中
>>> print("Hello")           #print 没有直接输出，而是输出到文件 f 中
>>> print("输出重定向")
```

```
>>> pow(2,3)                    #交互模式下函数返回值没有直接输出,而是输出到文件f中
>>> sys.stdout = out            #还原标准输出对象
>>> f.close()                   #关闭文件对象
>>>
```

此时打开d盘test目录下的out.txt文件,会看到四行输出结果。

如果程序文件中有多个print()函数,为了避免在每个print()函数中指定out参数进行重定向,也可以统一对标准输出进行重定向,结束后还原标准输出对象。

【例8.5】 编写程序,将标准输出重定向到d:\test\out.txt文件。然后用print()函数打印输出两个字符串。print()函数中其他参数采用默认值。最后重新将标准输出重定向到屏幕的命令行上。

程序源代码如下:

```
#example8_5.py
#coding = gbk
import sys
out = sys.stdout                #暂存标准输出对象
f = open("d:/test/out.txt","w")
sys.stdout = f                  #将标准输出重定向到文件f
print("Hi!")
print("您好!")
sys.stdout = out                #还原标准输出对象
f.close()                       #关闭文件对象
```

此时打开d盘test目录下的out.txt文件,会看到两行输出结果。

在交互模式下用help查看帮助信息时,可以先将标准输出重定向到文件,然后输入help()函数,将帮助文档输出到指定文件。例如:

```
>>> import sys
>>> out = sys.stdout
>>> f = open("d:/test/help.txt","w")
>>> sys.stdout = f
>>> help(print)
>>> sys.stdout = out
>>> f.close()
>>>
```

此时打开d盘test目录下的help.txt文件会看到print()函数的文档信息。

8.6 Excel文件的读写

Excel文件是一种二进制文件。Python官方发布版本中没有读写Excel文件的模块。需要通过安装第三方模块来实现对Excel文件的读写。

Excel文件的版本分为两种类型。其中Excel 2003及以前的版本以xls为扩展名,Excel 2007及以后的版本以xlsx为扩展名。下面分别讨论。

利用Python读写Excel 2003及以前版本的xls文件,可以使用xlwt、xlrd和xlutils三个第三方模块。在Windows命令窗口中分别执行如下三行语句来安装这些模块:

```
pip install xlwt
pip install xlrd
pip install xlutils
```

Anaconda 中集成了 xlwt、xlrd 和 xlutils 三个模块,不需要再另行安装这些模块了。

xlwt 模块实现了向 Excel 文件写入数据,xlrd 模块实现了从 Excel 文件读取数据,xlutil 模块实现了上述两种对象之间的转换,从而可在读取数据的同时修改数据。

读写 Excel 2007 及以上版本的 xlsx 文件时可以使用 openpyxl 模块。使用之前需要使用如下命令来安装:

```
pip install openpyxl
```

目前 Anaconda 中也没有集成 openpyxl,使用前也需要先安装该模块。

8.6.1 利用 xlwt 模块写 xls 文件

利用 xlwt 模块写 xls 文件时需要进行以下基本步骤。

(1) 导入 xlwt 模块。

使用命令 import xlwt 导入 xlwt 模块。

(2) 创建 Workbook,返回一个工作簿对象。

一个工作簿对应一个 Excel 文件。使用 workbook = xlwt.Workbook(encoding = 'utf-8') 创建工作簿对象。这里参数 encoding 设置了编码格式为 UTF-8。也可以采用 GBK 等其他编码方式。

(3) 在工作簿对象 Workbook 的基础上,创建工作表对象。

Excel 文件中,一个工作簿可以包含多个工作表。可以使用 workbook.add_sheet (sheetName[,cell_overwrite_ok=True])创建工作表对象。例如,使用 sheet = workbook.add_sheet('sheet1')创建一个名为 sheet1 的工作表。如果在写入过程中需要修改某些单元格的数据,则需要将属性 cell_overwrite_ok 设置为 True,否则会报错。例如:

```
>>> import xlwt
>>> workbook = xlwt.Workbook()
>>> sheet = workbook.add_sheet('sheet1')
>>> sheet.write(2,3,6)
>>> sheet.write(2,3,8)
```

运行最后一行时会产生如下信息:

```
Traceback (most recent call last):
  File "<pyshell#5>", line 1, in <module>
    sheet.write(2,3,8)
  File "D:\Program Files\Python310\lib\site-packages\xlwt\Worksheet.py", line 1088, in write
    self.row(r).write(c, label, style)
  File "D:\Program Files\Python310\lib\site-packages\xlwt\Row.py", line 242, in write
    self.insert_cell(col, NumberCell(self.__idx, col, style_index, label))
  File "D:\Program Files\Python310\lib\site-packages\xlwt\Row.py", line 154, in insert_cell
    raise Exception(msg)
Exception: Attempt to overwrite cell: sheetname = 'sheet1' rowx = 2 colx = 3
>>>
```

(4) 向工作表的单元格中写入内容。

命令 sheet.write(i,j,d[,style])可向工作表 sheet 的第 i 行和第 j 列交叉单元格写入数据 d。i 和 j 从 0 开始计数。style 是单元格样式对象,可通过 xlwt.XFStyle()来创建并设置字体、边框等格式,这里不展开介绍。

(5) 保存工作簿对象到 xls 文件。

利用命令 workbook.save('路径名＋文件名.xls')保存工作簿对象。

【例 8.6】 编写程序,将表 8.6 中的表格内容写入 xls 格式的 Excel 文件中,文件名为 stock.xls。

表 8.6 部分股票代码信息

序 号	代 码	名 称
1	600536	中国软件
2	300170	汉得信息
3	600756	浪潮软件
4	300302	同有科技

根据步骤(1)~步骤(5)的流程,程序实现源代码如下：

```
# example8_6.py
# coding = gbk
import xlwt
# 创建工作簿
workbook = xlwt.Workbook(encoding = 'gbk')
# 创建工作表
sheet1 = workbook.add_sheet('sheet1',cell_overwrite_ok = True)
# 以元组形式保存需要写入的数据
d_tuple = (('序号','代码','名称'),\
           ('1','600536','中国软件'),\
           ('2','300170','汉得信息'),\
           ('3','600756','浪潮软件'),\
           ('4','300302','同有科技'))
# 将元组中的数据逐一写入单元格中
for i in range(len(d_tuple)):
    for j in range(len(d_tuple[0])):
        sheet1.write(i,j,d_tuple[i][j])
workbook.save('stock.xls')
```

运行该程序后,会在源代码相同的目录下生成一个 stock.xls 文件,保存了表 8.6 中的信息。

8.6.2 利用 xlrd 模块读取 xls 文件

利用 xlrd 模块读取 xls 文件需要进行以下基本步骤。

(1) 导入 xlrd 模块。

利用 import xlrd 命令导入 xlrd 模块。

(2) 打开 Excel 文件,获得工作簿对象。

可以用 workbook = xlrd.open_workbook('stock.xls')命令打开例 8.6 中生成的 stock.xls 文件,获得 Book 类型的工作簿对象 workbook。

(3) 获取工作簿中的工作表对象。

工作簿对象中的 sheet_names()方法返回以工作簿对象中的所有工作表名称为元素所构成的列表。如 workbook.sheet_names()命令可以返回以 workbook 工作簿中所有工作表名称为元素所构成的列表。

调用工作簿对象中的 nsheets 属性返回工作簿中的工作表数量。例如,使用 workbook.nsheets 命令获得 workbook 工作簿中的工作表数量。

工作簿对象中的 sheet()方法可以获取一个工作簿中的所有工作表对象,返回一个以工作表对象为元素的列表。可以用 workbook.sheet()[i]的形式获取 workbook 工作簿中的第 i 个工作表。其中下标 i 从 0 开始计数。

工作簿对象中的 sheet_by_index(i)方法返回工作簿中的第 i 个工作表对象。其中下标 i 从 0 开始计数。

工作簿对象中的 sheet_by_name('sheetName')方法可返回名称为 sheetName 的工作表对象。

调用工作表对象中的 name 属性可以获取该工作表的名称。例如,使用 sheet.name 命令可以获取 sheet 工作表的名称。

(4) 获取工作表中行与列的值。

获取工作表对象后,可以通过它的 nrows 属性获取行数,通过 ncols 属性获取列数。如使用 sheet.nrows 和 sheet.ncols 两个命令分别获取工作表对象 sheet 中的行数和列数。

工作表对象的 row_values(i)方法获取第 i 行的值,col_values(j)方法获取第 j 列的值。这两个方法的返回值均为以各单元格中的值为元素的列表。其中 i 和 j 都从 0 开始计数。如 sheet.row_values(1)命令用于返回以第 1 行中各单元格的值为元素的列表,sheet.col_values(2)用于返回以第 2 列中各单元格的值为元素的列表。

(5) 直接获取工作表中的单元格值。

工作表 cell(i,j)方法可返回工作表中的第 i 行第 j 列单元格对象。通过该对象的 value 属性可以得到该单元格的值。例如,sheet.cell(i,j).value 命令可获得工作表 sheet 中第 i 行第 j 列单元格的值。其中 i 和 j 都从 0 开始计数。

工作表 row(i)方法可返回以工作表中第 i 行各单元格对象为元素的列表。例如,sheet.row(i)[j].value 表示获取工作表 sheet 中以第 i 行单元格对象为元素所组成的列表后,取该列表的第 j 个单元格对象元素,然后获取该单元格的值。工作表中的 col(j)方法返回以第 j 列中各单元格对象为元素所组成的列表。sheet.col(j)[i].value 表示获取工作表 sheet 中以第 j 列各单元格对象为元素所组成的列表后,取该列表中的第 i 个单元格对象元素,然后取该单元格的值。其中 i 和 j 都从 0 开始计数。

【例 8.7】 编写程序,读取例 8.6 中生成的 stock.xls 文件数据,获取并输出所有工作表的名称,打印输出每个工作表的行数与列数,以行的形式读取数据,并依次输出每个单元格中的值。

根据 xlrd 模块读取 xls 文件的基本步骤,程序实现源代码如下:

```
# example8_7.py
# coding = gbk
import xlrd
# 获取工作簿对象
workbook = xlrd.open_workbook('stock.xls')
# 获取工作簿中的工作表数量
nsheets = workbook.nsheets
# 循环遍历每个工作表
for i in range(nsheets):
    # 获取第 i 个 sheet
    sheet = workbook.sheet_by_index(i)
    # 输出当前工作表的名称
    print("第%d个工作表的名称为:%s"%(i+1,sheet.name))
    # 获取并打印工作表的行数与列数
    nrows = sheet.nrows
    ncols = sheet.ncols
    print('该工作表的行数为:%d,列数为:%d'%(nrows,ncols))
    print('该工作表中的数据如下:')
    # 遍历所有行
    for m in range(nrows):
        # 读取第 m 行数据,返回一个列表
        rowValues = sheet.row_values(m)
        # 遍历列表中的元素
        for v in rowValues:
            print(v,end="\t")
        print()            # 一行打印完成后换行
```

程序 example8_7.py 的运行结果如下:

第1个工作表的名称为:sheet1
该工作表的行数为:5,列数为:3
该工作表中的数据如下:
序号   代码   名称
1   600536   中国软件
2   300170   汉得信息
3   600756   浪潮软件
4   300302   同有科技

8.6.3 利用 xlutils 实现 xlrd 和 xlwt 之间对象的转换

上述使用 xlrd.open_workbook()方法返回的 wlrd.Book 类型工作簿是只读的,不能对其进行修改。也就是说利用上述方法无法实现对一个已经存在的 Excel 文件进行修改。而 xlwt.Workbook()方法返回的 xlwt.Workbook 类型的工作簿可以通过 save("文件名")进行保存。

因此要想修改一个已经存在的 Excel 文件,一种可行的方法是将 wlrd.Book 工作簿对象转换为 xlwt.Workbook 工作簿对象,然后修改该工作簿对象,修改完成后进行保存。xlutils.copy 提供了将 xlrd.Book 工作簿复制为 xlwt.Workbook 工作簿的 copy()方法。

【例 8.8】 编写程序,打开例 8.6 中生成的 stock.xls 文件,将 sheet1 中的第 1 行(标题行)内容分别修改为 number、code 和 name。增加一个名为 add 的 sheet,在其第 0 行、第 0

列写入 0,在第 1 行、第 1 列写入 1,第 2 行、第 2 列写入 2。将工作簿保存为 stock_add.xls。

程序源代码如下:

```
#example8_8.py
#coding = gbk
import xlwt,xlrd,xlutils
import xlutils.copy
#从 stock.xls 获取 xlrd.Book 工作簿
rb = xlrd.open_workbook('stock.xls')
#利用 xlutils.copy 中的 copy()方法,从 xlrd.Book 对象复制得到 xlwt.Workbook 对象
wb = xlutils.copy.copy(rb)
#获取第 0 个 sheet
sheet1 = wb.get_sheet(0)
sheet1.write(0,0,'number')
sheet1.write(0,1,'code')
sheet1.write(0,2,'name')
#添加一个 sheet
sheet2 = wb.add_sheet('add')
sheet2.write(0,0,'0')
sheet2.write(1,1,'1')
sheet2.write(2,2,'2')
#保存工作簿
wb.save('stock_add.xls')
```

打开 stock_add.xls 文件,可以看到有两个 sheet。第 1 个 sheet 中的第 1 行标题内容实现了更改。第 2 个 sheet 的名称为 add,有三个值写入对应的三个单元格中。

然而 xlwt、xlrd 和 xlutils 都无法处理 xlsx 格式的 Excel 文件。openpyxl 模块提供了 xlsx 格式的 Excel 文件读写功能。

8.6.4　利用 openpyxl 模块写 xlsx 文件

openpyxl 中的 workbook、sheet 和 cell 分别表示工作簿、工作表和单元格。一个工作簿对应一个 Excel 文件,一个工作簿有多个工作表,一个工作表有多个单元格。创建并向 xlsx 文件中写入数据的基本步骤如下。

(1) 导入 openpyxl 模块。

(2) 创建一个工作簿。

使用 workbook = openpyxl.Workbook()语句创建一个工作簿对象。

(3) 在工作簿中激活或创建工作表。

创建工作簿后,默认有一个名为 Sheet 的工作表。通过工作簿的 active 属性可以获得工作簿的当前活动工作表。例如,用 sheet1 = workbook.active 获得工作簿 workbook 默认的当前工作表对象,赋值给 sheet1 变量。如果需要创建其他工作表,可以使用工作簿的 create_sheet 方法将新的工作表插入指定位置,默认插入到最后。也可以通过 sheet1.title = "sheetName"为工作表指定一个新的名字。

(4) 向单元格中写入数据。

可以用"sheet1["列名行号"]="要写入的信息""的格式向 sheet1 工作表中写入信息。也可以通过"sheet1.cell(row=i,column=j).value="要写入的信息""的格式向 sheet1 工

作表中写入信息。这里的 i 和 j 分别表示行号和列号,从 1 开始计数。

(5) 将内存中的工作簿对象保存到磁盘文件。

【例 8.9】 编写程序,将表 8.6 中的表格内容写入 xlsx 格式的 Excel 文件,文件名为 "stock.xlsx"。

根据 xlsx 文件创建步骤,程序实现源代码如下:

```
# example8_9.py
# coding = gbk
import openpyxl
# 创建一个工作簿,默认包含一个名为 Sheet 的工作表
workbook = openpyxl.Workbook()
# 找到默认的工作表。创建其他工作表可以用 create_sheet 方法
sheet1 = workbook.active
# 可以修改工作表的名字
# sheet1.title = "new sheet"
# 需要写入的数据保存在一个元组中
d_tuple = (('序号','代码','名称'),\
           ('1','600536','中国软件'),\
           ('2','300170','汉得信息'),\
           ('3','600756','浪潮软件'),\
           ('4','300302','同有科技'))
# 获取数据的行数
iRows = len(d_tuple)
# 获取数据的列数
iCols = len(d_tuple[0])
# 将数据写入单元格
for row in range(iRows):
    # 列号从 A 开始
    colName = 'A'
    for col in range(iCols):
        # 将信息写入单元格,如 sheet1['A1'] = d_tuple[0][0]
        sheet1['%s%d'%(colName,row + 1)] = d_tuple[row][col]
        # 列号变为下一个 ASCII 码的字符
        colName = chr(ord(colName) + 1)
# 将内存中的工作簿对象保存到磁盘中
workbook.save('stock.xlsx')
```

执行此程序,在源代码相同的目录下生成了一个 stock.xlsx 文件,文件中包含一个名为 Sheet 的工作表。工作表中包含表 8.6 中的信息。

其中将数据写入单元格部分也可以用以下代码来替换:

```
for row in range(iRows):
    for col in range(iCols):
        sheet1.cell(row = row + 1, column = col + 1).value = d_tuple[row][col]
```

8.6.5 利用 openpyxl 模块读取 xlsx 文件

利用 openpyxl 模块读取 xlsx 文件的基本步骤如下。

(1) 导入 openpyxl 模块。

(2) 从 xlsx 文件中导入工作簿对象。
(3) 从工作簿中获取工作表。
(4) 遍历工作表中的单元格。

【例 8.10】 编写程序,读取例 8.9 中生成的 stock.xlsx 文件数据,获取并输出所有工作表的名称,遍历所有的工作表,依次输出工作表中每个单元格中的值。

程序源代码如下:

```
# example8_10.py
# coding = gbk
import openpyxl
# 从 xlsx 文件中导入工作簿对象
workbook = openpyxl.load_workbook('stock.xlsx')
# 从工作簿中获得以 sheet 名为元素的列表
sheetNames = workbook.sheetnames
# 遍历每个 sheet
for sheetName in sheetNames:
    print('当前工作表名称为:%s'% sheetName)
    # 根据 sheet 名获取 sheet 对象
    sheet = workbook[sheetName]
    # 遍历 sheet 中的每个单元格
    for i in range(sheet.max_row):
        for j in range(sheet.max_column):
            print(sheet.cell(row = i + 1, column = j + 1).value,end = '\t')
        print()
```

其中遍历 sheet 中每个单元格的功能也可以采用如下代码来实现:

```
for i in range(sheet.max_row):
    colName = 'A'
    for j in range(sheet.max_column):
        print(sheet['%s%d'%(colName,i + 1)].value,end = '\t')
        colName = chr(ord(colName) + 1)
    print()
```

程序 example8_10.py 的运行结果如下:

```
当前工作表名称为:Sheet
序号    代码      名称
1       600536    中国软件
2       300170    汉得信息
3       600756    浪潮软件
4       300302    同有科技
```

8.7 文件操作的应用实例

【例 8.11】 使用模块 random 中的 randint()方法生成 1~122 的随机数,以产生字符对应的 ASCII 码,然后将满足以下条件(大写字母、小写字母、数字和一些特殊符号'\n','\r','*','&','^','$')的字符逐一写入文本 test.txt 中,当光标位置达到 10001 时停止写入。

程序源代码如下：

```
# example8_11.py
import random
f = open('test.txt','w')
while True:
    i = random.randint(1,122)
    x = chr(i)
    if x.isupper() or x.islower() \
       or x.isdigit() or x in ['\n','\r','*','&','^','$']:
        f.write(x)
    if f.tell() > 10000:
        break
f.close()
```

运行程序 example8_11.py 后会在源程序相同目录下产生名为 test.txt 的文本文件。

还有许多构建类似这种文本的方法，读者可以自己尝试编写。本节后面的示例均在上述代码产生的 test.txt 文本文件的基础上进行。

【例 8.12】 逐个字节输出 test.txt 文件中前 100 字节的字符和后 100 字节的字符。

分析：可首先利用 read(100) 直接读取前 100 字节的字符，然后利用 seek(−100,2) 将文件指针定位到最后 100 字节，再使用 read(100) 读取最后 100 字节的字符。在文本文件中，如果没有使用 b 模式选项打开文件，以文件尾作为相对位置计算指针偏移量时就会引发异常。因此，这里使用 rb 的模式打开文件。

程序源代码如下：

```
# example8_12.py
f = open('test.txt','rb')
a = f.read(100)
f.seek(-100,2)
b = f.read()
print(a)
print(b)
f.close()
```

【例 8.13】 逐行输出 test.txt 文件的所有字符。

分析：有多种实现方法，如用 readlines() 生成一个列表，或者直接迭代文本对象。

下面给出四种实现方法。

方法一的程序源代码如下：

```
# example8_13_1.py
f = open('test.txt','r')
a_list = f.readlines()
for x in a_list:
    print(x)
f.close()
```

方法二的程序源代码如下：

```
# example8_13_2.py
f = open('test.txt','r')
for x in f:
    print(x)
f.close()
```

方法三的程序源代码如下：

```
# example8_13_3.py
f = open('test.txt','r')
for x in iter(f):
    print(x)
f.close()
```

方法四的程序源代码如下：

```
# example8_13_4.py
f = open('test.txt','r')
while True:
    line = f.readline()
    if not line:
        break
    else:
        print(line)
f.close()
```

相比较而言，方法一先产生一个以各行字符构成的字符串为元素的列表，然后再逐一打印出列表中的元素。相对于后三种方法，由于先产生了列表，运行该程序将占据更大的内存。方法二和方法三的差别在于：前者直接利用了文件对象的迭代功能，而后者则构建了一个迭代器，在读取到特定位置时，生成对应的元素。这是一种相对较为古老的方法，在具体使用中，建议直接使用文件对象的迭代功能。方法四结合使用了 while 语句和 readline() 方法，逐行读取文本元素，然后实现打印输出。当读完最后一行后，line 为空时，跳出循环。

【例 8.14】 复制 test.txt 文件的文本数据，生成一个新的文本文件。

分析：以读模式打开需复制的文件，将文件中所有字符赋值给一个变量，然后以写模式新建一个文件，将所有字符写入该文件中；也可以逐个字符或逐行将需复制文件中的字符写入新文件。

下面给出这两种实现方法。

方法一的程序源代码如下：

```
# example8_14_1.py
f = open('test.txt','r')
g = open('test_1.txt','w')
a = f.read()
g.write(a)
f.close()
g.close()
```

方法二的程序源代码如下:

```python
#example8_14_2.py
f = open('test.txt','r')
g = open('test_1.txt','w')
for x in f:
    g.write(x)
f.close()
g.close()
```

【例8.15】 统计 test.txt 文件中分别出现大写字母、小写字母和数字的次数。

分析:利用字符串对象的内置方法 isupper()、islower() 和 isdigit() 判断字符的类别;也可以直接判断是否处于大写字母、小写字母和数字对应的范围。

下面给出这两种实现方法。

方法一的程序源代码如下:

```python
#example8_15_1.py
#coding = gbk
f = open('test.txt','r')
u,i,d = 0,0,0
while True:
    a = f.read(1)
    if not a:
        break

    if a.isupper():
        u += 1
    elif a.islower():
        i += 1
    elif a.isdigit():
        d += 1

f.close()
print('大写字母有%d个,小写字母有%d个,数字有%d个'%(u,i,d))
```

方法二的程序源代码如下:

```python
#example8_15_2.py
#coding = gbk
f = open('test.txt','r')
u,i,d = 0,0,0
while 1:
    a = f.read(1)
    if not a:
        break

    if 'A'<= a <= 'Z':
```

```
            u += 1
        elif 'a'<= a <= 'z':
            i += 1
        elif '0'<= a <= '9':
            d += 1

f.close()
print('大写字母有%d个,小写字母有%d个,数字有%d个'%(u,i,d))
```

【例 8.16】 将 test.txt 文件中的所有小写字母转换为大写字母,然后保存至文件 test_copy.txt 中。

分析:先以 w 模式创建一个空文本文件 test_copy.txt,以 r 模式打开文本文件 test.txt。创建一个字符串变量 temp 用于保存转换后的字符串。先判断字符是否属于小写字母,如果是,则使用字符串对象的 upper()方法转换为大写字母。

程序源代码如下:

```
# example8_16_1.py
# coding = gbk
f = open('test.txt','r')
g = open('test_copy.txt','w')
temp = ''                    # temp 用于保存新文件的字符串
while True:
    a = f.read(1)
    if not a:
        break

    if a.islower():          # 如果是小写字母,先转换成大写字母,然后附加到 temp 之后
        b = a.upper()
        temp += b
    else:                    # 如果不是小写字母,直接附加到 temp 之后
        temp += a

g.write(temp)
f.close()
g.close()
```

也可以将一次读取 test.txt 文件的内容作为一个字符串,然后利用字符串的 upper()方法将字符串中的所有小写字母转换为大写字。另一种实现方法的源代码如下:

```
# example8_16_2.py
# coding = gbk
f = open('test.txt','r')
g = open('test_copy.txt','w')
temp = f.read().upper()
g.write(temp)
f.close()
g.close()
```

习题 8

1. 编写程序生成九九乘法表，并将其写入文本文件 exercise8_1.txt 中。程序保存为 exercise8_1.py。

2. 编写程序，提示用户输入字符串。将所输入的字符串以及对应字符串的长度写入 exercise8_2.txt 中。程序保存为 exercise8_2.py。

3. 创建一个 exercise8_3.xlsx 文件，在 C5 单元格写入字符串"我喜欢编程"。程序保存为 exercise8_3.py。

类与对象

学习目标

- 熟练掌握类的设计和使用方法。
- 深入理解类和对象的概念、面向对象的设计方法。
- 掌握类的属性、类的方法、对象的创建与初始化方法、析构方法、可变对象和不可变对象。
- 了解迭代器类和可迭代类的定义方法。
- 理解运算符的重载。

本章先介绍 Python 中的数据实际上都是某个类的对象,再从类的定义开始,详细介绍了类的属性、类的方法、对象的创建与初始化方法、析构方法,接着结合第 6 章的知识,深入探讨可变对象和不可变对象,然后介绍运算符的重载、迭代器类和可迭代的类定义方法,最后通过实例对面向过程和面向对象的编程方法进行比较。

9.1 认识 Python 中的对象和方法

在 Python 中,所有的数据(包括数字和字符串)实际上都是某种类型的一个具体对象,同一类型的对象都有相同的类型 type 值。可以使用 type() 函数来获取关于对象的类型信息。例如:

```
>>> n = 5
>>> type(n)
< type 'int'>
>>> s = "hi"
>>> type(s)
< type 'str'>
>>> t = True
>>> type(t)
< type 'bool'>
```

在如上命令行中,将 5 赋值给 n,n 的数据类型是 int;将字符串"hi"赋值给 s,s 的数据类型是 str;将 True 赋值给 t,t 的数据类型是 bool。在 Python 中,一个对象的类型由创建该对象的类(class)决定。

在 Python 中,还可以在一个对象上执行操作。操作是用类中的方法定义的。例如:

```
>>> s = "hello"
>>> s1 = s.upper()
```

```
>>> s1
'HELLO'
```

一个对象调用方法的语法是 obj.method()。其中 obj 表示一个对象名。如上面命令行,将字符串"hello"这个对象赋值给 s,s 就是一个指向字符串"hello"的对象名,s 的数据类型是 str。str 类里有 upper()方法,upper()方法返回大写字母表示的新字符串,然后将返回值赋给新的字符串变量 s1。

9.2 类的定义与对象的创建

人们在认识客观世界时经常采用抽象的方法来对客观世界的众多事物进行归纳、分类。并常用类来抽象、描述待求解问题所涉及的事物,具体包括两方面的抽象:数据抽象和行为抽象。数据抽象描述某类对象共有的属性或状态;行为抽象描述某类对象共有的行为或功能特征。

在 Python 中,使用类(class)来定义同一种类型所有对象的共同特征和行为。类是广义的数据类型,能够定义复杂数据的特性,包括静态特性(即数据抽象)和动态特性(即行为抽象,也就是对数据的操作方法)。一个 Python 类使用变量存储数据域,该变量称为类中的属性;定义方法来完成动作。

```
类名:Stock
  数据域:
    股票代码
    股票名称
    前一天的股价
    当前股价
  方法:
    设置/获取股票代码
    设置/获取股票名称
    设置/获取股票之前价
    设置/获取股票当前价
```

图 9.1 名为 Stock 的股票类

图 9.1 显示了一个名为 Stock 的股票类,股票代码、股票名称、前一天的股价和当前股价等描述状态的变量在类中称为属性;Stock 类中还定义了各种方法用来操作相关属性。

对象是类的一个实例,一个类可以创建多个对象。创建类的一个实例的过程被称为实例化。在术语中,对象和实例经常是可以互换的。对象就是实例,实例就是对象。类和对象的关系相当于普通数据类型及其变量之间的关系。例如,可以定义一个鸟类,那么你养的一只宠物鹦鹉就是这个鸟类的一个对象。图 9.2 中的两支具体的股票就是图 9.1 中股票类 Stock 的两个对象。

```
Stock 类的一个对象
  数据域:
    股票代码:601166
    股票名称:兴业银行
    前一天的股价:15.37
    当前股价:15.77
```

```
Stock 类的一个对象
  数据域:
    股票代码:600820
    股票名称:隧道股份
    前一天的股价:8.1
    当前股价:8.17
```

图 9.2 图 9.1 中 Stock 类的两个对象(实例)

类和对象的关系如下。

(1) 类是对象的抽象,而对象是类的具体实例。

(2) 类是抽象的,而对象是具体的。

(3) 每个对象都是某一个类的实例。

(4) 每个类在某一时刻都有零或更多的实例。

(5) 类是静态的,它们的存在、语义和关系在程序执行前就已经定义好;对象是动态的,它们在程序执行时可以被创建和删除。

(6) 类是生成对象的模板。

Python 中使用 class 保留字来定义类,类名的首字母一般要大写。形如:

```
class  <类名>:
    类属性 1
    ...
    类属性 n
    <方法定义 1>
    ...
    <方法定义 n>
```

其中,"类属性"是在类中的方法之外定义的,"类属性"属于类,可通过类名访问(尽管也可通过对象访问,但不建议这样做)。在方法中可以以"self.属性名＝属性值"的方法定义实例属性。类属性与实例属性的区别和详细用法将在 9.3 节介绍。

类中的方法分为实例方法、类方法和静态方法。每个方法其实都是一个函数定义。实例方法与普通函数有如下差别。

(1) 每个实例方法的第一个参数都是 self,self 代表将来要创建的对象实例本身。在访问类的实例属性时需要以 self 为前缀。

(2) 实例方法只能通过对象来调用,即向对象发消息请求对象执行某个方法。

(3) 类中有一个特殊的方法:__init__(),这个方法用来初始化一个对象,为属性设置初值,在创建对象时自动调用。虽然实例属性可以分散在各个方法中定义,但建议统一放在 __init__() 初始化方法中定义。

三种方法的区别和详细用法将在 9.4 节介绍。

如果一个类的名字为 ClassName,则可通过 ClassName() 的方式来创建该类的一个对象,通过 objName＝ClassName() 将创建的对象赋值给 objName,通过 objName.propertyName 调用对象的属性,通过 objName.methodName() 调用对象的方法。

【例 9.1】 定义一个鸟类,其共同属性是有羽毛、通过产卵生育后代、有各种鸣叫方式,接着再在类中定义一个名为 move() 的方法。现假设养了一只名叫 spring 的鹦鹉,它就是鸟类的一个对象,请根据鸟类的定义来创建这个对象,并输出相关属性。

程序源代码如下:

```
# example9_1_1.py
# coding = GBK
# 鸟类 Bird 的定义
class Bird:
    have_feather = True
    way_of_reproduction = 'egg'
    way_of_song = "叽叽喳喳"
    def move(self):
        print('飞飞飞飞')
```

程序 example9_1_2.py 通过调用程序 example9_1_1.py 中定义的 Bird 类来创建对象，并调用了属性和方法。程序源代码如下：

```
# example9_1_2.py
# coding = GBK
from example9_1_1 import Bird
# 主程序
spring = Bird()
print(Bird.have_feather)
print(Bird.way_of_reproduction)
print(Bird.way_of_song)
spring.move()
print("spring通过" + Bird.way_of_reproduction + "繁殖")
```

程序 example9_1_2.py 的运行结果如下：

```
True
egg
叽叽喳喳
飞飞飞飞
spring 通过 egg 繁殖
```

我们将类的定义放在了程序 example9_1_1.py 中，然后在程序 example9_1_2.py 中用到了程序 example9_1_1.py 中的 Bird 类。在鸟类 Bird 的定义中，用户并未设计初始化方法 __init__()，Python 将提供一个默认的 __init__() 方法。spring = Bird() 将创建 spring 对象。Bird 类中定义了三个类属性：有羽毛(have_feather)、生殖方式(way_of_reproduction)、鸣叫方式(way_of_song)。对类属性的引用可通过"类名.属性名"的形式实现，所以直接通过类名访问（即 Bird.have_feather、Bird.way_of_reproduction、Bird.way_of_song）。move() 是鸟类 Bird 中定义的一个方法，只能通过对象来调用（即 spring.move()）。

在 Python 2 及以前的版本中，类区分为经典类和新式类。在经典类中，没有为一个新创建的类显式指明其父类，它不会从任何类进行继承。在新式类中，除 object 类以外，所有的类都有父类，并且都直接或间接地继承自 object。在 Python 3 中，所有的类都是按新式类来处理的，如果没有为一个新创建的类指明父类，则这个类默认从 object 类直接继承而来。也就是说，在 Python 3 中，"class 类名(object)""class 类名()""class 类名"三种写法没有区别，都按照新式类来处理。关于类的继承将在第 10 章中详细阐述。

一个类中有两个特殊的方法：__new__() 和 __init__()。这两个方法用于创建并初始化一个对象，都是在实例化对象时被自动调用的，不需要程序显式调用。当实例化（创建）一个类对象时，最先被调用的是 __new__() 方法。__new__() 方法用于创建对象。__new__() 方法创建完对象后，将该对象传递给 __init__() 方法中的 self 参数。而 __init__() 方法是在对象创建完成之后初始化对象状态。如果用户未设计 __init__() 方法，Python 将提供一个默认的 __init__() 方法。

除了前面提到的类属性，在 __init__() 方法中还可以定义实例属性。在 9.3 节将详细介绍类属性和实例属性。

__new__() 和 __init__() 方法将在 9.4 节进一步介绍。

9.3 类中的属性

9.3.1 类属性和实例属性

类中的属性有两种：类属性和实例属性（又称对象属性）。

类属性是指在类中的方法之外通过"属性名＝属性值"定义的属性。对于一个类属性，这个类的所有对象共享该属性的存储空间，在内存中只有一份类属性的对象。对类属性的任何修改，该类的所有对象所看到的都是修改后的结果。类属性一般通过"类名.属性名"来访问。虽然也可以通过"实例名.属性名"来访问来属性，但不推荐这种方式。

实例属性在方法内通过"self.属性名＝属性值"来定义，描述某个特定实例的状态，定义时以 self 为前缀。实例属性虽然可以分散定义在不同的方法中，但建议集中定义在 __init__() 初始化方法中。每创建该类的一个对象就有一份独立于其他对象的实例属性。各对象的实例属性互不相关。在不同对象之间即使是相同名称的实例属性，它们也没有关联。修改一个对象的实例属性，不影响该类其他对象的实例属性。实例属性只能通过"对象名.属性名"访问。

在例 9.1 中，三个属性 have_feather、way_of_reproduction、way_of_song 均定义在类中的方法之外，属于类属性。

类属性的修改和增加都是直接通过"类名.属性名"访问的。例 9.2 中修改了鸟类 Bird 的 way_of_song 类属性，并且增加了 legs 类属性。

【例 9.2】 针对例 9.1 中的 Bird 类，修改和增加类属性。

程序源代码如下：

```
# example9_2.py
# coding = GBK
from example9_1_1 import Bird

# 主程序
Bird.way_of_song = "叽叽叽叽"              # 修改类属性
Bird.legs = 2                              # 增加类属性
print(Bird.way_of_song)
print(Bird.legs)
```

程序 example9_2.py 的运行结果如下：

```
叽叽叽叽
2
```

【例 9.3】 定义 Rectangle 类表示矩形。该类有两个实例属性，分别为 width 和 height（均在初始化方法中定义），有两个方法 getArea() 和 getPerimeter() 分别用于计算矩形的面积和周长。

程序源代码如下：

```
# example9_3.py
# coding = GBK
class Rectangle:
    def __init__(self,w,h):
```

```
            self.width = w
            self.height = h
    def getArea(self):
        return self.width * self.height
    def getPerimeter(self):
        return (self.width + self.height) * 2

#主程序
t1 = Rectangle(15,6)
print("矩形 t1 的宽:",t1.width,",高:",t1.height)
print("矩形 t1 的面积:",t1.getArea())
print("矩形 t1 的周长:",t1.getPerimeter())

t1.width = 8                                    #修改实例属性
print("矩形 t1 新的宽:",t1.width)
```

程序 example9_3.py 的运行结果如下：

```
矩形 t1 的宽: 15,高: 6
矩形 t1 的面积: 90
矩形 t1 的周长: 42
矩形 t1 新的宽: 8
```

在上述程序代码中，t1＝Rectangle(15,6)表示创建宽为 15、高为 6 的矩形对象 t1。创建对象时，自动调用类中的初始化方法 __init__()，将 width 和 height 分别设置为 15 和 6。接着，通过 print()函数打印出 t1 的宽和高。由于 width 和 height 均为实例属性，只能通过对象名 t1 访问，因此在该 print 语句中，宽和高的值通过 t1.width 和 t1.height 表示。然后调用 getArea()和 getPerimeter()方法计算出面积和周长。最后通过 t1.width＝8 修改 t1 对象的实例属性。

编写程序时，实例属性和类属性不要使用相同的名字；否则，实例属性将覆盖隐藏类属性。如果使用了相同的名字，当删除实例属性后，访问的将是类属性。

不要随意在类定义外通过"对象名.类属性名 ＝ 新属性值"对类属性进行修改。因为通过实例对象名修改类属性实际上是在为实例对象创建一个新的和类属性同名的实例属性。在创建完成后，该实例中新创建的同名实例属性将覆盖隐藏相应的类属性，例 9.4 给出了相应的示例。

【例 9.4】 阅读程序 example9_4.py 并分析其运行结果。

程序源代码如下：

```
#example9_4.py
#coding = GBK
class ClassPropertyTest:
    spt = 50

#主程序
x = ClassPropertyTest()                         #生成实例对象 x、y、z
y = ClassPropertyTest()
z = ClassPropertyTest()
print(x.spt)
print(y.spt)
print(z.spt)
```

```python
print(ClassPropertyTest.spt)

#试图通过"对象名.类属性名 = 新值"改变类属性值
x.spt = 60                              #实际是创建了与类属性同名的对象 x 的实例属性

ClassPropertyTest.spt = 80              #改变类属性值

print("对象 x 的实例属性 spt 值:",x.spt,sep = "")
print("对象 y 的类属性值:",y.spt,sep = "")
print("对象 z 的类属性值:",z.spt,sep = "")
```

程序 example9_4.py 的运行结果如下:

```
50
50
50
50
对象 x 的实例属性 spt 值:60
对象 y 的类属性值:80
对象 z 的类属性值:80
```

9.3.2 实例属性的访问权限

类中的实例属性根据外部对其访问的权限,分为公有属性、保护属性和私有属性。以"单下画线"开始的属性叫作保护属性,只有其本身和子类能访问到这些属性。以"双下画线"开始的是私有属性,只有该类本身能访问,即使子类也不能访问到该属性。然而,在 Python 中,即使私有属性也可以通过"对象名._类名__私有属性名"的方式直接访问私有属性,但不推荐这样使用。没有以任何下画线开头的属性是公有属性,在任何地方均可以访问该属性。

【例 9.5】 公有实例属性和私有实例属性的定义与访问示例。

程序源代码如下:

```python
#example9_5.py
#coding = GBK
class Person:
    def __init__(self,n,y,w,h):
        self.name = n
        self.year = y
        self.__weight = w              #定义私有属性以 kg 为单位的体重 weight
        self.__height = h              #定义私有属性以 m 为单位的身高 height

    def old(self,y):
        return y - self.year

    def getWeight(self):               #可以在类本身的方法中直接调用私有属性
        return self.__weight

#主程序
pa = Person("Lily",2005,50,1.5)
print("姓名为",pa.name,",体重为",pa._Person__weight,"kg")
pa._Person__weight = 48                #访问私有成员
print("现在的体重为",pa._Person__weight,"kg")  #访问私有成员
#print(pa.__weight)                    #错误,不能直接访问私有成员
```

```
    print("通过方法获取私有实例属性__weight:",pa.getWeight())
myyear = 2015
myage = pa.old(myyear)
if myage > 0:
    print("到",myyear,"年",myage,"岁",sep = "")
elif myage < 0:
    print(myyear,"年还没出生呢,出生于",pa.year,"年",sep = "")
else:
    print(myyear,"年刚出生",sep = "")
```

程序 example9_5.py 的运行结果如下：

```
姓名为 Lily,体重为 50 kg
现在的体重为 48 kg
通过方法获取私有实例属性__weight: 48
到 2015 年 10 岁
```

上述程序中定义了一个 Person 类，即现实世界中"人"的抽象。该类中定义了四个实例属性，分别为 name、year、weight、height，其中 name 和 year 属于公有属性，weight 和 height 属于私有属性；在该类中还定义了 old() 方法，该方法能计算出从出生到某年经过了多少年。在主程序中创建了一个叫 Lily、2005 年出生、体重 50kg、身高 1.5m 的对象 pa，然后通过 print() 函数打印出姓名和体重。公有属性 name 值通过 pa.name 获得，私有属性 weight 值通过 pa._Person__weight 获得。需要强调的是，私有属性 weight 值不能像公有属性一样直接通过 pa.__weight 访问。重新设置对象 pa 的私有属性 weight 值后，打印出新的体重。最后调用方法 old()。old() 方法的返回值可能为正、负或零，因此通过 if 语句判断后打印出不同的信息。

9.3.3 类属性的访问权限

类属性的访问权限与实例属性的访问权限类似，也分为公有、保护和私有三种方式。

【例 9.6】 类属性访问权限示例。

程序源代码如下：

```
# example9_6.py
# coding = gbk
class ClsAttrAccessTest:
    clsPubAttr = 'public'
    _clsProtectAttr = 'protect'
    __clsPrivateAttr = 'private'

# 主程序
a = ClsAttrAccessTest()
print(a.clsPubAttr)                      # 访问公有的类属性
print(a._clsProtectAttr)                 # 访问保护的类属性
# print(a.__clsPrivateAttr)              # 不能直接访问私有类属性
# 访问私有的类属性
print(a._ClsAttrAccessTest__clsPrivateAttr)

print(ClsAttrAccessTest.clsPubAttr)      # 访问公有的类属性
print(ClsAttrAccessTest._clsProtectAttr) # 访问保护的类属性
# 访问私有的类属性
```

```
print(ClsAttrAccessTest._ClsAttrAccessTest__clsPrivateAttr)
```

程序 example9_6.py 的运行结果如下：

```
public
protect
private
public
protect
private
```

9.4 类中的方法

9.4.1 实例的构造与初始化

在 9.2 节提到过，一个类中有一个特殊的方法：__init__()，这个方法用来初始化一个对象，为属性设置初值。在__new__()方法创建完对象后自动执行__init__()方法。调用__init__()方法时，self 对应的实参就是__new__()方法创建的对象。如果一个类中没有提供__init__()方法，Python 将提供一个默认的__init__()方法。

例 9.1 中的程序就没有提供__init__()方法，而是由 Python 解析器提供。在例 9.3 的类中提供了__init__()方法，用来为属性 width 和 height 设置初值。在例 9.5 的类中也提供了__init__()方法，用来为属性 name、year、weight 和 height 设置初值。

【例 9.7】 创建一个 Person 类，在__init__()方法中初始化 name 和 age 属性。主程序中创建 Person 类的一个实例对象 p，并打印输出 p 的 name 和 age 值。

程序源代码如下：

```python
# example9_7.py
# -*- coding: utf-8 -*-
class Person(object):
    def __init__(self, name, age):
        print('执行__init__方法')
        self.name = name
        self.age = age

    def getName(self):
        return self.name

    def getAge(self):
        return self.age

# 主程序
if __name__ == '__main__':
    p = Person('Tom', 24)
    print('姓名:', p.getName())
    print('年龄:', p.getAge())
```

程序 example9_7.py 的运行结果如下：

执行__init__方法

姓名：Tom
年龄：24

前面已经提到过，__init__()方法并不是实例化一个类对象时第一个被调用的方法。当实例化一个类的对象时，最先被调用的是__new__()方法。__new__()方法用于创建对象，而__init__()方法是在对象创建完成之后初始化对象状态。__new__()方法创建完对象后，将该对象传递给__init__()方法中的self参数。

__new__()方法是一个静态方法，在object类中已经定义。从Python 2.4开始的新式类都直接或间接地继承自object类，因此不用每次定义类时都声明这个方法。如果类定义中没有重写该方法，将使用从父类继承而来的__new__()方法。类的继承将在第10章讨论。

【例9.8】 在例9.7的基础上，类Person中重新定义一个__new__()方法。

程序源代码如下：

```
# example9_8.py
# -*- coding: utf-8 -*-
class Person(object):
    def __new__(cls, name, age):
        print('执行__new__方法。')
        return super(Person, cls).__new__(cls)

    def __init__(self, name, age):
        print('执行__init__方法。')
        self.name = name
        self.age = age

    def getName(self):
        return self.name

    def getAge(self):
        return self.age

# 主程序
if __name__ == '__main__':
    p = Person('Tom', 24)
    print('姓名:', p.getName())
    print('年龄:', p.getAge())
```

程序example9_8.py的运行结果如下：

执行__new__方法。
执行__init__方法。
姓名：Tom
年龄：24

从上述程序的运行结果可以看出，创建实例对象时，__new__()方法在__init__()方法之前执行。

__new__()方法至少需要一个参数cls来表示需要实例化的类。此参数在实例化时由Python解释器自动提供。在自定义的__new__()方法中，除了必须有cls参数外，还需要列出__init__()方法中用到的除self以外的形参。例9.8中，__init__()方法有两个除self外的形参（name和age），所以__new__()方法中也有对应的两个形参。__new__()方法必须要有返回值,返回实例化对象,可以返回父类用__new__()创建出来的实例,也可以直接返回 object__new__()的实例化对象。

__init__()方法有一个参数 self,该参数就是__new__()方法返回的实例对象。若__new__()方法没有正确返回当前类 cls 的实例对象,那么__init__()方法将无法被调用。__init__()方法在__new__()方法的基础上完成一些初始化工作,不需要返回值。

图 9.3 表示例 9.3 中 Rectangle 类对象 t1 的创建与初始化过程。

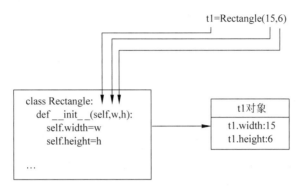

图 9.3　Rectangle 类对象 t1 的创建与初始化过程

当使用 t1＝Rectangle(15,6)创建 t1 对象时,Python 自动调用__init__()方法,传递给该方法的实参是 t1、15、6,相当于函数调用__init__(t1,15,6),这样就为对象 t1 进行了初始化操作,变量 width 赋值 15,变量 height 赋值 6,width 和 height 均属于实例属性。也就是说,创建了一个 Rectangle 类的宽为 15、高为 6 的矩形对象 t1。

假设再使用 t2＝Rectangle(25,16)创建对象 t2,则与创建 t1 对象一样,自动调用__init__()方法,这时只不过传递给该方法的实参分别是 t2、25、16,则对对象 t2 进行初始化时,就为变量 width 赋值 25,变量 height 赋值 16,而这时为 width 和 height 所赋的值 25、16 是专属于新的对象 t2 的,与前面创建的对象 t1 没有关系。图 9.4 表示 Rectangle 类的多个对象的创建与初始化过程。

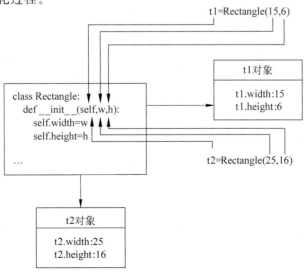

图 9.4　Rectangle 类的多个对象的创建与初始化过程

从图 9.4 中可以看出，t1 和 t2 都是同一个类 Rectangle 的对象，都有实例属性 width 和 height，但数据值各不相同。Rectangle 是定义的矩形类，t1 和 t2 是该类的两个具体实例。

9.4.2 类的实例方法

类中定义的实例方法都必须以 self 作为第一个参数，该参数表示当前是哪个实例对象要执行类的方法，这个实参由 Python 隐含地传递给 self。图 9.5 表示例 9.5 中创建 Person 类的对象 pa 以及对象的 old() 方法调用的过程。

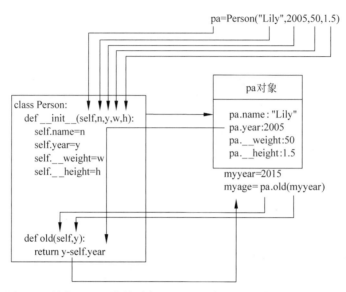

图 9.5 创建 Person 类的对象 pa 以及对象的 old() 方法调用的过程

9.4.3 实例方法的访问权限

根据外部对其访问的权限，实例方法可分为三种：私有方法、保护方法和公有方法。以"单下画线"开头的方法是保护（protected）类型的，只允许其本身与子类进行访问。在模块中，以"单下画线"开头的对象不能用"from module import *"导入。以"双下画线"开头的是私有方法，只允许这个类本身进行访问。开头既没有"单下画线"，也没有"双下画线"的方法是公有方法，允许任何对象进行访问。公有方法可以通过对象名调用，其调用形式为"对象名.公有方法(<实参>)"。

【例 9.9】 公有方法和私有方法示例。

程序源代码如下：

```
#example9_9.py
#coding = GBK
import datetime
class Person:
    def __init__(self,n,y,w,h):
        self.name = n
        self.year = y
        self.__weight = w              #定义私有属性以 kg 为单位的体重 weight
```

```python
            self.__height = h              #定义私有属性以 m 为单位的身高 height
        def old(self,y):
            return y - self.year

        def __getBMI(self):                #定义私有方法 getBMI
            bmi = self.__weight/(self.__height ** 2)    #访问私有属性 weight 和 height
            return bmi
        def getGrade(self):                #定义公有方法 getGrade
            dd = datetime.datetime.now()
            now_age = self.old(dd.year)
            if now_age >= 18:
                bmi = self.__getBMI()      #调用私有方法 getBMI
                print("身体质量指数 BMI 为:",'%.2f'% bmi,end = "")
                if bmi < 18.5:
                    print("过轻")
                elif bmi < 25.0:
                    print("正常")
                elif bmi < 28.0:
                    print("过重")
                elif bmi < 32.0:
                    print("肥胖")
                else:
                    print("非常肥胖")
            else:
                print("不到 18 岁不计算 BMI")

#主程序
pb = Person("Rose",1995,60,1.65)
print("姓名:",pb.name)
print("体重:",pb._Person__weight,"kg")    #访问私有成员
print("身高:",pb._Person__height,"m")     #访问私有成员
pb.getGrade()
```

程序 example9_9.py 的运行结果如下:

姓名: Rose
体重: 60 kg
身高: 1.65 m
身体质量指数 BMI 为: 22.04 正常

与例 9.5 中的 Person 类相比,程序 example9_9.py 中增加了私有方法 __getBMI()用于计算 BMI(Body Mass Index,身体质量指数),增加了公有方法 getGrade()用于根据 BMI 的值判断人的肥胖程度。

BMI 指数是用体重(kg)除以身高(m)的平方得出的数字,是目前国际上常用的衡量人体胖瘦程度以及是否健康的一个标准。计算公式如下:

$$BMI\ 指数 = 体重(kg) \div 身高(m)^2$$

例如,一个人的身高为 1.75m,体重为 68kg,他的 $BMI = 68/1.75^2 = 22.2(kg/m^2)$。
成人(18 岁及以上)的 BMI 数值的含义如表 9.1 所示。

表 9.1　成人(18 岁及以上)的 BMI 数值的含义

BMI	解　　释	BMI	解　　释
BMI<18.5	过轻	28.0≤BMI<32.0	肥胖
18.5≤BMI<25.0	正常	BMI≥32.0	非常肥胖
25.0≤BMI<28.0	过重		

私有方法__getBMI()不能通过对象名调用,只能在该类方法中通过 self 调用,如程序 example9_9.py 中的方法 getGrade()中就是通过 self 调用私有方法__getBMI()的。

在程序 example9_9.py 的主程序中,创建了一个名叫 Rose,1995 年出生,体重 60kg,身高 1.65m 的对象 pb,然后调用公有方法 getGrade()来计算肥胖程度。

9.4.4　静态方法与类方法

静态方法的定义之前需要添加"@staticmethod"。静态方法定义时,不需要表示访问对象的 self 参数,形式上与普通函数的定义类似。静态方法只能访问属于类的成员(类属性、类方法、静态方法),不能访问属于对象的成员。一个类的所有实例对象共享静态方法。使用静态方法时,既可以通过"对象名.静态方法名"来访问,也可以通过"类名.静态方法名"来访问。

【例 9.10】　静态方法使用示例。

程序源代码如下:

```
#example9_10.py
#coding = utf-8
class Person:
    number = 0
    def __init__(self,name):
        self.name = name
        Person.number += 1
    def getName(self):
        print('My name is ',self.name)

    @staticmethod                    #声明静态,去掉则编译报错
    def getNumber():                 #静态方法没有 self
        print("总人数为:",Person.number)

#主程序
p1 = Person("Tom")
p1.getName()
p1.getNumber()
Person.getNumber()
p2 = Person('Alice')
p2.getName()
p2.getNumber()
Person.getNumber()
p1.getNumber()
```

程序 example9_10.py 的运行结果如下：

```
My name is  Tom
总人数为：1
总人数为：1
My name is  Alice
总人数为：2
总人数为：2
总人数为：2
```

类方法定义之前由"@classmethod"语句引导，第一个形参通常被命名为 cls。类方法既可以通过类名调用，也可以通过对象名来调用。类方法可以访问属于类的成员（类属性、类方法、静态方法），不能访问实例属性或实例方法。

【例 9.11】 类方法调用示例。

程序源代码如下：

```
# example9_11.py
# coding = utf-8
class Person(object):
    __totalNumber = 0
    def __init__(self,name):
        Person.__totalNumber += 1
        self.__name = name

    @staticmethod
    def testStaticMothod():
        print("In static method.")
        # 静态方法中调用类方法
        Person.testClassMethod()

    @classmethod
    def testClassMethod(cls):
        print("In class method.")

    @classmethod
    def getTotalNumber(cls):
        # 类方法中调用静态方法
        Person.testStaticMothod()
        # 类方法中调用类属性
        return cls.__totalNumber

# 主程序
s1 = Person('Tom')
print(s1.getTotalNumber())
print(Person.getTotalNumber())
s2 = Person("Alice")
print(s2.getTotalNumber())
print(Person.getTotalNumber())
print(s1.getTotalNumber())
```

程序 example9_11.py 的运行结果如下：

```
In static method.
In class method.
1
In static method.
In class method.
1
In static method.
In class method.
2
In static method.
In class method.
2
In static method.
In class method.
2
```

Python 中静态方法的实现依赖于"@staticmethod"修饰符；类方法的实现依赖于"@classmethod"修饰符。实例方法中的第一个参数一般使用 self 表示调用对象；类方法中的第一个参数一般使用 cls 表示调用的类；静态方法不需要这些附加参数。

9.4.5 析构方法

Python 中类的析构方法是 __del__() 方法，用来删除对象以释放对象的内存空间。如果用户未提供析构方法，Python 将提供一个默认的析构方法。

【例 9.12】 析构方法示例。

程序源代码如下：

```
# example9_12.py
# coding = GBK
class Pizza:
    def __init__(self,d):
        self.diameter = d
        print("调用__init__方法")
    def __del__(self):
        print("调用__del__方法")

# 主程序
pz1 = Pizza(8)
pz2 = Pizza(10)
pz3 = pz2

print('准备删除 pz1')
del pz1
print('准备删除 pz2')
del pz2
print('准备删除 pz3')
del pz3
```

程序 example9_12.py 的运行结果如下：

调用__init__方法
调用__init__方法
准备删除 pz1
调用__del__方法
准备删除 pz2
准备删除 pz3
调用__del__方法

新创建一个对象时，只有一个变量指向该对象。此时对象计数器的值为 1。当有一个新变量保存了对象的引用时，如程序 example9_12.py 中的 pz3=pz2，此对象的引用计数器就会加 1。当用 del 命令删除一个变量指向的对象时，如果对象的引用计数器大于 1，那么此时执行 del 命令删除变量时只会让这个对象引用计数器减 1。当对象的引用计数器为 1，此时调用 del 命令删除变量时才会执行__del__()方法以删除该对象。因此，程序 example9_12.py 中，执行 del pz2 后，并不会调用__del__()方法，因为此时 pz2 变量所指向对象的引用计数器为 2。执行完 del pz2 后，pz2 变量不再指向该对象，原对象的引用计数器减 1 后变成了 1。再执行 del pz3 时，对象的引用计数器减 1 后变为 0，程序会执行__del__()方法，清除对象以释放内存空间。

自定义了__del__()方法的类对象无法被 Python 的循环垃圾收集器收集，所以在自己创建的类中尽量不要自定义__del__()方法。

9.5 可变对象与不可变对象的参数传递

Python 中的所有数据都是对象，对象的变量指向对象的开始地址。调用函数时，实参的值被传递给形参，这个值通常就是对象的开始地址。当将一个可变对象传给函数时，函数可能会改变这个实参对象的内容。当将一个不可变对象传递给函数时，这个实参对象不会被改变。在 Python 的常用内建标准类型中，列表、字典、set 类型的集合等为可变类型，用户自定义类的对象是可变对象。例如：

```
>>> x = 10
>>> y = x
>>> type(x),id(x)
(<class 'int'>, 2317346302544)
>>> type(y),id(y)
(<class 'int'>, 2317346302544)
>>> y = 20                              #y 指向新对象的地址
>>> type(y),id(y)                       #y 指向的地址发生了变化
(<class 'int'>, 2317346302864)
>>> type(x),id(x)                       #x 指向的地址没有发生变化
(<class 'int'>, 2317346302544)
>>>
```

当执行程序时，Python 会自动为对象的 id 赋一个表示该对象地址的整数。x 为整型变量，10 赋值给 x，则 x 指向一个对象（整数 10），而后将 x 赋值给 y，这样，x 和 y 都指向同一个对象（整数 10）。然后 y 的赋值发生了变化，20 赋值给 y，Python 会为这个新数字 20 创建

新对象,然后将这个新对象的引用赋值给 y,y 就指向了一个新对象(整数 20)。而 x 依然指向原来的地址,该地址上的值依然为 10,如图 9.6 所示。

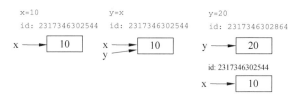

图 9.6 对象的引用

在给一个不可变类型(如 int)的变量 a 从原值改赋新值时,如果这个新值在内存中没有相应的对象,则在内存中新建一个对象,然后将 a 指向这个新的对象,新对象的引用计数器置为 1;如果这个新值在内存中已有相应的对象,则将变量 a 直接指向这个新值所对应的对象,该新值所对应的对象引用计数器加 1。然后将变量 a 原来所指向对象的引用计数器减 1。如果对象引用计数器的值为 0,该对象将被销毁,对象所占用的内存将被回收。

【例 9.13】 不可变对象的参数传递示例。

程序源代码如下:

```
# example9_13.py
# coding = GBK
def increment(n,i):
    print('函数体内,执行加法之前,变量 n 的地址为:',id(n))
    n += i
    print("inside the increment function, n is",n)
    print('函数体内,执行加法之后,变量 n 的地址为:',id(n))

# 主程序
x = 1
print("调用函数前,变量 x 所指向的地址:",id(x))
print("before executing the increment function, x is",x)
increment(x,2)
print("after executing the increment function, x is",x)
print("调用函数后,变量 x 所指向的地址:",id(x))
```

程序 example9_13.py 的运行结果如下:

```
调用函数前,变量 x 所指向的地址: 140732684817440
before executing the increment function, x is 1
函数体内,执行加法之前,变量 n 的地址为: 140732684817440
inside the increment function, n is 3
函数体内,执行加法之后,变量 n 的地址为: 140732684817504
after executing the increment function, x is 1
调用函数后,变量 x 所指向的地址: 140732684817440
```

在上述例子的主程序中,1 赋值给 x,在调用函数之前 x 的值为 1。调用函数 increment()时,1 传给形参 n,x 和 n 均指向 1 这个对象所在地址。2 传递给形参 i,函数中参数 n 递增 2。但是 n 指向的整数对象是不可变对象,因此 n 放弃指向 1 这个对象的地址,改为指向整数 3 这个对象的地址,而 x 依然指向原来的地址。调用完成以后,x 的值没有改变。

【例 9.14】 可变对象的参数传递示例。

程序源代码如下：

```
# example9_14.py
# coding = GBK
def increment(l1,l2):
    print('函数体内,执行扩展之前,变量 l1 的地址为:',id(l1))
    l1.extend(l2)
    print('函数体内,执行扩展之后,变量 l1 的地址为:',id(l1))

# 主程序
x = [1,2,3]
print("调用函数前,变量 x 所指向的地址:",id(x))
print(f"调用函数前,x = {x}")
increment(x,[3,4,5])
print(f"调用函数后,x = {x}")
print("调用函数后,变量 x 所指向的地址:",id(x))
```

程序 example9_14.py 的运行结果如下：

调用函数前,变量 x 所指向的地址: 2187543994112
调用函数前,x = [1, 2, 3]
函数体内,执行扩展之前,变量 l1 的地址为: 2187543994112
函数体内,执行扩展之后,变量 l1 的地址为: 2187543994112
调用函数后,x = [1, 2, 3, 3, 4, 5]
调用函数后,变量 x 所指向的地址: 2187543994112

上述程序中,将列表[1,2,3]赋值给 x。调用函数 increment()时,对象[1,2,3]的地址传给形参 l1。此时 x 和 l1 均指向对象[1,2,3]的开始地址。对象[3,4,5]的地址传递给形参 l2。执行 l1.extend(l2),由于 l1 指向一个列表对象,是一个可变对象,因此直接改变原对象的值,而对象的地址没有变化。因此,函数体内 l1 所指向地址上的对象发生变化后,主程序中从变量 x 所看到的对象也发生了变化。

【例 9.15】 自定义类型对象参数传递示例。

程序源代码如下：

```
# example9_15.py
# coding = GBK
class point:
    def __init__(self,x,y):
        self.x = x
        self.y = y

def increment(c,times):
    while times > 0:
        print(f"加 5 前 c.x 的地址:{id(c.x)}")
        c.x += 5
        print(f"加 5 后 c.x 的地址:{id(c.x)}")
        print(f"加 5 前 c.y 的地址:{id(c.y)}")
        c.y += 5
        print(f"加 5 后 c.y 的地址:{id(c.y)}")
```

```python
            print("inside c.x,c.y:",c.x,c.y)
            times -= 1

#主程序
myc = point(10,20)
times = 5
print("begin:myc.x:",myc.x,",myc.y:",myc.y)
print("begin:times:",times)
increment(myc,times)
print("after increment,myc.x:",myc.x,",myc.y:",myc.y)
print("after increment,times is",times)
```

程序 example9_15.py 的运行结果如下：

```
begin:myc.x: 10 ,myc.y: 20
begin:times: 5
加 5 前 c.x 的地址:1972147913232
加 5 后 c.x 的地址:1972147913392
加 5 前 c.y 的地址:1972147913552
加 5 后 c.y 的地址:1972147913712
inside c.x,c.y: 15 25
加 5 前 c.x 的地址:1972147913392
加 5 后 c.x 的地址:1972147913552
加 5 前 c.y 的地址:1972147913712
加 5 后 c.y 的地址:1972147913872
inside c.x,c.y: 20 30
加 5 前 c.x 的地址:1972147913552
加 5 后 c.x 的地址:1972147913712
加 5 前 c.y 的地址:1972147913872
加 5 后 c.y 的地址:1972147914032
inside c.x,c.y: 25 35
加 5 前 c.x 的地址:1972147913712
加 5 后 c.x 的地址:1972147913872
加 5 前 c.y 的地址:1972147914032
加 5 后 c.y 的地址:1972147914192
inside c.x,c.y: 30 40
加 5 前 c.x 的地址:1972147913872
加 5 后 c.x 的地址:1972147914032
加 5 前 c.y 的地址:1972147914192
加 5 后 c.y 的地址:1972147914352
inside c.x,c.y: 35 45
after increment,myc.x: 35 ,myc.y: 45
after increment,times is 5
```

在上述程序代码中定义了 point 类，属性 x、y 表示一个点的坐标，increment()函数表示共经过 times 次，每次 x、y 的值均加 5。在主程序中，创建了一个 point 对象 myc，x、y 坐标分别为 10、20，定义了一个 int 对象 times，初始值为 5；在 increment()函数中，point 对象 c 的 x、y 属性均增加 5，c.x+=5、c.y+=5 分别创建新的 int 对象，并将它赋值给 c.x 和 c.y，myc 与 c 均指向同一个对象；当 increment()函数完成后，myc.x 和 myc.y 为 35、45，与调用函数之前的值相比发生了改变，而 times-1 创建一个新的 int 对象，它被赋值给 times，在函数 increment()之外，times 的值还是 5。

将一个对象传递给函数，就是将这个对象的引用传递给函数，传递不可变对象和传递可变对象是不同的。像数字、字符串这样的不可变对象，函数外的对象的原始值并没有被改变。而像 point 类、列表这样的可变参数，如果对象的内容在函数内部被改变，则对象的原始值也被改变。

9.6 get 和 set 方法

根据前面的介绍，我们已经了解通过给对象的实例属性赋值可以改变该对象的实例属性值，如在例 9.3 中，对于对象 t1，可以通过 t1.width=8 这样的赋值语句改变实例属性 width 的值，但是这样直接访问数据域可能会带来一些问题。如可能直接设置成不合法的值，就像上面提到的 t1.width=8 如果写成 t1.width=−8，那么这个宽度 width 就是不合法的，数据不仅直接被篡改，也会导致类难以维护并且易于出错。

为了避免类的使用者直接修改属性的问题，在类中通常将属性定义为私有的，通过定义方法来修改或获取相应的属性值。方法名虽然可以随意命名，但为了方便识别，通常采用以 get、set 开头，后面加上属性名。一般用 get 加属性名的方法返回属性值，用 set 加属性名的方法来设置属性值。通常 get 方法被称为获取器或访问器，set 方法被称为设置器或修改器。

【例 9.16】 改进例 9.3 中 Rectangle 类的定义，用 get 和 set 方法来获取值和设置值。

程序源代码如下：

```
#example9_16.py
#coding=GBK
class Rectangle:
    def __init__(self,w,h):
        self.__width = w
        self.__height = h
    def getArea(self):
        return self.__width * self.__height
    def getPerimeter(self):
        return (self.__width + self.__height) * 2
    def getWidth(self):
        return self.__width
    def getHeight(self):
        return self.__height
    def setWidth(self,w):
        if w > 0:
            self.__width = w
        else:
            print("宽度 width 有误")
    def setHeight(self,h):
        if h > 0:
            self.__height = h
        else:
            print("高度 height 有误")
```

```python
# 主程序
t2 = Rectangle(25,16)
# 调用 get 方法
print("矩形 t2 的宽:",t2.getWidth(),",高:",t2.getHeight())
print("矩形 t2 的面积:",t2.getArea())
print("矩形 t2 的周长:",t2.getPerimeter())
t2.setWidth(8)                          # 调用 set 方法
print("矩形 t2 新的宽:",t2.getWidth())
t2.setWidth(-8)                         # 调用 set 方法
print("矩形 t2 新的宽:",t2.getWidth())
```

程序 example9_16.py 的运行结果如下：

```
矩形 t2 的宽: 25,高: 16
矩形 t2 的面积: 400
矩形 t2 的周长: 82
矩形 t2 新的宽: 8
宽度 width 有误
矩形 t2 新的宽: 8
```

在如上程序 example9_16.py 中的 Rectangle 类中，通过 getWidth 和 getHeight 方法获取对象的私有 width 和 height 属性值，通过 setWidth 和 setHeight 方法设置对象的私有 width 和 height 属性值，如果设置的值不符合要求，则打印有误信息。在主程序中创建了一个 width 为 25，height 为 16 的 Rectangle 类对象 t2，然后通过调用 getWidth 和 getHeight 方法获得 width 和 height 的值，调用 getArea()和 getPerimeter()方法计算出面积和周长，随后通过 setWidth()方法将 width 设置成 8，并将新的 width 打印出来，最后试图通过 setWidth()方法将 width 设置成-8，由于数据不符合要求，打印出错误信息，width 还是原来的 8 没有改变。由于类中两个对象属性是私有的，无法在主程序中通过对象名直接访问私有属性。

【例 9.17】 实现图 9.1 中名为 Stock 的股票类。

程序源代码如下：

```python
# example9_17.py
# coding = GBK
class Stock:
    def __init__(self, number, name, p_Price, c_Price):
        self.number = number
        self.name = name
        self.__p_Price = p_Price
        self.__c_Price = c_Price
    def getNumber(self):
        return self.number
    def getName(self):
        return self.name
    def getPreviousPrice(self):
        return self.__p_Price
    def getCurrentPrice(self):
        return self.__c_Price
```

```
        def setNumber(self,number):
            if "000000"< number <= "999999":
                self.number = number
            else:
                print("股票代码有误!")
        def setName(self,name):
            self.name = name
        def setPreviousPrice(self, p_Price):
            if p_Price > 0:
                self.__p_Price = p_Price
            else:
                print("股价错误!")
        def setCurrentPrice(self, c_Price):
            if c_Price > 0:
                self.__c_Price = c_Price
            else:
                print("股价错误!")
#主程序
stock1 = Stock("601166","兴业银行", 15.37, 15.77)
stock2 = Stock("600820","隧道股份", 8.1, 8.17)
print("股票代码:",stock1.getNumber(),"股票名称:",stock1.getName())
print("前一天的收盘价:",stock1.getPreviousPrice(),end = '')
print("当前股价:",stock1.getCurrentPrice())
stock1.setCurrentPrice(15.88)
print("一分钟后的股价:",stock1.getCurrentPrice())
print("股票代码:",stock2.getNumber(),"股票名称:",stock2.getName())
print("前一天的收盘价:",stock2.getPreviousPrice(),end = '')
print("当前股价:",stock2.getCurrentPrice())
stock2.setCurrentPrice(8.2)
print("一分钟后的股价:",stock2.getCurrentPrice())
stock2.setCurrentPrice(-8.3)
print("一分钟后的股价:",stock2.getCurrentPrice())
```

程序 example9_17.py 的运行结果如下:

```
股票代码: 601166 股票名称: 兴业银行
前一天的收盘价: 15.37 当前股价: 15.77
一分钟后的股价: 15.88
股票代码: 600820 股票名称: 隧道股份
前一天的收盘价: 8.1 当前股价: 8.17
一分钟后的股价: 8.2
股价错误!
一分钟后的股价: 8.2
```

9.7 运算符的重载

在 Python 中可通过运算符重载来实现对象之间的运算。那么什么是运算符的重载,怎么实现运算符的重载呢?

先来看看复数的运算。

```
>>> a = complex(3,2)
>>> b = complex(5,-6)
>>> a + b
(8-4j)
>>> a - b
(-2+8j)
>>> a * b
(27-8j)
>>> a/b
(0.04918032786885245+0.4590163934426229j)
```

在上述命令行中,a、b均为复数,后面4行命令表示的是复数的加、减、乘、除运算,通过+、-、*、/运算符实现。

查看以下complex类的帮助文档:

```
>>> help(complex)
Help on class complex in module __builtin__:

class complex(object)
 |  complex(real[, imag]) -> complex number
 |
 |  Create a complex number from a real part and an optional imaginary part.
 |  This is equivalent to (real + imag*1j) where imag defaults to 0.
 |
 |  Methods defined here:
 |
 |  __abs__(...)
 |      x.__abs__() <==> abs(x)
 |
 |  __add__(...)
 |      x.__add__(y) <==> x+y
 |
 |  __coerce__(...)
 |      x.__coerce__(y) <==> coerce(x, y)
 |
 |  __div__(...)
 |      x.__div__(y) <==> x/y
...
```

通过complex的帮助信息可以看出,复数的这些运算符都是在complex类中定义的方法,例如"+",在complex类中表示两个复数相加,只要是"+"运算就调用__add__()方法。

再来看看字符串的运算。

```
>>> m = "abc"
>>> n = "def"
>>> m + n
'abcdef'
>>> m >= n
False
>>> m * 3
'abcabcabc'
```

在如上字符串的这些命令行中，m、n均为字符串，命令m＋n、m＞＝n、m＊3分别表示字符串的连接、字符串大小的比较、字符串的重复，通过＋、＞＝、＊运算符来实现。实际上字符串的这些运算符都是在str类中定义的方法。可以查看如下str类的帮助文档来了解相应运算符的重载。

```
>>> help(str)
Help on class str in module __builtin__:

class str(basestring)
 |  str(object = '')  -> string
 |
 |  Return a nice string representation of the object.
 |  If the argument is a string, the return value is the same object.
 |
 |  Method resolution order:
 |      str
 |      basestring
 |      object
 |
 |  Methods defined here:
 |
 |  __add__(…)
 |      x.__add__(y) <==> x + y
 |
 |  __contains__(…)
 |      x.__contains__(y) <==> y in x
 |
 |  __eq__(…)
 |      x.__eq__(y) <==> x == y
 |
 |  __format__(…)
 |      S.__format__(format_spec) -> string
 |
 |      Return a formatted version of S as described by format_spec.
 |
 |  __ge__(…)
 |      x.__ge__(y) <==> x >= y
…
```

为什么字符串的"＋"运算能实现字符串的连接操作呢？从帮助信息中可以看出，还是因为通过__add__()方法重载了运算符"＋"。

```
>>> m.__add__(n)
'abcdef'
>>> m.__ge__(n)
False
>>> m.__rmul__(3)
'abcabcabc'
```

从如上命令中可以看出，__add__()方法重载了运算符"＋"，__ge__()方法重载了运算符">=",__rmul__()方法重载了运算符"*",即 m.__add__(n)与 m+n、m.__ge__(n)与 m>=n、m.__rmul__(3)与 m*3 是一致的。读者还可以找一找复数和字符串中其他对应的运算符和方法。

需要说明的是,类似于__add__()的方法并不是私有方法,因为除了两个起始下画线还有两个结尾下画线,如同__init__()方法并非私有,而是一个初始化对象的特殊方法一样。

为运算符定义方法被称为运算符的重载,每个运算符都对应着一个方法,因此重载运算符就是运算符对应方法的重新实现。表 9.2 表示常用的运算符与方法的对应关系。

表 9.2 常用的运算符与方法的对应关系

分 类	运算符	方 法	说 明	示例(a、b 均为对象)
算术运算符	+	__add__(self,other)	加法	a+b
	-	__sub__(self,other)	减法	a-b
	*	__mul__(self,other)	乘法	a*b
	/	__truediv__(self,other)	除法	a/b
	//	__floordiv__(self,other)	整除	a//b
	%	__mod__(self,other)	求余	a%b
关系运算符	<	__lt__(self,other)	小于	a<b
	<=	__le__(self,other)	小于或等于	a<=b
	==	__eq__(self,other)	等于	a==b
	>	__gt__(self,other)	大于	a>b
	>=	__ge__(self,other)	大于或等于	a>=b
	!=	__ne__(self,other)	不等于	a!=b
其他	[index]	__getitem__(self,index)	下标运算符	a[0]
	in	__contains__(self,value)	检查是否是成员	r in a
	len	__len__(self)	元素个数	len(a)
	str	__str__(self)	字符串表示	str(a),print(a)

【例 9.18】 定义一个类 Rational 代表有理数,实现有理数的若干运算符的重载及其他有关的方法。

分析:有理数在形式上有分子和分母,如果 x 表示分子,y 表示分母,则一个有理数可以表示为 x/y,如 1/3、2/9、-13/3 都是有理数。有理数分母不能为 0,但分子可以为 0;整数 i 等价于有理数 i/1,如 3 等价于 3/1。有理数中有很多等价的有理数,如 1/2=2/4=3/6…,为简单起见,用 1/2 表示所有等价于 1/2 的有理数,像这种分子和分母除了 1 以外没有任何公约数的有理数称为最简形式。Rational 类中的有理数均化为最简形式。另外,约定将符号位放置于分子中,即分子可正、可负、可为 0,分母大于 0。

程序源代码如下:

```
#example9_18.py
#coding = GBK
#求两个正整数的最大公约数
def fdiv(x,y):                          #函数定义
    if x < y:
        x,y = y,x
    r = x % y
```

```
        while r!= 0:
            x = y
            y = r
            r = x % y
        return y

#定义有理数类
class Rational:
    def __init__(self, x, y):              #x 表示分子,y 表示分母
        if x!= 0:
            z = fdiv(abs(x),y)             #求最大公约数
            (self.x,self.y) = (x/z,y/z)
        else:
            (self.x,self.y) = (x,y)

    def __add__(self,other):               #加号(+)重载
        m = self.x * other.y + other.x * self.y
        n = self.y * other.y
        return Rational(m,n)

    def __sub__(self,other):               #减号(-)重载
        m = self.x * other.y - other.x * self.y
        n = self.y * other.y
        return Rational(m,n)
    def __mul__(self,other):               #乘号(*)重载
        m = self.x * other.x
        n = self.y * other.y
        return Rational(m,n)
    def __truediv__(self,other):           #除号(/)重载
        if other.x == 0:
            return "第 2 个有理数为 0,不能用/"
        elif other.x < 0:
            t2 = -1
        else:
            t2 = 1

        if self.x < 0:
            t1 = -1
        else:
            t1 = 1
        m = abs(self.x) * other.y
        n = self.y * abs(other.x)
        return Rational(t1 * t2 * m,n)

    def __lt__(self, other):               #小于号(<)重载
        aa = self.__sub__(other)
        if aa.x >= 0:
            return False
        else:
            return True
```

```python
    def __le__(self, other):                    # 小于或等于号(<=)重载
        aa = self.__sub__(other)
        if aa.x > 0:
            return False
        else:
            return True

    def __eq__(self, other):                    # 等号(==)重载
        aa = self.__sub__(other)
        if aa.x == 0:
            return True
        else:
            return False

    def __ne__(self, other):                    # 不等号(!=)重载
        aa = self.__sub__(other)
        if aa.x == 0:
            return False
        else:
            return True

    def __gt__(self, other):                    # 大于号(>)重载
        aa = self.__sub__(other)
        if aa.x > 0:
            return True
        else:
            return False

    def __ge__(self, other):                    # 大于或等于号(>=)重载
        aa = self.__sub__(other)
        if aa.x >= 0:
            return True
        else:
            return False

    def __str__(self):                          # 由对象构造字符串
        if self.y == 1 or self.x == 0:
            return str(self.x)
        else:
            return str(self.x) + "/" + str(self.y)
```

在 Rational 对象中，最后获得的有理数是以最简形式表示的，分子决定符号，分母大于 0。两个对象可以进行＋、－、*、/、<、<=、==、!=、>、>= 运算，是通过定义 __add__()、__sub__()、__mul__()、__truediv__()、__lt__()、__le__()、__eq__()、__ne__()、__gt__()、__ge__() 方法重载运算符，这些方法都返回一个新的 Rational 对象(除了 __truediv__() 方法中第 2 个有理数为 0 时)。__str__() 方法返回 str 对象，print(r1) 与 print(r1.__str__()) 等价。print(r1)时，先自动调用 r1.__str__()，返回一个由对象构造的字符串；再通过 print() 函数打印这个字符串。

fdiv()是求两个正整数的最大公约数的函数,在 Rational 类中要用到该函数,并非 Rational 类中的方法。

【例 9.19】 用实例验证 Rational 类。

程序源代码如下:

```
#example9_19.py
#coding=GBK
from example9_18 import Rational
# +、-、*、/运算及打印结果
def suan(r1,r2):
    print("r1:",r1,"r2:",r2)
    print(r1," + ",r2," = ",r1+r2)
    print(r1," - ",r2," = ",r1-r2)
    print(r1," * ",r2," = ",r1*r2)
    print(r1,"/",r2," = ",r1/r2)

#比较运算及打印结果
def compare(r1,r2):
    print(r1,">",r2," = ",r1>r2)
    print(r1," >= ",r2," = ",r1>=r2)
    print(r1," == ",r2," = ",r1==r2)
    print(r1,"<",r2," = ",r1<r2)
    print(r1," <= ",r2," = ",r1<=r2)
    print(r1," != ",r2," = ",r1!=r2)

#主程序
r1 = Rational(-2,8)
r2 = Rational(-2,16)
suan(r1,r2)
compare(r1,r2)
print()
r1 = Rational(1,8)
r2 = Rational(0,16)
suan(r1,r2)
compare(r1,r2)
```

程序 example9_19.py 运行结果如下:

```
r1: -1.0/4.0 r2: -1.0/8.0
-1.0/4.0 + -1.0/8.0 = -3.0/8.0
-1.0/4.0 - -1.0/8.0 = -1.0/8.0
-1.0/4.0 * -1.0/8.0 = 1.0/32.0
-1.0/4.0 / -1.0/8.0 = 2.0
-1.0/4.0 > -1.0/8.0 = False
-1.0/4.0 >= -1.0/8.0 = False
-1.0/4.0 == -1.0/8.0 = False
-1.0/4.0 < -1.0/8.0 = True
-1.0/4.0 <= -1.0/8.0 = True
-1.0/4.0 != -1.0/8.0 = True

r1: 1.0/8.0 r2: 0
```

```
1.0/8.0 + 0 = 1.0/8.0
1.0/8.0 - 0 = 1.0/8.0
1.0/8.0 * 0 = 0.0
1.0/8.0 / 0 = 第 2 个有理数为 0,不能用/
1.0/8.0 > 0 = True
1.0/8.0 >= 0 = True
1.0/8.0 == 0 = False
1.0/8.0 < 0 = False
1.0/8.0 <= 0 = False
1.0/8.0 != 0 = True
```

9.8　迭代器类和可迭代的类

一个实现了__iter__()和__next__()方法的类是迭代器类。一个实现了__iter__()方法的类是可迭代的类。序列、字典、集合和迭代器等对象都是可迭代对象。生成器是一种特殊的迭代器,自动实现了__iter__()和__next__()方法,也就是自动实现了迭代器协议。

此前已简单介绍过迭代器、可迭代对象的用法。这里再介绍一下如何自定义迭代器类、可迭代的类。

9.8.1　自定义迭代器类

除了内置的迭代器类,还可以通过在类中实现__iter__()和__next__()方法来创建自定义迭代器类。实现这两个方法的要求如下。

(1) __iter__()方法要求返回当前对象的迭代器类对象(实例)。迭代器类中只要返回 self 就可以,因为 self 就是表示自身对象的迭代器实例。

(2) __next__()方法返回迭代过程中的下一个值。如果到达末尾,没有下一个值可供返回,则抛出 StopIteration 异常。

【例 9.20】　创建一个自定义的迭代器类 FibIterator,接收一个初始化参数作为上界,产生一个小于或等于该上界的斐波那契数列迭代器。主程序中依次输出数列中的每个值。

程序源代码如下:

```
# example9_20.py
# coding = utf-8
class FibIterator(object):
    def __init__(self, data):
        self.a, self.b = 0, 1
        self.data = data                    # 上限值
        self.index = -1                     # 当前迭代索引

    def __iter__(self):
        return self                         # 返回对象的迭代器实例

    def __next__(self):
        self.index += 1
        if self.index == 0 and self.data >= 0:
            return 0      # 返回第 1 项
```

```python
        elif self.index == 1 and self.data >= 1:
            return 1                    #返回第2项
        elif self.a + self.b <= self.data:
            self.a, self.b = self.b, self.a + self.b
            return self.b
        else:
            raise StopIteration         #超出上限则抛出异常
#主程序
x = int(input('请输入斐波那契数列的上界值:'))
f = FibIterator(x)
print('小于或等于', x, '的斐波那契数列为:', sep = "", end = "")
for item in f:
    print(item, end = ' ')
```

程序 example9_20.py 的运行结果如下：

```
>>> 
============== RESTART: D:\example9_20.py ==============
请输入斐波那契数列的上界值:100
小于或等于100的斐波那契数列为:0 1 1 2 3 5 8 13 21 34 55 89
>>> 
```

9.8.2 自定义可迭代的类

可以创建可迭代对象的类称为可迭代的类。可迭代的类需要实现__iter__()方法。

【例9.21】 创建一个可迭代的类，生成斐波那契数列的可迭代对象，在主程序中输入数列的上界，用循环输出不超过该上界的该数列的所有元素。

程序源代码如下：

```
#example9_21.py
#coding = utf-8
class FibIterable(object):
    def __init__(self, data):
        self.a, self.b = 0, 1
        self.data = data                #上限值
        self.index = -1                 #当前迭代索引

    def __iter__(self):
        while True:
            self.index += 1
            if self.index == 0 and self.data >= 0:
                yield 0                 #返回第1项
            elif self.index == 1 and self.data >= 1:
                yield 1                 #返回第2项
            else:
                while self.a + self.b <= self.data:
                    self.a, self.b = self.b, self.a + self.b
                    yield self.b
                else:
                    break
```

```
#主程序
x = int(input('请输入斐波那契数列的上界值:'))
f = FibIterable(x)
print('小于或等于',x,'的斐波那契数列为:',sep = "",end = "")
for item in f:
    print(item,end = ' ')
```

程序 example9_21.py 的运行结果如下：

```
>>>
============== RESTART: D:\example9_21.py ==============
请输入斐波那契数列的上界值:100
小于或等于100的斐波那契数列为:0 1 1 2 3 5 8 13 21 34 55 89
>>>
```

9.9 面向对象和面向过程

9.9.1 类的抽象与封装

类的抽象是指将类的实现和类的使用相分离。类的创建者描述类的功能，创建这个类并告知用户如何使用这个类。类的用户并不需要知道类是如何实现的。实现的细节被封装并对用户隐藏，这就称为类的封装。在例 9.3 中，类的创建者定义好 Rectangle 类后，类的使用者就可以创建 Rectangle 对象，调用对象的 getArea() 和 getPerimeter() 方法来计算面积和周长，而并不需要知道面积和周长是如何计算的。同样，在例 9.9 中，类的创建者定义好 Person 类后，使用者就可以创建 Person 对象，调用其中的方法来判断肥胖程度。

9.9.2 面向过程编程

在软件开发中有许多不同层次的抽象。函数也属于高级别的抽象，它就像一个提供某种功能的黑箱，使用者只需要了解它的功能，并不需要知道函数内部是如何实现的。当设计复杂程序时，就采用自顶向下逐步求精的方法来实现。面向过程的程序设计按照数据与操作分离的观点，以过程为中心展开，在这种程序设计中，强调的是对数据的操作过程。

【例 9.22】 假设张三有一笔贷款，年利率为 5.75%，贷款年限为 30 年，贷款金额为 35 万，根据如下公式计算月供金额和总还款金额。

$$月供金额 = \frac{贷款金额 \times 月利率}{1 - \dfrac{1}{(1 + 月利率)^{贷款年限 \times 12}}}$$

$$总还款金额 = 月供金额 \times 贷款年限 \times 12$$

分析：在面向过程的程序设计中，利用函数来实现。

程序源代码如下：

```
#example9_22.py
#coding = GBK
def month_total_Payment(year_Rate,years,loanAmount):        #函数定义
```

```
        month_Rate = year_Rate/12                              #月利率 = 年利率 / 12
        month_Payment = loanAmount * month_Rate/(1 - 1/(1 + month_Rate) ** (years * 12))
        total_Payment = month_Payment * years * 12
        return (month_Payment,total_Payment)

#主程序
borrower = "张三"
fRate = 5.75
year_Rate = fRate / 100
years = 30
loanAmount = 350000
(x,y) = month_total_Payment(year_Rate,years,loanAmount)
print("贷款人:",borrower)
print("年利率:%.2f%%" % (year_Rate * 100))
print("贷款年限:",years)
print("贷款金额:",loanAmount)
print("月供金额:","%.2f" % x)
print("总还款金额:","%.2f" % y)
```

程序 example9_22.py 的运行结果如下:

```
贷款人:张三
年利率:5.75%
贷款年限:30
贷款金额:350000
月供金额:2042.50
总还款金额:735301.80
```

在函数 month_total_Payment()中,year_Rate 表示年利率,years 表示贷款年限,loanAmount 表示贷款金额,从年利率可以求得月利率 month_Rate,再根据公式求出月供金额和总还款金额。在主程序中,实现了根据张三的贷款情况调用函数 month_total_Payment()计算出了月供金额和总还款金额。

在这里,这笔贷款与张三相关联,程序中用一条语句"borrower="张三""说明这笔贷款的主贷人是张三,也就是说一笔贷款与某个贷款人相关联,如果利用面向过程的方法,就是创建不同的变量来存储贷款人的信息。但这种方法并不理想,因为这些值并不是封装在一起的。最理想的方法是将这些值捆绑在对象中,存储于数据域。9.9.1 节中已经阐述过类可以用来抽象和封装一类事物的属性和功能。

9.9.3 面向对象编程

基于对象概念来分析问题和设计解题方法就是面向对象编程,它是将数据和方法一起封装到对象中的。面向过程编程的重点在函数的设计上,面向对象设计的重点在类的属性和方法的设计上。

【**例 9.23**】 利用面向对象的方法实现例 9.22 中贷款与贷款人的封装,并计算月供金额数和总还款金额。

程序源代码如下:

```
#example9_23.py
```

```python
# coding = GBK
class Loan_Payment:
    def __init__(self,self,year_Rate,years,Amount,borrower):
        self.__year_Rate = year_Rate
        self.__years = years
        self.__Amount = Amount
        self.__borrower = borrower
    def month_total_Payment(self):
        m_Rate = self.getyear_Rate()/12
        m_Payment = self.getAmount() * \
                m_Rate/(1 - 1/(1 + m_Rate) ** (self.getyears() * 12))
        total_Payment = m_Payment * self.getyears() * 12
        return (m_Payment,total_Payment)
    def getyear_Rate(self):
        return self.__year_Rate
    def getyears(self):
        return self.__years
    def getAmount(self):
        return self.__Amount
    def getborrower(self):
        return self.__borrower
    def setyear_Rate(self,year_Rate):
        self.__year_Rate = year_Rate
    def setyears(self,years):
        self.__years = years
    def setloanAmount(self,Amount):
        self.__Amount = Amount
    def setborrower(self,borrower):
        self.__borrower = borrower

def main():
    fRate = 5.75
    year_Rate = fRate / 100
    years = 30
    Amount = 350000
    borrower = "张三"
    Loan1 = Loan_Payment(year_Rate,years,Amount,borrower)
    (x,y) = Loan1.month_total_Payment()
    print("贷款人:",Loan1.getborrower())
    print("年利率:%.2f%%" % (Loan1.getyear_Rate() * 100))
    print("贷款年限:",Loan1.getyears())
    print("贷款金额:",Loan1.getAmount())
    print("月供金额:","%.2f" % x)
    print("总还款金额:","%.2f" % y)

# 主程序
if __name__ == "__main__":
    main()
```

程序 example9_23.py 的运行结果如下:

贷款人：张三
年利率：5.75%
贷款年限：30
贷款金额：350000
月供金额：2042.50
总还款金额：735301.80

习题 9

1. 设计一个 Circle 类来表示圆，这个类包含圆的半径以及求面积和周长的方法。再使用这个类创建半径为 1～10 的圆，并计算出相应的面积和周长。运行结果如下：

半径为 1 的圆,面积：3.14 周长：6.28
半径为 2 的圆,面积：12.57 周长：12.57
半径为 3 的圆,面积：28.27 周长：18.85
半径为 4 的圆,面积：50.27 周长：25.13
半径为 5 的圆,面积：78.54 周长：31.42
半径为 6 的圆,面积：113.10 周长：37.70
半径为 7 的圆,面积：153.94 周长：43.98
半径为 8 的圆,面积：201.06 周长：50.27
半径为 9 的圆,面积：254.47 周长：56.55
半径为 10 的圆,面积：314.16 周长：62.83

2. 阅读下列程序，写出运行结果，并说明理由。

```
# exercise8_2.py
# coding = GBK
def fun(x,L = [9]):
    x = 3
    L.append(8)
    print("inside fun,x,L:",x,L)

# 主程序
x = 5
L = [4,1]
fun(x)
print("x,L:",x,L)
fun(x,L)
print("x,L:",x,L)
```

3. 设计一个 Account 类表示账户，自行设计该类中的属性和方法，并利用这个类创建一个账号为 998866，余额为 2000 元，年利率为 4.5% 的账户，然后向该账户中存入 150 元，再取出 1500 元。打印出账号、余额、年利率、月利率、月息。

4. 设计一个 Timer 类，该类包括表示小时、分、秒的三个数据域，三个数据域各自的 get 方法，设置新时间和显示时间的方法。用当前时间创建一个 Timer 类并显示出来。

第10章 类的重用

学习目标
- 熟练掌握类的继承方法。
- 熟练掌握类的组合方法。

本章主要介绍面向对象中两种重要的重用技术：组合与继承。先介绍类重用的必要性，然后介绍类的继承方法，最后介绍类的组合。

10.1 类的重用方法

代码重用是软件工程的重要目标之一。类的重用是面向对象的核心内容之一。类的重用技术通过创建新类来复用已有的代码，而不必从头开始编写，可以使用系统标准类库、开源项目中的类库、自定义类等已经调试好的类，从而减少工作量并降低出现错误的可能性。

类的设计中主要有两种重用方法：类的继承与类的组合。类的继承是指在现有类的基础上创建新类，在新类中添加代码，以扩展原有类的属性和方法。类的组合是指在新创建的类中包含已有类的对象作为其属性。

10.2 类的继承

类的继承又称为类的派生。继承的出发点在于一些类存在相似点，这些相似点可以被提取出来构成一个基类，基类中的代码通过继承可以在其他类中重用。继承是通过在一个被称为父类（或基类）的基础上扩展新的属性和方法来实现的。父类定义了公共的属性和方法，继承父类的子类自动具备父类中的非私有属性和非私有方法，不需要重新定义父类中的非私有内容，并且可以增加新的属性和方法。

在 Python 语言中，object 类是所有类的最终父类，所有类最顶层的根都是 object 类。在程序中创建一个类时，除非明确指定父类，否则默认从 Python 的根类 object 继承。

有别于 Java 只支持单继承，Python 与 C++一样支持多继承。也就是说，Python 中的一个类可以有多个父类，同时从多个父类中继承所有特性。

10.2.1 父类与子类

在详细介绍继承之前，先给出父类与子类的定义。

父类是指被直接或间接继承的类。Python 中类 object 是所有类的直接或间接父类。

在继承关系中,继承者是被继承者的子类。子类继承所有祖先的非私有属性和非私有方法,子类可以增加新的属性和方法,子类也可以通过重定义来覆盖从父类继承而来的属性和方法。

如图 10.1 所示的继承关系中,类 Product 是一个父类,具备 Computer、MobilePhone、TFCard 类的共同特征。Computer、MobilePhone、TFCard 三个类都是类 Product 的子类,它们继承了 Product 的共同特征。Python 支持多重继承,也就是一个子类可以有多个父类。在图 10.1 中,类 SmartMobilePhone 有两个父类,分别为 Computer、MobilePhone 两个类,因此它同时具备 Computer 和 MobilePhone 的特征。

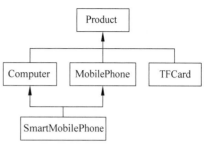

图 10.1 子类与父类的继承关系

在继承关系中,子类和父类是一种 is-a 的关系,这种关系可以作为判断继承关系的一个基准。

10.2.2 继承的语法

类的继承关系体现在类定义的语法中:

class ChildClassName(ParentClassName1[, ParentClassName2[,ParentClassName3, …]]):
　♯类体或 pass 语句

子类 ChildClassName 从圆括号中的父类派生,继承父类的非私有属性和非私有方法。如果圆括号中没有内容,则表示从 object 类派生。如果只是给出一个定义,尚没有定义类体时,使用 pass 语句代替类体。

产品 Product 的属性包括产品编号(ID)、名称(name)、颜色(color)、价格(price)、质量(weight)。

计算机 Computer 除具有产品 Product 所具有的基本属性外,还有如下属性:内存(memory)、硬盘(disk)、中央处理器(CPU)。

手机 MobilePhone 类除具有产品 Product 类所具有的基本属性外,还具有如下属性:第几代(generation)、网络制式(networkstandard)。

智能手机 SmartMobilePhone 类既具有手机 MobilePhone 类的特征,也具有计算机 Computer 类的特征,另外还具有如下特征:前置摄像头像素(frontCamera)、后置摄像头像素(rearCamera)、是否支持 WiFi 热点(wifiHotSupport)。

【例 10.1】 根据图 10.1 中的关系,创建 Product、Computer 和 MobilePhone 三个类,实现继承关系。

程序源代码如下:

```
♯example10_1.py
class Product(object):
    id = 0
    def __init__(self,name,color,price,weight):
        Product.id = Product.id + 1
        self.name = name
```

```
        self.color = color
        self.price = price
        self.weight = weight
        print('A product has been created. The ID is ' + str(Product.id))

    def setPrice(self,price):
        self.price = price

    def getPrice(self):
        return self.price

class Computer(Product):
    def __init__(self,name,color,price,weight,memory,disk,processor):
        super(Computer,self).__init__(name,color,price,weight)
        self.memory = memory
        self.disk = disk
        self.processor = processor
        print('A computer has been created. the name is ', name)

class MobilePhone(Product):
    def __init__(self,name,color,price,weight,generation,networkstandard):
        super(MobilePhone,self).__init__(name,color,price,weight)
        self.generation = generation
        self.networkstandard = networkstandard
        print('A MobilePhone has been created. the name is ', name)

def main():
    c = Computer("联想笔记本电脑",'Black',5800,'2kg','4096K','128GB','Intel')
    m = MobilePhone("Nokia",'Black',600,'0.3kg','4G','TD-SCDMA')
    print("产品名称:" + c.name + ",产品价格:" + str(c.getPrice()))
    print("产品名称:" + m.name + ",产品价格:" + str(m.getPrice()))

if __name__ == "__main__":
    main()
```

程序 example10_1.py 的运行结果如下：

```
A product has been created. The ID is 1
A computer has been created. the name is  联想笔记本电脑
A product has been created. The ID is 2
A MobilePhone has been created. the name is  Nokia
产品名称:联想笔记本电脑,产品价格:5800
产品名称:Nokia,产品价格:600
```

10.2.3 子类继承父类的属性

子类继承父类中的非私有属性（类属性和实例属性），但不能继承父类的私有属性，也无法在子类中访问父类的私有属性。子类只能通过父类中的公有方法访问父类中的私有属性。

【例 10.2】 非私有属性的继承与私有属性的访问方式示例。

程序源代码如下：

```python
# example10_2.py
# coding = gbk
class Product(object):
    id = 0                                          # 类属性
    def __init__(self,name,color,price):
        Product.id = Product.id + 1
        self.name = name                            # 公有实例属性
        self.color = color                          # 公有实例属性
        self.__price = price                        # 私有实例属性

    def setPrice(self,price):
        self.__price = price

    def getPrice(self):
        return self.__price

class MobilePhone(Product):
    def __init__(self,name,color,price,networkstandard):
        super(MobilePhone,self).__init__(name,color,price)
        self.networkstandard = networkstandard

        # 继承了父类中的公有实例属性,可以直接访问
        print('A MobilePhone has been created. the name is', self.name)

        # 继承了父类中的公有类属性,可以直接访问
        print('产品编号: ' + str(self.__class__.id))

        # 无法继承父类中的私有属性,不能在子类中直接访问
        # print('The price is ' + str(self.__price))

        # 可以通过父类中的公有方法访问私有属性
        print('The price is ' + str(self.getPrice()))

def main():
    m = MobilePhone("Nokia",'Black',600,'TD-SCDMA')
    print("产品名称:" + m.name + ",产品价格:" + str(m.getPrice()))
    print(MobilePhone.id)                           # 调用从父类中继承的类属性

if __name__ == "__main__":
    main()
```

程序 example10_2.py 的运行结果如下：

```
A MobilePhone has been created. the name is Nokia
产品编号:1
The price is 600
产品名称:Nokia,产品价格:600
1
```

父类与子类如果同时定义了名称相同的属性,父类中的属性在子类中将被覆盖。

【例 10.3】 父类与子类中名称相同的属性访问示例。

程序源代码如下:

```
#example10_3.py
#coding=utf-8
class Product(object):
    id = 0                                              #类属性
    def __init__(self,name,price):
        Product.id = Product.id + 1
        self.name = name                                #公有实例属性
        self.color = 'The color defined in the parent class.'
        self.__price = price                            #私有实例属性

    def setPrice(self,price):
        self.__price = price

    def getPrice(self):
        return self.__price

class MobilePhone(Product):
    def __init__(self,name,price,networkstandard):
        super(MobilePhone,self).__init__(name,price)
        self.networkstandard = networkstandard
        #子类中的属性color覆盖父类中的同名的属性
        self.color = 'The color defined in the sub class.'

        #继承了父类中的公有属性,可以直接访问
        print('A MobilePhone has been created. the name is', self.name)

        #继承父类中的类属性,可以直接访问
        print('产品编号: ' + str(self.__class__.id))

        #无法继承父类中的私有属性,不能在子类中直接访问
        #print('The price is ' + str(self.__price))

        #可以通过父类中的公有方法访问私有属性
        print('The price is ' + str(self.getPrice()))

def main():
    m = MobilePhone("Nokia",600,'TD-SCDMA')
    print("产品名称:" + m.name + ",产品价格:" + str(m.getPrice()))
    print(m.color)                                      #调用子类中的属性
    print(MobilePhone.id)                               #调用从父类中继承的类属性

if __name__ == "__main__":
    main()
```

其中子类 MobilePhone 中的属性 color 覆盖掉父类 Product 中的属性 color。

程序 example10_3.py 的运行结果如下：

```
A MobilePhone has been created. the name is Nokia
产品编号:1
The price is 600
产品名称:Nokia,产品价格:600
The color defined in the sub class.
1
```

10.2.4　子类继承父类的方法

子类继承父类中的非私有方法，不能继承私有方法。

【例 10.4】　非私有方法的继承示例。

程序源代码如下：

```
#example10_4.py
#coding = utf-8
class Product(object):
    id = 0
    def __init__(self,name,price):
        Product.id = Product.id + 1
        self.name = name
        self.color = 'The color defined in the parent class.'
        self.__price = price

    def setPrice(self,price):                    #公有方法
        self.__price = price

    def getPrice(self):                          #公有方法
        return self.__price

    @staticmethod                                #声明静态方法,去掉则编译报错
    def testStaticMethod():                      #使用了静态方法,则不能再使用 self
        print("The static method is called.")

    @classmethod                                 #类方法
    def testClassMethod(cls):
        print("The class method is called.")

class MobilePhone(Product):
    def __init__(self,name,price,networkstandard):
        super(MobilePhone,self).__init__(name,price)
        self.networkstandard = networkstandard
        #子类中的属性 color 覆盖父类中的同名的属性
        self.color = 'The color defined in the sub class.'

        #继承了父类中的公共属性,可以直接访问
        print('A MobilePhone has been created. the name is', self.name)

        #无法继承父类中的私有属性,不能在子类中直接访问
        #print('The price is ' + str(self.__price))
```

```
                #可以通过父类中的公有方法访问私有属性
                print('The price is ' + str(self.getPrice()))

            self.testStaticMethod()                #访问继承自父类的静态方法
            self.testClassMethod()                 #访问继承自父类的类方法

def main():
    m = MobilePhone("Nokia",600,'TD-SCDMA')
    print("产品名称:" + m.name + ",产品价格:" + str(m.getPrice()))
    print(m.color)                                 #调用子类中的属性
    MobilePhone.testStaticMethod()
    MobilePhone.testClassMethod()

if __name__ == "__main__":
    main()
```

程序 example10_4.py 的运行结果如下:

```
A MobilePhone has been created. the name is Nokia
The price is 600
The static method is called.
The class method is called.
产品名称:Nokia,产品价格:600
The color defined in the sub class.
The static method is called.
The class method is called.
```

当子类中定义了与父类中同名的方法时,子类中的方法将覆盖父类中的同名方法,也就是重写了父类中的同名方法。

【例 10.5】 子类覆盖父类中的同名方法示例。

程序源代码如下:

```
#example10_5.py
#coding = utf-8
class Product(object):
    id = 0
    def __init__(self,name,price):
        Product.id = Product.id + 1
        self.name = name
        self.color = 'The color defined in the parent class.'
        self.__price = price

    def setPrice(self,price):
        self.__price = price

    def getPrice(self):
        return self.__price

    def totalPrice(self,number):
        print('The totalPrice method in the parent class is called.')
```

```python
        @staticmethod                    #声明静态,去掉则编译报错;静态方法不能访问实例属性
        def testStaticMethod():          #使用了静态方法,则不能再使用 self
            print("The static method is called.")

        @classmethod                     #类方法
        def testClassMethod(cls):
            print("The class method is called.")


class MobilePhone(Product):
    def __init__(self,name,price,networkstandard):
        super(MobilePhone,self).__init__(name,price)
        self.networkstandard = networkstandard
        #子类中的属性 color 覆盖父类中的同名的属性
        self.color = 'The color defined in the sub class.'

        #继承了父类中的公有属性,可以直接访问
        print('A MobilePhone has been created. The name is', self.name)

        #无法继承父类中的私有属性,不能在子类中直接访问
        #print('The price is ' + str(self.__price))

        #可以通过父类中的公有方法访问私有属性
        print('The price is ' + str(self.getPrice()))

        self.testStaticMethod()
        self.testClassMethod()

    def totalPrice(self,number):         #定义与父类中同名的方法
        print('The totalPrice method in the sub class is called.')
        #super(MobilePhone,self).totalPrice(number)


def main():
    m = MobilePhone("Nokia",600,'TD-SCDMA')
    print("产品名称:" + m.name + ",产品价格:" + str(m.getPrice()))
    print(m.color)                       #调用子类中的属性
    MobilePhone.testStaticMethod()
    MobilePhone.testClassMethod()
    m.totalPrice(2)                      #调用子类中的方法,因为子类覆盖了父类中同名的方法

if __name__ == "__main__":
    main()
```

程序 example10_5.py 的运行结果如下:

A MobilePhone has been created. The name is Nokia
The price is 600
The static method is called.
The class method is called.

产品名称:Nokia,产品价格:600
The color defined in the sub class.
The static method is called.
The class method is called.
The totalPrice method in the sub class is called.

从如上运行结果的最后一行来看,调用子类对象的同名方法时,执行的是子类中的方法,而不是父类中的同名方法。

如果需要在子类中调用父类中同名的方法,可以采用如下格式:

super(子类类名,self).方法名称(参数)

如例10.5中子类 MobilePhone 中的 totalPrice( )方法中调用父类 Product 中的 totalPrice()方法,需要采用如下格式:

super(MobilePhone,self).totalPrice(2)

10.2.5　object 类

object 类在 Python 内置模块中定义。其他类都直接或间接地从 object 类派生而来,是所有其他类的父类。定义一个类时,如果没有明确指定父类,那么其父类就是 object 类。

object 类中定义了所有类的公共属性和方法。该类中定义的所有方法名称的前后各有两个下画线,如__new__( )、__init__( )、__str__( )、__eq__(other)等。这类方法是 Python 中具有特殊含义的方法,不是私有方法,可以被子类继承。

__str__( )方法返回一个描述该对象的字符串。默认返回对象的类名和对象在内存中的十六进制地址。自定义类中可以重写这个方法,覆盖从父类继承而来的__str__( )方法,返回自定义的字符串。如果用 print( )函数打印对象时,系统自动调用__str__( )方法,打印其返回的字符串。阅读如下程序 TestStrMethod.py,分析其运行结果。

```
#TestStrMethod.py
class TestStrMethod():
    def __init__(self,x):
        self.__x = x

    def __str__(self):
        return "x = " + str(self.__x)

#主程序
t = TestStrMethod(10)
print(t)
print(t.__str__())
```

程序 TestStrMethod.py 的运行结果如下:

```
>>>
============= RESTART: D:\TestStrMethod.py =============
x = 10
x = 10
>>>
```

从如上运行结果可以看出,直接调用 print(t)打印对象和调用 print(t.__str__())的结果是相同的。因为在调用 print(t)时,系统首先自动调用对象 t 的__str__()方法,然后打印其返回的字符串。

__eq__(other)方法用来判断调用对象是否与 other 对象相等。如果相等就返回 True,否则返回 False。阅读如下程序 TestEq_1.py,并分析其运行结果。

```
# TestEq_1.py
class TestEq():
    def __init__(self,x):
        self.__x = x

# 主程序
t1 = TestEq(10)
t2 = TestEq(10)
print(t1 == t2)
```

程序 TestEq_1.py 运行结果如下:

```
>>>
================ RESTART: D:\ TestEq_1.py ================
False
>>>
```

程序 TestEq_1.py 中,执行 t1==t2 进行比较时,实际上是自动调用 t1.__eq__(t2)。对象 t1 和 t2 虽然内容上相同,但 TestEq 类中的__eq__(other)方法从 object 类继承而来,将默认比较两个对象在内存中的地址是否相同。由于 t1 和 t2 是两个不同的对象,在内存中具有不同的地址,因此两者不相等,所以相等比较的结果为 False。

可以在类 TestEq 中重写__eq__(other)方法,覆盖从父类继承而来的方法,重新定义比较方式。如程序 TestEq_2.py 所示,改写__eq__(other)的定义,返回其属性值的比较结果。

```
# TestEq_2.py
class TestEq():
    def __init__(self,x):
        self.__x = x

    def getX(self):
        return self.__x

    def __eq__(self,other):
        return self.__x == other.getX()

# 主程序
t1 = TestEq(10)
t2 = TestEq(10)
print(t1 == t2)
```

程序 TestEq_2.py 的运行结果如下:

```
>>>
================ RESTART: D:\ TestEq_2.py ================
```

True
>>>

10.2.6 继承关系下的__init__()与__new__()方法

在 Python 的继承关系中,如果子类的初始化方法没有覆盖父类的初始化方法__init__(),则在创建子类对象时,默认执行父类的初始化方法。

【例 10.6】 子类继承父类的默认初始化方法示例。

程序源代码如下:

```
#example10_6.py
#coding = utf-8
class Product(object):
    id = 0
    def __init__(self):
        Product.id = Product.id + 1
        print('执行 Product 类的初始化方法')


class MobilePhone(Product):
    def test(self):
        print('执行 MobilePhone 类中的普通方法')


def main():
    m = MobilePhone()
    m.test()

if __name__ == "__main__":
    main()
```

程序 example10_6.py 的运行结果如下:

执行 Product 类的初始化方法
执行 MobilePhone 类中的普通方法

父类 Product 有一个初始化方法__init__(self),子类 MobilePhone 继承父类 Product 且没有重写初始化方法,因此在创建 Product 对象时,调用父类的默认初始化方法__init__(self)。

当子类中的初始化方法__init__()覆盖了父类中的初始化方法时,创建子类对象时,执行子类中的初始化方法,不会自动调用父类中的初始化方法。

【例 10.7】 子类覆盖父类的初始化方法示例。

程序源代码如下:

```
#example10_7.py
#coding = utf-8
class Product(object):
    id = 0
    def __init__(self):
        Product.id = Product.id + 1
        print('执行 Product 类中的初始化方法')
```

```python
class MobilePhone(Product):
    def __init__(self):
        print('执行 MobilePhone 类中的初始化方法')

    def test(self):
        print('执行 MobilePhone 类中的普通方法')

def main():
    m1 = MobilePhone()
    m1.test()

if __name__ == "__main__":
    main()
```

程序 example10_7.py 的运行结果如下：

执行 MobilePhone 类中的初始化方法
执行 MobilePhone 类中的普通方法

在例 10.7 中，创建 MobilePhone 的对象时，执行子类 MobilePhone 中的初始化方法 __init__(self)，而父类 Product 中的初始化方法不会得到执行。

子类的初始化方法可以调用父类的初始化方法。在 Java 语言中，如果子类的构造方法中没有明确调用父类的构造方法，编译器会自动插入对父类构造方法的调用，调用其无参的构造方法。在 Python 语言中，编译器不会自动插入对父类初始化方法的调用。如果需要调用父类的初始化方法，必须在子类的初始化方法中明确写出调用语句。

【例 10.8】 子类的初始化方法调用父类的初始化方法示例。
程序源代码如下：

```
# example10_8.py
# coding = utf-8
class Product(object):
    id = 0
    def __init__(self):
        Product.id = Product.id + 1
        print('执行 Product 类中的初始化方法')

class MobilePhone(Product):
    def __init__(self):
        # super(MobilePhone, self).__init__()      # 调用父类初始化方法 1
        super().__init__()                          # 调用父类初始化方法 2
        # Product.__init__(self)                    # 调用父类初始化方法 3
        print('执行 MobilePhone 类中的初始化方法')

    def test(self):
        print('执行 MobilePhone 类中的普通方法')

def main():
    m = MobilePhone()
    m.test()
```

```python
if __name__ == "__main__":
    main()
```

程序 example10_8.py 的运行结果如下：

执行 Product 类中的初始化方法
执行 MobilePhone 类中的初始化方法
执行 MobilePhone 类中的普通方法

在例 10.8 中，子类 MobilePhone 的初始化方法调用父类 Product 中的初始化方法。子类初始化方法中，有如下三种方法调用父类的初始化方法。

(1) 父类名.__init__(self,其他参数)。
(2) super().__init__(其他参数)。
(3) super(本子类名,self)__init__(其他参数)。

注意，这里的其他参数是指初始化方法定义时列出的除 self 外的参数。

__new__()方法必须要有返回值，返回实例化对象。可以通过 return 父类.__new__(cls,其他参数)、return super(所在类名称,cls).__new__(cls,其他参数)或 return super().__new__(cls,其他参数)来实现。也可以通过 return object.__new__(cls)直接调用 object 类的__new__()方法，并返回实例化对象。调用 object.__new__(cls)时，将不会调用其所在类的直接父类的__new__()方法。

【例 10.9】 调用父类__new__()和__init__()方法示例。

程序源代码如下：

```python
# example10_9.py
# -*- coding: utf-8 -*-
class Person(object):
    def __new__(cls, name, age):
        print('执行 Person 的__new__方法。')
        return super(Person, cls).__new__(cls)

    def __init__(self, name, age):
        print('执行 Person 的__init__方法。')
        self.name = name
        self.age = age

    def getName(self):
        return self.name

    def getAge(self):
        return self.age

class Teacher(Person):
    def __new__(cls, name, age):
        print('Teacher 的__new__方法中,执行 Person 的__new__方法之前。')
        return super(Teacher, cls).__new__(cls,name,age)

    def __init__(self, name, age):
        print('Teacher 的__init__方法中,执行 Person 的__init__方法之前。')
        super().__init__(name, age)
```

```python
        print('Teacher 的__init__方法中,执行 Person 的__init__方法之后。')

# 主程序
if __name__ == '__main__':
    p = Teacher('Tom', 24)
    print('姓名:', p.getName())
    print('年龄:',  p.getAge())
```

程序 example10_9.py 的运行结果如下:

Teacher 的__new__方法中,执行 Person 的__new__方法之前。
执行 Person 的__new__方法。
Teacher 的__init__方法中,执行 Person 的__init__方法之前。
执行 Person 的__init__方法。
Teacher 的__init__方法中,执行 Person 的__init__方法之后。
姓名: Tom
年龄: 24

10.2.7 多重继承

在阐述多重继承的相关问题之前,需要先了解一下 Python 中的经典类与新式类的区别。Python 2.2 之前支持的类称为经典类。从 Python 2.2 开始引入了新式类。经典类在 Python 2.2 以后的 Python 2 系列版本中依然得到支持。Python 3 中所有的类都按照新式类来处理。

在经典类中,如果没有为一个类指定父类,则该类默认没有父类。在新式类中,如果没有为一个类指定父类,则该类默认派生自 object 类。

【例 10.10】 经典类示例。

一个经典类的程序源代码如下:

```python
# example10_10.py
# coding = utf - 8
class Product():
    def funTest(self):
        print('执行测试方法。')


def main():
    p = Product()
    p.funTest()


if __name__ == "__main__":
    main()
```

在例 10.10 中没有为 Product 类指明基类,在 Python 2 中按经典类来处理,Product 类不会默认从 object 类派生;在 Python 3 中一律按新式类来处理,默认从 object 类派生。

【例 10.11】 新式类示例。

一个新式类的程序源代码如下:

```python
# example10_11.py
# 新式类
class Product(object):
```

```python
    def funTest(self):
        print('执行测试方法。')

def main():
    p = Product()
    p.funTest()

if __name__ == "__main__":
    main()
```

在例 10.11 中，为 Product 类指明了基类为 object 类。无论在 Python 2 或 Python 3 中均按新式类来处理。

在多重继承的情况下，经典类采用从左到右的深度优先搜索算法寻找相应的属性或方法。而在新式类中采用 C3 算法（类似于广度优先搜索算法）进行匹配。

为什么在 Python 新版本中要推出新式类呢？因为经典类中使用多重继承可能会导致继承树中的方法查询绕过直接父类，而执行更高层次父类中的方法。

【例 10.12】 经典类继承关系中的方法搜索示例。

程序源代码如下：

```python
#example10_12.py
# - * - coding: gbk - * -
class Product():  #在 Python 2 中按经典类处理，在 Python 3 中按新式类处理
    def testClassicalClass(self):
        print('执行 Product 类中的 testClassicalClass()方法')

class Computer(Product):
    def testMethod(self):
        print('执行 Computer 类中的 testMethod()方法')

class MobilePhone(Product):
    def testClassicalClass(self):
        print('执行 MobilePhone 类中的 testClassicalClass()方法')

class SmartMobilePhone(Computer,MobilePhone):
    def testMethod(self):
        print('执行 SmartMobilePhone 类中的 testMethod()方法')

def main():
    s = SmartMobilePhone()
    s.testClassicalClass()

if __name__ == "__main__":
    main()
```

在 Python 2.7 中程序 example10_12.py 中的运行结果如下：

执行 Product 类中的 testClassicalClass()方法

在 Python 3 中程序 example10_12.py 中的运行结果如下：

执行 MobilePhone 类中的 testClassicalClass()方法

例 10.12 中的 Product 类没有写明父类。在 Python 2.7 环境下，代码作为经典类来处理，主程序创建了一个 SmartMobilePhone 类的对象，然后该对象调用 testClassicalClass() 方法。然而该类中没有直接定义的 testClassicalClass() 方法。根据经典类多重继承关系中的从左到右深度优先搜索算法原则，首先到类 SmartMobilePhone 的第一个父类 Computer 中搜索 testClassicalClass() 方法。然而类 Computer 中没有直接定义的方法 testClassicalClass()。因此继续搜索类 Computer 的父类 Product。在 Product 类中找到了方法 testClassicalClass() 的定义。因此执行类 Product 中的方法 testClassicalClass()。而 SmartMobilePhone 的直接父类 MobilePhone 中所定义的方法 testClassicalClass() 被跳过了，不会得到执行。

而人们通常希望能够执行离继承链最近的方法。因此新版本中引入了新式类。例 10.12 的源程序中 Product 类虽然没有写明父类，但在 Python 3 的环境下依然作为新式类来处理，其运行结果与例 10.13 的运行结果相同。

【例 10.13】 新式类继承关系中的方法搜索示例。
程序源代码如下：

```
# example10_13.py
# - * - coding: gbk - * -
class Product(object):  # 新式类
    def testClassicalClass(self):
        print('执行 Product 类中的 testClassicalClass()方法')

class Computer(Product):
    def testMethod(self):
        print('执行 Computer 类中的 testMethod()方法')

class MobilePhone(Product):
    def testClassicalClass(self):
        print('执行 MobilePhone 类中的 testClassicalClass()方法')

class SmartMobilePhone(Computer,MobilePhone):
    def testMethod(self):
        print('执行 SmartMobilePhone 类中的 testMethod()方法')


def main():
    s = SmartMobilePhone()
    s.testClassicalClass()

if __name__ == "__main__":
    main()
```

程序 example10_13.py 的运行结果如下：

执行 MobilePhone 类中的 testClassicalClass()方法

例 10.13 的程序中，语句 class Product(object) 显示写明了 Product 类从 object 类继承，并且采用新式类来处理。因此，无论在 Python 2.7 还是 Python 3 中，该程序的执行均按新式类来处理。

在 Python 3 的环境下,例 10.12 和例 10.13 均作为新式类来处理。SmartMobilePhone 的对象 s 调用 testClassicalClass()方法,然而类 SmartMobilePhone 中没有直接定义的方法 testClassicalClass(),因此在类 SmartMobilePhone 的所有父类 Computer 和 MobilePhone 中从左到右搜索 testClassicalClass()方法,结果在类 MobilePhone 中找到了该方法的定义,然后执行该方法。

10.3 类的组合

类的组合(composition)是类的另一种重用方式。如果程序中的类需要使用其他类的对象,就可以使用类的组合方式。组合关系可以用 has-a 关系来表达,就是一个主类中包含其他类的对象。

在继承关系中,父类的内部细节对于子类来说在一定程度上是可见的。所以通过继承的代码复用可以说是一种"白盒式代码复用"。在组合关系中,对象之间各自的内部细节是不可见的,所以通过组合的代码复用可以说是一种"黑盒式代码复用"。

10.3.1 组合的语法

在 Python 中,一个类可以包含其他类的对象作为属性,这就是类的组合。

【例 10.14】 类组合的语法示例。

程序源代码如下:

```
# example10_14.py
# coding = gbk
class Display(object):
    pass

class Memory(object):
    pass

class Disk(object):
    pass

class Processor(object):
    pass

class Computer(object):
    def __init__(self):
        self.display = Display()
        self.memory = Memory()
        self.disk = Disk()
        self.processor = Processor()

def main():
    c = Computer()
```

```
if __name__ == "__main__":
    main()
```

类 Computer 中包含 Display、Memory、Disk、Processor 四个类的对象。这四个类的对象也可以不依赖于 Computer 类独立创建。

在组合关系下有两种方法可以实现对象属性初始化。第一种方法是通过组合类的初始化方法将参数传递给被组合对象所属类的初始化方法来创建被组合类的对象;第二种方法是在主程序中创建被组合类的对象,然后将这些对象传递给组合类。

【例 10.15】 用两种方法实现对象属性初始化。

第一种方法的程序源代码如下:

```
#example10_15_1.py
#coding=gbk
class Display(object):
    def __init__(self,size):
        self.size = size

class Memory(object):
    def __init__(self,size):
        self.size = size

class Computer(object):
    def __init__(self,displaySize,memorySize):
        self.display = Display(displaySize)
        self.memory = Memory(memorySize)

def main():
    c = Computer(23,2048)

if __name__ == "__main__":
    main()
```

第二种方法的程序源代码如下:

```
#example10_15_2.py
#coding=gbk
class Display(object):
    def __init__(self,size):
        self.size = size

class Memory(object):
    def __init__(self,size):
        self.size = size

class Computer(object):
    def __init__(self,display,memory):
        self.display = display
        self.memory = memory

def main():
```

```
        display = Display(23)
        memory = Memory(2048)
        c = Computer(display,memory)

    if __name__ == "__main__":
        main()
```

在第一种方法中,Computer 类的初始化方法中分别传递显示器尺寸 displaySize 和内存大小 memorySize 给两个组合对象所属类的初始化方法,在组合类 Computer 中创建被组合的对象。

在第二种方法中,组合类的初始化方法参数由两个被组合类的对象组成。因此,在主程序中需要预先创建被组合对象,然后将这些对象作为参数传递给组合类的初始化方法,最终赋值给组合类的对象属性。

10.3.2 继承与组合的结合

在实际项目开发过程中,仅使用继承或组合当中的一种技术难以满足实际需求,通常会将两种技术结合使用。

【例 10.16】 内存、显示器和计算机均属于一种产品,其中计算机需要显示器和内存。请用 Python 语言简要实现这些类及它们之间的关系。

实现上述功能的一种方案的程序源代码如下:

```
#example10_16.py
#coding = gbk

class Product(object):
    pass

class Display(Product):
    def __init__(self,size):
        self.size = size

class Memory(Product):
    def __init__(self,size):
        self.size = size

class Computer(Product):
    def __init__(self,display,memory):
        self.display = display
        self.memory = memory

def main():
    display = Display(23)
    memory = Memory(2048)
    c = Computer(display,memory)

if __name__ == "__main__":
    main()
```

上述程序综合利用了继承和组合方法。其中 Display 和 Memory 两个类继承自 Product 类，Computer 类组合了 Display 和 Memory 类。

习题 10

1. 简要描述继承的概念，并说明子类能够继承哪些属性与方法。
2. 简要说明组合的概念，并描述组合与继承的区别。
3. 自行设计一个实例并编写程序实现类的继承与组合。

第 11 章 异常处理

学习目标
- 掌握异常处理机制。
- 了解 Python 中的异常类。
- 掌握自定义异常类的方法。

本章先介绍异常处理机制,再介绍异常处理的语法,最后介绍自定义异常的方法。

11.1 异常

Python 提供了异常和断言机制来处理程序在运行过程中出现的非正常行为。程序员可以利用该机制来捕获程序的非正常行为,并加以处理。异常是在程序执行过程中发生的影响程序正常执行的一个事件。异常是 Python 对象,当 Python 无法正常处理程序时就会抛出一个异常。一旦发生异常,程序需要捕获并处理它,否则程序会终止执行。异常处理使程序能够处理完异常后继续它的正常执行,不至于使程序因异常导致退出或崩溃。

下面来看一个引例:

```
#yl11_1.py
#coding=gbk
price = float(input("请输入价格:"))
print('价格为:%5.2f' % price)
```

程序 yl11_1.py 的运行结果如下:

```
请输入价格:x
Traceback (most recent call last):
  File "D:\test\yl11_1.py", line 3, in <module>
    price = float(input("请输入价格:"))
ValueError: could not convert string to float: 'x'
```

在上述程序中,用户输入一个非数字,那么程序会报告 ValueError。这个冗长的错误信息被称为堆栈回溯或回溯。通过回溯信息,可以追溯到导致错误的函数调用,从而找到导致错误的语句信息。在错误回溯信息中,可以找到错误所在的行号。

如何处理这个异常,防止程序因为异常而中断?本节先通过一个实例让读者体会到异常处理的作用。

```
# yl11_2.py
# coding = gbk
while True:
    try:
        price = float(input("请输入价格:"))
        print('价格为:%5.2f' % price)
        break
    except ValueError:
        print('您输入的不是数字。')
```

程序 yl11_2.py 的运行结果如下：

请输入价格:x
您输入的不是数字。
请输入价格:y
您输入的不是数字。
请输入价格:12.989
价格为:12.99

上述程序运行时，当在提示符下输入非数字时，用 float() 生成浮点数对象将产生一个 ValueError 异常。try 块中检测到 ValueError 异常后，终止 try 中后续代码的执行，转而执行异常处理代码，也就是执行 except ValueError 语句后面的代码。处理完异常后，继续从 while 语句的开始部分执行。只要输入的是非数字，用 float() 生成浮点数对象都将产生 ValueError 异常，break 语句不会执行，循环一直继续，程序反复要求用户输入正确的数字。

直到用户输入正确的数字后，用 float() 生成浮点数对象不会抛出 ValueError 异常，try 模块中的代码继续往下执行，直到执行 break 语句后，退出 while 循环。

11.2 Python 中的异常类

Python 程序出现异常时将抛出一个异常类的对象。如图 11.1 所示，Python 中所有异常类的根类是 BaseException 类，它们都是 BaseException 的直接或间接子类。大部分常规异常类的基类是 Exception 的子类。

不管程序是否正常退出，都将引发 SystemExit 异常。例如，当在代码中的某个位置调用了 sys.exit() 函数时，将触发 SystemExit 异常。利用该异常可以阻止程序退出或让用户确认是否真的需要退出程序。

KeyboardInterrupt 异常是因用户按下 Ctrl+C 组合键来终止命令行程序而触发的。

表 11.1 列出了 Python 内置的常用标准异常类及其描述。自定义异常类继承自这些标准异常类。

```
BaseException
 +-- SystemExit
 +-- KeyboardInterrupt
 +-- GeneratorExit
 +-- Exception
      +-- StopIteration
      +-- StopAsyncIteration
      +-- ArithmeticError
      |    +-- FloatingPointError
      |    +-- OverflowError
      |    +-- ZeroDivisionError
      +-- AssertionError
      +-- AttributeError
      +-- BufferError
      +-- EOFError
      +-- ImportError
      |    +-- ModuleNotFoundError
      +-- LookupError
      |    +-- IndexError
      |    +-- KeyError
      +-- MemoryError
      +-- NameError
      |    +-- UnboundLocalError
```

```
BaseException
 +-- SystemExit
 +-- KeyboardInterrupt
 +-- GeneratorExit
 +-- Exception
      +-- OSError
      |    +-- BlockingIOError
      |    +-- ChildProcessError
      |    +-- ConnectionError
      |    |    +-- BrokenPipeError
      |    |    +-- ConnectionAbortedError
      |    |    +-- ConnectionRefusedError
      |    |    +-- ConnectionResetError
      |    +-- FileExistsError
      |    +-- FileNotFoundError
      |    +-- InterruptedError
      |    +-- IsADirectoryError
      |    +-- NotADirectoryError
      |    +-- PermissionError
      |    +-- ProcessLookupError
      |    +-- TimeoutError
      +-- ReferenceError
      +-- RuntimeError
      |    +-- NotImplementedError
      |    +-- RecursionError
```

```
BaseException
 +-- SystemExit
 +-- KeyboardInterrupt
 +-- GeneratorExit
 +-- Exception
      +-- SyntaxError
      |    +-- IndentationError
      |         +-- TabError
      +-- SystemError
      +-- TypeError
      +-- ValueError
      |    +-- UnicodeError
      |         +-- UnicodeDecodeError
      |         +-- UnicodeEncodeError
      |         +-- UnicodeTranslateError
      +-- Warning
           +-- DeprecationWarning
           +-- PendingDeprecationWarning
           +-- RuntimeWarning
           +-- SyntaxWarning
           +-- UserWarning
           +-- FutureWarning
           +-- ImportWarning
           +-- UnicodeWarning
           +-- BytesWarning
           +-- ResourceWarning
```

图 11.1 异常类的继承关系[①]

---

① 图片来源：根据 Python 官方文档制作。

表 11.1 Python 内置的常用标准异常类及其描述

异常名称	描述
BaseException	所有异常类的直接或间接基类
SystemExit	程序请求退出时抛出的异常
KeyboardInterrupt	用户中断执行(通常是按 Ctrl+C 组合键)时抛出
Exception	常规错误的直接或间接基类
StopIteration	迭代器没有更多的值
GeneratorExit	生成器发生异常,通知退出
StandardError	内建标准异常的基类
ArithmeticError	所有数值计算错误的基类
FloatingPointError	浮点运算错误
OverflowError	数值运算超出最大限制
ZeroDivisionError	除零导致的异常
AssertionError	断言语句失败
AttributeError	对象没有这个属性
EOFError	到达 EOF 标记
EnvironmentError	操作系统错误的基类
IOError	输入输出失败
OSError	操作系统错误
WindowsError	操作系统调用失败
ImportError	导入模块/对象失败
LookupError	由索引、键不存在引发的异常,是 IndexError、KeyError 的基类
IndexError	序列中没有此索引
KeyError	映射中没有这个键
MemoryError	内存溢出错误
NameError	未声明、未初始化对象
UnboundLocalError	访问未初始化的本地变量
ReferenceError	弱引用试图访问已经垃圾回收了的对象
RuntimeError	一般的运行时错误
NotImplementedError	尚未实现的方法
SyntaxError	Python 语法错误
IndentationError	缩进错误
TabError	Tab 和空格混用
SystemError	一般的解释器系统错误
TypeError	对类型无效的操作
ValueError	传入无效的参数
UnicodeError	Unicode 相关的错误
UnicodeDecodeError	Unicode 解码时的错误
UnicodeEncodeError	Unicode 编码时的错误
UnicodeTranslateError	Unicode 转换时的错误
Warning	警告的基类
DeprecationWarning	被弃用的特征的警告
FutureWarning	关于构造将来语义会有改变的警告

续表

异 常 名 称	描 述
PendingDeprecationWarning	特性将会被废弃的警告
RuntimeWarning	可疑的运行时行为的警告
SyntaxWarning	可疑的语法警告
UserWarning	用户代码生成警告

11.3 捕获与处理异常

try/except 语句用来检测 try 语句块中的异常,让 except 语句捕获异常信息并处理。如果不想在异常发生时结束程序,只需要在 try 里捕获它,并在 except 中处理捕获到的异常。

捕获与处理异常的语法如下:

```
try:
    <可能出现异常的语句块>
except <异常类名字 name1 >:
    <异常处理语句块 1 >        ♯如果在 try 部分引发了'name1'异常,执行这部分语句块
except <异常类名字 name2 > as e1:
    <异常处理语句块 2 >        ♯如果在 try 部分引发了'name2'异常,执行这部分语句块
except < (异常类名字 name3, 异常类名字 name4, …)> as e2:
    <异常处理语句块 3 >        ♯如果引发了'name3'、'name4'、…中任何一个异常,执行该语句块
…
except:
    <异常处理语句块 n >        ♯如果引发了异常,但与上述异常都不匹配,则执行此语句块
else:
    < else 语句块>            ♯如果没有异常发生,则执行 else 语句块
finally:
    <任何情况下都要执行的语句块>
```

try 中的语句块先执行。如果 try 语句块中的某一条语句执行时发生异常,Python 就跳到 except 部分,从上到下判断抛出的异常对象是否与 except 后面的异常类相匹配,并执行第一个匹配该异常的 except 后面的语句块,异常处理完毕。

如果异常发生了,但是没有找到匹配的异常类别,则执行不带任何匹配类型的 except 语句后面的语句块,异常处理完毕。

如果 try 语句块中的某一条语句里发生了异常,却没有匹配的 except 子句,也没有不带匹配类型的 except 部分,则异常将往上被递交到上一层的 try/except 语句进行异常处理,或者直到将异常传递给程序的最上层,从而结束程序。

如果 try 语句块中的任何语句在执行时都没有发生异常,Python 将执行 else 语句后的语句块。

执行完 except 后的异常处理语句或 else 后面的语句块后,程序一定会执行 finally 后面的语句块。这里的语句块主要用来进行收尾操作,无论是否出现异常都将被执行。

如果要捕获并处理异常,一个异常处理模块至少有一个 try 和一个 except 语句块,else 和 finally 语句块是可选的。

【例 11.1】 某公司有一台打印、复印一体机,现需要将购买成本分年均摊到多年的费用中。请编写一个程序,根据用户输入的购买金额和预计使用年限计算每年的分摊费用。要求对输入异常进行适当的处理。

一种可能的实现程序源代码如下:

```
# example11_1.py
# coding = gbk
try:
    x = float(input('请输入设备成本:'))
    y = int(input('请输入分摊年数:'))
    z = x/y
    print('每年的分摊金额为%.2f'% z)
except ZeroDivisionError:
    print("发生异常,分摊年数不能为 0。")
except:
    print('输入有误')
else:
    print("没有错误或异常")
finally:
    print('不管是否有异常发生,始终执行 finally 部分的语句')
```

如果在终端以正确的格式输入,则 except 后面的模块均不会执行,else 后的模块会得到执行,finally 后面的模块语句会执行。此时程序 example11_1.py 的运行结果如下:

```
请输入设备成本:15
请输入分摊年数:3
每年的分摊金额为 5.00
没有错误或异常
不管是否有异常发生,始终执行 finally 部分的语句
```

如果在终端输入的除数为 0,则会检测到 ZeroDivisionError 异常对象,在 except ZeroDivisionError 之后的模块会得到执行以处理该异常。异常处理完成后,执行 finally 后面的语句块。此时程序 example11_1.py 的运行结果如下:

```
请输入设备成本:15
请输入分摊年数:0
发生异常,分摊年数不能为 0.
不管是否有异常发生,始终执行 finally 部分的语句
```

如果在终端只输入被除数,没有输入除数,try 模块中将抛出 TypeError 异常。在程序的异常处理 except 中没有列出该类型异常的处理程序模块,但是 TypeError 是 except 的子类,因此不带异常类型的 except 模块能够拦截该异常进行处理。异常处理结束后,finally 后面的语句也会得到执行。此时程序 example11_1.py 的运行结果如下:

```
请输入设备成本:15
请输入分摊年数:
输入有误
不管是否有异常发生,始终执行 finally 部分的语句
```

11.4 自定义异常类

异常处理流程一般包括三个步骤：将可能产生异常的代码段放在 try 代码块中；出现特定情况时抛出（raise）异常；在 except 部分捕获并处理异常。本章前面部分案例使用的标准模块中的异常都是由系统自动抛出的，隐藏了异常抛出的步骤。

然而，仅仅使用标准模块中的异常类通常不能满足系统开发的需要，有时需要自定义一些异常类。系统无法识别自定义的异常类，只能在程序中显式地使用 raise 抛出异常。可以通过从图 11.1 中的 BaseException 类或其子类继承来创建自定义异常类。

如下程序代码给出了一个自定义类 InvalidNumberError，该类继承自类 ArithmeticError。

```
# except_example.py
class InvalidNumberError(ArithmeticError):
    def __init__(self,num):
        super(InvalidNumberError,self).__init__()
        self.num = num

    def getNum(self):
        return self.num
```

修改例 11.1，这里重新给出一个例子。

【例 11.2】 某公司有一台打印、复印一体机，现需要将购买成本分年均摊到多年的费用中。请编写一个程序，根据用户输入的购买金额和预计使用年限计算每年的分摊费用。除了对输入异常进行处理外，当计算出每年的分摊费用大于 10 时，抛出 InvalidNumberError，并进行处理。

一种使用自定义异常类的可能解决方案如下：

```
# example11_2.py
# coding = gbk

from except_example import InvalidNumberError

try:
    x = float(input('请输入设备成本:'))
    y = int(input('请输入分摊年数:'))
    z = x/y
    if z > 10 :
        raise InvalidNumberError(z)
    print('每年分摊的金额为%.2f'% z)
except ZeroDivisionError:
    print("发生异常,分摊年数不能为 0。")
except InvalidNumberError as ex:
    print('每年分摊的金额为%.2f 大于 10 了,请重新分配.' % ex.getNum())
except:
    print('输入有误')
```

程序 example11_2.py 的一种运行结果如下：

请输入设备成本:150
请输入分摊年数:8
每年分摊的金额为 18.75 大于 10 了,请重新分配。

因为 InvalidNumberError 是一个自定义类,因此需要使用 raise 来显式地抛出异常。自定义异常的其他使用方法与标准模块中的异常类使用方法相同。

11.5　with 语句

Python 编译器对隐藏细节做了大量的工作,使得程序员只需要关心如何解决业务问题。with 语句是其中一个隐藏低层次抽象的方法,使用 with 语句的目的是简化类似于 try/except/finally 这样的代码。try/except/finally 经常用于保证资源唯一分配,并在任务结束时释放资源,如线程资源、文件、数据库连接等。在这些场合下使用 with 语句将使代码更加简洁。

with 语句的语法形式如下:

```
with context - expression [as var]:
    with 语句块
```

有一 testwith.txt 文本文件的内容如图 11.2 所示。

为了读取、打印 testwith.txt 文件中的所有内容,并确保程序在出现异常时也能正确关闭文件对象,经常使用 try/finally 语句,如程序 example11_3_1.py 所示。

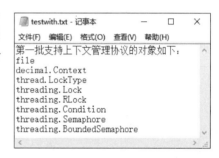

图 11.2　testwith.txt 文本文件的内容

```
#example11_3_1.py
#coding = GBK
try:
    f = open('testwith.txt','r')
    for line in f:
        print(line,end = '')
finally:
    f.close()
```

在程序 example11_3_1.py 中,使用 try/finally 语句来确保当 try 语句块中出现异常时,f.close()语句能够得到执行。如果采用 with 语句,程序结构将得到进一步的简化。使用 with 语句实现上述功能的一种方案如程序 example11_3_2.py 所示。

```
#example11_3_2.py
#coding = gbk
with open('testwith.txt','r') as f:
    for line in f:
        print(line,end = '')
```

在程序 example11_3_2.py 中,由于使用了 with 语句,不需要 try/finally 语句来确保文件对象的关闭。无论该程序是否出现异常,文件对象都将由系统自动关闭。

并不是所有的对象都支持 with 语句这一新的特性。只有支持上下文管理协议的对象才能使用 with 语句。第一批支持该协议的对象有 file、decimal.Context、thread.LockType、threading.Lock、threading.RLock、threading.Condition、threading.Semaphore、threading.BoundedSemaphore。

11.6 断言

断言是从 Python 1.5 版本开始引入的,用来判定表达式为真。如果表达式为假则抛出异常。断言语句可以理解为 raise/if/not 语句,用来测试表达式,如果表达式为假,则触发 AssertionError 异常;如果表达式为真,也就是断言成功,则程序不采取任何措施。断言的语法格式如下:

```
assert expression [,arguments]
```

其中,expression 是断言表达式;arguments 是断言表达式为假时传递给 AssertionError 对象的字符串。

以下两个例子演示了 assert 语句后面表达式分别为真与假时的运行结果。

```
>>> assert 2 == 1 + 1            #案例1
>>> assert 2 == 1 * 1            #案例2

Traceback (most recent call last):
    File "< pyshell♯3 >", line 1, in < module >
        assert 2 == 1 * 1
AssertionError
```

和其他异常一样,AssertionError 也可以通过 try/except 语句来捕获。如果没有捕获,该异常将终止程序的运行。程序 example11_4.py 演示了利用 try/except 语句捕获 AssertionError 异常的方法。

```
♯example11_4.py
♯coding = gbk
try:
    assert 2 == 1 * 1,'表达式 2 == 1 * 1 中运算符号错误'
except AssertionError as arg:
    print('% s, % s' % (arg.__class__.__name__,arg))
```

程序 example11_4.py 的运行结果如下:

```
AssertionError, 表达式 2 == 1 * 1 中运算符号错误
```

习题 11

1. 简要描述 Python 的异常处理机制。
2. Python 异常处理模块中,try、except、else、finally 分别有什么作用?
3. 如果 try 语句块中有 return 语句,此 try 后的 finally 语句块中的代码能否得到执行?如果被执行,是在 return 语句之前还是之后?

第 12 章 图形用户界面程序设计

学习目标

- 了解 Python 图形用户界面(GUI)的基本知识。
- 熟练掌握 tkinter 的开发流程、布局方法和主要组件。
- 熟练掌握 wxPython 的应用设计方法,了解布局与事件的处理方法。
- 掌握 wxFormBuilder 的基本使用方法。

本章先介绍 Python 的多个图形用户界面(GUI)平台选择,再重点介绍利用 tkinter 和 wxPython 模块编写 GUI 程序的流程和常用组件。然后介绍利用 wxFormBuilder 工具来快速构建 GUI 界面的方法。最后以利用 wxPython 来设计一个实际应用的 GUI 来结束本章。

12.1 图形用户界面设计平台的选择

编写 Python 图形用户界面程序有很多可选的平台工具模块。表 12.1 列举出了 Python 几个主要的 GUI 组件模块(只列出部分跨平台的选项)。

表 12.1 Python 主要 GUI 开发模块(工具包)

工具包	基于的平台	特点
tkinter	TK 平台	Windows 下默认安装包的内置模块,使用简单、方便
wxPython	wxWidgets 平台	有 Demo(样例程序),Windows 与 Linux 下都很快,非内置模块,需另外安装
PyGTK	GTK+平台	适合 Linux 平台,Windows 下较慢
PyQt	Qt 平台	美观,组件丰富,有 Demo,Windows 下较慢,用作商业用途时需付费

更多的信息可以在 https://wiki.Python.org/moin/GuiProgramming 上找到。本书选择 tkinter 和 wxPython 进行介绍。因为 tkinter 是 Python 内置模块,不需要另外安装就可直接使用,简单方便。wxPython 的用户比较多,网上例子比较丰富,在各操作系统平台下都运行较快,对应的 IDE 软件也很多。另外,wxPython 有一个非常优秀的 Demo,可以直接从官网上下载,使得学习难度大大降低。

12.2 使用 tkinter 进行 GUI 程序设计

tkinter 是 Python 的标准图形用户界面 GUI 开发模块,是对 Tcl/TK 的进一步封装,与 tkinter.ttk 和 tkinter.tix 共同提供强大的快速实现跨平台 GUI 编程功能。tkinter 内置在

Python 的安装包中,只要安装好 Python 之后就能导入 tkinter 库。Python 标准发行版自带的 IDLE 开发工具就是用 tkinter 编写的。

本节主要介绍 tkinter 编写 GUI 程序的基本流程,并围绕流程逐一展开讨论。还简单介绍一些常用的组件。

12.2.1　tkinter 编写 GUI 程序的基本流程

利用 tkinter 编写 GUI 程序通常需要以下 6 个步骤。

1. 导入 tkinter 模块

由于 tkinter 模块已经内置在 Python 3 中,使用之前只需要使用 import 语句将其导入即可。例如:

```
import tkinter as tk
from tkinter import *
```

2. 创建一个顶层窗口

顶层窗口实际上是一个普通窗口,包括一个标题栏和窗口管理器所提供的窗口装饰部分,如最大化、最小化按钮等。顶层窗口必须在布局管理器、组件等之前创建。

3. 创建组件

创建组件对象并设置组件相关属性。

4. 在窗口上布局组件

可以直接在顶层窗口上布局相关组件。也可以先创建 frame 框架,并在其上布局相关组件,然后在顶层窗口上布局 frame 框架。

5. 事件处理

首先定义事件发生时需要执行的函数,然后将此函数绑定到特定组件的事件上。

6. 执行主循环

显示窗口,等待鼠标、键盘等各种事件消息。

12.2.2　创建一个顶层窗口

创建一个简单顶层窗口,程序如下:

```
1   # tkinter_topwin.py
2   # coding = utf-8
3   import tkinter
4   # 创建顶层窗口
5   topwin = tkinter.Tk()
6   # 初始化窗口大小
7   topwin.geometry('250x50')
8   # 设置窗口标题
9   topwin.title('顶层窗口')
10  # 进入主循环
11  topwin.mainloop()
```

为了方便阐述,在代码的前面加了行号,而实际程序中并没有这些数字。程序第 3 行通过 import 导入 tkinter。第 5 行创建了一个顶层窗口对象。第 7 行设置了窗口的初始大小。第 9 行设置了窗口标题。第 11 行让主窗口进入主循环,监听事件,否则运行时一闪而过。程序 tkinter_topwin.py 的运行结果如图 12.1 所示。

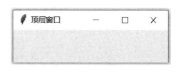

图 12.1　程序 tkinter_topwin.py 的运行结果

tkinter 顶层窗口对象中的常用方法如表 12.2 所示。

表 12.2　tkinter 顶层窗口对象中的常用方法

方 法 名 称	作　　用
resizable(self,width,height)	检验框体宽度和高度是否可调。width 与 height 两个参数均为布尔值
quit(self)	退出
update_idletasks(self)	进入事件循环,直到所有空闲回调被调用;将更新窗口的显示,但不处理由用户引起的事件
update(self)	进入事件循环,直到所有挂起的事件已被处理

程序 tkinter_topwin.py 运行结果的窗口上还没有任何组件。大部分功能的实现需要依赖组件的属性和方法。下面来介绍一下组件的创建和使用方法。

12.2.3　创建组件

tkinter 提供按钮、文本框、标签等各种组件(或称控件)。本节介绍几种常用的组件及其使用方法。表 12.3 列出了 tkinter 提供的常用组件及其功能。

表 12.3　tkinter 提供的常用组件及其功能

组 件 名 称	功 能 描 述
Button	按钮组件;在窗口中显示按钮,通常用于处理鼠标的单击事件
Label	标签组件;可以显示文本和位图,分别表示文本标签和位图标签
Entry	输入组件;用于显示或输入单行文本
Spinbox	输入组件;与 Entry 类似,但是可以指定输入的范围值
Text	文本组件;用于显示或输入多行文本
Listbox	列表框组件;用于显示一个字符串列表供用户选择
Radiobutton	单选按钮组件;显示一个单选按钮。变量相同的单选按钮只能选中一个
Checkbutton	复选框(多选框)组件;提供多项选择框使用户可以选择多个选项
Menu	菜单组件;用于显示菜单栏、下拉菜单和弹出菜单
Menubutton	菜单按钮组件;显示菜单组件下的菜单项
OptionMenu	以一个列表中的元素为项目,产生一个下拉列表框
Scale	范围组件;用于显示一个数值刻度,限定范围的数值区间
Scrollbar	滚动条组件;当内容超过可视化区域时使用。用于列表框、文本框等
Message	消息组件;用来显示多行文本,与 Label 组件类似
Frame	框架组件;在屏幕上显示一个矩形区域,用来作为其他组件的容器
PanedWindow	窗口布局管理组件;可以包含一个或者多个子组件
LabelFrame	容器组件;常用于复杂的窗口布局
Canvas	画布组件;用于绘制线条、文本等图形元素

各种组件有各自特有的属性和方法,也有一些相同的属性和方法。表 12.4 给出了各组件的常用通用属性及其含义。表 12.5 列出了各组件的几何布局管理方法。

表 12.4 tkinter 组件的常用通用属性及其含义

属 性 名 称	含 义
Dimension	表示组件大小
Color	表示组件颜色
Font	表示组件字体
Anchor	锚点,用于定义布局管理器为该组件分配的空间位置
Relief	表示组件样式
Bitmap	表示位图
Cursor	表示光标

表 12.5 tkinter 组件的几何布局管理方法

方 法 名 称	功 能
pack()	采用块的方式组织组件
grid()	采用类似表格的结构组织组件
place()	采用绝对位置或相对位置组织组件

这里简单介绍几种常用组件的使用实例。12.2.4 节将介绍组件的布局方法。

1. Label 组件

Label(标签)组件可以用来显示位图和文本。它既可以通过在文本中添加换行符来控制换行,也可以通过控制组件的大小实现自动换行。Label 组件通常被用来展示信息,而不是与用户交互。当然,它也可以绑定单击事件,只是很少使用。

程序 tkinter_label_text.py 为一个简单的用 Label 组件显示文本信息的使用案例。

```
#tkinter_label_text.py
#coding=utf-8
import tkinter
#创建顶层窗口
topwin = tkinter.Tk()
#初始化窗口大小
topwin.geometry('350x50')
#设置窗口标题
topwin.title('Label 组件显示文本测试')
#创建 Label 组件
label = tkinter.Label(topwin, text = 'Hello World!',font = 'Helvetica -12 bold')
#填充到界面。指定布局方法,否则组件将不会显示
label.pack()
#进入主循环
topwin.mainloop()
```

程序 tkinter_label_text.py 的运行结果如图 12.2 所示。

图 12.2　程序 tkinter_label_text.py 的运行结果

程序 tkinter_label_picture.py 为一个简单的用 Label 组件显示图片和文本信息的案例。

```
 1 ♯tkinter_label_picture.py
 2 ♯coding = utf - 8
 3 import tkinter
 4 ♯创建顶层窗口
 5 topwin = tkinter.Tk()
 6 ♯初始化窗口大小
 7 topwin.geometry('1280x768')
 8 ♯设置窗口标题
 9 topwin.title('Label 组件显示图片测试')
10 ♯创建一个图片对象,参数是包含文件地址的文件名
11 photo = tkinter.PhotoImage(file = '夏日校园.gif')
12 ♯创建 Label 组件
13 label = tkinter.Label(topwin,
14                 text = 'Hello!\n 这里是夏日的校园。',
15                 image = photo,
16                 font = ('黑体',20),
17                 fg = 'red',     ♯文本颜色
18                 ♯设置文本和图像的混合模式
19                 compound = tkinter.CENTER
20                 )
21 ♯填充到界面。指定布局方法,否则组件将不会显示
22 label.pack()
23 ♯进入主循环
24 topwin.mainloop()
```

请读者自行运行程序 tkinter_label_picture.py,并对照源程序分析各语句的功能。

Label 组件的用法是先用语句"tkinter.Label(父对象,属性列表)"创建一个 Label 对象。其中"父对象"表示所创建的标签对象所放置的依附对象。程序 tkinter_label_picture.py 中将 Label 对象 label 直接放置于顶层窗口 topwin 上。属性列表采用关键参数的形式来设置标签的各种属性。然后指定组件的布局方法,这里使用 pick() 方法,否则组件将不会显示。

Label 标签对象的常见属性可通过 help(tkinter.Label)查看,主要有 activebackground、activeforeground、anchor、background、bitmap、borderwidth、cursor、disabledforeground、font、foreground、height、highlightbackground、highlightcolor、highlightthickness、image、justify、padx、pady、relief、state、takefocus、text、textvariable、underline、width、wraplength 等,这里不再详述。Label 组件中的常用方法也可以通过 help(tkinter.Label)查看,这里不再详述。

为一个组件的属性赋值的方法有三种:创建对象时通过关键参数指定属性的值;以字

典赋值的方式为属性赋值；使用组件对象的 configure 或 config 方法来指定属性的值。程序 tkinter_setproperties.py 给出了三种不同的属性设置方法。tkinter 中其他组件的属性也采用这三种方法来设置。

```python
# tkinter_setproperties.py
# coding=utf-8
import tkinter
# 创建顶层窗口
topwin = tkinter.Tk()
# 初始化窗口大小
topwin.geometry('350x150')
# 设置窗口标题
topwin.title('Label 组件显示文本测试')
# 方式1:创建对象时通过关键参数指定 bg 属性的值
label1 = tkinter.Label(topwin, text = 'Hello World!', bg = "red")
label1.pack()
# 方式2:以字典赋值的方式为属性 bg 赋值
label2 = tkinter.Label(topwin, text = 'Hello World!')
label2['bg'] = 'green'
label2.pack()
# 方式3:使用组件对象的 configure 或 config 方法来指定属性的值
label3 = tkinter.Label(topwin, text = 'Hello World!')
# 可以同时设定多个属性
label3.configure(bg = 'blue', font = ('黑体', 20))
label3.pack()
# 进入主循环
topwin.mainloop()
```

2. Message 组件

Message(消息)组件用来展示文本消息。它和 Label 组件类似，但在文字展现方面要比 Label 组件灵活。同一个 Message 组件对象只能使用一种字体。如果要在同一个文本组件对象内同时展示不同字体的文本，后面介绍的 Text 组件可以实现该目标。Message 组件的创建格式如下：

```
tkinter.Message(父对象,属性列表)
```

程序 tkinter_message.py 展示了 Message 组件的使用案例。

```python
# tkinter_message.py
# coding=utf-8
import tkinter
# 创建顶层窗口
topwin = tkinter.Tk()
# 初始化窗口大小
topwin.geometry('360x180')
# 设置窗口标题
topwin.title('Message 组件测试')
t = "春夜喜雨\n杜甫\n好雨知时节,当春乃发生。\n" + \
    "随风潜入夜,润物细无声。\n野径云俱黑,江船火独明。" + \
    "\n晓看红湿处,花重锦官城。"
```

```
m = tkinter.Message(topwin, text = t,width = 360)
m.config(bg = 'lightgreen', font = ('times', 18, 'italic'))
m.pack()
#进入主循环
topwin.mainloop()
```

可以使用 help(tkinter.Message)查询相关的属性和方法,这里不展开阐述。

3. Button 组件

Button(按钮)组件用于监听用户行为,当按钮被按下时,自动调用与其绑定的函数。按钮上可以放置文本或图片。其创建格式如下:

tkinter.Button(父对象,属性列表)

程序 tkinter_button.py 给出了一个在窗口上创建按钮,并将函数绑定到按钮上的例子。

```
1   # tkinter_button.py
2   # coding = utf-8
3   import tkinter
4   import tkinter.messagebox
5
6   #创建函数,其将被绑定到按钮的单击事件中
7   def bindFun():
8       tkinter.messagebox.showinfo("按钮事件测试", "成功!")
9
10  #主程序
11  #创建顶层窗口
12  topwin = tkinter.Tk()
13  #初始化窗口大小
14  topwin.geometry('250x100')
15  #设置窗口标题
16  topwin.title('按钮测试')
17  #创建按钮
18  button1 = tkinter.Button(topwin, text = "测试按钮",command = bindFun)
19  button1.pack(side = tkinter.LEFT)
20  # state 参数设置按钮状态
21  button2 = tkinter.Button(topwin,text = '禁用',state = tkinter.DISABLED)
22  button2.pack(side = tkinter.LEFT)
23  button3 = tkinter.Button(topwin,text = '退出',command = topwin.quit)
24  button3.pack(side = tkinter.RIGHT)
25  #进入主循环
26  topwin.mainloop()
```

程序中第 7 行和第 8 行定义了一个函数 bindFun()。第 18 行创建了一个按钮对象,该按钮直接放置于 topwin 窗口上,按钮文本显示"测试按钮"。通过 command 参数告诉系统,单击按钮时执行 bindFun()函数。第 21 行和第 23 行分别定义了另外两个按钮。程序的执行结果是先打开一个如图 12.3 所示的窗口。单击图 12.3 窗口中的"测试按钮"按钮后,执行第 8 行程序,弹出如图 12.4 所示的消息框;单击"退出"按钮后,窗口将被关闭。

图 12.3 "按钮测试"窗口　　　　图 12.4 弹出的消息框

通过 help(tkinter.Button)命令,可以查询到 Button 组件常用的属性有 activebackground、activeforeground、anchor、background、bitmap、borderwidth、command、compound、cursor、default、disabledforeground、font、foreground、height、highlightbackground、highlightcolor、highlightthickness、image、justify、overrelief、padx、pady、relief、repeatdelay、repeatinterval、state、takefocus、text、textvariable、underline、width、wraplength。这里对这些属性不再展开介绍。通过 help(tkinter.Button)命令,也可以查询到 Button 组件的方法。

4. Entry 组件

任何一个软件系统不可避免地都要接收用户的输入。Entry(输入)组件就是用来接收用户输入的单行编辑器的。可以为 Entry 组件设置默认值,也可以禁止用户输入。如果禁止输入,用户就不能通过键盘输入来改变输入框中的值了。当输入框中的内容显示不下时,它会自动向后滚动。其创建格式如下:

tkinter.Entry(父对象,属性列表)

程序 tkinter_entry.py 给出了一个 Entry 组件的使用案例。

```
1  # tkinter_entry.py
2  # coding = utf-8
3  import tkinter
4  # 创建顶层窗口
5  topwin = tkinter.Tk()
6  # 初始化窗口大小
7  topwin.geometry('230x80')
8  # 设置窗口标题
9  topwin.title('输入框测试')
10 # 创建标签
11 tkinter.Label(topwin, text = "姓名").grid(row = 0)
12 tkinter.Label(topwin, text = "学号").grid(row = 1, column = 0)
13 tkinter.Label(topwin, text = "测试").grid(row = 2)
14 # 创建输入框
15 e1 = tkinter.Entry(topwin)
16 e2 = tkinter.Entry(topwin)
17 e3 = tkinter.Entry(topwin, state = tkinter.DISABLED)
18 e1.grid(row = 0, column = 1)
19 e2.grid(row = 1, column = 1)
20 e3.grid(row = 2, column = 1)
21 # 进入主循环
22 topwin.mainloop()
```

程序中第 11～13 行创建了 3 个 Label 组件对象，并用 grid() 方法来布局。grid() 方法中的参数 row 和 column 指明了该对象在父对象（这里是 topwin）中布局的行列位置。第 15～17 行创建了 3 个 Entry 组件对象，其中 e3 对象的状态设置为不可用。第 18～20 行利用 grid() 方法给出了 3 个 Entry 组件对象的布局方法和位置。程序 tkinter_entry.py 的运行结果如图 12.5 所示。

图 12.5　程序 tkinter_entry.py 的运行结果

【例 12.1】　设计一个窗口，用户在两个 Entry 组件上分别输入一个长方形的长度和宽度，单击"计算"按钮，在另一个 Entry 组件上输出长方形的面积。

程序源代码如下：

```
# example12_1.py
# coding = utf-8
import tkinter

# 计算长方形面积的函数
def rectangularArea():
    l = eval(e1.get())
    w = eval(e2.get())
    e3.insert(0, l * w)

# 主程序
# 创建顶层窗口
topwin = tkinter.Tk()
# 初始化窗口大小
topwin.geometry('230x100')
# 设置窗口标题
topwin.title('长方形面积')
# 创建标签
tkinter.Label(topwin, text = "长度:").grid(row = 0)
tkinter.Label(topwin, text = "宽度:").grid(row = 1)
tkinter.Label(topwin, text = "面积:").grid(row = 2)
tkinter.Label(topwin, text = "cm").grid(row = 0, column = 2)
tkinter.Label(topwin, text = "cm").grid(row = 1, column = 2)
tkinter.Label(topwin, text = "cm * cm").grid(row = 2, column = 2)
# 创建输入框
e1 = tkinter.Entry(topwin)                          # 长度
e2 = tkinter.Entry(topwin)                          # 宽度
e3 = tkinter.Entry(topwin)                          # 面积
e1.grid(row = 0, column = 1)
e2.grid(row = 1, column = 1)
e3.grid(row = 2, column = 1)
# 创建按钮
b1 = tkinter.Button(topwin, text = '计算', command = rectangularArea)
b1.grid(row = 3)
b2 = tkinter.Button(topwin, text = '退出', command = topwin.quit)
b2.grid(row = 3, column = 1)
```

# 进入主循环
topwin.mainloop()

程序 example12_1.py 的运行结果如图 12.6 所示。

图 12.6　程序 example12_1.py 的运行结果

通过命令 help(tkinter.Entry)可以查询到 Entry 组件的属性有 background、bd、bg、borderwidth、cursor、exportselection、fg、font、foreground、highlightbackground、highlightcolor、highlightthickness、insertbackground、insertborderwidth、insertofftime、insertontime、insertwidth、invalidcommand、invcmd、justify、relief、selectbackground、selectborderwidth、selectforeground、show、state、takefocus、textvariable、validate、validatecommand、vcmd、width、xscrollcommand。通过 help(tkinter.Entry)命令也可以查询到 Entry 组件的方法。

5. Text 组件

Text(文本)组件用来显示或输入多行文本,功能十分强大和灵活,适用于多种场景。虽然 Text 组件的主要用途是显示、编辑多行文本,但也可以被用作网页浏览器,并可以显示网页链接、图片、HTML 页面,甚至 CSS 样式表。IDLE 编辑器就是由 Text 组件构造的,其创建格式如下:

tkinter.Text(父对象,属性列表)

程序 tkinter_text.py 给出了一个 Text 组件的使用案例。刚创建好一个 Text 组件时,里面是没有内容的。为了给其插入内容,可以使用 insert()方法。其第一个参数可以为 INSERT、CURRENT 或 END 表示的索引号,分别表示当前光标位置、与鼠标最接近的位置、末尾。

```
 1  #tkinter_text.py
 2  #coding = utf-8
 3  import tkinter
 4  #创建顶层窗口
 5  topwin = tkinter.Tk()
 6  #设置窗口标题
 7  topwin.title('Text 组件测试')
 8  #创建 Text 组件,height 设置为 5 行,width 设置为 35 列
 9  t1 = tkinter.Text(topwin, width = 35, height = 5)
10  t1.pack(side = tkinter.LEFT, fill = tkinter.Y)
11  #创建滚动条
12  s1 = tkinter.Scrollbar(topwin)
13  s1.pack(side = tkinter.RIGHT, fill = tkinter.Y)
14  #将滚动条绑定到 Text 编辑器上
15  s1.config(command = t1.yview)
16  t1.config(yscrollcommand = s1.set)
17  #索引号 INSERT 表示输入光标所在的位置,初始化后的输入光标在左上角
18  t1.insert(tkinter.INSERT, '赋得古原草送别\n')
19  #索引号 END 表示最后
```

```
20  t1.insert(tkinter.END, '白居易\n')
21  t1.insert(tkinter.END, '离离原上草,一岁一枯荣。\n')
22  t1.insert(tkinter.END, '野火烧不尽,春风吹又生。\n')
23  t1.insert(tkinter.END, '远芳侵古道,晴翠接荒城。\n')
24  t1.insert(tkinter.END, '又送王孙去,萋萋满别情。')
25  #进入主循环
26  topwin.mainloop()
```

程序 tkinter_text.py 中,第 12 行创建了一个滚动条,第 13 行将滚动条布局到窗口的右侧。第 15、16 行将滚动条和 Text 对象进行绑定。程序运行后,有一行文本无法在 Text 对象中显示。通过拉动右边的滚动条可以滚动剩余的文字。

6. Listbox 组件

Listbox(列表框)组件列出的一些条目,可供用户进行单选或多选。其创建格式如下:

tkinter.Listbox(父对象,属性列表)

程序 tkinter_listbox.py 给出了一个 Listbox 组件的使用案例。

```
#tkinter_listbox.py
#coding = utf-8
import tkinter
#创建顶层窗口
topwin = tkinter.Tk()
#初始化窗口大小
topwin.geometry('280x100')
#设置窗口标题
topwin.title('Listbox 组件测试')
#创建列表框,允许多项选择
listbox = tkinter.Listbox(topwin,selectmode = tkinter.MULTIPLE)
listbox.pack()
#内容列表
content = ['李白','杜甫','白居易']
#添加下拉列表项
for item in content:
    listbox.insert(tkinter.END,item)                #从尾部插入

#进入主循环
topwin.mainloop()
```

可以通过 help(tkinter.Listbox)查询 Listbox 组件对象的所有属性和方法,这里不展开阐述。

7. OptionMenu 组件

OptionMenu(选项菜单)组件提供了下拉列表框。程序 tkinter_optionmenu.py 给出了一个 OptionMenu 组件的使用案例。

```
#tkinter_optionmenu.py
#coding = utf-8
import tkinter
#创建顶层窗口
topwin = tkinter.Tk()
```

```python
# 初始化窗口大小
topwin.geometry('350x50')
# 设置窗口标题
topwin.title('OptionMenu下拉列表框测试')

OPTIONS = ['李白','杜甫','白居易']
variable = tkinter.StringVar()                      # 创建字符串变量
variable.set(OPTIONS[1])                            # 默认选中项的值
om = tkinter.OptionMenu(topwin, variable, *OPTIONS)
om.pack()

# 进入主循环
topwin.mainloop()
```

8. Radiobutton 组件

Radiobutton（单选按钮）组件通过 variable 属性来指定使用的变量名并分组。Variable 属性所指定的变量名相同的多个 Radiobutton 对象属于同一组。同一组中的 Radiobutton 对象只有一个可以被选中。程序 tkinter_radiobutton.py 给出了一个 Radiobutton 组件的使用案例。

```python
1  # tkinter_radiobutton.py
2  # coding = utf-8
3  import tkinter
4  def radioselect():
5      value = "你选择的选项值为:" + str(var.get())
6      label.config(text = value)
7
8  # 创建顶层窗口
9  topwin = tkinter.Tk()
10 # 初始化窗口大小
11 topwin.geometry('250x120')
12 # 设置窗口标题
13 topwin.title('单选按钮测试')
14
15 var = tkinter.IntVar()
16 var.set(2)                                       # 默认选中值为2的这一项
17 r1 = tkinter.Radiobutton(topwin, text = "李白", variable = var,
18                          value = 1, command = radioselect)
19 r1.pack(anchor = tkinter.W)
20
21 r2 = tkinter.Radiobutton(topwin, text = "杜甫", variable = var,
22                          value = 2, command = radioselect)
23 r2.pack(anchor = tkinter.W)
24
25 r3 = tkinter.Radiobutton(topwin, text = "白居易", variable = var,
26                          value = 3, command = radioselect)
27 r3.pack(anchor = tkinter.W)
28
29 label = tkinter.Label(topwin)
30 label.pack(anchor = tkinter.W)
```

```
31    radioselect()  # 调用函数,让 Label 控件显示单选按钮默认选中的信息
32
33    # 进入主循环
34    topwin.mainloop()
```

程序 tkinter_radiobutton.py 中的第 4~6 行给出了一个函数的定义,该函数分别在第 18、22 和 26 行被绑定到不同的 Radiobutton 对象上。第 15 行给出了一个 tkinter 中整型变量 var 的定义,该变量 var 用于作为第 17、21 和 25 行中 Radiobutton 对象创建时 variable 属性的值。通过该变量可以引用被选中选项的 value 值。第 16 行将 var 的初值设置为 2,这样使得单选按钮 value 为 2 的值被默认选中。每个 Radiobutton 对象的 command 属性值设置为 radioselect,使得选中单选按钮时执行 radioselect() 函数。该函数的作用是在 Label 对象中显示当前选中单选按钮的 value 值。在定义并布局完成所有的组件后,第 31 行调用了 radioselect() 函数,使得窗口启动时,根据默认选中的选项,在 Label 组件对象中默认显示选中单选按钮所对应的值。程序 tkinter_radiobutton.py 的运行结果如图 12.7 所示。

图 12.7 程序 tkinter_radiobutton.py 的运行结果

9. Checkbutton 组件

Checkbutton(复选框/多选框)组件有两种状态用来表示选中和未选中。选中时,其 variable 属性值为 1,否则其值为 0。也可以通过 onvalue 和 offvalue 两个属性分别设置勾选和不勾选时的任何类型值。

程序 tkinter_checkbutton.py 给出了一个 Checkbutton 组件的应用案例。

```
1   # tkinter_checkbutton.py
2   # coding = utf - 8
3   import tkinter
4   import tkinter.messagebox
5
6   def checkselect():
7       if var.get() == 1:
8           value = "你选中了第一个复选框。"
9       else:
10          value = "你没有选中第一个复选框。"
11      label.config(text = value)
12
13  def checkLanguage():
14      tkinter.messagebox.showinfo('选中的语言',v.get())
15
16  # 创建顶层窗口
17  topwin = tkinter.Tk()
18  # 初始化窗口大小
19  topwin.geometry('250x100')
20  # 设置窗口标题
21  topwin.title('复选框测试')
22
23  # 通过 var.get() 来获取其状态,勾选为 1,未勾选为 0
```

```
24  var = tkinter.IntVar()
25  #variable 将该复选框的状态赋值给一个变量
26  check1 = tkinter.Checkbutton(topwin, text = "复选框测试",
27                                variable = var,command = checkselect)
28  #方法 select 为勾选, deselect 为不勾选
29  check1.select()
30  check1.pack(anchor = tkinter.W)
31
32  v = tkinter.StringVar()
33  v.set('Java')                                    #设置为 offvalue,默认不选中
34  check2 = tkinter.Checkbutton(topwin, variable = v,
35                                text = '勾选为 Python,否则为 Java',
36                                onvalue = 'Python',   #设置 on 的值
37                                offvalue = 'Java',    #设置 off 的值
38                                command = checkLanguage)
39  check2.pack(anchor = tkinter.W)
40
41  label = tkinter.Label(topwin)
42  label.pack(anchor = tkinter.W)
43  checkselect()                                    #调用函数,让 Label 显示复选框是否选中
44
45  #进入主循环
46  topwin.mainloop()
```

程序 tkinter_checkbutton.py 中的第 26～27 行创建了一个 Checkbutton 组件对象,该组件没有指定 onvalue 和 offvalue,因此其变量 var 的返回值为 1(选中)或 0(未选中)。第 34～38 行创建了另外一个 Checkbutton 组件对象,指定了 onvalue='Python',offvalue = 'Java'。该复选框选中时,其变量 v 的值为字符串 Python;未选中时,其变量 v 的值为字符串 Java。程序 tkinter_checkbutton.py 的运行结果如图 12.8 所示。

图 12.8 程序 tkinter_checkbutton.py 的运行结果

10. Scale 组件

Scale(范围)组件是一种可供用户通过鼠标拖动来改变值的组件。可以设置其最小值和最大值。可以纵向放置,也可以横向放置。程序 tkinter_scale.py 给出了一个 Scale 组件的使用案例。

```
1  #tkinter_scale.py
2  #coding = utf - 8
3  import tkinter
4  import tkinter.messagebox as mb
5
6  def showValues():
7      mb.showinfo('Scale 组件值',
8                   '第一个 Scale 组件的值为:' + str(s1.get()) + \
9                   "\n 第二个 Scale 组件的值为:" + str(s2.get()))
10
```

```
11  #创建顶层窗口
12  topwin = tkinter.Tk()
13  #初始化窗口大小
14  topwin.geometry('250x200')
15  #设置窗口标题
16  topwin.title('Scale 组件测试')
17  #创建 Scale 组件,默认垂直放置
18  s1 = tkinter.Scale(topwin, from_ = 0, to = 100)
19  s1.set(30) #设置初始值
20  s1.pack()
21  #创建 Scale 组件,水平放置
22  s2 = tkinter.Scale(topwin, from_ = 50, to = 200, orient = tkinter.HORIZONTAL)
23  s2.set(80)
24  s2.pack()
25
26  b = tkinter.Button(topwin, text = '单击显示 Scale 组件的值', command = showValues)
27  b.pack()
28
29  #进入主循环
30  topwin.mainloop()
```

程序 tkinter_scale.py 中创建了两个 Scale 组件对象,其运行结果如图 12.9 所示。用户可以通过滑动条改变相应对象的值。单击"点击显示 Scale 组件的值"按钮,调用 showValues() 函数,并通过 messagebox 命令显示两个 Scale 组件对象的当前值。

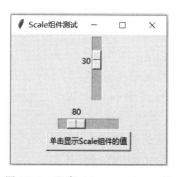

图 12.9 程序 tkinter_scale.py 的运行结果

11. Menu 组件

Menu(菜单)组件可用于创建下拉菜单或弹出式菜单。程序 tkinter_pullmenu.py 给出了一个下拉菜单的使用案例。

```
1   #tkinter_pullmenu.py
2   #coding = utf - 8
3   import tkinter
4   import tkinter.messagebox as mb
5
6   def clickmenu():
7       mb.showinfo('提示','单击了菜单项')
8
9   #创建顶层窗口
10  topwin = tkinter.Tk()
11  #初始化窗口大小
12  topwin.geometry('250x150')
13  #设置窗口标题
14  topwin.title('下拉菜单测试')
15
16  #创建一个菜单
17  menubar = tkinter.Menu(topwin)
18
```

```
19    ♯创建菜单项
20    menu1 = tkinter.Menu(topwin)
21    for item in ['新建','打开']:
22        menu1.add_command(label = item,command = clickmenu)
23
24    menu2 = tkinter.Menu(topwin)
25    for item in ["帮助","关于我们"]:
26        menu2.add_command(label = item,command = clickmenu)
27
28    ♯用 add_cascade()方法创建一个菜单项,label 属性指明该菜单项的名称
29    ♯menu 属性指明要把哪个菜单级联到该菜单项
30    menubar.add_cascade(label = "文件",menu = menu1)
31    menubar.add_cascade(label = "关于",menu = menu2)
32    menubar.add_cascade(label = "退出",command = topwin.quit)
33
34    ♯窗口的 menu 属性指明使用哪个菜单作为窗口的顶层菜单
35    topwin['menu'] = menubar
36
37    ♯进入主循环
38    topwin.mainloop()
```

程序 tkinter_pullmenu.py 的运行结果如图 12.10 所示。选择"文件"→"打开"菜单项时,执行函数 clickmenu(),弹出消息窗口。选择"退出"菜单项时,关闭窗口。

弹出式菜单是用户右击某一区域时,弹出菜单,选择菜单项来执行相应的程序。首先要将右击事件绑定到窗口或 frame 框架上,接收到右击事件后,通过 Menu 类中的 post()方法,在 x 和 y 坐标指定的位置弹出指定的菜单。程序 tkinter_popmenu.py 给出了一个弹出式菜单的使用案例。

图 12.10 程序 tkinter_pullmenu.py 的运行结果

```
1    ♯tkinter_popmenu.py
2    ♯coding = utf - 8
3    import tkinter
4    import tkinter.messagebox as mb
5
6    def clickpopmenu():
7        mb.showinfo('提示','单击了弹出式菜单项')
8
9    def popup(event):
10       ♯在鼠标当前位置 post 出菜单 menubar
11       menubar.post(event.x_root, event.y_root)
12
13    ♯创建顶层窗口
14    topwin = tkinter.Tk()
15    ♯初始化窗口大小
16    topwin.geometry('300x120')
17    ♯设置窗口标题
18    topwin.title('弹出式菜单测试')
19
```

```
20 menubar = tkinter.Menu(topwin)
21 menubar.add_command(label = '复制', command = clickpopmenu)
22 menubar.add_command(label = '粘贴', command = clickpopmenu)
23
24 #窗口 topwin 绑定一个右击事件,接收到该事件时执行 popup()函数
25 topwin.bind("<Button-3>", popup)
26
27 #进入主循环
28 topwin.mainloop()
```

程序 tkinter_popmenu.py 的运行结果如图 12.11 所示。右击窗口时,弹出菜单。选择菜单项时,执行函数 clickpopmenu(),弹出消息提示窗口。

图 12.11　程序 tkinter_popmenu.py 的运行结果

12.2.4　组件的布局

所有的 tkinter 组件都包括 pack()、grid()和 place()三种几何布局管理方法。pack()方法用于按行或列排列组件,可以使用填充(fill)、展开(expand)和靠边(side)等选项来控制排列方式。在窗口不设定大小的情况下使用 pack()方法进行布局时,窗口的默认大小为刚好覆盖所有组件的大小。grid 是格子的意思,grid()方法用于将组件放置在格子中。place()方法使用绝对位置或相对位置来放置组件。

前面的一些例子中已经用到了部分方法。表 12.6、表 12.7 和表 12.8 分别列出了 pack()、grid()和 place()三个布局方法的主要属性参数含义、取值空间与值的含义。

表 12.6　pack()方法的主要参数、取值空间与值的含义

参 数 名	参 数 含 义	取 值 空 间	值 的 含 义
anchor	锚选项;组件被放置于容器的位置(以方向来表示)	N,E,S,W,NW,NE,SW,SE,CENTER(默认值)	N、E、S、W、NW、NE、SW、SE、CENTER 分别表示北、东、南、西、北、东北、西南、东南、中
fill	组件水平或垂直填充	X,Y,BOTH,NONE	X 表示水平填充,Y 表示垂直填充,BOTH 表示水平和垂直填充,NONE 表示不填充
expand	组件是否展开,默认不展开	YES(1)、NO(0)	当值为 YES 时,side 选项无效,组件显示在父容器中心位置;若 fill 选项为 BOTH,则填充父组件的剩余空间
side	组件的对齐方式	LEFT,TOP,RIGHT,BOTTOM	LEFT,TOP,RIGHT,BOTTOM 分别对应左、上、右、下

续表

参数名	参数含义	取值空间	值的含义
ipadx	容器内部子组件之间 x 方向的间隔	非负整数，默认是 0	以像素为单位
ipady	容器内部子组件之间 y 方向的间隔	非负整数，默认是 0	以像素为单位
padx	设置 x 方向与之并列的组件之间间隔	非负整数，默认是 0	以像素为单位
pady	设置 y 方向与之并列的组件之间间隔	非负整数，默认是 0	以像素为单位

表 12.7　grid()方法的主要参数、取值空间与值的含义

参数名	参数含义	取值空间	值的含义
row	组件放置的行号	非负整数	序号从 0 开始
column	组件放置的列号	非负整数	序号从 0 开始
sticky	组件在网格中的对齐方式	N、E、S、W、NW、NE、SW、SE、CENTER	N、E、S、W、NW、NE、SW、SE、CENTER 分别表示北、东、南、西、西北、东北、西南、东南、中
rowspan	组件跨越的行数	正整数	
columnspan	组件跨越的列数	正整数	
ipadx	容器内部子组件之间 x 轴方向的间隔	非负整数，默认是 0	以像素为单位
ipady	容器内部子组件之间 y 轴方向的间隔	非负整数，默认是 0	以像素为单位
padx	x 方向与之并列的组件之间间隔	非负整数，默认是 0	以像素为单位
pady	y 方向与之并列的组件之间间隔	非负整数，默认是 0	以像素为单位

表 12.8　place()方法的主要参数、取值空间与值的含义

参数名	参数含义	取值空间	值的含义
anchor	锚选项；组件被放置于容器的位置(以方向来表示)	N、E、S、W、NW、NE、SW、SE、CENTER，默认值为 NW	N、E、S、W、NW、NE、SW、SE、CENTER 分别表示北、东、南、西、西北、东北、西南、东南、中
x	组件左上角的 x 坐标	整数，默认是 0	绝对位置，以像素为单位
y	组件左上角的 y 坐标	整数，默认是 0	绝对位置，以像素为单位
relx	相对于父容器的 x 坐标	0~1 的浮点数	相对位置，0.0 表示左边缘，1.0 表示右边缘
rely	相对于父容器的 y 坐标	0~1 的浮点数	相对位置，0.0 表示上边缘，1.0 表示下边缘
width	组件的宽度	非负整数	以像素为单位

续表

参 数 名	参 数 含 义	取 值 空 间	值 的 含 义
height	组件的高度	非负整数	以像素为单位
relwidth	相对于父容器的宽度	0～1 的浮点数	1.0 表示与父容器一样宽
relheight	相对于父容器的高度	0～1 的浮点数	1.0 表示与父容器一样高
bordermode	边框模式	常量 INSIDE、OUTSIDE 或字符串"inside"、"outside"，默认值为 INSIDE	INSIDE 表示组件内部大小和位置是相对的，不包括边框；OUTSIDE 表示组件外部大小和位置是相对的，包括边框

组件可以直接布局到窗口上，也可以先布局到一个框架组件（如 Frame）上，然后再将框架组件布局到窗口上。前面的例子已经给出了很多直接在窗口上布局组件的方法。本节只介绍利用框架组件 Frame 来布局的方法。其他框架组件不展开介绍。

框架是一组组件的主体，可以定制外观。使用框架的目的是方便组件的布局，获得预定义的显示效果。Frame 框架组件是一个矩形区域，主要用于在复杂布局中将其他组件进行分组布局，也可用于填充间距或作为实现高级组件的基类。Frame 框架只是一个容器，没有方法。但它可以捕获鼠标和键盘事件。

程序 tkinter_frame.py 给出了 Frame 框架用于布局组件、填充间距两种情况的使用案例。

```
#tkinter_frame.py
#coding=utf-8
import tkinter
#创建顶层窗口
topwin = tkinter.Tk()
#初始化窗口大小
topwin.geometry('280x110')
#设置窗口标题
topwin.title('Frame 布局测试')

#用法 1:Frame 对象用于布局组件对象
#创建一个 Frame 对象,放置于窗口左边
f1 = tkinter.Frame(topwin,width = 50)
f1.pack(side = tkinter.LEFT)
#创建两个按钮放置于 f1
b1 = tkinter.Button(f1, text = "左按钮")
b1.pack(side = tkinter.LEFT)
b2 = tkinter.Button(f1, text = "右按钮")
b2.pack(side = tkinter.RIGHT)

#创建一个 Frame 对象,放置于窗口右边
f2 = tkinter.Frame(topwin,width = 50)
f2.pack(side = tkinter.RIGHT)
```

```
# 用法 2:Frame 对象用于填充间距
# 创建一个标签对象,放置于 f2
s1 = tkinter.Label(f2,text = "唐诗")
s1.pack(side = tkinter.TOP)
# 创建一个 Frame 对象,放置于 f2,用于填充间距
f3  = tkinter.Frame(f2,height = 2, bd = 2)
f3.pack(fill = tkinter.X, padx = 5, pady = 5)
# 创建另外一个标签对象
s2 = tkinter.Label(f2,text = "宋词")
s2.pack(side = tkinter.TOP)

# 进入主循环
topwin.mainloop()
```

图 12.12　程序 tkinter_frame.py 的运行结果

程序 tkinter_frame.py 的运行结果如图 12.12 所示。

12.2.5　事件处理

一个 tkinter 应用大部分时间都在循环监听事件。事件来源于用户的按键、鼠标的操作或系统的运行。tkinter 提供了一个有效的事件处理机制。每个组件都可以将特定事件和特定函数绑定在一起,一旦监听到该事件,就执行指定的函数来处理该事件。一个组件可以同时绑定多个事件,可以为每个事件分别绑定不同的处理函数。

程序 tkinter_event_1.py 给出了一个事件处理函数的定义,然后将该事件处理函数绑定到 Label 组件的单击事件上。运行程序后,单击 Label 组件对象时,跳出消息框提示信息。

```
# tkinter_event_1.py
# coding = utf - 8
import tkinter
import tkinter.messagebox as mb

# 定义一个事件处理函数
def handler(event):
    mb.showinfo('提示',"进行事件处理。鼠标位置:(" + \
                str(event.x) + "," + str(event.y) + ")")

# 创建顶层窗口
topwin = tkinter.Tk()
# 初始化窗口大小
topwin.geometry('250x50')
# 设置窗口标题
topwin.title('事件处理测试')

# 创建一个标签对象
lb = tkinter.Label(topwin,text = '单击这里')
# 将标签对象的单击事件绑定到 handler()函数
lb.bind("< Button - 1 >", handler)
lb.pack()
```

```
# 进入主循环
topwin.mainloop()
```

如果触发某事件后需要将一些参数传递给相应的处理函数,然后进行相应的事件处理,需要使用中间适配器函数。程序 tkinter_event_2.py 给出了利用适配器函数传递事件和参数的方法。

```
# tkinter_event_2.py
# coding = utf - 8
import tkinter
import tkinter.messagebox as mb

# 定义一个事件处理函数
def handler(event,a,b):
    mb.showinfo('提示',"进行事件处理。鼠标指针位置:(" + \
                str(event.x) + "," + str(event.y) + "),a = " + \
                str(a) + ",b = " + str(b) + ".")

# 定义适配器函数
def handlerAdaptor(fun, ** kwds):
    return lambda event,f = fun,k = kwds: f(event, ** k)

# 创建顶层窗口
topwin = tkinter.Tk()
# 初始化窗口大小
topwin.geometry('250x50')
# 设置窗口标题
topwin.title('事件处理测试')

# 创建一个标签对象
lb = tkinter.Label(topwin,text = '单击这里')
# 将标签对象的单击事件绑定到适配器函数
lb.bind("< Button - 1 >", handlerAdaptor(handler, a = 3, b = 4))
lb.pack()

# 进入主循环
topwin.mainloop()
```

事件用格式化的字符串来表示,其格式为< modifier-type-detail >。type 是最主要的部分,它指定了事件类型,可以是 Button、Key 等。modifier 和 detail 用于表示额外的信息,许多情况下可以省略。如< Button-1 >表示用鼠标左键按下事件,其中 Button 是最主要部分,1 表示左键。相应地,2 表示鼠标中键,3 表示鼠标右键。相关事件的介绍在这里不再做展开。

Button 组件也可以通过 command 属性来指定按钮按下时的相应处理函数。Button 组件在介绍时已经给出了简单的使用案例。下面再通过两个程序示例来介绍通过单击按钮传递参数的方法。

如果一个按钮的 command 属性指定的函数需要传递参数,可以通过 lambda() 函数来实现。程序 tkinter_buttoncommand_parameter.py 给出了一个相应的案例。

```
#tkinter_buttoncommand_parameter.py
#coding=utf-8
import tkinter
import tkinter.messagebox as mb

#定义一个带参数的事件处理函数
def handler(a,b):
    mb.showinfo('提示',"进行事件处理。a=" + \
                str(a) + ",b=" + str(b) + "。")

#创建顶层窗口
topwin = tkinter.Tk()
#初始化窗口大小
topwin.geometry('350x50')
#设置窗口标题
topwin.title('按钮command属性参数传递')

#通过lambda为按钮command属性指定单击事件执行的带参函数
b = tkinter.Button(topwin,text='单击这里',
                   command=lambda:handler(a=3,b=4))
b.pack()

#进入主循环
topwin.mainloop()
```

如果单击一个按钮时既需要传递普通参数,也需要传递事件event参数,那么也需要和程序tkinter_event_2.py中的方式一样利用适配器函数来传递事件和参数。

12.3 使用wxPython进行GUI程序设计

Python虽然提供了内置的tkinter模块用来编写GUI程序,但是其功能比较简单。wxPython虽然是非内置模块,但功能相对比较强大。本节介绍利用wxPython来编写GUI程序的方法。

12.3.1 wxPython的下载与安装

wxPython的官网(https://wxpython.org/pages/downloads/)有详细的下载说明。可以在操作系统的命令行下通过以下命令在线安装:

```
pip install wxPython
```

在线安装可能会因为下载速度太慢而引起超时,从而导致安装失败。可以在上述命令后面添加"-i 国内安装源"从国内PyPI镜像站点下载。也可以直接到PyPI的官网上下载whl的安装包,然后用pip进行本地安装。例如,若当前是Windows 64位操作系统,Python版本为3.9,则可以下载wxPython-4.1.1-cp39-cp39-win_amd64.whl,然后在命令行下进入下载目录并运行:

```
pip install wxPython-4.1.1-cp39-cp39-win_amd64.whl
```

在撰写本节时，PyPI 官方站点还没有提供适合于 Python 3.10 的 wxPython 的 whl 安装程序。这时用 pip install wxPython 时，将自动下载源代码进行编译和安装。也可以先手动下载 wxPython-4.1.1.tar.gz，然后在命令行下进入下载目录并运行 pip install wxPython-4.1.1.tar.gz。

正如第 7 章中所介绍的，对于源代码格式的 wxPython 软件包，无论是在线安装还是手动下载后离线安装，都需要先安装相应版本的 VC++ Redistributable 插件，再执行 pip 安装。对于初学者来说，安装 tar.gz 格式的软件包可能会遇到一些麻烦。读者可以先在较低版本的 Python(如 Python 3.9)下安装 whl 格式的 wxPython 软件包。whl 文件是已经编译好的程序，使用 pip 工具安装时不需要使用 VC++ 重新编译。

读者阅读本书时，PyPI 官方站点上已经提供了适合于 Python 3.10 的 wxPython 的 whl 文件，可以直接使用 pip install wxPython 完成安装。

另外，建议下载 wxPython 的文档和 Demo 程序，这些文档为初学者或开发者都提供了很好的参考。下载地址为 https://extras.wxpython.org/wxPython4/extras/。例如，对于 wxPython4.1.1 版本，可以下载文档(wxPython-docs-4.1.1.tar.gz)与 Demo(wxPython-demo-4.1.1.tar.gz)。解压后文件中有个 demo 目录，在该目录下运行 python demo.py 就可以看到整个 Demo。

12.3.2　wxPython 编写 GUI 程序的基本流程

我们还是从最简单的"Hello World!"程序开始。

```
1  # wxpython_helloworld.py
2  import wx
3
4  app = wx.App()
5  win = wx.Frame(None, title = "Hello", size = (250, 100))
6  win.Show()
7  label = wx.StaticText(win, label = "Hello World!", pos = (80, 20))
8
9  app.MainLoop()
```

如上程序 wxpython_helloworld.py 很简单，引入 wx 包，创建一个 wx 的应用，建立一个 250×100 大小的窗口，显示窗口，在其中(80,20)的位置添加一个显示"Hello World!"的静态文本，开始应用循环。本程序的运行结果如图 12.13 所示。

从简单的程序 wxpython_helloworld.py，就可以看出利用 wxPython 创建 GUI 程序的基本步骤如下。

图 12.13　程序 wxpython_helloworld.py 的运行结果

(1) 导入 wxPython 包或其他包。
(2) 建立应用程序对象。
(3) 建立框架类 Frame 的对象。
(4) 在框架对象上添加组件。
(5) 显示框架。

（6）执行应用程序的 MainLoop()方法,建立事件循环。

12.3.3　创建组件

wx 提供了很多组件,如 Frame(窗口)组件、StaticText(静态文本)组件、Panel(面板)组件、Dialog(对话框)组件、wxButton(按钮)组件、wxTextCtrl(输入文本框)组件、wxTreeCtrl(树形)组件、wxPropertyGrid(属性设置)组件等。如图 12.14 所示,通过 wxPython 的 Demo 示例可以逐个学习相关组件的使用方法。

图 12.14　wxPython 的 Demo

程序 wxpython_helloworld.py 给出了一个静态文本对象的创建方法。其他组件对象的创建方法类似。读者可以自行通过下载的文档和 Demo 来学习相关组件,这里不再展开介绍。

12.3.4　布局管理

决定每个组件的位置是一件不太容易的事。如果用户希望放大整个窗口或者放入新的组件,就不得不调整窗口大小,所有组件都可能需要重新决定位置。

一个好的解决方案是使用布局,这也是大多数 GUI 程序使用的策略。在 wxPython 中,这个布局工具称为"尺寸器"(Sizer)。这里介绍最常用的两个布局：BoxSizer 和 GridSizer。

1. BoxSizer 布局

BoxSizer 布局的效果有点像堆箱子,HORIZONTAL 表示从左往右堆叠,VERTICAL 表示从上往下堆叠,组件之间会自动靠紧。程序 wxpython_boxsizer.py 给出了利用 BoxSizer 布局组件的一个示例,它的执行结果如图 12.15(a)所示。如果程序中的语句 box=wx.BoxSizer(wx.VERTICAL)修改为 box=wx.BoxSizer(wx.HORIZONTAL),则程序的执行结果如图 12.5(b)所示。

图 12.15　BoxSizer 布局

```
# wxpython_boxsizer.py
# coding = utf - 8
import wx

app = wx.App()
win = wx.Frame(None, title = "VERTICAL", size = (250, 150))

l1 = wx.StaticText(win, label = "Hello1")
l2 = wx.StaticText(win, label = "Hello2")
l3 = wx.StaticText(win, label = "Hello3")
box = wx.BoxSizer(wx.VERTICAL)
# 默认为 wx.HORIZONTAL,box = wx.BoxSizer()
# box = wx.BoxSizer(wx.HORIZONTAL)
box.Add(l1)
box.Add(l2)
box.Add(l3)

win.SetSizer(box)
win.Show()
app.MainLoop()
```

2. GridSizer 布局

GridSizer 把整个界面等分成若干 m * n 的格子,然后将组件按照先左右、后上下的顺序依次把格子填充上。程序 wxpython_gridsizer.py 给出了一个 GridSizer 布局示例,它的运行结果如图 12.16 所示。

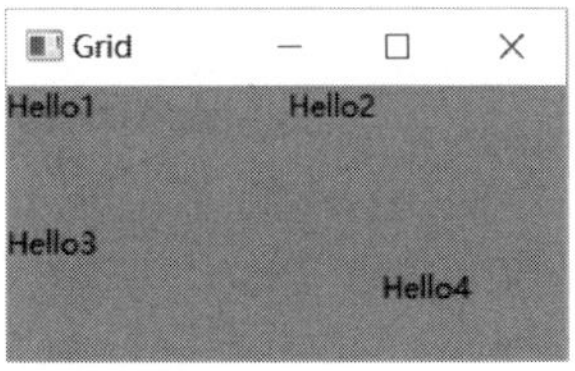

图 12.16　程序 wxpython_gridsizer.py 的运行结果

```
# wxpython_gridsizer.py
import wx

app = wx.App()
win = wx.Frame(None, title = "Grid", size = (250, 150))

l1 = wx.StaticText(win, label = "Hello1")
l2 = wx.StaticText(win, label = "Hello2")
l3 = wx.StaticText(win, label = "Hello3")
l4 = wx.StaticText(win, label = "Hello4")
grid = wx.GridSizer(2, 2, 0, 0)              # 划分为 2 行 2 列
grid.Add(l1)
```

```
grid.Add(l2)
grid.Add(l3)
grid.Add(l4, flag = wx.ALIGN_CENTER)

win.SetSizer(grid)
win.Show()
app.MainLoop()
```

可以注意到,这里 Hello4 被放在了右下角格子的中间,因为使用了 ALIGN_CENTER 这个设置。

有了这两个布局,基本上就可以通过嵌套解决大部分布局问题了。更多的设置,如 ALIGN_BOTTOM 等可以通过文档查看,或者在 12.3.6 节介绍的 wxFormBuilder 软件中快速设置。

12.3.5 事件处理

与 tkinter 类似,为了处理各种事件,需要在相应的对象中绑定与待处理事件相对应的函数。在程序 wxpython_event.py 中绑定了一个 clickme()函数在按钮上,当按下按钮时,添加一个 World 字符串在上方的静态文本组件中。其运行结果如图 12.17 所示。

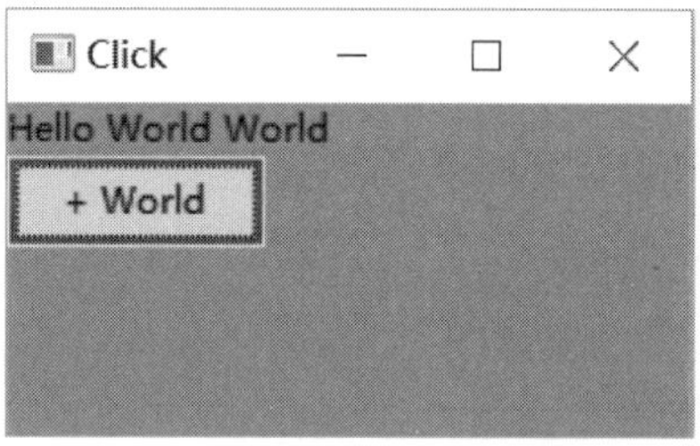

```
# wxpython_event.py
# coding = utf-8
import wx

def clickme(event):
    ss = l1.GetLabel()
    l1.SetLabel("%s%s" % (ss, " World"))

app = wx.App()
win = wx.Frame(None, title = "Click", size = (250, 150))
l1 = wx.StaticText(win, label = "Hello")
b1 = wx.Button(win, label = " + World")
# 将函数 clickme()绑定到按钮的 EVT_BUTTON 事件上
b1.Bind(wx.EVT_BUTTON, clickme)
box = wx.BoxSizer(wx.VERTICAL)
box.Add(l1)
box.Add(b1)

win.SetSizer(box)
win.Show()
app.MainLoop()
```

图 12.17 程序 wxpython_event.py 的运行结果

学习到这里时,读者可以开始编写自己的 GUI 程序了。若有困难,还可以查看 wxPython 的帮助文档和 Demo。然而,如果需要的组件很多,或者程序的逻辑较复杂,像这样手动编写代码就显得有些麻烦了。下面介绍如何使用 wxFormBuilder 工具来快速设计 GUI 界面。

12.3.6 使用 wxFormBuilder 设计界面

最好直接通过拖动鼠标来添加组件、拖曳来调整组件等方式实现页面设计。这种方式所见即所得,给设计人员以直观的感受。

Python 的 GUI 设计工具也有不少,https://wiki.Python.org/moin/GuiProgramming 页面列出了很多 GUI 设计工具和与其对应的 GUI 工具包。这里简单介绍一下 wxFormBuilder。wxFormBuilder 可视化工具能够实现所见即所得的效果,学习难度很低。

wxFormBuilder 以可视化方式设计 GUI 界面,自动生成以 wxPython 构建的代码。该代码可以在安装了 wxPython 的环境中被直接调用。

wxFormBuilder 的下载地址为 https://github.com/wxFormBuilder/wxFormBuilder/releases,可以下载最新版本,如 wxFormBuilder-3.10.1-x64.exe。下载并安装好以后,在 Windows 开始菜单中打开 wxFormBuilder,就可以开始设计了。

图 12.18 中,我们先添加了一个 Frame(Forms 栏目下)。然后在其中添加一个 BoxSizer(Layout 栏目下),默认名字为 bSizer1,将其属性中的 orient 设置为 wxVERTICAL,使其成为垂直的 BoxSizer,在其上面添加的组件将以垂直的方式排列。添加 BoxSizer 的步骤很关键,如果不注意这一点,则不能添加任何组件。之后又在 bSizer1 中嵌套一个水平的 BoxSizer,其名字默认为 bSizer2,将其属性中的 orient 设置为 wxHORIZONTAL,成为水平的 BoxSizer。在 bSizer2 上添加的组件将以水平方式排列。在 bSizer2 中添加文本输入框和两个按钮。最后在 bSizer1 上再添加一个多行的文本输入框(在文本框属性的 style 中设置 wxTE_MULTLINE)。在各组件属性的 flag 中勾选 wxAll、wxEXPAND 和 wxSHAPED 来调整界面。这样相对复杂的界面很快就设计出来了。

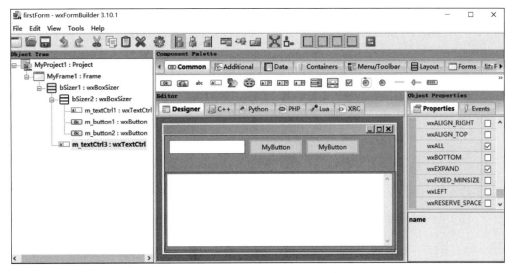

图 12.18 使用 wxFormBuilder 设计界面

此时,对应的 Python 语言代码已经自动生成了。图 12.18 设计结果生成的代码如下:

```
# -*- coding: utf-8 -*-
```

```python
###########################################################################
## Python code generated with wxFormBuilder (version 3.10.1-0-g8feb16b3)
## http://www.wxformbuilder.org/
##
## PLEASE DO *NOT* EDIT THIS FILE!
###########################################################################

import wx
import wx.xrc

###########################################################################
## Class MyFrame1
###########################################################################

class MyFrame1 ( wx.Frame ):

    def __init__( self, parent ):
        wx.Frame.__init__ ( self, parent, id = wx.ID_ANY, title = wx.EmptyString, pos = wx.DefaultPosition, size = wx.Size( 483,254 ), style = wx.DEFAULT_FRAME_STYLE|wx.TAB_TRAVERSAL )

        self.SetSizeHints( wx.DefaultSize, wx.DefaultSize )

        bSizer1 = wx.BoxSizer( wx.VERTICAL )

        bSizer2 = wx.BoxSizer( wx.HORIZONTAL )

        self.m_textCtrl1 = wx.TextCtrl( self, wx.ID_ANY, wx.EmptyString, wx.DefaultPosition, wx.DefaultSize, 0 )
        bSizer2.Add( self.m_textCtrl1, 0, wx.ALL|wx.EXPAND|wx.SHAPED, 5 )

        self.m_button1 = wx.Button( self, wx.ID_ANY, u"MyButton", wx.DefaultPosition, wx.DefaultSize, 0 )
        bSizer2.Add( self.m_button1, 0, wx.ALL|wx.EXPAND|wx.SHAPED, 5 )

        self.m_button2 = wx.Button( self, wx.ID_ANY, u"MyButton", wx.DefaultPosition, wx.DefaultSize, 0 )
        bSizer2.Add( self.m_button2, 0, wx.ALL|wx.EXPAND|wx.SHAPED, 5 )


        bSizer1.Add( bSizer2, 1, wx.ALL|wx.EXPAND|wx.SHAPED, 5 )

        self.m_textCtrl3 = wx.TextCtrl( self, wx.ID_ANY, wx.EmptyString, wx.DefaultPosition, wx.DefaultSize, wx.TE_MULTILINE )
        bSizer1.Add( self.m_textCtrl3, 0, wx.ALL|wx.EXPAND|wx.SHAPED, 5 )


        self.SetSizer( bSizer1 )
        self.Layout()
```

```
            self.Centre( wx.BOTH )

    def __del__( self ):
        pass
```

可以看到，wxFormBuilder 使用了类的方式来编写界面。这样整个窗口就封装在了一起，便于代码的扩展和维护。将上述代码复制出来，并在最后添加如下 4 行代码，保存在程序 first_wxformbuilder.py 中。

```
app = wx.App()
win = MyFrame1(None)
win.Show()
app.MainLoop()
```

程序 first_wxformbuilder.py 的运行结果如图 12.19 所示。

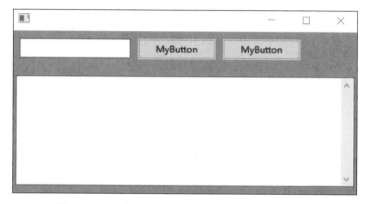

图 12.19　程序 first_wxformbuilder.py 的运行结果

12.4　实例：条形码图片识别

应用本章前面部分介绍的 GUI 设计方法，我们来编写一个稍微复杂一些的应用实例。

12.4.1　应用实例背景

有位朋友开了一家淘宝商店，每天都会发出很多快递，并拍照记录，于是就有很多快递单的图片。每晚有个重复性的工作，就是把图片一张张打开，摘录其中条形码的编号，将其保存在 Excel 中，并把图片的名称改为"条形码编号.jpg"保存，如图 12.20 所示。

这位朋友的生意越来越好，所以这个工作量就变得越来越大（每天可能有几百张图片需要识别）。他希望开发一个能自动识别条形码并修改文件名的应用程序。

图片都是 jpg 格式的，但快递单因为源自不同的快递公司，所以样子千奇百怪。拍照片的人也不同，所以拍出的照片不一定工整。唯一可以确定的是，每张照片都有条形码，且有良好的清晰度。

图 12.20 快递单条形码识别

12.4.2 条形码识别程序

该应用的难点在于条形码识别,若从头开发,则工作量太大。我们找到了可以识别条形码和二维码的开源软件 zbar(http://zbar.sourceforge.net/,读者当然也可以选择其他软件)。下载、安装后,就可以打开命令行,在软件安装目录的 bin 下输入 zbarimg -h,得到如下结果:

```
C:\work\Python\barcodes\ZBar\bin>zbarimg -h
usage: zbarimg [options] <image>...

scan and decode bar codes from one or more image files


options:
    -h, --help        display this help text
    --version         display version information and exit
    -q, --quiet       minimal output, only print decoded symbol data
    -v, --verbose     increase debug output level
    --verbose=N       set specific debug output level
    -d, --display     enable display of following images to the screen
    -D, --nodisplay   disable display of following images (default)
    --xml, --noxml    enable/disable XML output format
    --raw             output decoded symbol data without symbology prefix
    -S<CONFIG>[=<VALUE>], --set <CONFIG>[=<VALUE>]
                      set decoder/scanner <CONFIG> to <VALUE> (or 1)
```

这就说明安装成功了。用手机拍下一本书的 ISBN 条形码,如图 12.21 所示,保存为 isbn.jpg。

在操作系统的命令行窗口中运行以下代码,即可成功识别出图 12.21 所示的条形码所对应的 ISBN 编号。

```
C:\work\Python\barcodes\ZBar\bin>zbarimg isbn.jpg
EAN-13:9780521865715
scanned 1 barcode symbols from 1 images
```

图 12.21　ISBN 条形码的图片

识别的关键问题解决了，接着就可以编写 GUI 界面了，然后通过调用 zbar 来解决问题。

12.4.3　界面设计

前期工作准备完毕后，就是正式的软件设计编码了。构思 GUI，有以下要求。
(1) 有一个"打开"按钮，可以选择需要识别的图片；一个导出数据按钮。
(2) 数据展示窗口，可以以表格的形式呈现。
(3) 一个多行文本框，用于输出一些调试数据，如错误反馈、无法识别等信息。

利用 wxFormBuilder 来设计 GUI。在如图 12.22 所示的 GUI 设计界面中，先创建一个 Frame 窗口。添加一个垂直的 BoxSizer，加入一个 ToolBar 工具条和一个 1 行 2 列的 GridSizer。在 ToolBar 工具条中，添加两个 Tool 按钮，选择合适的图标（source 选 Load From Art Provider，id 选 wxART_FILE_OPEN 和 wxART_FILE_SAVE）。在界面的左下部添加一个 DataViewListCtrl 用于显示数据，右下部添加一个 TextCtrl 用于输出调试信息。软件运行结果如图 12.23 所示。

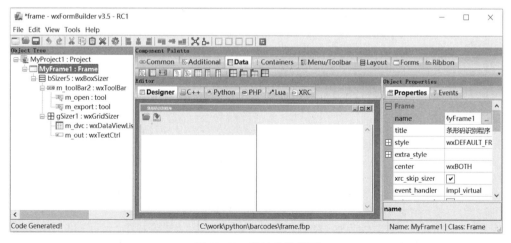

图 12.22　设计软件界面

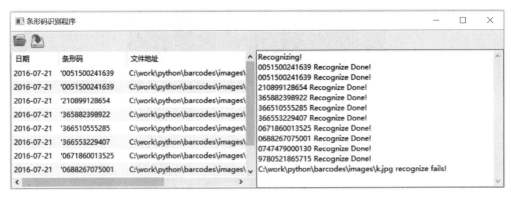

图 12.23　软件运行结果

12.4.4　完整代码

程序保存在 barcodes.py 文件中，全部代码如下：

```
1  # -*- coding: utf-8 -*-
2  import wx
3  import wx.xrc
4  import wx.dataview
5  import os
6  import csv
7  from datetime import datetime

8  class MyFrame1(wx.Frame):

9      def __init__(self, parent):
10         wx.Frame.__init__(self, parent, id=wx.ID_ANY, title=u"条形码识别程序",
                   pos=wx.DefaultPosition, size=wx.Size(866, 302),
                   style=wx.DEFAULT_FRAME_STYLE | wx.TAB_TRAVERSAL)
11         self.SetSizeHints(wx.DefaultSize, wx.DefaultSize)
12         bSizer5 = wx.BoxSizer(wx.VERTICAL)
13         self.m_toolBar2 = wx.ToolBar(self, wx.ID_ANY, wx.DefaultPosition,
                   wx.DefaultSize, wx.TB_HORIZONTAL)
14         self.m_open = self.m_toolBar2.AddTool(wx.ID_ANY, u"打开",
                   wx.ArtProvider.GetBitmap(wx.ART_FILE_OPEN,
                   wx.ART_TOOLBAR), wx.NullBitmap, wx.ITEM_NORMAL,
                   wx.EmptyString, wx.EmptyString, None)
15         self.m_export = self.m_toolBar2.AddTool(wx.ID_ANY, u"导出",
                   wx.ArtProvider.GetBitmap(wx.ART_FILE_SAVE,
                   wx.ART_TOOLBAR), wx.NullBitmap, wx.ITEM_NORMAL,
                   wx.EmptyString, wx.EmptyString, None)
16         self.m_toolBar2.Realize()
17         bSizer5.Add(self.m_toolBar2, 0, wx.EXPAND, 5)
18         gSizer1 = wx.GridSizer(1, 2, 0, 0)
19         self.m_dvc = wx.dataview.DataViewListCtrl(self, wx.ID_ANY,
                   wx.DefaultPosition, wx.DefaultSize,
                   wx.dataview.DV_MULTIPLE | wx.dataview.DV_ROW_LINES)
```

```
20          gSizer1.Add(self.m_dvc, 0, wx.EXPAND, 5)
21          self.m_out = wx.TextCtrl(self, wx.ID_ANY, wx.EmptyString,
                            wx.DefaultPosition, wx.DefaultSize,
                            wx.TE_MULTILINE)
22          gSizer1.Add(self.m_out, 0, wx.EXPAND, 5)
23          bSizer5.Add(gSizer1, 1, wx.EXPAND, 5)
24          self.SetSizer(bSizer5)
25          self.Layout()
26          self.Centre(wx.BOTH)

27          # Connect Events
28          self.Bind(wx.EVT_TOOL, self.openimgs, id = self.m_open.GetId())
29          self.Bind(wx.EVT_TOOL, self.export2csv, id = self.m_export.GetId())
30          # Mycode
31          self.m_dvc.AppendTextColumn(u'日期')
32          self.m_dvc.AppendTextColumn(u'条形码', width = 120)
33          self.m_dvc.AppendTextColumn(u'文件地址', width = 400)

34      def __del__(self):
35          pass

36      # Virtual event handlers
37      def openimgs(self, event):
38          dlg = wx.FileDialog(
            self, message = "Choose some images",
            defaultDir = os.getcwd(),
            defaultFile = "",
            wildcard = wildcard,
            style = wx.FD_OPEN | wx.FD_MULTIPLE | wx.FD_CHANGE_DIR
            )
39          if dlg.ShowModal() == wx.ID_OK:
40              self.m_out.WriteText('Recognizing!\n')
41              paths = dlg.GetPaths()
42              for path in paths:
43                  tmp = os.popen('%s --raw %s' % (cmd, path)).readlines()
44                  barNum = ''
45                  i = 0
46                  while barNum == '' and i < len(tmp):
47                      barNum = tmp[i].strip()
48                      i += 1
49                  if barNum == '':
50                      self.m_out.WriteText('%s recognize fails!\n' % path)
51                      continue
52                  newname = '%s\\%s%s' % (os.path.dirname(
                            path), barNum, os.path.splitext(path)[-1:][0])

53                  try:
54                      os.rename(path, newname)
55                      item = [datetime.now().strftime(
                                '%Y-%m-%d'), "'%s" % barNum, newname]
56                      self.m_dvc.AppendItem(item)
```

```
57                    csvdata.append(item)
58                    self.m_out.WriteText('%s Recognize Done!\n' % barNum)
59                except Exception as e:
60                    self.m_out.WriteText('%s rename fails!\n' % path)
61                    self.m_out.WriteText(str(e))
62        dlg.Destroy()

63    def export2csv(self, event):
64        dlg = wx.FileDialog(
              self, message = "Save file as …", defaultDir = os.getcwd(),
              defaultFile = "", wildcard = wildcard2, style = wx.FD_SAVE
          )
65        dlg.SetFilterIndex(2)
66        if dlg.ShowModal() == wx.ID_OK:
67            self.m_out.WriteText('Exporting!\n')
68            path = dlg.GetPath()
69            try:
70                with open(path, 'w',newline = '') as csvfile:
71                    writer = csv.writer(
                              csvfile, dialect = 'excel', quoting = csv.QUOTE_ALL)
72                    for row in csvdata:
73                        writer.writerow(row)
74                self.m_out.WriteText('%s Export Done!\n' % path)
75            except Exception as e:
76                self.m_out.WriteText(str(e))

77        dlg.Destroy()

78 wildcard = "Pictures (*.jpg,*.png)|*.jpg;*.png|All files (*.*)|*.*"
79 wildcard2 = "CSV files (*.csv)|*.csv"
80 cmd = os.path.realpath('Zbar/bin/zbarimg.exe')

81 csvdata = []

82 app = wx.App()
83 win = MyFrame1(None)
84 win.Show()
85 app.MainLoop()
```

说明：由于以上代码中的某些行过长，所以在代码的前端加上了数字表示行号。

注意事项：

（1）zbar 软件安装在上述程序的当前目录下，可以通过 Zbar\bin\zbarimg.exe 运行。

（2）目录中有中文可能会出错。

（3）用 FileDialog 打开文件时会改变当前目录，所以在最初就要保存 zbar 命令的绝对路径。

（4）由于条形码有以 0 开头的数字，用 Excel 打开时会自动省略，所以在数字前加了一个"'"符号。

习题 12

1. 设计并编写一个窗口程序,该窗口只有一个按钮,当用户单击时可在后台输出 hello world。

2. 设计并编写一个窗口程序,该窗口中的第一、第二行都是一个文本框,用于输入账号和密码,第三行是一个"提交"按钮。要求:密码框输入时不显示明文(设置 wxTE_PASSWORD 属性),当用户单击提交时检测账号和密码是否都是 admin,如果正确则在后台输出登录成功,否则输出登录失败。

3. 使用 wx.html2 或其他网页控件设计并编写一个基本浏览器。功能包括后退、前进、刷新、网址输入框、网页显示。

4. 使用 StyledTextCtrl 控件编写一个 Python 编辑器,功能包括打开、保存、Python 代码颜色渲染(wxPython Demo 中的 advanced Generic Widgets 里的 RulerCtrl 中有)。

5. 设计并编写一个简单的计算器程序,功能包括:0~9 的数字按键、运算符"+""-""*""/"、=(等号)与 C 清空按键,以及一个结果显示屏。

第13章 程序的打包与发布

学习目标
- 了解 Python 程序打包与发布的基本知识。
- 掌握 setuptools 打包与发布工具的使用方法。
- 掌握使用 pyinstaller 打包 Python 程序成 exe 可执行文件的方法。

本章主要介绍 Python 程序的打包与发布方法。其中 setuptools 用于打包与发布，pyinstaller 用于把 Python 程序打包成一个可以在 Windows 下直接运行的 exe 文件。

13.1 setuptools 程序打包与发布工具

13.1.1 程序为什么要打包

当编写完程序实现了特定功能后，开发者就要考虑如何将程序交付给用户使用。显然直接将 Python 源代码文件发给用户并不是一个好主意，因为这样需要用户安装与配置各种环境。经过程序员多年的实践，设计了一套打包发布的流程，可以实现以下目的。

（1）环境封装，方便软件的安装与运行。
（2）版本控制。
（3）发布在指定的网站上供人查找。

如上几条也是一个打包工具的主要功能。PyPI 库（https://pypi.org/）则是大部分开源 Python 包的官方发布地，通常会存放已打包的 Python 开源软件工具包。

13.1.2 推荐使用 setuptools 打包发布

Python 常用的打包、发布、下载工具有 distutils、easy_install、setuptools、pip 等，它们各有优缺点，并且存在一定的继承关系。

Python 官方网站推荐的安装与打包工具分别如下。

1. 安装工具推荐

（1）使用 pip 来从 PyPI 库上下载、安装 Python 包。
（2）使用 virtualenv 或 venv 来隔离环境（不因此次安装而影响其他软件的环境）。

2. 打包工具推荐

（1）使用 setuptools 来定义工程和创建发布。
（2）使用 bdist_wheel 这个 setuptools 扩展来创建 wheels。
（3）使用 twine 来更新 PyPI 上的发布。

这可能看着有些复杂，为了简单起见，只需记住 Python 生态中推荐使用 pip 来下载和安装，使用 setuptools 来打包发布即可。最新的 Python 发行包已经内置了 pip 模块，当需要安装新的工具包时，推荐使用 pip 进行下载与安装，例如，安装 Python 里比较流行的网站框架 Django 时，只要在命令行输入 pip install Django==2.0.7 即可（2.0.7 为版本号）。

这些能直接使用 pip 下载的包，大多是使用 setuptools 打包发布到 PyPI 上的。

13.1.3　setuptools 使用步骤

1. setuptools 的安装

最新下载的 Python 安装包里已经默认安装了 setuptools。可以在 Python 交互式命令行输入 import setuptools，通过观察结果来确定是否安装了 setuptools。

如果还没有安装 setuptools，可以使用 pip install setuptools 进行在线安装；或者下载相应的 whl 文件后在本地安装；也可以在 https://pypi.Python.org/pypi/setuptools 上下载源代码文件，然后使用 pip 工具进行安装；或者下载 ez_setup.py（https://bootstrap.pypa.io/ez_setup.py），然后用 Python 运行这段代码。

2. setuptools 的打包

在程序目录下，新建一个 setup.py 文件，如：

```
from setuptools import setup, find_packages
setup(
    name = "HelloWorld",
    version = "0.1",
    packages = find_packages(),
    scripts = ['say_hello.py'],
    #项目需要使用文档提取与格式化工具 reStructuredText,
    #所以要确保安装或升级了 docutils 库
    install_requires = ['docutils>=0.3'],
    package_data = {
        #如果任何包中包含*.txt 或*.rst 文件,则包含以下语句
        '': ['*.txt', '*.rst'],
        #如果在 hello 包中包含*.msg 文件,则包含以下语句
        'hello': ['*.msg'],
    },
    #上传至 PyPI 的元数据
    author = "Me",
    author_email = "me@example.com",
    description = "This is an Example Package",
    license = "PSF",
    keywords = "hello world example examples",
    url = "http://example.com/HelloWorld/",          #项目主页,如果有
    #还可以包括 Long_description、download_url、classifiers 等参数
)
```

该文件是对软件（包）的描述，如软件的名称为 Helloworld，版本号：0.1，运行文件（入口文件）：say_hello.py，依赖包（运行你的软件需要提前安装的包）：docutils 版本大于或等于 0.3，以及包含的一些其他文件，和一些描述，如作者、作者邮箱、软件描述、许可证等。

创建好 setup.py 后就可以运行如下的命令进行打包：

```
python setup.py sdist
```

打包后，就会有一个扩展名为 tar.gz 的压缩包在当前目录下的 dist 子目录中。那个压缩包就是打包后的结果，可以发送给他人使用或上传到 PyPI 库中。

也可以用 python setup.py bdist_wheel 命令打包成 whl 文件，发送给他人使用或上传到 PyPI 库中。

3. PyPI 账号的注册

在 PyPI 仓库(https://pypi.org/)注册一个账号。注册完成后，会向预留邮箱中发送一份邮箱验证邮件，通过邮件中的链接验证后方可往 PyPI 中上传软件包。

PyPI 还另外提供了一个测试仓库(https://test.pypi.org/)。可以先上传到测试仓库确认无误后再上传到正式仓库。若要使用测试仓库，也要先注册，验证邮箱后方可使用。

4. 软件的发布

如果要将软件发布到 PyPI 仓库上，可供其他人下载使用，需先在"C:\Users\Windows 用户名\"路径下建立名为.pypirc 的配置文件。该文件的内容如下：

```
[distutils]
index-servers =
    pypi
    pypitest
    mydist

[pypi]
repository: https://upload.pypi.org/legacy/
username: your_username
password: your_password

[pypitest]
repository: https://test.pypi.org/legacy/
username: your_username
password: your_password

[mydist]
repository: 私有 PyPI 仓库源的上传 URL
username: your_username
password: your_password
```

.pypirc 文件中分别配置了 PyPI 仓库、PyPI 测试仓库和私有 PyPI 仓库的上传路径、用户名和密码。

在设置.pypirc 配置文件之后，用命令 python setup.py sdist upload 将压缩包上传到 PyPI 的正式仓库。用命令 python setup.py sdist upload -r pypitest 将压缩包上传到 PyPI 的测试仓库。其中 -r 后面的 pypitest 是在.pypirc 文件中定义的名称。

如果使用的是自己的发布服务器，而且.pypirc 文件中的授权部分也包含了这个新位置，只要在上传时引用它的名称即可，命令如下：

```
python setup.py sdist upload -r mydist
```

用这种方法上传到 PyPI 服务的方式在新的版本中已逐步弃用,改用 twine 方式。需要通过 pip install twine 先安装 twine。twine 安装完成后,将 tar.gz 压缩包或 whl 文件上传到 PyPI 正式仓库,命令如下:

twine upload dist/ *

将 tar.gz 压缩包或 whl 文件上传到 PyPI 测试仓库,命令如下:

twine upload dist/ * -r pypitest

如果使用的是自己的发布服务器,而且 .pypirc 文件中的授权部分也包含了这个新位置,只要在上传时引用它的名称即可,命令如下:

twine upload dist/ * -r mydist

上传完成后,用注册的用户名和密码登录 PyPI 相应的仓库即可查看上传结果。

13.2 pyinstaller 打包

大部分用户编写的软件几乎不需要发布到 PyPI 上供众人下载,而且通常情况下软件使用者大多是 Windows 用户,没有编程基础。所以通常需要把软件打包成一个 exe 可执行文件,从而可以直接在 Windows 下运行,降低使用难度。

可以在命令行下通过 pip install pyinstaller 命令在线安装 pyinstaller。也可以先下载 pyinstaller 的 whl 封装文件或程序源代码文件,然后在命令行使用 pip 工具进行安装。安装完成后,可以直接在命令行输入 pyinstaller 来运行该软件。

13.2.1 pyinstaller 的简易打包

将 Python 源程序打包成 exe 可执行文件的示例如下。
(1) 编写一个最简单的程序 helloworld.py,内容如下:

print('Hello world!')

(2) 在 helloworld.py 程序的当前目录下运行 pyinstaller 打包命令,命令如下:

pyinstaller helloworld.py

运行过程中会产生很多提示信息,不需要做额外设置,打包能自动完成。

运行结束后,自动生成了两个文件夹:build 和 dist,其中 dist 文件夹下的 helloworld 文件夹中就有目标文件:helloworld.exe,如图 13.1 所示。

现在我们来测试:

c:\work\pythonbook\helloworld> cd dist\helloworld

c:\work\pythonbook\helloworld\dist\helloworld> helloworld.exe
Hello world!

此时即使计算机没有安装 Python,程序也能正常运行了!

图 13.1　dist 文件夹下的 helloworld 文件夹

13.2.2　pyinstaller 的高级打包技巧

虽然以上打包过程已经达到了预期效果，但仍然存在一些缺陷：打包后生成的文件过多。一个源码只有一行 print('Hello World!')的程序，结果却生成了 13 个文件。原因是 pyinstaller 把需要用到的所有 Python 程序都单独放进来了。若希望最终只有一个 exe 文件，且拥有一个漂亮的图标，可以通过以下方式实现。

（1）回到之前 helloworld.py 的目录：

```
c:\work\pythonbook\helloworld\dist\helloworld>cd ..\..
```

（2）删除 dist 目录。

（3）使用-F 参数运行 pyinstaller：

```
pyinstaller -F helloworld.py
```

此时 dist 目录中只生成单一的 exe 文件，如图 13.2 所示。

在命令行中可以直接通过运行刚才生成的 exe 文件来显示"Hello World!"，双击图标也能闪出一个显示"Hello World!"窗口并关闭。

以上方法是把整个 Python 运行环境、目标源码都压缩在了一个文件中，这也导致文件有近 5M 的大小。

接下来继续给 exe 文件制作一个如图 13.3 所示的漂亮图标。

将 helloworld.ico 与 helloworld.py 放在同一个文件夹中，然后运行如下语句：

```
pyinstaller -F -i helloworld.ico helloworld.py
```

运行该语句后，在 dist 目录下产生了一个如图 13.4 所示的带自定义图标的 exe 文件。

图 13.2　dist 目录中生成的单一的 exe 文件

图 13.3　helloworld.ico 图标　　　　图 13.4　带自定义图标的 exe 文件

如果发现图标没有改变,可以使用大缩略图显示来查看。

pyinstaller 的参数含义如表 13.1 所示。

表 13.1　pyinstaller 的参数含义

参　　数	含　　义
-F	打包成一个可执行程序
-i	设置生成程序的图标
-c	使用命令行界面(默认)
-w	打包后的程序运行时只使用窗口界面,无命令行界面
-p	添加库的搜索路径

其他具体设置可以查看 pyinstaller 的官方网站。

13.3　实例:带图标的 exe 可执行文件的打包

在第 12 章最后已编写了一个条形码识别程序,并且是图形界面程序。现在把它打包成带图标的 exe 可执行文件。

可以在 http://www.easyicon.net/网站上挑选一个合适的图标(最好挑选可免费用于商业的)。本书中挑选了如图 13.5 所示的图标。

使用如下 pyinstaller 命令打包:

```
pyinstaller -F -i bar.ico barcodes.py
```

图 13.5 挑选的条形码识别程序图标 bar.ico

然后把配套素材中的 Zbar 文件夹复制到 dist 目录,就可以正常运行了。然而因为是图形界面程序,我们并不希望看到如图 13.6 所示的运行结果中的黑色命令行窗口。

可以通过添加-w 参数实现,命令如下:

pyinstaller -F -w -i bar.ico barcodes.py

这时却发现无法正常调用 zbar！在 Windows 操作系统下,用 pyinstaller 打包窗口模式的 Python 程序直接调用子进程会出现错误。

图 13.6 带有命令行窗口的图形界面程序

解决方案可以参考网页 https://github.com/pyinstaller/pyinstaller/wiki/Recipe-subprocess,可以看出,pyinstaller 在具体使用上可能还会碰到各种问题,需要读者在网上自行搜索答案。

这里需要修改第 12 章中文件名为 barcodes.py 的程序,将原第 43 行的代码:

43   tmp = os.popen('%s -- raw %s' % (cmd, path)).readlines()

改为以下代码:

43   si = sp.STARTUPINFO()
44   si.dwFlags |= sp.STARTF_USESHOWWINDOW
45   pro = sp.Popen('%s -- raw %s' % (cmd, path), stdin=sp.PIPE,
              stdout=sp.PIPE, stderr=sp.PIPE, startupinfo=si)
46   (tmp, error) = pro.communicate()
47   tmp = tmp.decode().split("\n")

并在程序开头引入 subprocess 包即可:

import subprocess as sp

习题 13

1. 将之前编写的命令行程序打包成 exe 可执行程序。
2. 将之前编写的窗口程序打包成 exe 可执行程序。
3. 找一些图标来装饰程序。

第14章 数据库应用开发

学习目标
- 了解 Python 数据库应用接口。
- 熟练掌握常用的结构化查询语言。
- 熟练掌握 SQLite3 模块中的常用方法。
- 熟练掌握应用 SQLite3 开发数据库系统的一般流程。

本章首先简要介绍 Python 数据库应用程序接口；接着详细介绍常用的结构化查询语言(Structured Query Language,SQL)，为后面的数据库应用开发做准备；然后介绍一个与 Python 集成度非常高的数据库——SQLite，包括它的数据类型，以及 Python 中的模块 SQLite3；最后，在 SQLite3 的基础上，介绍开发一个学生成绩管理数据库系统的基本流程。

14.1 Python Database API 简介

目前，Python 支持与市场上多种应用广泛的数据库之间进行连接。由于不同数据库服务器和数据库通信的网络协议之间存在着差异，在 Python 的早期版本中，不同数据库都开发了自己的 Python 模块。这些数据库接口模块提供了不同的方法与属性设置，因此以不同方式工作。显然，这不便于编写能够在多种数据库服务器中运行的 Python 程序。于是，Python Database API 库(以下统一简称为 DB-API)应运而生。在 DB-API 中，即便所有数据库连接模块的底层网络协议不同，它们也会有着一个共同的编程接口。

DB-API 支持关系数据库，包括 IBM DB2、Firebird（或 Interbase）、Informix、Ingres、MySQL、Oracle、PostgreSQL、SAP DB（也称为 MaxDB）、Microsoft SQL Server 和 Sybase 等。此外，DB-API 支持 Teradata 和 IBM Netezza 数据仓库系统，也支持 Asql、GadFly、SQLite 和 ThinkSQL 等应用程序内嵌数据库系统。DB-API 规范的网址为 http://wiki.Python.org/moin/DatabaseProgramming。

下面将简要介绍 DB-API 中适用于大部分数据库的基本概念与方法。

14.1.1 全局变量

任意数据库模块使用 DB-API 连接数据库系统时，需定义以下三个关于模块的全局变量。

(1) apilevel：是字符串常量，可选值为'1.0'或'2.0'，用于声明所使用的 DB-API 的版本。若未给出这个变量的值，则 API 将默认使用 DB-API 1.0。由于目前 DB-API 的最新版本为 2.0，apilevel 的取值只可能是'1.0'或'2.0'。当然，如果未来推出新的 DB-API 版本，可选取值范围也会发生相应变化。

(2) threadsafety：是整数常量，可选值为 0、1、2、3，用于声明模块的线程安全等级。0 表示线程完全不共享模块；1 表示线程共享模块，但不共享连接；2 表示线程共享模块与连接；3 表示线程共享模块、连接和指针。如果在编程中不使用多线程，则没必要关心这个变量。

(3) parastyle：表示参数风格，是字符串常量，可选值为'qmark'、'numeric'、'named'、'format'和'pyformat'，用于声明在执行多次类似查询时，参数如何被整合到 SQL 语句中。'qmark'表示使用问号；'numeric'表示使用：1 或：2 风格的列；'named'表示命名风格；'format'表示标准的字符串格式化；'pyformat'表示 Python 扩展格式化代码。

其实，以上数据库模块的全局参数并不会在具体的 Python 数据库编程中涉及，特定数据库接口结构对这些参数的处理方法将会在相应数据库接口文档中解释。

14.1.2 连接与游标

在对数据库进行操作之前，需首先构建 Python 程序与数据库之间的连接。DB-API 标准化了连接对象。具体而言，它包含以下几个内置方法。

(1) .close()：关闭当前连接。引用该方法之后，连接对象将不再可用。如果继续使用该连接对象的相关方法，将触发异常。这也就意味着所有该连接对象的游标的使用也将触发异常。值得注意的是，如果未在关闭一个连接之前提交事务，则连接将触发一个隐含的回滚。

(2) .commit()：提交当前所有挂起事务。如果目标数据库支持自动提交，则应根据业务需求决定是否关闭该功能。当然，接口也应提供支持撤销提交操作的方法。对于不支持事务的数据库模块，该方法没有任何作用。

(3) .rollback()：回滚挂起事务。如果数据库不支持事务处理，则该方法无效；如果数据库支持事务处理，则该方法会使数据库回滚到任何挂起事务的开始，即撤销所有挂起事务。

(4) .cursor()：返回一个使用该连接的新游标对象。如果数据库未提供直接的游标概念，则数据库模块需通过其他方式模拟游标。游标对象有诸多方法，SQL 查询就是通过游标来执行的。游标对象的内置方法和属性见表 14.1。

表 14.1 游标对象的内置方法和属性

方法或属性名称	描 述
.callpro(procname [,params])	通过给定的名称和参数调用已存储的数据库程序
.close()	关闭当前游标
.execute(operation [,params])	基于 SQL 执行数据库操作（查询或命令）
.executemany(operation [,params])	基于 SQL（经由多个参数）执行多个数据库操作
.fetchone()	获取查询结果集合的下一行，返回一个序列；若无数据，返回 None
.fetchmany([size=cursor.arraysize])	获取查询结果集合的若干行，返回一个由序列构成的序列，默认行数为 arraysize

续表

方法或属性名称	描述
.fetchall()	获取查询结果集合的所有行,返回一个由序列构成的序列
.nextset()	将游标跳至下一个可用的结果集,注意有些数据库并不支持多个结果集,所以在这些数据库中不可用
.setinputsize(sizes)	在execute之前预先定义操作的内存区域
.setoutputsize(size [,column])	为获取的大容量数据设定一个列缓存区
.arraysize	.fetchmany()的结果集返回行数,默认值为1
.description	只读属性,由7个序列构成的序列,包括(name、type_code、display_size、internal_size、precision、scale、null_ok)
.rowcount	只读属性,execute()结果集合中的行数;若没有execute()或接口最后一次操作的行数不能确定时,返回−1

14.2 结构化查询语言

14.2节和14.3节将介绍Python中用于SQLite数据库编程的SQLite3模块,以及通过SQLite3开发一个学生管理数据库系统。SQLite是关系数据库,支持结构化查询语言(Structured Query Language,SQL)操纵数据库。本节将重点介绍一些基础的SQL知识,为后面的数据库应用开发做准备。

SQL是一种数据库查询和程序设计语言,用于存取数据以及查询、更新和管理关系数据库系统。此外,SQL也是数据库脚本文件的扩展名。SQL具有以下特点。

(1) SQL是一种高级的非过程化编程语言,允许用户在高层数据结构上工作。

(2) SQL不要求用户指定对数据的存放方法,也不需要用户了解具体的数据存放方式。所以,具有完全不同底层结构的不同数据库系统,可以使用相同的结构化查询语言作为数据输入与管理的接口。

(3) SQL的语句可以嵌套,这使其具有极大的灵活性和强大的功能。

SQL由六部分组成:数据查询语言(DQL)、数据操作语言(DML)、事务处理语言(TPL)、数据控制语言(DCL)、数据定义语言(DDL)和指针控制语言(CCL)。以下将简要介绍数据定义语言、数据操作语言、数据查询语言的基本语法,具体案例将在14.4节内容中涉及。

14.2.1 数据定义语言

数据库模式包含该数据库中所有实体的描述定义,数据定义语言就是用于描述数据库中要存储的现实世界实体的语言。具体包括在数据库中创建、删除和更改数据表和视图。

1. 创建数据表

创建数据表的一般命令模式如下:

```
CREATE [TEMPORARY] TABLE [IF NOT EXISTS] <table_name> [(create_definition,...)] [<select_statement>]
```

其中:

(1) TEMPORARY表示新建表为临时表,此表将在当前会话结束后自动消失。临时表主要被应用于存储过程中，对于一些目前尚不支持存储过程的数据库，该关键字一般不用。

（2）如果声明了 IF NOT EXISTS，则只有被创建的表尚不存在时才会执行 CREATE TABLE 操作。用该选项可避免发生表已经存在，而无法再新建的错误。

（3）table_name 是指待创建表的表名，该表名必须符合标识符规则。通常的做法是在表名中仅使用字母、数字及下画线。

（4）create_definition 是 CREATE TABLE 的关键所在，具体定义了表中各列的属性。列属性的定义如表 14.2 所示。

表 14.2 列属性的定义

名 称	描 述
col_name	表中列的名字；必须符合标识符规则，而且在表中要唯一
type	列的数据类型；有的数据类型需要指明长度 n，并用括号括起
NOT NULL or NULL	指定该列是否允许为空；如果既不指定 NULL 也不指定 NOT NULL，则该列被认为指定了 NULL
DEFAULT default_value	为列指定默认值。如果列可以取 NULL 作为值，默认值是 NULL
AUTO_INCREMENT	设置该列有自增属性，只有整型列才能设置此属性；每个表只能有一个 AUTO_INCREMENT 列，并且它必须被索引
UNIQUE	在 UNIQUE 索引中，所有的值互不相同；在添加新行时，如果 UNIQUE 约束的列所使用的值与原有行相应列的值相同，则会出错
PRIMARY KEY	主键，是一条记录的唯一性标识；一个表只有一个 PRIMARY KEY；同一个表中，被定义为 PRIMARY KEY 的列值互不相同

此外，在建立数据表时，也可以加入与其他表之间的外键约束，即建立该表与其他表之间的"关系"。

2. 修改数据表

SQLite 对 ALTER TABLE 命令的支持非常有限，仅仅包括重命名数据表和添加新列。

（1）重命名数据表的命令如下：

ALTER TABLE < old_table_name > RENAME TO < new_table_name >

（2）添加新列的命令如下：

ALTER TABLE < table_name > ADD COLUMN < col_name type >

3. 删除数据表

删除数据表的一般命令模式如下：

DROP [TEMPORARY] [IF EXISTS] TABLE < table_name_1 > [, < table_name_2 >] ... [RESTRICT | CASCADE]

关键词 RESTRICT 表示约束删除，即没有对该表中的数据引用时，才允许删除。关键词 CASCADE 表示级联删除，即当有其他表指向该表的引用时，其他表也删除。

4. 创建数据视图

创建数据视图的一般命令模式如下：

CREATE [IF NOT EXISTS] [TEMP] VIEW < view_name > [(< column_list >)] AS < select_statement >

[WHERE <conditional_statement>] [WITH [CASCADED | LOCAL] CHECK OPTION]

5. 修改数据视图

修改数据视图的一般命令模式如下：

ALTER VIEW <view_name> [(column_list)] AS <select_statement> [WITH [CASCADED | LOCAL] CHECK OPTION]

6. 删除视图

删除视图的一般命令模式如下：

DROP VIEW <view_name> [, <view_name>] ... [RESTRICT | CASCADE]

7. 清空数据表

清空数据表的一般命令模式如下：

TRUNCATE TABLE <table_name> [DROP/REUSE STORAGE]

清空数据表操作会将数据表中所有的数据清除，但数据表结构并不发生变化。

14.2.2 数据操作语言

用户通过数据操作语言实现对数据库的基础操作，具体包括动词 INSERT、UPDATE 和 DELETE。它们分别用于插入、更新和删除表中的记录。

1. INSERT

INSERT 的一般命令模式如下：

INSERT [INTO] <table_name> [<column_list>] VALUES (<values_list>)

在该语句中，INSERT 子句指出执行插入操作的数据表名，也可通过子句指出表中要插入的列。VALUES 子句指出在表的列中要插入的数据值。table_name 是要插入行的表名。INTO 关键字是任选的。column_list 是待插入值的字段名称列表。values_list 是要作为表的行插入的值列表。如果必须为列提供一个默认值，可以使用 DEFAULT 关键字，而不是列值。

2. UPDATE

UPDATE 的一般命令模式如下：

UPDATE <table_name> SET <column_name = new_value> [WHERE <update_condition>]

在该语句中，table_name 指需更新数据的数据表，column_name 指需要更新的列名，new_value 指更新的值，WHERE 界定了更新条件。

3. DELETE

DELETE 的一般命令模式如下：

DELETE FROM <table_name> [WHERE <delete_condition>]

在该语句中，table_name 指需删除数据的数据表，WHERE 界定了删除条件。

14.2.3 数据查询语言

数据查询语言的一般命令模式如下：

SELECT < * |column_name_list > [INTO < new_table_name >] FROM < table_name > [WHERE search_condition] [GROUP BY group_by_expression] [HAVING search_condition] [ORDER BY order_expression [ASC | DESC]]

以上语句中,column_name_list 为需要查询的列名,如果为 * 则表示返回数据表 table_name 中的所有列;INTO new_table_name 为可选声明,如声明,则表示把查询结果保存到新建数据表 new_table_name 中;FROM table_name 指查询的数据源表;WHERE search_conditon 对数据表中的记录进行筛选;GROUP BY group_by_expression 对满足搜索条件返回的记录分组;HAVING search_condition 对分组结果进一步应用搜索条件;ORDER BY order_expression[ASC | DESC]对返回结果进行排序,默认排序为升序(ASC)。

14.3 SQLite

本节将介绍如何基于 SQLite3 模块在 Python 环境下开发 SQLite 数据库应用。选择 SQLite 数据库的原因在于 SQLite 已内嵌于 Python 中,无须再安装相应的数据库软件即可进行数据库操作。其他数据库引擎的使用则较为烦琐,它们大多作为服务器程序运行,即使安装也必须有管理员权限。所以,为了尽量专注于 Python DB-API 编程实践,这里选择数据库 SQLite,因为它并不需要作为独立的服务器运行。

SQLite 是 RichardHipp 建立的开源数据库项目,其设计目标是嵌入式的,而且目前已应用于大量嵌入式产品中。SQLite 属于轻型数据库,它遵守 ACID(原子性 A、一致性 C、隔离性 I 和持久性 D)原则,这也就意味着它支持事物(Transaction)处理。SQLite 资源占用率非常低,在嵌入式设备中,可能只需要占用其几百 KB 的内存。因此,它在移动设备中的应用非常广泛。同时,它能够在大部分主流的操作系统环境下运行,同时能够与多种主流的程序语言结合使用,如 Python、C#、PHP、Java 等,还可以通过 ODBC 接口来链接。与其他两款开源的世界著名数据库管理系统 MySQL 和 PostgreSQL 相比,SQLite 的处理速度更快。

下面首先介绍 SQLite 的构建基础——数据类型,然后再演示如何利用 Python 标准库中 SQLite3 模块实现 SQLite 数据库编程。

14.3.1 SQLite 数据类型

大部分数据库引擎都使用静态的和刚性的类型,因此数据类型由它们被存放的特定列决定。SQLite 采用更为一般的动态类型系统,具体而言,值的数据类型与值本身相关,而与它的存放列无关。值得注意的是,SQLite 的动态类型系统和其他数据库的静态类型系统是相互兼容的,但同时,SQLite 中的动态类型允许它做到一些传统静态类型数据库不可能完成的事。

1. 存储类和数据类型

任何存储在 SQLite 数据库中或者由该数据库引擎操作的值都属于以下存储类中的一个。

(1) NULL,值是 NULL。

(2) INTEGER,值是有符号整型,根据值的大小以 1、2、3、4、6 或 8 字节存放。

(3) REAL,值是浮点型,以 8 字节 IEEE 浮点数存放。

(4) TEXT，值是文本字符串，使用数据库编码(UTF-8、UTF-16BE 或者 UTF-16LE)存放。

(5) BLOB，值是一个数据块，完全按照输入存放(即没有转换)。

与数据类型相比，存储类更一般化。例如，对于 INTEGER 存储类，它具有 6 种不同长度的不同整型数据类型，这在磁盘上造成了差异。但是，一旦 INTEGER 值从磁盘读取到内存中处理，它们都将被转换成最一般的数据类型(8 字节有符号整型)。

对于 SQLite V3 数据库，除使用整型的主键外，其他列可用于存储任何一个存储类的值。SQL 语句中的所有值，不管它们是嵌入在 SQL 文本中或作为参数绑定到一个预编译的 SQL 语句，它们的存储类型都是未定的。下列情况中，数据库引擎会在执行查询过程中在数值存储类型(INTEGER 和 REAL)和文本存储类(TEXT)之间转换值。

(1) 布尔类型。SQLite 并没有单独的布尔存储类型，它使用 INTEGER 作为存储类型，0 为 False，1 为 True。

(2) Date 和 Time 类型。SQLite 也没有为存储日期和时间设定一个存储类，但内置的 SQLite 日期和时间函数能够将日期和时间以 TEXT、REAL 或 INTEGER 形式存储。如 TEXT，以 ISO8601 字符串("YYYY-MM-DD HH:MM:SS.SSS")存储；REAL，以从格林尼治时间公元前 4714 年 11 月 24 日中午以来的天数存储；INTEGER，以从 1970-01-01 00:00:00 UTC 以来的秒数存储。

数据库程序可任意选择这几种类型来存储日期和时间，并且能够通过使用 SQLite 内置的日期和时间函数实现在这些格式之间的自由转换。

2. affinity 类型

affinity 类型又称为亲和类型或近似类型。为了最大化 SQLite 和其他数据库间的兼容性，SQLite 支持列类型的 affinity。列类型的 affinity 是指存储在列中的数据的推荐类型。affinity 类型是被推荐的，不是必需的。

任意 SQLite V3 数据库中的列都被赋予下面 affinity 类型中的一种：TEXT、NUMERIC、INTEGER、REAL 和 NONE。具有 TEXT affinity 的列可以用 NULL、TEXT 或者 BLOB 类型存储数据。如果数值数据被插入到具有 TEXT affinity 的列，则在被存储前转换为文本形式。具有 NUMERIC affinity 的列可以用表 14.3 中的五种存储类来存储数据。当文本数据被存放到 NUMERIC affinity 的列中时，该文本的存储类将根据优先级顺序被转换到 INTEGER 或 REAL。对于 TEXT 和 REAL 存储类之间的转换，如果数据前 15 位被保留，SQLite 就认为该转换是无损的、可反转的。如果 TEXT 到 INTEGER 或 REAL 的转换会造成损失，那么数据将使用 TEXT 类存储。列数据类型及其 affinity 存储类型的详细对应关系请参见表 14.3。

某些字符串可能与浮点数据类似，有小数点或指数符号，但是只要这个数据可以使用整型存放，NUMERIC affinity 就会将其转换为整型。例如，字符串 '6.0e3' 存放到一个具有 NUMERIC affinity 的列中，被存为 6000，而不是浮点型值 6000.0。具有 INTEGER affinity 的列和具有 NUMERIC affinity 的列表现相同，它们之间的差别仅在于转换描述上。REAL affinity 的列会将整型数据转换为浮点数形式。用在其他类型的列上时，REAL affinity 的作用和 NUMERIC affinity 的作用类似。具有 affinity NONE 的列不会优先选择一个存储列，也不会强制将数据从一个存储类转换到另外一个存储类。

表 14.3 列数据类型及其 affinity 存储类型的对应关系

列数据类型	affinity 存储类型
INT INTEGER TINYINT SMALLINT MEDIUMINT BIGINT UNSIGNED BIGINT INT2 INT8	INTEGER
CHARACTER(20) VARCHAR(255) VARYING CHARACTER(255) NCHAR(55) NATIVE CHARACTER(70) NVARCHAR(100) TEXT CLOB	TEXT
BLOB 无类型声明	NONE
REAL DOUBLE DOUBLE PRECISION FLOAT	REAL
NUMERIC DECIMAL(10,5) BOOLEAN DATE DATETIME	NUMERIC

3. 列的 affinity 存储类型决定规则

列的数据类型决定了列存储类，主要遵循以下优先规则。

(1) 声明类型包含'INT'字符串,那么这个列被赋予 INTEGER。

(2) 声明类型包含'CHAR'、'CLOB'或者'TEXT'字符串中的任意一个,那么这个列属于 TEXT。注意类型 VARCHAR 包含了'CHAR'字符串,那么也就被赋予了 TEXT。

(3) 声明类型中包含了字符串'BLOB'或没有为其声明类型,这个列被赋予 NONE。

(4) 其他情况下,列被赋予 NUMERIC。

例如,一个声明类型为'CHARINT'的列同时会匹配规则(1)和(2),但是规则(1)占有优先级,所以这个列的存储类型将被赋予 INTEGER。

14.3.2 SQLite3 模块

PySQLite 模块实现了 SQLite 数据库。因此,必须先安装 PySQLite 模块才能使用

SQLite 数据库。SQLite3 是一个遵循 DB-API 规范、专门用于操作、访问 SQLite 数据库的模块。

Python 3 的标准库已包含了 PySQLite 和 sqlite3 模块。因此用户无须再单独安装 PySQLite 和 SQLite3 就可实现数据库编程。在具体编程中,先导入 sqlite3 模块,然后使用 DB-API 中的相关工具与方法进行 Python 数据库编程。命令如下:

```
>>> import sqlite3
```

1. 创建(打开)数据库

sqlite3 模块遵循 DB-API 的规范,在使用 SQLite 数据库之前应构建起 Python 程序与 SQLite 之间的连接。可通过创建连接对象来构建连接。命令如下:

```
>>> import sqlite3
>>> conn = sqlite3.connect('test.db')
```

以上语句构建了一个名称为 conn 的连接对象,通过它可实现 Python 程序与 SQLite 数据库 test.db 之间的连接。如果 test.db 数据库文件已经存在,则会打开该数据库,建立起它与程序之间的连接;如果 test.db 数据库文件不存在,则在程序根目录下新建该数据库文件,并建立起连接。

2. 创建游标

一旦构建了连接对象,就可以使用 DB-API 的标准方法:利用 cursor() 新建一个游标对象;利用 execute() 执行 SQL 语句;利用 commit() 执行事务提交;利用 rollback() 实现事务回滚;利用 close() 实现数据库系统关闭。为了进一步的 SQL 操作,需进一步构建一个游标对象:

```
>>> cur = conn.cursor()
```

关于游标对象的内置方法与属性,请参考表 14.1。下面将通过构建一个简单的书籍数据管理系统来演示如何实现 Python 数据库编程。

3. 创建表

至此,已经有了 test.db 数据库的连接和游标。在此基础上,应首先构建两个数据表:genre 和 book。分别如下:

```
>>> cur.execute('''CREATE TABLE genre (
                g_id integer PRIMARY KEY,
                g_name varchar(10) NOT NULL)
                ''')
>>> cur.execute('''CREATE TABLE book (
                b_id integer PRIMARY KEY,
                b_name varchar(10) NOT NULL,
                b_price float NOT NULL,
                b_date text NULL,
                b_genre REFERENCES genre(g_id) ON UPDATE CASCADE ON DELETE CASCADE)
                ''')
```

数据表 genre 包含两个列 g_id 和 g_name,其中 g_id 是种类编号,整型,主键;g_name

是种类名称,字符型,不为空。数据表 book 包含五个列,其中对 b_genre 应用了外键约束 UPDATE CASCADE 和 DELETE CASCADE,即如果 genre 中的 g_id 被更新或者删除,则 b_genre 也会进行相应更新或删除,也就是级联更新或级联删除。

如果需要在已构建的表中增加列,则可通过以下类似语句实现:

```
>>> cur.execute('''ALTER TABLE genre ADD COLUMN g_comm text NULL''')
```

以上语句实现了向表 genre 中插入新列 g_comm。

4. 插入数据

构建好表的结构之后,就可以向表中插入数据,例如:

```
1  >>> cur.execute('''insert into genre values(1,'History','to know the history of human world')''')
2  >>> cur.execute('''insert into genre values(2,'Social science','to better understand the society')''')
3  >>> cur.execute("insert into genre values(?,?,?)",(3,'Fiction','to better understand humanity'))
```

以上语句实现了通过 execute 命令向数据表 genre 中插入三行数据(1,'History','to know the history of human world')、(2,'Social science','to better understand the society')和(3,'Fiction','to better understand humanity')。第 3 行语句中使用了(?,?,?)格式,而非标准的 Python 字符串格式化(%s,%s,%s),这是因为,字符串格式化会将所有的待转值转换为目标字符串中的字符,而不会保留引号"'"。如果列类型是 TEXT,则会出错。

```
>>> book_list = [(11,'The Invisible Man','$20.0','2014-05-06',3),
                 (21,'Flowers for Algernon','$40.5','2015-04-07',3),
                 (31,'A Short History of the United States','$55.6','2013-07-01',1)]
>>> cur.executemany("insert into book values(?,?,?,?,?)",book_list)
>>> cur.execute("insert into book values(:b_id,:b_name,:b_price,:b_date,:b_genre)",
{'b_id':41,'b_name':'Socialintelligence','b_price':'$39.0','b_date':'2011-05-03','b_genre':2})
```

以上语句通过 executemany 命令一次性将 book_list 中的元素插入数据表 book 中,通过字典形式赋值插入一条记录。此外,以下插入操作将失败:

```
>>> cur.execute("insert into book values(?,?,?,?,?)",(41,'A Short History of the Unitd States','$55.6','2013-07-01',3))
IntegrityError    Traceback (most recent call last)
<iPython-input-23-c2e79574a3fa> in <module>()
----> 1 cur.execute("insert into book values(?,?,?,?,?)",(41,'A Short History of the Unitd States','$55.6','2013-07-01',3))

IntegrityError: UNIQUE constraint failed: book.b_id
```

失败的原因在于数据库实施了实体完整性,主键值不能重复出现在数据表中。前一步骤中已经插入了一条 b_id 为 41 的记录,这一步骤试图再插入一条 b_id 为 41 的记录时,导致了主键 b_id 的值重复了。

5. 更新数据

在具体数据库应用中,更新操作是维护数据库系统的重要方法之一。如果要将编号为 31 的书籍的价格修改为 $45,则可通过以下语句实现:

```
>>> cur.execute("UPDATE book SET b_price='$45' WHERE b_id == 31")
```

6. 查询数据

运行以下语句,查询种类编号为 3 的所有书籍的编号、名称、价格和种类名称。

```
>>> cur.execute('''SELECT book.b_id,book.b_name,book.b_price,genre.g_name
        FROM book join genre
        ON book.b_genre = genre.g_id
        WHERE genre.g_id = 3''')
```

数据查询操作内容十分丰富,其中涉及表与表之间的连接、选择表达式的书写、查询列的选择等,具体请参照 DQL 规范。

7. 删除数据

运行以下语句,可删除 book 表中 b_genre 值为 3 的行:

```
>>> cur.execute("DELETE FROM book WHERE b_genre = 3")
```

运行以下语句,可删除 book 表中的所有记录:

```
>>> cur.execute("DELETE FROM book")
```

也可以通过 cur.execute("TRUNCATE TABLE book")语句删除 book 表中的所有记录。

通过以上数据库操作示例,已经初步了解到基于 Python 实现 SQLite 数据库编程的一般方法与流程。当然,也要注意在操作过程中执行挂起事务的提交,即及时执行 commit();否则,可能会出现数据丢失的情形。

14.4 实例:学生管理数据库系统的开发

本节将通过一个学生管理数据库系统的开发过程来展示如何系统地基于 Python 实现 SQLite 数据库编程。以下首先提出数据库系统的基本结构,以及如何通过 SQLite 逐步达到这些要求并进行常规操作。

14.4.1 数据表结构

该学生管理数据库系统包括 4 张表:专业表、学生表、课程表和成绩表,用于实现对专业信息、学生信息、课程信息和成绩的综合管理。

1. 专业表

专业表包括专业编号和专业名称两个列,具体设置见表 14.4。

表 14.4 专业表的结构

列　　名	类　　型	可否为空	列值可否重复	默　认　值	是否为主键
专业编号	varchar(7)	否	否	无	是
专业名称	varchar(7)	否	否	无	否

2. 学生表

学生表包括学号、姓名、性别、生日、专业编号、奖学金、党员、照片和备注等列,具体设置见表 14.5。学生表中以专业编号作为外键,指向专业表中的专业编号,实施参照完整性。

表 14.5 学生表的结构

列 名	类 型	可否为空	列值可否重复	默 认 值	是否为主键
学号	varchar(7)	否	否	无	是
姓名	varchar(7)	否		无	
性别	tinyint	否		无	
生日	text	否		无	
专业编号	varchar(7)	否		无	
奖学金	numeric			无	
党员	tinyint			无	
照片	blob			无	
备注	Text			无	

3. 课程表

课程表包括课程号、课程名称、先修课程代码、学时和学分等列,具体设置参见表 14.6。

表 14.6 课程表的结构

列 名	类 型	可否为空	列值可否重复	默 认 值	是否为主键
课程号	varchar(7)	不可为空	否	无	是
课程名称	varchar(7)	不可为空		无	
先修课程代码	varchar(7)	可为空		无	
学时	smallint	不可为空		无	
学分	samllint	不可为空		无	

4. 成绩表

成绩表包含学号、课程号和成绩三列,具体请参见表 14.7。其中,学号和课程号共同构成为主键。该表中的学号是外键,指向学生表中的学号;课程号是外键,指向课程表中的课程号,实施参照完整性。

表 14.7 成绩表的结构

列 名	类 型	可否为空	列值可否重复	默 认 值	是否为主键
学号	varchar(7)	不可为空		无	是
课程号	varchar(7)	不可为空		无	是
成绩	smallint			无	

14.4.2 学生管理数据库系统的实现

1. 数据准备

为了规范数据输入,分别用 4 个 txt 文档存储 4 张表原始数据。文档中的数据组织形式为:列 1 值,列 2 值,…。以专业表为例,在对应的 txt 文档中,数据组织形式如下:

01,国际经济与贸易
02,工商管理
…
16,第二学位班

因此，在构建好相应的数据表结构之后，可方便地通过编写函数来统一地将 txt 文档中的数据导入对应数据表中。

2. 关键函数

为了减少数据库系统构建过程中代码的重复，应将可能重复执行的代码包装成函数。本系统开发中构建了以下函数。

(1) 数据表创建及数据导入函数：create_table()。

(2) 数据表结构查询函数：table_struct()。

(3) 数据表记录查询函数：table_quer()。

3. 数据库系统构建代码实现

在给出源代码之前，先简单介绍一下 SQLite 中的 PRAGMA 命令。PRAGMA 是一个特殊的命令，可以查询 SQLite 中的非表数据，还可以修改 SQLite 中的参数设置。

下面给出学生管理数据库系统的实现代码。

```python
#create_stu_db.py
#coding=utf-8
import sqlite3

#构建函数来实现数据表的创建及文本数据的导入
def create_table(tab_name, col_prop_list, txt_path, conn, cur):
    col_name_props = ','.join(col_prop_list)
    cur.execute('CREATE TABLE IF NOT EXISTS %s(%s)'%(tab_name,col_name_props))
    f = open(txt_path,'r')
    for x in f:
        x = x.rstrip().split(',')
        a = [ "'%s'" % x[i]  for i in range(len(x))]
        x = ','.join(a)
        cur.execute('INSERT INTO %s values(%s)'%(tab_name,x))
    f.close()
    print('%s创建成功' % tab_name)
    print('%s导入成功' % txt_path)
    conn.commit()

#构建数据表结构查询函数
def table_struct(cur, tab_name):
    cur.execute("PRAGMA table_info(%s)" % tab_name)
    t_struct = cur.fetchall()
    for item in t_struct:
        for x in item:
            x = str(x)
            print(x, sep = '\t', end = ' ')
        print()

#构建数据表内容查询函数
def table_quer(cur, tab_name, col_names = '*', num_line = None):
    cur.execute('select %s from %s' % (col_names, tab_name))
    Li = cur.fetchall()
    for line in Li[:num_line]:
        for item in line:
```

```python
            print(item, sep = '\t', end = ' ')
        print()

if __name__ == '__main__':
    conn = sqlite3.connect('d:/test/Shift_MIS.db')
    cur = conn.cursor()
    cur.execute("PRAGMA foreign_keys = ON")           #开启外键支持

    #(1)创建专业表
    tab_name_1 = '专业表'
    col_prop_list_1 = ['专业编号 varchar(7) primary key',
                       '专业名称 varchar(7)']
    txt_path_1 = '专业表.txt'
    create_table(tab_name_1,col_prop_list_1,txt_path_1,conn = conn,cur = cur)


    #(2)创建学生表
    tab_name_2 = '学生表'
    col_prop_list_2 = ['学号 varchar(7) primary key',
                       '姓名 varchar(7)',
                       '性别 tinyint',
                       '生日 text NULL',
                       '专业编号 varchar(7) REFERENCES 专业表(专业编号) ON UPDATE CASCADE ON DELETE CASCADE',
                       '奖学金 numeric NULL',
                       '党员 tinyint NULL',
                       '照片 blob NULL',
                       '备注 text NULL']
    txt_path_2 = '学生表.txt'
    create_table(tab_name_2, col_prop_list_2, txt_path_2,conn = conn,cur = cur)

    #(3) 创建课程表
    tab_name_3 = '课程表'
    col_prop_list_3 = ['课程号 varchar(7) primary key',
                       '课程名称 varchar(7) NULL',
                       '先修课程代码 varchar(7) NULL',
                       '学时 smallint', '学分 smallint']
    txt_path_3 = '课程表.txt'
    create_table(tab_name_3, col_prop_list_3, txt_path_3,conn = conn,cur = cur)


    # (4)创建成绩表
    tab_name_4 = '成绩表'
    col_prop_list_4 = ['学号 varchar(7) REFERENCES 学生表(学号) ON UPDATE CASCADE ON DELETE CASCADE',
'课程号 varchar(7) REFERENCES 课程表(课程号) ON UPDATE CASCADE ON DELETE CASCADE',
'成绩 smallint NULL',
'PRIMARY KEY (学号,课程号)']
    txt_path_4 = '成绩表.txt'
    create_table(tab_name_4,col_prop_list_4,txt_path_4,conn = conn,cur = cur)
```

```
＃关闭链接
conn.close()
```

程序 creat_stu_db.py 的运行结果如下：

专业表创建成功
专业表.txt 导入成功
学生表创建成功
学生表.txt 导入成功
课程表创建成功
课程表.txt 导入成功
成绩表创建成功
成绩表.txt 导入成功

同时在"d:/test/"目录下生成数据库文件 Shift_MIS.db。

4. 数据库操作

对于一个已经存在的数据库，需要先建立链接，然后通过该链接对数据库进行查询、修改等操作。例如：

```
>>> import sqlite3
>>> conn = sqlite3.connect("d:/test/Shift_MIS.db")
>>> cur = conn.cursor()
```

由于后面需要用到 create_stu_db.py 文件中的相关函数，所以需要先导入该模块中的对象。

```
>>> import sys
>>> sys.path.append("d:/test/")              ＃添加自定义模块所在路径到搜索路径中
>>> from create_stu_db import *
```

查询数据库中所有的数据表：

```
>>> for x in cur.execute("select name from sqlite_master where type = 'table' order by name").fetchall():
        print(x[0])

专业表
学生表
成绩表
课程表
```

下面分别调用 create_stu_db.py 文件中定义的函数 table_struct()和 table_quer()查询各表的结构和表中的前 10 行记录。

1）专业表查询

数据结构查询：

```
>>> table_struct(cur,'专业表')
0  专业编号  varchar(7)  0  None  1
1  专业名称  varchar(7)  0  None  0
```

前 10 行数据查询：

```
>>> table_quer(cur,'专业表', col_names = ' * ', num_line = 10)
01    国际经济与贸易
02    工商管理
03    市场营销
04    电子商务
05    金融学
06    经济学
07    财务管理
08    商法
09    国际经济法
10    英语
```

2）学生表查询

数据结构查询：

```
>>> table_struct(cur,'学生表')
0   学号        varchar(7)   0   None   1
1   姓名        varchar(7)   0   None   0
2   性别        tinyint      0   None   0
3   生日        text         0   None   0
4   专业编号     varchar(7)   0   None   0
5   奖学金       numeric      0   None   0
6   党员        tinyint      0   None   0
7   照片        blob         0   None   0
8   备注        text         0   None   0
```

前10行数据查询（包括学号、姓名、专业编号和奖学金）：

```
>>> col_list = '学号,姓名,专业编号,奖学金'
>>> table_quer(cur,'学生表', col_names = col_list, num_line = 10)
0305362    何佳      05
0307341    周步新    07    ￥100.00
0401042    张文倩    01    ￥901.25
0402201    陈雯琼    02    ￥700.00
0404954    熊容      04    ￥801.25
0405342    冯亮      05
0405545    王颖      05
0405845    赵艺敏    05
0406211    朱祺舟    06
0408323    黄丽倩    08
```

3）课程表查询

数据结构查询：

```
>>> table_struct(cur,'课程表')
0   课程号         varchar(7)   0   None   1
1   课程名称       varchar(7)   0   None   0
2   先修课程代码   varchar(7)   0   None   0
3   学时          smallint     0   None   0
4   学分          smallint     0   None   0
```

前10行数据查询：

```
>>> table_quer(cur,'课程表', num_line = 10)
01    大学英语(泛读)           108    4
02    大学英语(精读)     01    108    4
03    电子商务          09    36     2
04    高等数学                54     3
05    管理信息系统       09    36     2
06    国际金融          17    54     4
07    宏观经济学              54     4
08    会计学           15    108    4
09    计算机应用基础           108    4
10    经济法                 54     3
```

4)成绩表查询

数据结构查询：

```
>>> table_struct(cur,'成绩表')
0    学号      varchar(7)    0    None    1
1    课程号     varchar(7)    0    None    1
2    成绩      smallint      0    None    0
```

前 10 行数据查询：

```
>>> table_quer(cur,'成绩表', num_line = 10)
0305362    09    65
0305362    13    98
0305362    17    56
0307341    03    78
0307341    09    78
0307341    15    70
0307341    18    78
0401042    03    88
0401042    04    72
0401042    07    92
```

5)综合查询

数据库创建成功之后，用户可以根据自己的需求，通过编写 SQL 语句进行相应的查询操作。例如，以下查询语句的执行将返回"国际贸易法"课程成绩大于或等于 90 分的学生的学号、姓名、课程名称和成绩，并按学号的升序排列。SQL 语句如下：

```
>>> cur.execute('''SELECT 学生表.学号,学生表.姓名,课程表.课程名称,成绩表.成绩
         FROM 学生表 JOIN 成绩表 JOIN 课程表
         ON 学生表.学号 = 成绩表.学号 AND 课程表.课程号 = 成绩表.课程号
         WHERE 成绩表.成绩 >= 90 and 课程表.课程名称 = "国际贸易法"
ORDER BY 学生表.学号 ASC''')

>>> for line in cur.fetchall():
        for x in line:
            print(x, sep = '\t', end = ' ')
        print()
```

```
9706006 朱睿立 国际贸易法 90
9706012 何英 国际贸易法 91
9706019 李辛怡 国际贸易法 93
9706025 卜应龙 国际贸易法 94
9706026 龚晨晓 国际贸易法 93
9706028 王洁 国际贸易法 90
>>>
```

执行完数据库的相关操作后,通过以下代码关闭链接:

```
>>> conn.close()
```

习题 14

请结合本章知识,在本章的学生管理数据库系统的基础上进行如下操作。

1. 在学生表中新增一行数据(注意专业编码的参照完整性)。
2. 更新学号为 0307341 的"电子商务"(课程号为 03)课程的成绩,将其修改为 80。
3. 删除学号为 0502313 的学生表记录。
4. 查询"电子商务"(课程号为 03)课程成绩为优秀的学生名单,返回学号、姓名、专业和分数。

第15章 网络数据获取

学习目标
- 了解网页数据的组织形式。
- 了解 HTML 和 XML 文档结构和标签含义。
- 掌握 urllib 和 BeautifulSoup4 模块的使用方法。

随着在世界范围内的普及,互联网产生了越来越多的数据。互联网记录了近几十年来人类社会各方面的发展,蕴藏着大量对生产实践过程有用的信息。然而,数据量的增大也带来了信息过载问题。通常而言,单凭人力难以完成人们所需数据的检索与获取。所幸依赖于计算机科技的飞速发展,人们可以利用计算机代替或者协助人力完成这项浩大的任务。本章内容正是为获取网络数据做准备。本章只限于互联网网页数据的获取。首先,介绍了互联网网页中的两种数据组织方式:HTML 和 XML;然后,介绍了如何通过 urllib 获取网页数据;最后,介绍了如何利用 BeautifulSoup4 解析网页文档。

15.1 网页数据的组织形式

网页作为一个整体来获取并不复杂,困难之处在于如何从网页数据中提取出用户所需要的数据。这就非常有必要了解网页数据是如何被组织的。在浏览器中,用户可以看见网页的最终呈现形式,很清楚地知道自己需要哪些数据。然而,计算机程序获取的是以文本形式存在的网页源代码,必须由用户"告知"它提取网页源代码中的哪部分数据。本节将简要介绍两种典型的数据组织方式(HTML 和 XML),为网络数据的提取做好基础工作。

15.1.1 HTML

HTML,即超文本标记语言(Hyper Text Markup Language),是一种规范、一种标准,它通过标记符号来标记要显示的网页各部分。HTML 并不是一种编程语言,而是一种标记语言,是 Web 编程的基础。

HTML 文档包含 HTML 标签(TAG)和文本,通过它们来描述网页。Web 浏览器的作用是将 HTML 源文档转换成网页形式,并显示出它们。浏览器本身并不会显示出 HTML 标签,而是使用它们来解释页面的内容。

1. HTML 元素

HTML 标签用<>来标记,如< title >表示接下来的内容是网页标题。HTML 标签通常是成对出现的,如 < b > 和 </b >。标签对中的第一个标签是开始标签(也称为开放标签),

第二个标签是结束标签(也称为闭合标签)。

开始标签和结束标签及它们中间包含的内容构成一个元素。某些 HTML 元素具有空内容。空元素在开始标签中进行关闭(以开始标签的结束而结束)。大多数 HTML 元素可拥有属性。大多数元素之中可以嵌套其他元素。例如,HTML 元素< html >…</html >中间可以嵌套主体元素< body >…</body >,而主体元素< body >…</body >之间又可以嵌套段落元素< p >…</p >。对于 HTML 文档,嵌套是其最基本的组织结构之一。对于 HTML 元素,有以下几个需要注意的问题。

(1) 结束标签。对于 HTML 4.01 版本而言,即使忘记使用结束标签,大多数浏览器也会正确地显示相应的 HTML 内容。然而,这种做法并不推荐。在未来的 HTML 版本中对结束标签的使用要求将逐步严格。

(2) 空元素。没有内容的 HTML 元素即为空元素。它并不需要通过类似于< Tag >…</Tag >的方式开始和关闭标签,而是通过<… />标签直接开始和结束标签。换行标签(< br >)就是一种空元素。正确的关闭空元素的方法是在开始标签中直接添加斜杠,如< br />。目前,HTML、XHTML 和 XML 都接受这种方式。也就是说,即使< br >在所有浏览器中都是有效的,但使用 < br /> 其实是更长远的保障。

(3) 标签大小写。目前,HTML 标签对大小写不敏感:< BR > 等同于 < br >。许多网站都使用大写的 HTML 标签。值得注意的是,万维网联盟(W3C)在 HTML 4 中推荐使用小写,而在未来(X)HTML 版本中可能强制使用小写。

可以看出,在当前的互联网环境下,HTML 文档并不是严格组织的,也许会出现一些标签的缺失和不规范。因此,这就需要使用工具去补全 HTML 文档的结构。表 15.1 列举了一些最常见的 HTML 元素。

表 15.1 一些常见的 HTML 元素

元　　素	描　　述
< a >	超链接
< body >	文档主体
< br />	换行,空元素
< div >	与 CSS 一同使用,可用于对大的内容块设置样式属性;另一个常见的用途是文档布局
< form >	表单,一个包含表单元素的区域;它允许用户在表单中输入信息的内容
< h1 >	一级标题
< html >	HTML 标签,通常位于 HTML 文件头尾
< iframe >	内联架构,通过 URL 指向另一个页面
< ol >	有序列表
< p >	段落
< span >	内联元素,可用作文本容器;与 CSS 一起使用,可为部分文本设置样式属性
< table >	表格
< title >	文档标题,不出现在网页内容中
< ul >	无序列表

2. HTML 属性

HTML 标签可以拥有属性,属性提供了关于 HTML 元素的更多信息。属性在 HTML

元素的开始标签中定义,总是以名称/值对的形式出现,例如:name="value"。使用属性时要注意以下事项。

(1) 大小写。属性和属性值对大小写不敏感。不过,万维网联盟在其 HTML 4 推荐标准中推荐小写的属性/属性值,新版本的(X)HTML 要求使用小写属性。

(2) 值应包含在引号内。属性值应该始终被包含在引号内,双引号和单引号均可。当属性值本身就含有双引号时,必须使用单引号,例如:goal = 'setup "the rules"'。

表 15.2 为 HTML 的一些全局属性及其描述。

表 15.2 HTML 的一些全局属性及其描述

属 性	描 述
accesskey	规定激活元素的快捷键
class	规定元素的一个或多个类名(引用样式表中的类)
contenteditable	规定元素内容是否可编辑
contextmenu	规定元素的上下文菜单;上下文菜单在用户单击元素时显示
data-*	用于存储页面或应用程序的私有定制数据
dir	规定元素中内容的文本方向
draggable	规定元素是否可拖动
dropzone	规定在拖动数据时是否进行复制、移动或链接
hidden	规定元素仍未或不再相关
id	规定元素的唯一 id
lang	规定元素内容的语言
spellcheck	规定是否对元素的拼写和语法进行检查
style	规定元素的行内 CSS 样式
tabindex	规定元素的 Tab 键次序
title	规定有关元素的额外信息
translate	规定是否应该翻译元素内容

15.1.2 XML

XML,即可扩展标记语言(Extensible Markup Language),是一种用于标记电子文件使其具有结构性的标记语言。XML 可对文档和数据进行结构化处理,从而能够在企业内外部进行数据交换,实现动态内容的生成。

XML 并没有被预定义的标签,需用户根据其实际需求自行定义标签。XML 文档不会对标签或数据内容本身做任何变换,它只是被设计用来结构化、存储及传输信息。用户需要通过编写程序或软件,才能传送、接收和显示 XML 文档。

与 HTML 相比,XML 的标签须成对出现,且对大小写敏感。最后,存在错误的 HTML 文档可能被成功解析,而对存在语法错误的 XML 文档则应避免继续编译。

1. XML 结构和语法

XML 文档形成了一种树结构,它从根元素开始,然后扩展到叶元素。XML 文档必须要包含根元素,该元素是所有其他元素的父元素。形象地看,XML 文档中的元素可以构成一棵文档树。这棵树从根部开始,并扩展到树的最顶端,所有元素均可拥有子元素。父、子以及兄弟等术语用于描述元素之间的关系。父元素拥有子元素,相同层级上的子元素互为兄弟元素,所有元素均可拥有文本内容和属性。

以下语句是一个用于表示书店数据的 XML 语句。

```
<bookstore>
<book cate="SCIENTIFIC FICTION">
    <title lang="en">The Memory of Whiteness: A Scientific Romance</title>
    <author>Kim Stanley Robinson</author>
    <year>2014</year>
    <price>50.00</price>
</book>
<book cate="SOCIALOGY">
    <title lang="en">Sociology: Study Guide</title>
    <author>Carol A. Mosher</author>
    <year>1991</year>
    <price>129.00</price>
</book>
</bookstore>
```

由如上语句可以看出,<bookstore>是父元素,它拥有<book>、<title>、<author>、<year>、<price>等子元素;而<book>则拥有<title>、<author>、<year>、<price>等子元素;<title>、<author>、<year>、<price>互为兄弟元素。

XML 的语法非常简单清晰,一份合法的 XML 文档具有以下特点[①]。

(1) XML 元素必须有关闭标签,而 HTML 元素在某些情况下可以省略关闭标签。

(2) XML 标签对大小写敏感,而 HTML 标签对大小写不敏感。

(3) XML 必须正确地嵌套。

(4) XML 文档必须有根元素,即必须有一个元素是其他所有元素的父元素。

(5) 和 HTML 一样,XML 也可用"名称/值"对表示属性,其中属性值需用单引号或双引号包括起来。

(6) 在 XML 中,有 5 个预定义的实体引用:"<"对应小于号(<),">"对应大于号(>),"&"对应"&","'"对应"'","""对应"""。

(7) 与 HTML 不同,XML 文本内容中的空格会被保留。

(8) XML 以 LF 存储换行。

2. XML 元素和属性

与 HTML 一样,XML 也由元素构成,元素也可以拥有属性。元素包括从开始标签直到结束标签的所有部分。元素由标签、修饰标签的属性和文本构成。与 HTML 不同的是,XML 的元素标签都是用户自定义的,而非预定义。因此,XML 中的标签可以有任意多个,且可表达一定实际含义。XML 元素是可扩展的,这也使得它可以携带更多的元素。即使在一些编辑完成的 XML 文档元素中插入新的内容也并不会影响到其他应用程序对原有文档数据的提取,这也是 XML 的关键优势之一。

类似于 HTML,XML 元素也可以在开始标签中包含属性,以提供关于元素的附加信息。元素的属性通常提供不属于数据组成部分的信息,但它们对如何处理元素中的数据却很重要。很多时候,属性说明了元素的处理方式。

---

① 参考来源:https://www.w3school.com.cn/xml/xml_syntax.asp。

15.2 利用 urllib 处理 HTTP 协议

如何获取网页数据呢？简单点说，其实就是根据 URL(统一资源定位系统)来获取网页信息。在浏览器中，呈现给用户的可能是排版良好且图文并茂的一个网页，这是浏览器解释的结果。其实，它是一段结合有 JS 和 CSS 的 HTML 代码。形象一点，如果把网页比作一个人，那么 HTML 便是骨架，JS 是肌肉，CSS 则是衣服。

本节将继续讲解如何使用 Python 标准库中的 urllib 获取网页的 HTML 源代码，以及如何使用 BeautifulSoup4 提取各种元素。

互联网中最基本的传输单元是网页。WWW 的工作基于 B/S 计算模型，由网络浏览器和网络服务器构成，两者之间采取超文本传送协议(HTTP)通信。HTTP 协议构建于 TCP/IP 协议之上，是网络浏览器和网络服务器之间的应用层协议，是一种通用的、无状态的协议。一般而言，HTTP 协议的工作过程包含以下四个步骤。

(1) 建立连接(connect)。浏览器与服务器建立连接，打开一个称为 socket(套接字)的虚拟文件，该文件的建立标志着连接已成功。

(2) 浏览器请求(request)。浏览器通过 socket 向网络服务器提交请求。HTTP 请求一般是 GET 或 POST 命令，后者用于 FORM 参数的传递。GET 命令的格式为：GET 路径/文件名 HTTP/1.0。文件名指出所访问的文件，HTTP/1.0 指出浏览器使用的 HTTP 版本。

(3) 服务器应答(response)。浏览器提交请求后，通过 HTTP 协议传送给服务器。接到请求后，网络服务器进行事务处理，处理结果又由 HTTP 协议传回给浏览器，从而在浏览器上显示出所请求的页面。

(4) 关闭连接(close)。应答结束后，浏览器与服务器之间的连接必须断开，以释放服务器资源，保证其他浏览器能够与该服务器建立连接。

假设浏览器与 www.myschool.com:8080/index.html 建立了连接，就会发送 GET 命令：GET/index.html HTTP/1.0。主机名为 www.myschool.com 的服务器从它的文档空间根目录下搜索文件 index.html。如果找到该文件，服务器把该文件内容传送给相应的浏览器。

Python 3 中的 urllib 库以包(package)的形式封装了一系列模块，提供了一系列用于操作 URL，且进一步获取 URL 所定位的数据文档的高层接口。urllib 中包含 request、error、parse 和 robotparse 共 4 个模块，其中 request 模块用于打开 url 字符串或者 request 对象，error 包含 request 中发生的异常，parse 用于解析 url，robotparse 用于解析 robots.txt 文件。request.urlopen() 函数类似于 Python 内置函数 open()，但接受的是 url 字符串或者 url.request.Request 对象作为其参数。此外，urllib 中仅支持只读方式打开 url，并且没有类似 seek() 的方法定位指针。

在使用 urllib 包中的模块时，用 import 导入时，需要导入包中的模块或相应模块中的对象，不能只导入 urllib 包。例如，要使用 urllib 包中 request 模块的 urlopen() 函数，不能只导入 urllib 包。

```
>>> import urllib
>>> help(urllib.request.urlopen)
Traceback (most recent call last):
  File "<pyshell#1>", line 1, in <module>
    help(urllib.request.urlopen)
AttributeError: module 'urllib' has no attribute 'request'
>>> help(urllib.request)
Traceback (most recent call last):
  File "<pyshell#2>", line 1, in <module>
    help(urllib.request)
AttributeError: module 'urllib' has no attribute 'request'
>>>
```

必须导入包中的模块或模块中的对象：

```
>>> import urllib.request
>>> help(urllib.request)
这里省略了显示的帮助信息
>>> help(urllib.request.urlopen)
这里省略了显示的帮助信息
>>>
```

下面详细介绍几种在网页数据爬取中经常用到的函数与类。

urllib.request.urlopen(url, data = None, [timeout,] *, cafile = None, capath = None, **cadefault = False, context = None**)函数用于打开一个由 url 字符串指定的地址或者 url.request.Request 类型的对象。第一个参数 url 可以是一个字符串或者 Request 对象；第二个参数 data 可用于放置传递给对方服务器的数据，必须为 byte 类型，默认为 None；timeout 参数用于设置 url 的访问超时时间；cafile 和 capath 可用于指定与 https 相关的一系列 CA 许可，前者指向一个包含一组 CA 证书的单个文件，后者指向一个包含证书文件的路径；如果需设定 context 参数，必须为一个描述 SSL 选项的 ssl.SSLContext 实例。urllib.request.urlopen()返回网络对象的方法有三种：info()用于获取网络对象的信息，包括 URL 的元数据；geturl()返回网络对象的真实 URL(有些 HTTP 服务器可能会将客户端引向另一个 URL)；getcode()返回 HTTP 的状态信息(如果被传递的 url 参数不是 URL，则返回 None)。此外，urlopen()函数返回的对象为类文本对象，因此也可以使用 read()、readline()、readlines()等方法读取 HTML 文档数据。

urllib.request.Request(url, data = None, headers = {}, unverifiable = False, method = **None**)类的初始化用于创建一个 url 请求对象。第一个参数 url 为字符串类型；第二个参数 data 可用于放置传递给对方服务器的数据，必须为 byte 类型，默认为 None；headers 以字典形式添加浏览器头信息；unverifiable 用于设定是否为不验证的请求；method 用于设定请求的方式，默认为 get，也可以设置为 post。此外，Request 对象有一系列的方法，具体请参考帮助信息或 Python 官方文档。

urllib.parse.urlencode(query, doseq = False, safe = '', encoding = None, errors = None, **quote_via = quote_plus**)函数将一个字典或双元素元组序列编码为 URL 查询字符串。值得注意的是，经 urlencode()转换得到的对象需要经过编码成 byte 之后才能传递给 urlopen()的 data 参数。

以下是分别使用 GET 和 POST 方法返回网络对象的示例。

1. GET 方法

```
>>> import urllib.parse as ps            ＃将 urllib.parse 导入并重命名为 ps
>>> import urllib.request as rq          ＃将 urllib.request 导入并重命名为 rq
>>> params = ps.urlencode({"wd": "python"})
>>> f = rq.urlopen("http://www.baidu.com/s?" + params)
>>> print(f.getcode())
200
```

2. POST 方法

```
>>> g = rq.urlopen("http://www.baidu.com/s?", params.encode())    ＃参数转换为 byte
>>> print(g.getcode())
200
```

此外，urllib 中还有许多其他函数。

3. urllib.request.urlretrieve(url[,filename[,reporthook[,data]]])

urlretrieve()用于将一个网络对象复制至本地文件夹(或缓存)。不过，如果 url 参数指向本地文件或者一个当前对象的有效缓存备份，则这个对象不会被复制。该方法返回一个元组(filename,headers)，其中 filename 是指本地文件名，header 则保存了网络对象的 info()方法的返回值。例如：

```
>>> filename = rq.urlretrieve('http://python.org', filename = r'd:/1.html')
>>> type(filename)
tuple
>>> filename[0]
'd:/1.html'
>>> filename[1]
<http.client.HTTPMessage at 0x110d761d0>
```

4. urllib.request.urlcleanup()

urlcleanup()的功能是清除之前引用 urlretrieve()方法产生的缓存。例如：

```
>>> rq.urlcleanup()
```

5. urllib.parse.quote(string[,safe])

quote()的功能是用％xx 替代字符串中的一些特殊字符。例如：

```
>>> ps.quote('http://python.org ')
'http%3A//python.org%20'
```

从结果可以看出，字符串中的冒号用％3A 来替换了，字符串中最后一个空格用％20 来替换了。

6. urllib.parse.unquote(string)

unquote()是 quote()的逆操作。例如：

```
>>> ps.unquote('http%3A//python.org%20')
'http://python.org '
```

7. urllib.parse.quote_plus(string[,safe])

quote_plus()和 quote()类似，但 quote_plus()对字符串中的空格使用加号(＋)替代，并

对斜线(/)进行了编码。例如:

```
>>> ps.quote_plus('http://python.org ')
'http%3A%2F%2Fpython.org+'
```

8. urllib.parse.unquote_plus(string)

unquote_plus()是 quote_plus()的逆操作。例如:

```
>>> ps.unquote_plus('http%3A%2F%2Fpython.org+')
'http://python.org '
```

此外,在网络数据爬取过程中,一些网站服务器会阻止来自非浏览器的访问,因此需要在爬虫程序中添加 header 数据以伪装成浏览器访问,具体可参考 urllib.request.Request 对象的 header 参数设定。在进行多次网站数据爬取之后,网络 ip 可能被对方服务器屏蔽,这时如果需要继续访问,则需使用代理 ip,可以使用 request.ProxyHandler 设定代理 ip 地址。受篇幅限制,不对以上内容作详细介绍,具体请参考 Python 官方的 urllib.request 文档。

15.3 利用 BeautifulSoup 4 解析 HTML 文档

利用 urllib 获取目标 HTML 文档之后,接下来就要对文档中的内容进行析取。关键问题在于,HTML 文档中有很大一部分内容都是用于设置文档呈现方式的,而这部分内容很多情况下并不被用户关心。用户更加关心的可能是网页正文内容中的某些信息,或者网页内的超链接。用户可以使用 Python 标准库中的 re 模块,通过构建模式对象的方式来析取出满足用户需求的文本。然而,在实践中并不推荐这种方法。re 模块的构建较为复杂,且构建好的模式难以推广到多个案例中。

Python 第三方库 BeautifulSoup 在处理 HTML 和 XML 编码文档方面都表现得非常优越。BeautifulSoup 模块可以很好地处理不规范标记并生成剖析树(parse tree),且提供简单又实用的导航(navigating)、搜索以及修改剖析树的操作。特别地,BeautifulSoup 的一些关键函数可以结合正则表达式 re 模块中的模式或者使用 CSS 查询器语法。因此,它可以很大程度上减少用户花在编程上的时间。

截至本书出版,BeautifulSoup 已经更新到 BeautifulSoup 4.11.2。BeautifulSoup 4 通过 PyPI 发布,可以通过 easy_install 或者 pip install beautifulsoup4 安装该模块。使用新版 Debain 或 Ubuntu 操作系统的用户也可以直接通过系统的软件安装包管理安装:$ apt-get install Python-bs4。安装完成之后,以下将通过示例来说明 BeautifulSoup 处理 HTML 文档的方法。

BeautifulSoup 将复杂的 HTML 或 XML 转换成树形结构,每个节点都是 Python 对象。下面引用 BeautifulSoup 4.11.2 官方文档中的一段 HTML 代码 html_doc 作为 BeautifulSoup 4 属性和方法来演示[①]。

---

① 网址:https://www.crummy.com/software/BeautifulSoup/bs4/doc/。

```
>>> html_doc = """
<html><head><title>The Dormouse's story</title></head>
<body>
<p class="title"><b>The Dormouse's story</b></p>

<p class="story">Once upon a time there were three little sisters; and their names were
<a href="http://example.com/elsie" class="sister" id="link1">Elsie</a>,
<a href="http://example.com/lacie" class="sister" id="link2">Lacie</a> and
<a href="http://example.com/tillie" class="sister" id="link3">Tillie</a>;
and they lived at the bottom of a well.</p>

<p class="story">...</p>
"""
```

15.3.1 BeautifulSoup 4 中的对象

BeautifulSoup 是一个可以从 HTML 或 XML 中提取数据的 Python 非标准库，在使用之前需要先安装。

所有 BeautifulSoup4 对象都属于以下类型中的一种：Tag、NavigableString、BeautifulSoup 或 Comment。

1. BeautifulSoup 对象

导入 BeautifulSoup 4 模块中的 BeautifulSoup 类，就可以开始文档解析之旅。调用 bs4.BeautifulSoup() 接收一段字符串或者一个文件句柄作为参数值，创建一个 Unicode 编码的 bs4.BeautifulSoup 对象。它表示一个文档的全部内容，大部分时候可以将其等同于 Tag 对象，它支持遍历文档树和搜索文档树中描述的大部分方法。例如：

```
>>> from bs4 import BeautifulSoup
>>> soup = BeautifulSoup(html_doc)
>>> type(soup)
<class 'bs4.BeautifulSoup'>
>>> soup
<html><head><title>The Dormouse's story</title></head>
<body>
<p class="title"><b>The Dormouse's story</b></p>
<p class="story">Once upon a time there were three little sisters; and their names were
<a class="sister" href="http://example.com/elsie" id="link1">Elsie</a>,
<a class="sister" href="http://example.com/lacie" id="link2">Lacie</a> and
<a class="sister" href="http://example.com/tillie" id="link3">Tillie</a>;
and they lived at the bottom of a well.</p>
<p class="story">...</p>
</body></html>
```

.prettify() 可将 HTML 文档格式化后转换成 Unicode 编码输出，每个标签独占一行。例如：

```
>>> print(soup.prettify())
<html>
 <head>
  <title>
```

```
      The Dormouse's story
     </title>
   </head>
   <body>
     <p class = "title">
      <b>
        The Dormouse's story
      </b>
     </p>
     <p class = "story">
      Once upon a time there were three little sisters; and their names were
      <a class = "sister" href = "http://example.com/elsie" id = "link1">
        Elsie
      </a>
      ,
      <a class = "sister" href = "http://example.com/lacie" id = "link2">
        Lacie
      </a>
      and
      <a class = "sister" href = "http://example.com/tillie" id = "link3">
        Tillie
      </a>
      ;
and they lived at the bottom of a well.
     </p>
     <p class = "story">
      ...
     </p>
   </body>
</html>
```

bs4.BeautifulSoup 或者 Tag 对象调用.get_text()方法将获取对应正文。例如：

```
>>> print(soup.get_text())
The Dormouse's story

The Dormouse's story
Once upon a time there were three little sisters; and their names were
Elsie,
Lacie and
Tillie;
and they lived at the bottom of a well.
...
```

2. Tag 对象

BeautifulSoup 中的 Tag 对象等同于 XML 或 HTML 文档中 Tag 对应的元素。BeautifulSoup 或 Tag 对象通过.Tag 的方式获取对应类别的第一个标签对象。例如：

```
>>> soup.title
<title>The Dormouse's story</title>
>>> type(soup.title)
```

```
<class 'bs4.element.Tag'>
```

标签对象有两个重要属性：name 和 attribute。引用 .name 可返回标签的名称。例如：

```
>>> soup.title.name
'title'
```

读取标签属性 attribute 的方法和字典一致。例如：

```
>>> soup.p
<p class="title"><b>The Dormouse's story</b></p>
>>> soup.p['class']
['title']
```

当然，也可以通过字典方式为标签添加或删除新属性。例如：

```
>>> soup.p['id'] = 1
>>> soup.p
<p class="title" id="1"><b>The Dormouse's story</b></p>
>>> del soup.p['id']
>>> soup.p
<p class="title"><b>The Dormouse's story</b></p>
```

也可通过 .attrs 获取标签所有的属性。例如：

```
>>> soup.p.attrs
{'class': ['title']}
```

如果引用了一个不存在的 Tag，则返回 None。例如：

```
>>> print(soup.f)
None
```

.has_atrr() 检验 Tag 是否具有某个属性，返回 True 或者 False。例如：

```
>>> soup.p.has_attr('class')
True
```

3. NavigableString 对象

接下来，可通过 .string 获取标签中的文本内容，文本类型为 NavigableString。例如：

```
>>> soup.title.string
"The Dormouse's story"
>>> type(soup.title.string)
<class 'bs4.element.NavigableString'>
```

NavigableString 字符串与 Python 中的 str 类型类似，并且还支持包含在遍历文档树和搜索文档树中的一些特性。将 NavigableString 对象作为类 str 的初始化参数，可以从 NavigableString 对象生成 str 字符串对象。例如：

```
>>> str_Navstring = str(soup.title.string)
>>> str_Navstring
"The Dormouse's story"
>>> type(str_Navstring)
<class 'str'>
```

若在后续分析中希望将 NavigableString 对象只当作普通文本对象来处理,可以从该对象生成普通的 str 类型字符串,然后对 str 字符串对象进行处理;否则,就算 BeautifulSoup 已经执行结束,NableString 对象的输出也会带有对象的引用地址,从而浪费了内存。

4. Comment 对象

以上三种对象几乎可以涵盖 HTML 或 XML 中的所有内容,除了它们的文档注释部分。Comment 对象是一种特殊类型的 NavigableString 对象。例如:

```
>>> markup = "<b><!-- Hey, Lucy, focus please! --></b>"
>>> mu = BeautifulSoup(markup, 'html.parser')
>>> mu.string
'Hey, Lucy, focus please!'
>>> type(mu.string)
<class 'bs4.element.Comment'>
```

15.3.2 遍历文档树

一个标签可能包含多个字符串或其他标签,从文档树的视角看,这些都是该标签的子节点。通过 .Tag 方法可以获取标签对象的子节点标签,且可在一个语句中多次使用。通过 .string 方法可获取标签对象的字符串子节点。BeautifulSoup 提供了许多操作和遍历子节点的属性。

此外,Tag 或者 BeautifulSoup 对象提供了一系列属性和方法用于遍历相邻对象。

1. 文档搜索属性

可通过 BeautifulSoup 对象和 Tag 对象的属性遍历文档树,具体请参见表 15.3。以下是部分属性的实例:

```
>>> soup_title = soup.title
>>> soup_title.contents
["The Dormouse's story"]
>>> for x in soup_title:
        print(x)


The Dormouse's story
>>> soup.title.parent
<head><title>The Dormouse's story</title></head>
>>> for x in enumerate(soup_title.parents):
        print('第%s个父节点' % (x[0] + 1))
        print(repr(x[1]))


第1个父节点
<head><title>The Dormouse's story</title></head>
第2个父节点
<html><head><title>The Dormouse's story</title></head>
<body>
<p class="title"><b>The Dormouse's story</b></p>
<p class="story">Once upon a time there were three little sisters; and their names were
<a class="sister" href="http://example.com/elsie" id="link1">Elsie</a>,
<a class="sister" href="http://example.com/lacie" id="link2">Lacie</a> and
<a class="sister" href="http://example.com/tillie" id="link3">Tillie</a>;
```

and they lived at the bottom of a well.</p>
< p class = "story">...</p>
</body></html>

第 3 个父节点
< html >< head >< title > The Dormouse's story </title ></head >
< body >
< p class = "title"><b> The Dormouse's story </b></p>
< p class = "story"> Once upon a time there were three little sisters; and their names were
< a class = "sister" href = "http://example.com/elsie" id = "link1"> Elsie </a>,
< a class = "sister" href = "http://example.com/lacie" id = "link2"> Lacie </a> and
< a class = "sister" href = "http://example.com/tillie" id = "link3"> Tillie </a>;
and they lived at the bottom of a well.</p>
< p class = "story">...</p>
</body></html>

```
>>> print(soup_title.next_sibling)
None
>>> print(soup_title.previous_sibling)
None
>>> print(soup_title.next_element)
The Dormouse's story
>>> print(soup_title.previous_element)
< head >< title > The Dormouse's story </title ></head >
```

上述代码中 soup_title.parents 是一个迭代器，逐次输出 soup_title 的父节点，直到根节点。next_sibling 和 next_element 之间存在着差异，前者遵循 BeautifulSoup 文档树结构迭代邻居节点，而后者按照 HTML 或 XML 文档解析的顺序输出结果。

表 15.3　文档搜索属性及其描述

文档搜索属性	描　　述
.contents	以列表的方式将当前 Tag 或 BeautifulSoup 对象的所有直接子节点输出
.children	生成器，可对直接子节点迭代
.descendants	对所有子孙节点进行递归循环
.strings	如果 Tag 中包含多个字符串，可以使用 .strings 来循环获取
.stripped_strings	输出的字符串中可能包含了很多空格或空行，使用 .stripped_strings 可以去除多余的空白内容
.parent	获取某个元素的直接父节点
.parents	递归得到元素的所有父辈节点
.next_sibling	查询下一个兄弟（同级）节点；如果没有，则返回 None
.next_siblings	向后迭代当前节点的兄弟节点
.previous_sibling	查询上一个兄弟（同级）节点；如果没有，则返回 None
.previous_siblings	向前迭代当前节点的兄弟节点
.next_element	查询下一个 HTML 或 XML 解析对象
.next_elements	对处于当前 HTML 或 XML 解析对象后的解析对象迭代查询
.previous_element	查询上一个 HTML 或 XML 解析对象
.previous_elements	对处于当前 HTML 或 XML 解析对象前的解析对象迭代查询

2. 文档搜索方法

BeautifulSoup 定义了很多搜索标签、文本和属性的方法,其中 .find_all() 和 .find() 两种方法的功能尤为强大。

1) find_all(name=None, attrs={}, recursive=True, text=None, limit=None, ** kwargs)

在介绍 find_all() 之前,先看一下它可以接受哪些参数类型作为过滤器。表 15.4 中列举了可作为 find_all() 方法参数的参数类型。

表 15.4　可作为 find_all() 方法参数的类型

参 数 类 型	描　　述
字符串	最简单的过滤器,匹配标签或文本内容,返回列表
正则表达式	通过正则表达式的 match() 匹配标签或文本内容[①],返回列表
列表	返回所有与列表元素匹配的标签或文本内容,返回列表
True	匹配标签或文本内容的任何值,返回列表
函数	若无合适过滤器,定义一个只接受一个元素参数且返回逻辑值 True 或 False 的函数,进而匹配满足特定条件的标签或文本内容,返回列表

无论传入 find_all() 的是何种类型参数,最终将返回文档中符合条件的所有标签,构成一个列表。例如:

```
>>> soup.find_all('p')                              # 参数为字符串
[<p class="title"><b>The Dormouse's story</b></p>,
<p class="story">Once upon a time there were three little sisters; and their names were\n<a class="sister" href="http://example.com/elsie" id="link1">Elsie</a>,\n<a class="sister" href="http://example.com/lacie" id="link2">Lacie</a> and\n<a class="sister" href="http://example.com/tillie" id="link3">Tillie</a>;\nand they lived at the bottom of a well.</p>,
<p class="story">...</p>]
>>> import re
>>> for x in soup.find_all(re.compile('t')):        # 参数为正则表达式
    print(x.name)

html
title
>>> for x in soup.find_all(['title','a']):          # 参数为列表
    print(x)

<title>The Dormouse's story</title>
<a class="sister" href="http://example.com/elsie" id="link1">Elsie</a>
<a class="sister" href="http://example.com/lacie" id="link2">Lacie</a>
<a class="sister" href="http://example.com/tillie" id="link3">Tillie</a>
>>> for x in enumerate(soup.find_all(True)):        # 参数为 True
    print(x[0], x[1].name)

0 html
1 head
2 title
```

---

① Python 正则表达式模块 re 的相关知识请参见本书第 5 章或 Python 官方文档(https://docs.Python.org/3/library/re.html)。

```
3 body
4 p
5 b
6 p
7 a
8 a
9 a
10 p
>>> def f1(Tag):
     return 't' in Tag.name

>>> for Tag in soup.find_all(f1):                    #参数为函数
     print(Tag.name)

html
title
```

以上为对 Tag 进行搜索的示例,对应于第一个参数 name。通过 kwargs 关键参数,可以搜索到满足特定属性值的元素。如果一个指定名字的参数不是搜索内置的参数名,搜索时会把该参数当作指定名字 Tag 的属性来搜索,如果包含一个名字为 a 的参数,BeautifulSoup 会搜索每个标签 a 的 id 属性。例如:

```
>>> soup.find_all(href = re.compile("lacie"))
[<a class = "sister" href = "http://example.com/lacie" id = "link2">Lacie</a>]
```

通过 text 参数可以搜索文档中的字符串内容。与 name 参数一样,string 参数接收字符串、正则表达式、列表和 True。例如:

```
>>> soup.find_all(text = re.compile("On"))
['Once upon a time there were three little sisters; and their names were\n']
```

通过 limit 参数限制返回结果的数量。当搜索到的结果数量达到 limit 的限制时,就停止搜索返回结果。limit 接收正整数。例如:

```
>>> for x in soup.find_all(['title','a'],limit = 2):
     print(x)
<title>The Dormouse's story</title>
<a class = "sister" href = "http://example.com/elsie" id = "link1">Elsie</a>
```

通过 recursive 参数控制是否搜索 Tag 的所有子孙节点。如果只想搜索 Tag 的直接子节点,可以使用参数 recursive=False;默认参数值为 True,即搜索 Tag 所有子孙节点。

2) find(name=None,attrs={},recursive=True,text=None, ** kwargs)

find_all()方法将返回文档中符合条件的所有 Tag。但是,很多时候我们只需得到一个结果。此时,可以使用 find()方法。当然,也可以使用 find_all()方法并设置参数 limit=1,或者直接使用.Tag 这种方法得到结果。下面三种方法的代码会得到包含相同对象的结果:

```
#方法一
>>> soup.find('p')
<p class = "title"><b>The Dormouse's story</b></p>
#方法二
>>> soup.p
```

```
< p class = "title"> < b > The Dormouse's story </ b > </ p >
# 方法三
>>> soup.find_all('p', limit = 1)
[< p class = "title"> < b > The Dormouse's story </ b > </ p >]
```

引用 find_all()方法将得到一个列表,而 find()方法直接返回结果。使用.Tag 这种方法也是直接返回结果。find()方法的其他参数设定和 find_all()方法中的一致。

15.4 实例:网页中内容的提取

结合使用 urllib 和 BeautifulSoup 4 模块提取上海对外经贸大学(https://www.suibe.edu.cn/)自 2022 年 3 月 1 日以来"新闻快讯"中的内容,要求保存新闻的新闻标题、发布时间、阅读次数、新闻来源、新闻文本内容。

分析:

(1) 首先,通过浏览器登录上海对外经贸大学官网,定位到"新闻快讯"页面,如图 15.1 所示。

图 15.1 "新闻快讯"页面[1]

可以发现,网页主体包含了近期发布的 20 条新闻快讯。单击其中的一条快讯可链接到该标题对应的快讯页面。通过单击"下一页"按钮,可以到达下一页的新闻快讯。观察该网页关键源代码:

```
< div class = "news_box">
< div class = "news_title">< a href = '/2022/0319/c12513a144345/page.htm' target = '_blank'
title = '统计与信息学院党委:党员带头战一线,支部冲锋抗疫情'>统计与信息学院党委:党员带头
```

---

[1] 截图时间为 2022 年 4 月 15 日。

战一线,支部冲锋抗疫情</a></div>
<div class = "news_meta"><span class = "date-month">03-19</span><span class = "date-year">2022</span></div>
<div class = "cols_text"><a href = '/2022/0319/c12513a144345/page.htm' target = '_blank' title = '统计与信息学院党委:党员带头战一线,支部冲锋抗疫情'>一名党员就是一面旗帜,一个支部就是一座堡垒。当疫情汹涌来袭,学校统计与信息学院党委、党支部、党员立即行动起来,亮身份、勇担当、做先锋,团结带领全院师生勠力同心、共克时艰,共同守护健康平安的校园。组织在行动,学院党委全面部署落实学院制定的工作方案,向各党支部和全体师生党员发出倡议。学院党委第一时间召开党委会和党政联席会,传达上级和学校疫情防控各项要求,研究制定学院防疫工作应急方案,为师生购买和配备防疫物资,把工作要求传达到各支部和全体师生,责任到人,层层抓细、层层落实。学院党委积极响应学校党委号召,向各党支部和全体师生党员公开倡议:站位要高,扛起防疫责任;担当要强,彰显政治本色;作风要实,践行初心使命。建立学院党政领导班子"1+2"联系支部制度。学院党政领导班子成员靠前指挥,切实担负起责任,建立疫情时期"1+2"联系支部制度,每个班子成员联系1个教师支部和1个学生支部,关心和了解疫情时期的师生教学、学习和生活,对于困难教师和学生,实行"一人一策",进行专项帮扶,切实解决师生实际困难。开辟专栏弘扬抗疫一线"温暖的力量"。学院通过网站、微信公众号、视频号等积极宣传,展示抗疫一线的感人故事和事</a></div>
<div class = "cols_more"><a href = "/2022/0319/c12513a144345/page.htm" class = "more_txt">阅读更多 >></a></div>
...

因此,可利用 urllib 获取快讯列表的内容,使用 BeautifulSoup 提取所有包含属性 class 为 news_box 的 div 标签。然后,在这个 div 标签内容中,可逐个使用.find()方法获取对应快讯的标题、超链接和发布时间。当然,在获取快讯发布时间的同时,可以同时判断它是否早于 data_boudary。如果早于该时间,则停止获取快讯列表内容;否则,继续获取下一条快讯内容。当列表页面所有快讯信息获取完毕之后,如果最后一条快讯的发布时间仍然晚于截止日期,则需通过"下一页"按钮链接,到达下一页的快讯列表继续获取快讯内容。对应的关键源代码如下:

<ul class = "wp_paging clearfix">
<li class = "pages_count">
<span class = "per_page">每页 <em class = "per_count"> 20 </em> 记录 </span>
<span class = "all_count">总共 <em class = "all_count">5361 </em> 记录 </span>
</li>
<li class = "page_nav">
<a class = "first" href = "javascript:void(0);" target = "_self"><span>第一页</span></a>
<a class = "prev" href = "javascript:void(0);" target = "_self"><span><<上一页</span></a>
<a class = "next" href = "/12513/list2.htm" target = "_self"><span>下一页 >></span></a>
<a class = "last" href = "/12513/list269.htm" target = "_self"><span>尾页</span></a>
</li>
<li class = "page_jump">
<span class = "pages">页码 <em class = "curr_page">1 </em>/<em class = "all_pages"> 269 </em></span>
<span><input class = "pageNum" type = "text"><input class = "currPageURL" type = "hidden" value = ""/></input></span></li></ul>

可以先获取属性 class 的值为 wp_paging clearfix 的 ul 标签,然后利用.find()方法获取属性 class 的值为 next 的 a 标签,从而获取属性 href 的值,以链接到下一个快讯列表。重复以上过程,直到最后一条快讯日期早于截止日期。

针对以上过程，可以编写以下函数使用户获取快讯列表：

```python
import re, time
from urllib import request
from bs4 import BeautifulSoup
import ssl
# 取消 ssl 验证
ssl._create_default_https_context = ssl._create_unverified_context

def get_news_list(root, url, date_boundary):
    article_list = []
    while True:
        # 下载新闻列表页面
        path = root + url
        # 添加 headers，模拟浏览器上网
        headers = {"User-Agent":
                   "Mozilla/5.0 (Windows NT 10.0; Win64; x64; rv:99.0)" +
                   " Gecko/20100101 Firefox/99.0"}
        req = request.Request(url=path, headers=headers)
        f = request.urlopen(req)
        soup = BeautifulSoup(f, "html.parser")          # 使用 html.parser 解析器

        # 针对新闻列表中的新闻提取发表日期、标题和链接
        for item in soup.find_all("div", {"class": "news_box"}):
            year = item.find("span", {"class": "date-year"}).string       # 例如 2022
            month_day = item.find("span", {"class": "date-month"}).string  # 例如 04-15
            date = year + "-" + month_day          # 构造 2022-04-15 的日期格式
            # 判断是否在 date_boundary 之后发布
            if time.mktime(time.strptime(date, "%Y-%m-%d")) < date_boundary:
                break
            title = item.find("a")["title"]
            href = item.find("a")["href"]
            # 把新闻日期、标题和链接保存到 article_list 中
            article_list.append([date, title, href])

        # 如果最后一条新闻在 date_boundary 之后，则获取新闻列表的下一页
        if time.mktime(time.strptime(date, "%Y-%m-%d")) > date_boundary:
            b = soup.find("ul", {"class": "wp_paging clearfix"})   # 获取新闻列表的下一页
            url = b.find("a", {"class": "next"})["href"]
        else:
            break

    return article_list
```

(2) 在获取快讯列表之后，根据对应的链接，可进入对应的页面，获取快讯的阅读次数、发布源和新闻文本内容。打开快讯页面中的一条①，如图 15.2 所示。

---

① 网址为 https://news.suibe.edu.cn/2022/0319/c12513a144345/page.htm。

图 15.2　快讯页面

观察其对应的 html 源码可以发现，我们所需的快讯信息包含在属性 class 的值为 article 的 div 标签中，关键 html 源码如下：

```
< div class = "article" frag = "窗口 2001" portletmode = "simpleArticleAttri">
< h1 class = "article-title" id = "tts-title">统计与信息学院党委:党员带头战一线,支部冲锋抗疫情</h1>
    < h2 class = "article-title"></h2>
< p class = "article-metas">
<!--< span class = "article-author">发布部门:宣传部</span>    -->
< span class = "article-update">发布日期:2022-03-19 </span>    < span class = "article-update">信息来源:统计与信息学院</span>    < span class = "article-views">浏览次数:< span class = "WP_VisitCount" url = "/_visitcountdisplay?siteId = 19&type = 3&articleId = 144345"> 40 </span></span></p>
< div class = "entry">
...
```

在利用 BeautifulSoup 获取对应 tag 之后，可以用.find()方法获取快讯的来源、浏览次数和新闻内容。具体函数如下：

```
def crawl_news(root, article_list):
    news_dict = {}
    i = 1
    for item in article_list:
        date, title, href = item
        #有些快讯的 url 包含了'https://news.suibe.edu.cn',
        #因此要分情况确定用于获取新闻的 url
```

```python
            if "https" in href:
                path = href
            else:
                path = root + href

            #添加headers,模拟浏览器上网
            headers = {"User-Agent":
                       "Mozilla/5.0 (Windows NT 10.0; Win64; x64; rv:99.0)" +
                       " Gecko/20100101 Firefox/99.0"}
            req = request.Request(url = path, headers = headers)
            f = request.urlopen(req)
            soup = BeautifulSoup(f, "html.parser")    #使用html.parser解析器

            #提取新闻文本
            body = soup.find("div", {"class": "article"})
            if body:
                #新闻文本对应的tag为<div, class = 'wp_articlecontent'>
                content = body.find("div", {"class": "wp_articlecontent"})
                text = ""
                for a in content.strings:    #合并content中包含的文本内容
                    text += a
                #格式为"来源:xxx",利用split分割出部门"xxx"
                publis = body.find_all("span", {"class": "article-update"})[1].string
                department = publis.split(u"\uff1a")[1]    #':'分隔符
                if department == "":
                    department = "none"

                #浏览次数
                view_times = body.find("span", {"class": "WP_VisitCount"}).string

                #逐个把新闻信息加入字典:日期、标题、发布源、浏览次数、新闻内容、url
                news_dict[i] = {
                    "date": date,
                    "title": title,
                    "source": department,
                    "content": text,
                    "views": view_times,
                    "url": path,
                }

                #控制爬虫的速度
                time.sleep(0.5)
                print(i, title, department, view_times)
                i += 1

    return news_dict
```

在函数get_news_list()和crawl_news()的基础上,可以通过以下代码获取在截止日期date_boundary之前发布的所有快讯:

```python
if __name__ == '__main__':
    date_boundary = time.mktime(time.strptime("2022-03-01", "%Y-%m-%d"))
```

```
root = "https://news.suibe.edu.cn"
url = "/12513/list.htm"
news_list = get_news_list(root, url, date_boundary)
news_dict = crawl_news(root, news_list)
```

上述代码的运行结果如下[①]:

1 我校"FGH 小队"斩获 2021 年"同心・筑梦"大学生原创短视频大赛佳作奖 外事处 12
2 线上线下齐并进　不忘初心显担当 学术期刊社 24
3 同心战疫,共促发展——统计与信息学院召开教职工大会 新闻网 20
…
37 统计与信息学院党委:党员带头战一线,支部冲锋抗疫情 统计与信息学院 40
38 抓紧抓严不松懈,落细落实守防线——会计学院党委召开疫情防控工作专题会议 会计学院 27
39 工商管理学院党委召开疫情防控工作专题推进会 工商管理学院 36
…
50 体育部直属党支部围绕"党建+学科"开展主题党日活动 体育部 21
51 会计学院党委深入学习习近平总书记在中央党校中青年干部培训班开班式上的讲话精神 会计学院 10
52 我校学生参加华沙大学寒假短期交流项目 外事处 42

在获取快讯字典 news_dict 的基础上,可以开发一些简单的应用或者进一步分析快讯的特征。例如,可以进一步构建函数,获取包含某一关键词的所有快讯:

```
def search(keywords, news_dict):
    result = {}
    title_list = []              #保存出现目标关键词的标题
    source_list = []             #保存出现目标关键词的快讯发布来源
    content_list = []            #保存出现目标关键词的快讯文本内容
    for x in news_dict:
        if keywords in news_dict[x]['title']:
            title_list.append([x,news_dict[x]['date'],news_dict[x]['title']])
        if keywords in news_dict[x]['source']:
            source_list.append([x,news_dict[x]['date'],news_dict[x]['source']])
        if keywords in news_dict[x]['content']:
            content_list.append([x,news_dict[x]['date'],news_dict[x]['content']])

    result['title'] = title_list
    result['source'] = source_list
    result['content'] = content_list

    return result
```

然后,运行以下代码:

```
keywords = '统计与信息'
result = search(keywords,news_dict)
print(f'根据关键字"{keywords}"搜索的结果如下:')
for x in result['title']:
    print(x[0], x[1])
    print(x[2])
```

[①] 程序运行时间为 2022 年 4 月 15 日。

运行结果如下：

根据关键字"统计与信息"搜索的结果如下：
3 2022-04-14
同心战疫,共促发展——统计与信息学院召开教职工大会
8 2022-04-10
战疫情、促就业,统计与信息学院举办校友职场分享会
12 2022-04-05
实施学生关心关爱行动,统计与信息学院召开研究生"云上"系列座谈会
35 2022-03-20
统计与信息学院教师李馨蕾入选上海市2022年度"科技创新行动计划"启明星项目(扬帆专项)
37 2022-03-19
统计与信息学院党委:党员带头战一线,支部冲锋抗疫情
43 2022-03-17
战疫情 办实事,统计与信息学院党委面向学生开展"云上课程帮"活动
48 2022-03-10
统计与信息学院开展校园漫步访春活动

习题 15

请设计并开发一个小型 Python 爬虫项目,用于获取某个论坛中某个主题的网页信息,如帖子发布时间、浏览次数、回复数量等。

第16章 数据分析与可视化基础

学习目标

- 掌握 NumPy 数据处理基础：数组数据结构、常用随机数的生成、常规数组操作、简单的统计函数。
- 掌握 Matplotlib 绘图基础：基本图形的绘制、图形基本属性设置等。
- 掌握 Pandas 数据分析基础：常用数据结构、数据的准备与处理、统计分析、Pandas 中的数据可视化方法。

NumPy、Matplotlib 和 Pandas 这三个库是 Python 数据分析和可视化的基础，也是机器学习相关工具软件的基础。本章简要介绍基于这三个库的数据分析与可视化方法。

NumPy、Matplotlib 和 Pandas 都是非标准库，需要提前安装。Anaconda 中集成了这三个库，可以直接使用 Anaconda。也可以不安装 Anaconda。这样需要在安装完 Python 标准发行版后在线或下载后安装相关模块。

如果采用在线安装，打开 Windows 命令窗口，依次输入：pip install numpy、pip install matplotlib 和 pip install pandas 三个命令，分别完成 NumPy、Matplotlib 和 Pandas 三个模块的安装。

当网络传输质量不高时，在线安装可能会出现中断，导致安装失败。解决此问题的一种方式是为 pip 安装添加 -i 参数来指明使用国内安装源。例如，利用清华大学 PyPI 安装源来安装 NumPy，可以使用命令 pip install numpy -i https://pypi.tuna.tsinghua.edu.cn/simple/。也可以下载安装模块后在本地安装。这时需要先到官方网站下载 whl 文件。然后打开 Windows 命令窗口，进入下载文件所在目录，然后执行 pip install 文件名.whl。

16.1 NumPy 数据处理基础

NumPy 是 Python 的一种开源数值计算模块。可用来处理存储和计算各种数组与矩阵，比 Python 的嵌套列表高效很多。提供了 N 维数组对象、矩阵数据类型、随机数生成、广播函数、科学计算工具、线性代数和傅里叶变换等功能。另外一个运算包 SciPy 通常用于处理稀疏矩阵。NumPy、SciPy 和 Matplotlib 组合常用于替代 MATLAB。本节主要介绍 NumPy 的数组结构、数据的准备、常用运算与函数、统计分析函数等。

16.1.1 数据结构

NumPy 中主要有多维数组和矩阵两种数据结构。限于篇幅，这里只简单介绍多维数组(ndarray)。

ndarray 是 NumPy 的数组类型,它的所有元素必须具有相同的数据类型。ndarray 类有如下几个重要对象属性。

- ndarray.ndim:数组维度。
- ndarray.shape:表示数组形状,是一个元组,该元组中的各元素分别表示对应维度的大小。
- ndarray.size:数组元素的总个数,等于 shape 属性元组中各元素的乘积。
- ndarray.dtype:数组中元素的数据类型。

在创建数组或使用 NumPy 模块相关功能之前,通常先通过语句 import numpy as np 导入该模块。NumPy 数组的创建有多种方法。

利用 numpy.array()函数可以由类似于数组的对象(如序列、其他数组等)创建数组类型的 ndarray 对象。如果没有显式指定数组的数据类型,array()函数会根据序列对象,为新建的数组推断出一个较为合适的数据类型。下面以根据列表对象创建数组对象为例:

1. 创建一维数组

```
>>> import numpy as np
>>> list1 = [5,6.5,9,2,3,7.8,5.6,4.9]
>>> arr1 = np.array(list1)
>>> arr1
array([5. , 6.5, 9. , 2. , 3. , 7.8, 5.6, 4.9])
>>>
```

2. 创建二维数组

```
>>> list2 = [[1,2,3,4,5],[6,7,8,9,10]]
>>> arr2 = np.array(list2)
>>> arr2
array([[ 1,  2,  3,  4,  5],
       [ 6,  7,  8,  9, 10]])
>>>
```

3. 访问数组对象属性

通过 ndim 属性获取数组的维度。例如:

```
>>> arr1.ndim
1
>>> arr2.ndim
2
>>>
```

通过 shape 属性获取数组的形状,返回一个以数组各维度大小为元素的元组。例如:

```
>>> arr1.shape
(8,)
>>> arr2.shape
(2, 5)
>>>
```

通过 size 属性获取数组中元素的总个数。例如:

```
>>> arr1.size
8
>>> arr2.size
10
>>>
```

通过dtype属性获取数组元素的数据类型。例如：

```
>>> arr1.dtype
dtype('float64')
>>> arr2.dtype
dtype('int32')
>>>
```

4. 创建指定数据类型的数组对象

```
>>> arr3 = np.array([10,20,30,40],dtype = np.float64)
>>> arr3
array([10., 20., 30., 40.])
>>>
```

5. 通过astype()方法转换数组的数据类型，得到新数组，原数组保持不变

```
>>> arr4 = arr2.astype(np.float64)
>>> arr4.dtype
dtype('float64')
>>> arr4
array([[ 1., 2., 3., 4., 5.],
       [ 6., 7., 8., 9., 10.]])
>>> id(arr4)
2253811340592
>>>
>>> arr2.dtype                    #原数组保持不变
dtype('int32')
>>> arr2                          #原数组保持不变
array([[ 1, 2, 3, 4, 5],
       [ 6, 7, 8, 9, 10]])
>>> id(arr2)
2253921152496
>>>
```

可以利用zeros()函数和ones()函数创建指定维度和大小的全0或全1数组。例如：

```
>>> np.zeros(5)
array([0., 0., 0., 0., 0.])
>>> np.zeros((2,3))
array([[0., 0., 0.],
       [0., 0., 0.]])
>>> np.ones((1,2))
array([[1., 1.]])
>>> np.ones((3,4),dtype = np.int16)
array([[1, 1, 1, 1],
       [1, 1, 1, 1],
       [1, 1, 1, 1]], dtype = int16)
>>>
```

可以利用 eye()函数或 identity()函数创建单位阵。例如：

```
>>> np.eye(4)
array([[1., 0., 0., 0.],
       [0., 1., 0., 0.],
       [0., 0., 1., 0.],
       [0., 0., 0., 1.]])
>>> np.identity(4)
array([[1., 0., 0., 0.],
       [0., 1., 0., 0.],
       [0., 0., 1., 0.],
       [0., 0., 0., 1.]])
>>>
```

6. 通过 arange()函数创建等差数组对象

arange()是 NumPy 内置的函数，用于生成一个等差数组。它类似于 Python 中的 range()类。arange()函数的调用格式为 numpy.arange([start,]stop,[step,]dtype=None)。其中 start 表示开始值，默认为 0；stop 表示结束值，结果中不包含 stop 本身；step 表示步长，默认为 1；dtype 表示数组元素类型，默认从其他参数推断。start、step、dtype 三个参数可以省略。例如：

```
>>> np.arange(3,20,3)
array([ 3,  6,  9, 12, 15, 18])
>>>
```

Python 中的 range 类只能构造等差的整数序列对象，而 NumPy 中的 arange()函数还可以构造浮点数类型的等差数组。例如：

```
>>> np.arange(0.5,1.8,0.3)
array([0.5, 0.8, 1.1, 1.4, 1.7])
>>>
```

7. 通过 linspace()函数创建等差数组对象

可以利用 numpy.linspace(start,stop,num=50,endpoint=True,retstep=False,dtype=None,axis=0)创建等差的值在 start 和 stop 之间的数组对象。其中 start 表示开始值；num 表示创建的元素个数，默认为 50；如果 endpoint 为 True，stop 作为结果数组的结束值；如果 endpoint 为 False，则创建以 start 为开始值、以 stop 为结束值的共 num+1 个值，取前 num 个作为结果数组的元素；retstep 如果为 True，返回以创建的等差数组和步长（数据间隔长度）为元素的元组；retstep 默认为 False，返回创建的等差数组；dtype 表示创建的数组元素类型，如果没有指定，则从其他输入的参数推断；只有当 start 或 stop 是类似于数组的值时，axis 表示存储数组的轴，默认值为 0 表示最开始的轴，下一个轴为 1，轴序号依次增加，-1 表示最后一个轴。这里的轴表示相应的维度。例如：

```
>>> np.linspace(0,5,10)
array([0.        , 0.55555556, 1.11111111, 1.66666667, 2.22222222,
       2.77777778, 3.33333333, 3.88888889, 4.44444444, 5.        ])
>>> x = np.linspace(0,5,10,retstep = True)
>>> x
(array([0.        , 0.55555556, 1.11111111, 1.66666667, 2.22222222,
```

```
            2.77777778, 3.33333333, 3.88888889, 4.44444444, 5.        ]), 0.5555555555555556)
>>>
>>> np.linspace(0,5,10,endpoint = False)
array([0. , 0.5, 1. , 1.5, 2. , 2.5, 3. , 3.5, 4. , 4.5])
>>> np.linspace(0,5,10,endpoint = False,retstep = True)
(array([0. , 0.5, 1. , 1.5, 2. , 2.5, 3. , 3.5, 4. , 4.5]), 0.5)
>>>
>>> np.linspace((0,1),5,10)                     #默认 axis = 0,表示第一个轴向
array([[0.        , 1.        ],
       [0.55555556, 1.44444444],
       [1.11111111, 1.88888889],
       [1.66666667, 2.33333333],
       [2.22222222, 2.77777778],
       [2.77777778, 3.22222222],
       [3.33333333, 3.66666667],
       [3.88888889, 4.11111111],
       [4.44444444, 4.55555556],
       [5.        , 5.        ]])
>>> np.linspace((0,1),5,10,axis = 1)            #axis = 1,表示第二个轴向
array([[0.        , 0.55555556, 1.11111111, 1.66666667, 2.22222222,
        2.77777778, 3.33333333, 3.88888889, 4.44444444, 5.        ],
       [1.        , 1.44444444, 1.88888889, 2.33333333, 2.77777778,
        3.22222222, 3.66666667, 4.11111111, 4.55555556, 5.        ]])
>>> #axis = -1,表示最后一个轴向;当总共只有 2 个时,跟 axis = 1 的效果相同
>>> np.linspace((0,1),5,10,axis = -1)
array([[0.        , 0.55555556, 1.11111111, 1.66666667, 2.22222222,
        2.77777778, 3.33333333, 3.88888889, 4.44444444, 5.        ],
       [1.        , 1.44444444, 1.88888889, 2.33333333, 2.77777778,
        3.22222222, 3.66666667, 4.11111111, 4.55555556, 5.        ]])
>>>
```

8. 通过 logspace() 函数创建等比数组对象

可以利用 numpy.logspace(start, stop, num = 50, endpoint = True, base = 10.0, dtype = None, axis = 0) 创建等比数列构成的数组。创建的数组以 base ** start 为开始值,以 base ** stop 为结束值;num 为创建的数组元素个数,默认为 50 个;endpoint 默认为 True,表示创建的最后一个元素为 base ** stop;如果 endpoint 值为 False,则先创建 num+1 个以 base ** stop 为结束值的数,取前 num 个作为数组元素;dtype 表示创建的数组元素类型,如果没有指定,则从其他输入的参数推断;只有当 start 或 stop 是类似于数组的值时,axis 表示存储数组的轴,默认值为 0 表示最开始的轴,下一个轴为 1,轴序号依次增加,-1 表示最后一个轴。例如:

```
>>> np.logspace(0,8,16)
array([1.00000000e + 00, 3.41454887e + 00, 1.16591440e + 01, 3.98107171e + 01,
       1.35935639e + 02, 4.64158883e + 02, 1.58489319e + 03, 5.41169527e + 03,
       1.84784980e + 04, 6.30957344e + 04, 2.15443469e + 05, 7.35642254e + 05,
       2.51188643e + 06, 8.57695899e + 06, 2.92864456e + 07, 1.00000000e + 08])
>>>
```

上述代码产生从 10 的 0 次幂到 10 的 8 次幂之间 16 个数组成的等比数列数组。

```
>>> np.logspace((0,1),8,16)              # 默认 axis = 0
array([[1.00000000e + 00, 1.00000000e + 01],
       [3.41454887e + 00, 2.92864456e + 01],
       [1.16591440e + 01, 8.57695899e + 01],
       [3.98107171e + 01, 2.51188643e + 02],
       [1.35935639e + 02, 7.35642254e + 02],
       [4.64158883e + 02, 2.15443469e + 03],
       [1.58489319e + 03, 6.30957344e + 03],
       [5.41169527e + 03, 1.84784980e + 04],
       [1.84784980e + 04, 5.41169527e + 04],
       [6.30957344e + 04, 1.58489319e + 05],
       [2.15443469e + 05, 4.64158883e + 05],
       [7.35642254e + 05, 1.35935639e + 06],
       [2.51188643e + 06, 3.98107171e + 06],
       [8.57695899e + 06, 1.16591440e + 07],
       [2.92864456e + 07, 3.41454887e + 07],
       [1.00000000e + 08, 1.00000000e + 08]])
>>> # axis = - 1 表示最后一个轴向;总共只有 2 个轴向时,与 axis = 1 的作用相同
>>> np.logspace((0,1),8,16,axis = - 1)
array([[1.00000000e + 00, 3.41454887e + 00, 1.16591440e + 01, 3.98107171e + 01,
        1.35935639e + 02, 4.64158883e + 02, 1.58489319e + 03, 5.41169527e + 03,
        1.84784980e + 04, 6.30957344e + 04, 2.15443469e + 05, 7.35642254e + 05,
        2.51188643e + 06, 8.57695899e + 06, 2.92864456e + 07, 1.00000000e + 08],
       [1.00000000e + 01, 2.92864456e + 01, 8.57695899e + 01, 2.51188643e + 02,
        7.35642254e + 02, 2.15443469e + 03, 6.30957344e + 03, 1.84784980e + 04,
        5.41169527e + 04, 1.58489319e + 05, 4.64158883e + 05, 1.35935639e + 06,
        3.98107171e + 06, 1.16591440e + 07, 3.41454887e + 07, 1.00000000e + 08]])
>>>
```

还可以利用 NumPy 中的 asarray、ones_like、zeros_like、empty、empyt_like 等创建 ndarray 数组对象。

16.1.2 数据准备

1. 随机数的生成

NumPy 中的 random 子模块用于生成各种随机数。NumPy 官方在线参考手册给出了生成各种随机数的详细介绍。这里介绍几种常用的随机数产生方法。

使用 numpy.random.rand()函数生成[0,1)的随机浮点数。

```
>>> import numpy as np
>>> np.random.rand()         # 生成一个[0,1)的随机浮点数
0.8939672908405941
>>> np.random.rand(3)        # 生成一个一维、共 3 个元素的随机浮点数数组,元素位于[0,1)区间内
array([0.54350645, 0.92721516, 0.10503672])
>>> np.random.rand(2,3)      # 生成一个 2 行 3 列的二维数组,数组元素位于[0,1)区间内
array([[0.72474509, 0.69509932, 0.82310355],
       [0.16464369, 0.18150546, 0.87969788]])
```

使用 numpy.random.randn()生成一个具有标准正态分布的随机浮点数样本。

```
>>> np.random.randn(5)      #生成一个标准正态分布的一维数组随机浮点数
array([ 0.1538501 ,  0.42421551, -0.17355168,  0.09019904, -0.33155756])
>>> np.random.randn(3,4)    #生成一个标准正态分布的3行4列二维数组随机浮点数
array([[ 1.09882567,  0.67002068, -1.84222623,  1.53957494],
       [-0.14725161,  0.14962733,  0.22269968,  0.38329739],
       [ 0.66025437,  0.18853493,  0.38823973,  0.98848714]])
```

numpy.random.randint()函数生成随机整数。

```
>>> np.random.randint(5)        #生成一个[0,5)的随机整数
2
>>> np.random.randint(50,size=5)    #生成5个值在[0,50)范围内的整数构成一维数组
array([23, 17, 24, 27, 34])
>>> np.random.randint(10,20)        #生成一个位于[10,20)区间的随机整数
18
>>>                                 #生成一个3行4列的数组,元素的值是[10,50)区间里的随机整数
>>> np.random.randint(10,50,(3,4))
array([[30, 45, 36, 30],
       [16, 41, 18, 44],
       [43, 16, 37, 11]])
```

numpy.random.random_sample()、numpy.random.random()、numpy.random.ranf()和numpy.random.sample()四个函数的功能都是返回位于[0.0,1.0)区间的一个随机的浮点数或参数中指定形状的数组。例如:

```
>>> np.random.random_sample()
0.8243760561191865
>>> np.random.random_sample(3)
array([0.75311019, 0.80618575, 0.19259011])
>>> np.random.random_sample((3,4))  #参数中数组的形状必须以元组的形式出现
array([[0.41438636, 0.46512609, 0.14717557, 0.92288745],
       [0.52002313, 0.6405674 , 0.64982451, 0.80266958],
       [0.97429793, 0.2897892 , 0.34625299, 0.34768561]])
>>> np.random.random_sample((2,3,4))
array([[[0.54609391, 0.12412469, 0.29738999, 0.62508189],
        [0.63528904, 0.33195217, 0.38926109, 0.310123  ],
        [0.49667031, 0.70333863, 0.76978682, 0.26887752]],

       [[0.49821545, 0.09668823, 0.66214618, 0.62025478],
        [0.54457072, 0.29458145, 0.40859359, 0.77368304],
        [0.57813389, 0.55179483, 0.08778325, 0.24025623]]])
```

从上述随机数产生的结果可以看出,调用随机数生成函数,每次可得到一个不同的随机数。原因是调用这些函数时,计算机以当前时间为随机数发生器的种子值。每次调用随机数生成函数的时间不同,因此产生的结果看起来是一个随机数。可以通过numpy.random.seed()函数设置随机数发生器种子值,使得相同条件下每次调用随机数生成函数产生相同的值。

若没有提供种子值,每次会产生不同的随机数。例如:

```
>>> np.random.randint(100)
```

```
15
>>> np.random.randint(100)
64
```

如果每次调用随机数生成函数前,都通过 numpy.random.seed()传递相同的种子值,则每次执行随机数生成函数后都得到相同的结果。例如:

```
>>> np.random.seed(10)
>>> np.random.randint(100)
9
>>> np.random.seed(10)
>>> np.random.randint(100)
9
```

2. NumPy 存取文件数据

可以利用 numPy.savetxt 将数组保存到文本文件中。函数定义如下:

numpy.savetxt(fname, X, fmt = '%.18e', delimiter = '', newline = '\n',
              header = '', footer = '', comments = '#', encoding = None)

其中,各参数的含义如下。

(1) fname:保存的文件名。
(2) X:一维或二维数组数据。
(3) fmt:输出数据的格式字符串或格式字符串序列。
(4) delimiter:分隔列数据的字符串。
(5) newline:分隔行数据的字符串。
(6) header:将在文件开头写入的字符串。
(7) footer:将在文件结尾写入的字符串。
(8) comments:注释字符串,放在 header 或 footer 字符串前面表示注释。
(9) encoding:输出到文件的字符编码。

带默认值的参数在使用时可以不指定,而直接使用默认值。各参数的详细用法见帮助文档。

【例 16.1】 生成 5 行 6 列的数组,数组元素是[0,1)区间里的随机浮点数,屏幕上打印输出该数组,并将该数组保存到文件 array.txt 中。保存到文件中的数组元素保留 5 位小数,同一行中的元素之间以逗号分隔。

程序源代码如下:

```
# example16_1.py
# coding = utf - 8
import numpy as np
# 生成 5 行 6 列的数组,数组元素是[0,1)区间里的随机浮点数
a = np.random.rand(5,6)
print(a)
# 将数组 a 保存到 array.txt 文件,文件名前可以包含路径名
# fmt = '%0.5f'表示保留 5 位小数
# delimiter = ','指定以逗号作为同一行中元素之间的分隔符
np.savetxt('array.txt',a,fmt = '%0.5f',delimiter = ',')
```

运行程序 example16_1.py,将在源程序文件所在目录下生成一个 array.txt 文件。该文件中保存 5 行 6 列浮点数数据,每行的元素之间以逗号分隔。

可以利用 numpy.loadtxt 从 txt 或 csv 文件中读取数据,返回数组。函数定义如下:

```
numpy.loadtxt(fname, dtype = <class 'float'>, comments = '#',
              delimiter = None, converters = None, skiprows = 0,
              usecols = None, unpack = False, ndmin = 0,
              encoding = 'bytes', max_rows = None)
```

其中,各参数的含义如下。

(1) fname:要读取的文件或文件名。

(2) dtype:结果数组的数据类型,默认为浮点类型。

(3) comments:标记注释的字符串。

(4) delimiter:文件中分隔值的字符串。

(5) converters:一个将列号映射到函数的字典,字典中的函数将该列字符串解析为所需的值。

(6) skiprows:读取数据时跳过的行数。

(7) usecols:整数或整数序列,表示需要读取的列号(列编号从 0 开始)。

(8) unpack:是否将返回的数组转置,若为 True,则返回的数组将被转置,方便将每列数据组成的数组分别赋值给一个单独的变量或作为序列中单独的一个元组。

(9) ndmin:取整数 0、1 或 2,表示返回数组至少具有的维数;如果小于这个维数,一维轴会被压缩来增大维数。

(10) encoding:用于解码文件中字符的编码。

(11) max_rows:在 skiprows 之后读取 max_rows 行的内容,默认读取 skiprows 之后的所有行。

带默认值的参数在使用时可以不指定,直接使用默认值。各参数的详细用法见帮助文档。

【例 16.2】 读取 array.txt 文件中的数据构成数组,并打印输出。读取指定列的元素,并打印输出。

程序源代码如下:

```
# example16_2.py
# coding = utf - 8
import numpy as np

# 读取文本文件的内容,并按照正常的行列成为二维数组的元素
# 根据文本文件中元素之间的分隔符指定 delimiter 参数的值
a = np.loadtxt('array.txt', delimiter = ',', dtype = np.float32)
print('文本文件中保存的原始二维数组信息如下:')
print(a)

# 使用 unpack = True 得到转置后的数组
b = np.loadtxt('array.txt', delimiter = ',', unpack = True,
               dtype = np.float32)
print('使用 unpack = True 得到转置后的数组如下:')
```

```
print(b)
print('以下打印二维数组 b 的每行,也就是文本文件的每列:')
for i in range(len(b)):
    print(b[i])

# 读取指定列的值
c1,c3 = np.loadtxt('array.txt',delimiter = ',',unpack = True,
                    usecols = (1,3),dtype = np.float32)
print('以下打印列信息构成的数组:')
print(c1)
print(c3)
```

程序 example16_2 的运行结果如下:

文本文件中保存的原始二维数组信息如下:
[[0.35759 0.89229 0.60431 0.08043 0.86266 0.15912]
 [0.07057 0.93454 0.68374 0.89964 0.2887 0.9041]
 [0.83064 0.48475 0.61559 0.17935 0.0997 0.97764]
 [0.66439 0.01323 0.23512 0.34811 0.43549 0.9095]
 [0.11388 0.14762 0.18302 0.47503 0.35288 0.3873]]
使用 unpack = True 得到转置后的数组如下:
[[0.35759 0.07057 0.83064 0.66439 0.11388]
 [0.89229 0.93454 0.48475 0.01323 0.14762]
 [0.60431 0.68374 0.61559 0.23512 0.18302]
 [0.08043 0.89964 0.17935 0.34811 0.47503]
 [0.86266 0.2887 0.0997 0.43549 0.35288]
 [0.15912 0.9041 0.97764 0.9095 0.3873]]
以下打印二维数组 b 的每行,也就是文本文件的每列:
[0.35759 0.07057 0.83064 0.66439 0.11388]
[0.89229 0.93454 0.48475 0.01323 0.14762]
[0.60431 0.68374 0.61559 0.23512 0.18302]
[0.08043 0.89964 0.17935 0.34811 0.47503]
[0.86266 0.2887 0.0997 0.43549 0.35288]
[0.15912 0.9041 0.97764 0.9095 0.3873]
以下打印列信息构成的数组:
[0.89229 0.93454 0.48475 0.01323 0.14762]
[0.08043 0.89964 0.17935 0.34811 0.47503]

16.1.3　常用运算与函数

1. 数组的索引

(1) 一维数组通过"数组名[索引号]"的方式来提取特定位置上元素的值或重新设置特定位置上元素的值。位置索引值从 0 开始计数。例如:

```
>>> import numpy as np
>>> np.random.seed(1000)
>>> a = np.random.randint(1,100,10)
>>> a
array([52, 88, 72, 65, 95, 93,  2, 62,  1, 90])
>>> a[5]
93
```

```
>>> a[6] = a[6] * 15
>>> a
array([52, 88, 72, 65, 95, 93, 30, 62,  1, 90])
>>>
```

(2) 二维数组通过"数组名[i,j]"或"数组名[i][j]"的方式获取第 i 行 j 列元素的值或重新设置第 i 行 j 列元素的值。例如：

```
>>> np.random.seed(1000)
>>> x = np.random.randint(1,100,size = (3,4))
>>> x
array([[52, 88, 72, 65],
       [95, 93,  2, 62],
       [ 1, 90, 46, 41]])
>>> x[2,0]
1
>>> x[2][0]
1
>>> x[2,0] = 5
>>> x[1,2] = x[1,2] * 3
>>> x
array([[52, 88, 72, 65],
       [95, 93,  6, 62],
       [ 5, 90, 46, 41]])
>>>
```

多维数组中，数组名[i]可以用来获取第 i 行的所有元素并构成新数组，维度数量比原数组减 1。数组名[:,j]可以用来获取第 j 列的所有元素并构成新数组，维度数量比原数组减 1。例如：

```
>>> x[1]
array([95, 93,  6, 62])
>>> x[:,3]
array([65, 62, 41])
>>>
```

2. 数组的切片

数组切片是从原始数组中按照某种规则切取部分元素构成数组。数组切片是原始数组的视图，数据并不会被复制，即视图上的任何修改都会直接反映到原数组上。

1) 一维数组的切片

数组名[start：end：step]用来进行一维数组的切片，表示从索引为 start 的位置开始（包括 start），到索引为 end 的位置为止（不包括 end），每次增长的步长为 step。例如：

```
>>> import numpy as np
>>> np.random.seed(1000)
>>> a = np.random.randint(1,100,10)
>>> a
array([52, 88, 72, 65, 95, 93,  2, 62,  1, 90])
>>> a1 = a[2:6]
>>> a1
array([72, 65, 95, 93])
```

```
>>> a2 = a[1:8:3]
>>> a2
array([88, 95, 62])
>>> a2[1] = 99
>>> a2
array([88, 99, 62])
>>> a1
array([72, 65, 99, 93])
>>> a
array([52, 88, 72, 65, 99, 93,  2, 62,  1, 90])
>>>
```

2）二维数组的切片

数组名[start1：end1：step1，start2：end2：step2]用来进行二维数组的切片。其中 start1、end1 和 step1 分别表示数组第 1 维切片开始位置、结束位置和增长的步长。start2、end2 和 step2 分别表示数组第 2 维切片开始位置、结束位置和增长的步长。end1 和 end2 位置的元素均不包含在切片结果中。例如：

```
>>> import numpy as np
>>> np.random.seed(1000)
>>> x = np.random.randint(1,100,size = (5,6))
>>> x
array([[52, 88, 72, 65, 95, 93],
       [ 2, 62,  1, 90, 46, 41],
       [93, 92, 37, 61, 43, 59],
       [42, 21, 31, 89, 31, 29],
       [31, 78, 83, 29, 86, 94]])
>>> x[1:4,2:5]
array([[ 1, 90, 46],
       [37, 61, 43],
       [31, 89, 31]])
>>> x[:,1:6:2]
array([[88, 65, 93],
       [62, 90, 41],
       [92, 61, 59],
       [21, 89, 29],
       [78, 29, 94]])
>>>
```

3．改变数组的形状

reshape()方法在不改变数组数据的情况下，返回一个指定形状的新数组，原数组的形状保持不变。其参数指定新数组的形状。reshape()方法不产生新的数据元素，只返回数组的一个视图。例如：

```
>>> import numpy as np
>>> a = np.arange(1,16)
>>> a
array([ 1,  2,  3,  4,  5,  6,  7,  8,  9, 10, 11, 12, 13, 14, 15])
>>> b = a.reshape(3,5)
>>> b
```

```
array([[ 1,  2,  3,  4,  5],
       [ 6,  7,  8,  9, 10],
       [11, 12, 13, 14, 15]])
>>> a                          #原数组形状保持不变
array([ 1,  2,  3,  4,  5,  6,  7,  8,  9, 10, 11, 12, 13, 14, 15])
>>> b[0][0] = 100              #修改数组 b 中元素的值
>>> b
array([[100,   2,   3,   4,   5],
       [  6,   7,   8,   9,  10],
       [ 11,  12,  13,  14,  15]])
>>> a                          #数组 a 中也看到了修改的结果
array([100,   2,   3,   4,   5,   6,   7,   8,   9,  10,  11,  12,  13,
        14,  15])
>>>
```

resize()方法也可以修改数组的形状。与 reshape()不同,resize()方法会直接修改原数组的形状。例如:

```
>>> import numpy as np
>>> a = np.arange(1,16)
>>> a
array([ 1,  2,  3,  4,  5,  6,  7,  8,  9, 10, 11, 12, 13, 14, 15])
>>> a.resize(3,5)
>>> a
array([[ 1,  2,  3,  4,  5],
       [ 6,  7,  8,  9, 10],
       [11, 12, 13, 14, 15]])
```

也可以通过设置数组的 shape 属性值达到修改数组形状的目的。该方法也是直接改变现有数组的形状。例如:

```
>>> import numpy as np
>>> a = np.arange(1,16)
>>> a
array([ 1,  2,  3,  4,  5,  6,  7,  8,  9, 10, 11, 12, 13, 14, 15])
>>> a.shape = (3,5)
>>> a
array([[ 1,  2,  3,  4,  5],
       [ 6,  7,  8,  9, 10],
       [11, 12, 13, 14, 15]])
>>>
```

4. 数组的基本运算

数组与标量之间的运算将直接作用到每个元素。大小相等的数组之间的任何算术运算也会应用到元素级,具体如下:

```
>>> import numpy as np
>>> np.random.seed(500)
>>> a1 = np.random.randint(1,10,size = (3,4))
>>> np.random.seed(1000)
>>> a2 = np.random.randint(1,10,size = (3,4))
>>> a1
```

```
array([[8, 2, 2, 9],
       [8, 2, 2, 6],
       [3, 3, 4, 7]])
>>> a2
array([[4, 8, 8, 1],
       [2, 1, 9, 5],
       [5, 5, 3, 9]])
>>> a1 * 2
array([[16,  4,  4, 18],
       [16,  4,  4, 12],
       [ 6,  6,  8, 14]])
>>> a1
array([[8, 2, 2, 9],
       [8, 2, 2, 6],
       [3, 3, 4, 7]])
>>> a1/2
array([[4. , 1. , 1. , 4.5],
       [4. , 1. , 1. , 3. ],
       [1.5, 1.5, 2. , 3.5]])
>>> a1 + a2
array([[12, 10, 10, 10],
       [10,  3, 11, 11],
       [ 8,  8,  7, 16]])
>>>
>>> np.add(a1,a2)           #通过函数进行计算
array([[12, 10, 10, 10],
       [10,  3, 11, 11],
       [ 8,  8,  7, 16]])
>>> a1
array([[8, 2, 2, 9],
       [8, 2, 2, 6],
       [3, 3, 4, 7]])
>>> a2
array([[4, 8, 8, 1],
       [2, 1, 9, 5],
       [5, 5, 3, 9]])
```

NumPy 数组常用的二元函数及其说明如表 16.1 所示。

表 16.1　NumPy 数组常用的二元函数及其说明

函　　数	说　　明
add()	将两个数组中对应位置的元素相加
subtract()	将两个数组中对应位置的元素相减
multiply()	将两个数组中对应位置的元素相乘
divide()	将两个数组中对应位置的元素相除
maximum()	返回两个数组中对应位置上的最大值作为元素构成的新数组
minimum()	返回两个数组中对应位置上的最小值作为元素构成的新数组

续表

函　数	说　明
greater(),greater_equal less(),less_equal(), equal(),not_equal()	执行元素级的比较运算,最终产生布尔型数组

numpy.sum()和 numpy.average()可以分别求得数组元素的和与均值。numpy.std()和 numpy.var()分别用于求数组的标准差和方差。numpy.max()和 numpy.min()用于求得最大值和最小值。numpy.sort()用于对数组进行排序。例如:

```
>>> import numpy as np
>>> np.random.seed(1000)
>>> x = np.random.randint(1,10,size = (3,4))
>>> x
array([[2, 8, 2, 6],
       [7, 6, 8, 9],
       [9, 3, 3, 7]])
>>> np.sum(x)
70
>>> np.sum(x,axis = 0)              #每列相加
array([18, 17, 13, 22])
>>> np.sum(x,axis = 1)              #每行相加
array([18, 30, 22])
>>> np.average(x)
5.833333333333333
>>> np.average(x,axis = 0)          #每列求均值
array([6.        , 5.66666667, 4.33333333, 7.33333333])
>>> np.average(x,axis = 1)          #每行求均值
array([4.5, 7.5, 5.5])
>>>
>>> np.var(x)
6.472222222222222
>>> np.var(x,axis = 0)              #对每列上的元素求方差
array([8.66666667, 4.22222222, 6.88888889, 1.55555556])
>>> np.var(x,axis = 1)              #对每行上的元素求方差
array([6.75, 1.25, 6.75])
>>> np.std(x)
2.544056253745625
>>> np.std(x,axis = 0)              #对每列上的元素求标准差
array([2.94392029, 2.05480467, 2.62466929, 1.24721913])
>>> np.std(x,axis = 1)              #对每行上的元素求标准差
array([2.59807621, 1.11803399, 2.59807621])
>>>
>>> np.max(x)
9
>>> np.max(x,axis = 0)
array([9, 8, 8, 9])
>>> np.max(x,axis = 1)
array([8, 9, 9])
>>>
```

```
>>> x
array([[2, 8, 2, 6],
       [7, 6, 8, 9],
       [9, 3, 3, 7]])
>>> np.sort(x)                      #默认按各行分别排序
array([[2, 2, 6, 8],
       [6, 7, 8, 9],
       [3, 3, 7, 9]])
>>> np.sort(x,axis = 1)             #按行排序
array([[2, 2, 6, 8],
       [6, 7, 8, 9],
       [3, 3, 7, 9]])
>>> np.sort(x,axis = 0)             #按列排序
array([[2, 3, 2, 6],
       [7, 6, 3, 7],
       [9, 8, 8, 9]])
>>> np.sort(x,axis = None)          #axis = None 时,按数组展开的元素排序
array([2, 2, 3, 3, 6, 6, 7, 7, 8, 8, 9, 9])
>>>
```

5. 数组的组合

numpy.hstack()和 numpy.vstack()分别用于水平组合和垂直组合。numpy.concatenate()可以用于水平或垂直组合。例如：

```
>>> import numpy as np
>>> a = np.arange(6).reshape(2,3)
>>> a
array([[0, 1, 2],
       [3, 4, 5]])
>>> b = a + 10
>>> b
array([[10, 11, 12],
       [13, 14, 15]])
>>> np.hstack((a,b))                #水平组合
array([[ 0,  1,  2, 10, 11, 12],
       [ 3,  4,  5, 13, 14, 15]])
>>> np.concatenate((a,b),axis = 1)  #水平组合
array([[ 0,  1,  2, 10, 11, 12],
       [ 3,  4,  5, 13, 14, 15]])
>>>
>>> np.vstack((a,b))                #垂直组合
array([[ 0,  1,  2],
       [ 3,  4,  5],
       [10, 11, 12],
       [13, 14, 15]])
>>> np.concatenate((a,b),axis = 0)  #垂直组合
array([[ 0,  1,  2],
       [ 3,  4,  5],
       [10, 11, 12],
       [13, 14, 15]])
>>>
```

numpy.column_stack()用于按列组合。numpy.row_stack()用于按行组合。

用于一维数组时,column_stack()将每个一维数组作为一列,合并为一个二维数组,而hstach()将数组合并为一个一维数组。例如:

```
>>> import numpy as np
>>> x = np.arange(4)
>>> y = x + 10
>>> x
array([0, 1, 2, 3])
>>> y
array([10, 11, 12, 13])
>>> np.column_stack((x,y))
array([[ 0, 10],
       [ 1, 11],
       [ 2, 12],
       [ 3, 13]])
>>> np.hstack((x,y))
array([ 0,  1,  2,  3, 10, 11, 12, 13])
>>>
```

用于二维数组时,column_stack()与hstack()均按列进行组合,两者功能相同。例如:

```
>>> a = np.arange(6).reshape(2,3)
>>> a
array([[0, 1, 2],
       [3, 4, 5]])
>>> b = a + 10
>>> b
array([[10, 11, 12],
       [13, 14, 15]])
>>> np.column_stack((a,b))
array([[ 0,  1,  2, 10, 11, 12],
       [ 3,  4,  5, 13, 14, 15]])
>>> np.hstack((a,b))
array([[ 0,  1,  2, 10, 11, 12],
       [ 3,  4,  5, 13, 14, 15]])
>>>
```

无论用于一维数组还是用于二维数组,row_stack()和vstack()均按行进行组合,两者功能相同。例如:

```
>>> x
array([0, 1, 2, 3])
>>> y
array([10, 11, 12, 13])
>>> np.row_stack((x,y))
array([[ 0,  1,  2,  3],
       [10, 11, 12, 13]])
>>> np.vstack((x,y))
array([[ 0,  1,  2,  3],
       [10, 11, 12, 13]])
>>> a
```

```
array([[0, 1, 2],
       [3, 4, 5]])
>>> b
array([[10, 11, 12],
       [13, 14, 15]])
>>> np.row_stack((a,b))
array([[ 0,  1,  2],
       [ 3,  4,  5],
       [10, 11, 12],
       [13, 14, 15]])
>>> np.vstack((a,b))
array([[ 0,  1,  2],
       [ 3,  4,  5],
       [10, 11, 12],
       [13, 14, 15]])
>>>
```

6. 数组的分割

numpy.hsplit()将数组沿着水平方向分割为多个子数组。numpy.vsplit()将数组沿着垂直方向分割为多个子数组。numpy.split()可以分别进行水平或垂直方向上的分割。利用这些函数分割得到的子数组构成一个列表作为函数的返回值。分割得到的子数组和被分割的数组具有相同的维度。例如:

```
>>> import numpy as np
>>> a = np.arange(12).reshape(3,4)
>>> a
array([[ 0,  1,  2,  3],
       [ 4,  5,  6,  7],
       [ 8,  9, 10, 11]])
>>> np.hsplit(a,2)
[array([[0, 1],
       [4, 5],
       [8, 9]]), array([[ 2,  3],
       [ 6,  7],
       [10, 11]])]
>>> np.hsplit(a,4)
[array([[0],
       [4],
       [8]]), array([[1],
       [5],
       [9]]), array([[ 2],
       [ 6],
       [10]]), array([[ 3],
       [ 7],
       [11]])]
>>> np.split(a,2,axis=1)          #横向切为两个子数组
[array([[0, 1],
       [4, 5],
       [8, 9]]), array([[ 2,  3],
       [ 6,  7],
```

```
            [10, 11]])]
>>> np.vsplit(a,3)
[array([[0, 1, 2, 3]]), array([[4, 5, 6, 7]]), array([[ 8,  9, 10, 11]])]
>>> np.split(a,3,axis = 0)           #纵向切为三个子数组
[array([[0, 1, 2, 3]]), array([[4, 5, 6, 7]]), array([[ 8,  9, 10, 11]])]
>>>
```

16.1.4 使用 NumPy 进行简单统计分析

NumPy 数组的基本统计分析函数及其说明见表 16.2。

表 16.2　NumPy 数组的基本统计分析函数及其说明

函　　数	说　　明
sum()	数组中全部元素或某轴向元素的求和
mean()	数组中全部元素或某轴向元素的算术平均数
std(),var()	数组中全部元素或某轴向元素的标准差或方差
min(),max()	数组中全部元素或某轴向元素的最小值、最大值
argmin(),argmax()	数组中全部元素或某轴向元素最小值、最大值对应的索引(下标)
cumsum()	数组中全部元素或某轴向元素的累加和
cumprod()	数组中全部元素或某轴向元素的累乘积
cov()	数组中全部元素或某轴向元素的协方差
corrcoef()	数组中全部元素或某轴向元素的相关系数

【**例 16.3**】　stock.csv 中存储了某股票一段时间的交易信息。B、C、D 和 E 列数据分别是开盘价、最高价、最低价、收盘价，G 列是交易量。读取收盘价和交易量数据，统计收盘价的算术平均数、加权平均值(权值为交易量)、方差、中位数、最小值和最大值。

程序源代码如下：

```
# example16_3.py
import numpy as np

close_price,change_volume = np.loadtxt('stock.csv',delimiter = ',',
                                       usecols = (4,6),unpack = True,
                                       skiprows = 1)
meanS1 = np.mean(close_price)
print('收盘价的算术平均值:',meanS1)
wavgS1 = np.average(close_price,weights = change_volume)
print('收盘价的加权平均值:',wavgS1)
varS1 = np.var(close_price)
print('收盘价的方差:',varS1)
medianS1 = np.median(close_price)
print('收盘价的中位数:',medianS1)
minS1 = np.min(close_price)
print('收盘价的最小值:',minS1)
maxS1 = np.max(close_price)
print('收盘价的最大值:',maxS1)
```

程序 example16_3.py 的运行结果如下：

收盘价的算术平均值: 11.116
收盘价的加权平均值: 11.09117588266202
收盘价的方差: 1.603284
收盘价的中位数: 10.95
收盘价的最小值: 9.53
收盘价的最大值: 13.54

【例 16.4】 multi_stock.csv 文件中的 A、B、C 和 D 列分别保存了日期和三家企业从 1981 年第一个交易日到 2018 年 6 月 1 日各天的收盘价。读取这三家企业的股票收盘价，并计算这些收盘价的协方差矩阵和相关系数矩阵。

程序源代码如下：

```python
#example16_4.py
import numpy as np

c,d,m = np.loadtxt('multi_stock.csv',delimiter = ',',
                   usecols = (1,2,3),unpack = True,skiprows = 1)
covCDM = np.cov([c,d,m])
relCDM = np.corrcoef([c,d,m])
print('C,D,M 三家公司股票收盘价的协方差为:')
print(covCDM)
print('C,D,M 三家公司股票收盘价的相关系数为:')
print(relCDM)
```

程序 example16_4.py 运行结果如下：

```
C,D,M 三家公司股票收盘价的协方差为:
[[ 212.53933623   31.95173298  645.19695107]
 [  31.95173298   50.28885268  -38.44185581]
 [ 645.19695107  -38.44185581 3332.0614872 ]]
C,D,M 三家公司股票收盘价的相关系数为:
[[ 1.          0.30905722  0.76668355]
 [ 0.30905722  1.         -0.09391003]
 [ 0.76668355 -0.09391003  1.        ]]
```

16.2 Matplotlib 绘图基础

Matplotlib 是 Python 中最著名的绘图库。该库以包（package）的形式组织模块，该包中包含多个模块、类等对象。其中 pyplot 模块包含大量与 MATLAB 相似的函数调用接口，非常适合进行绘图以达到数据可视化的目的。使用 Matplotlib 创建图表的标准步骤如下：首先，创建 Figure 对象；其次，用 Figure 对象创建一个或者多个 Axes 或者 Subplot 对象；最后，调用 Axies 等对象的方法创建各种简单类型的图表。其中系统会默认创建一个 Figure 对象，因此可以省略此步骤。

16.2.1 绘制基本图形

本节主要介绍常用二维图形的绘制，与图形有关的线型、颜色等参数的设置，同一坐标系上的多图绘制，标题、坐标、图例等标记的绘制，多子图（多轴图）的绘制。

1. 折线图

matplotlib.pyplot.plot(*args,scalex=True,scaley=True,data=None,**kwargs)
把 y 和 x 的关系绘制成折线或带标记点的线。有如下两种常用的调用方式。

(1) plot([x],y,[fmt],*,data=None,**kwargs)。
(2) plot([x],y,[fmt],[x2],y2,[fmt2],…,**kwargs)。

【例 16.5】 给出一组 x 和 y 值,绘制由 x 和 y 值关联的折线图。
程序源代码如下:

```
#example16_5.py
#coding = utf-8
import numpy as np
import matplotlib.pyplot as plt

x = np.arange(10)                          #创建数组 x
np.random.seed(500)
y = np.random.randint(20,size = (10,))     #创建数组 y
plt.plot(x, y,'b-')                        #绘制折线图
#设置刻度字号大小
plt.xticks(fontsize = 15)
plt.yticks(fontsize = 15)
plt.show()                                 #显示
```

程序 example16_5.py 的运行结果如图 16.1 所示。

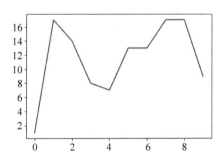

图 16.1 程序 example16_5.py 的运行结果

可以通过参数修改线条颜色。例如,可以通过将语句 plt.plot(x,y,'b-')修改为 plt.plot(x,y,'r-'),把例 16.5 中的蓝色线条改为红色线条。常用颜色标识符如表 16.3 所示。

表 16.3 常用颜色标识符

标识符	b	g	r	c	m	y	k	w
颜色	蓝色	绿色	红色	青色	品红/洋红	黄色	黑色	白色

可以通过参数修改线条样式。例如,可以通过将语句 plt.plot(x,y,'b-')修改为 plt.plot(x,y,'r--'),把例 16.5 中的蓝色实线改成红色虚线。常用的线型标识符如表 16.4 所示。

表 16.4 常用线型标识符

线型	'-'	'--'	'-.'	':'
描述	solid(实线)	dashed(虚线)	dash-dot(点画线)	dotted(断续线)

可以通过 linewidth(可省略为 lw)参数修改线条粗细。例如,可以通过将语句 plt.plot(x,y,'b-')修改为 plt.plot(x,y,'r--',lw=3),把例 16.5 中的细蓝色实线改成粗红色虚线。

可以通过属性参数设定图标题、轴标题和轴坐标范围。

【例 16.6】 读取 stock.csv 文件中的股票交易信息,绘制收盘价历史走势的折线图,并为该图添加图标题、轴标题和轴坐标范围。

程序源代码如下:

```
#example16_6.py
#coding=utf-8
import numpy as np
import matplotlib.pyplot as plt

close_price = np.loadtxt('stock.csv',delimiter=',',usecols=(4,),
                        unpack=True,skiprows=1)
x = np.arange(len(close_price))           #横坐标值

plt.plot(x,close_price)                    #绘制折线图
#为了显示中文,指定默认字体
plt.rcParams['font.sans-serif'] = ['SimHei']
#设置刻度字号大小
plt.xticks(fontsize=15)
plt.yticks(fontsize=15)
plt.title('股票收盘价走势图',fontsize=18)   #添加图标题
plt.xlabel('时间顺序',fontsize=15)          #添加 x 轴标题
plt.ylabel('收盘价',fontsize=15)            #添加 y 轴标题
plt.xlim(0.0, max(x)+1)                    #设定 x 轴范围
#设定 y 轴范围
plt.ylim(min(close_price)-1, max(close_price)+1)
#plt.savefig('d:/test/16_6.png')
plt.show()                                 #显示
```

程序 example16_6.py 的运行结果如图 16.2 所示。

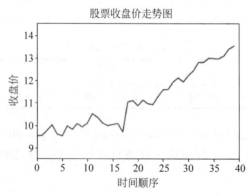

图 16.2 程序 example16_6.py 的运行结果

可以在一个坐标系上绘制多个图,并添加图例。

【例 16.7】 读取 stock.csv 文件中的股票交易信息,在同一幅图中绘制开盘价和收盘价历史走势的折线图,并分别赋以不同的颜色和线型,添加图例。

程序源代码如下:

```
#example16_7.py
#coding = utf-8
import numpy as np
import matplotlib.pyplot as plt

open_price,close_price = np.loadtxt('stock.csv',delimiter = ',',
                        usecols = (1,4),unpack = True,skiprows = 1)
x = np.arange(len(close_price))                        #横坐标值

#方式 1
plot1, = plt.plot(x,open_price,'g--',linewidth = 1)    #开盘价
plot2, = plt.plot(x,close_price,'r',linewidth = 2)     #收盘价
#方式 2
#plot1 = plt.plot(x,open_price,'g--',linewidth = 1)    #开盘价
#plot2 = plt.plot(x,close_price,'r',linewidth = 2)     #收盘价
#方式 3
#plt.plot(x,open_price,'g--',linewidth = 1,label = "开盘价")
#plt.plot(x,close_price,'r',linewidth = 2,label = "收盘价")

#为了显示中文,指定默认字体
plt.rcParams['font.sans-serif'] = ['SimHei']

plt.title('开盘价与收盘价历史走势图',fontsize = 18)      #添加图标题
#设置刻度字号大小
plt.xticks(fontsize = 15)
plt.yticks(fontsize = 15)
plt.xlabel('时间顺序',fontsize = 15)                    #添加坐标轴标题
plt.ylabel('开盘价与收盘价',fontsize = 15)
plt.xlim(0.0, max(x) + 1)                              #设定坐标轴的显示范围
plt.ylim(min(min(open_price),min(close_price)) - 1,
         max(max(open_price),max(close_price)) + 1)

#添加图例,方式 1
plt.legend((plot1, plot2),('开盘价','收盘价'),\
           loc = 'lower right',fontsize = 15,numpoints = 3)    #添加图例

#添加图例,方式 2
#plt.legend((plot1[0], plot2[0]),('开盘价','收盘价'),\
#           loc = 'lower right',fontsize = 15,numpoints = 3)
#添加图例,方式 3
#plt.legend(loc = 'lower right',fontsize = 15,numpoints = 3)

plt.show()
```

程序 example16_7.py 的运行结果如图 16.3 所示。

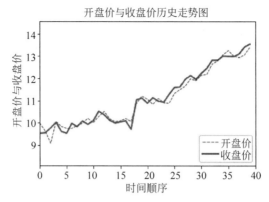

图 16.3   程序 example16_7.py 的运行结果

例 16.7 中的程序对不同的折线依次作图。用语句 plt.legend((plot1,plot2),('label1','label2'),loc='lower right',numpoints=3) 添加图例。其中参数 loc 表示图例放置的位置,其参数值可为 'best'、'upper right'、'upper left'、'center'、'lower left'、'lower right'。参数 numpoints 表示图例上的标记点个数。

在例 16.7 的程序中,请注意语句 "plot1,=plt.plot(x,open_price,'g--',linewidth=1)" 其中变量 plot1 和 plot2 后面都有一个逗号。这是因为 plot 返回的不是二维折线对象本身,而是一个由本次执行 plt.plot() 产生的多个二维折线对象构成的列表。本例中执行 plt.plot(x,open_price,'g--',linewidth=1) 生成一个二维折线对象,因此列表中的元素只有一个。通过在变量名后加逗号,可以把二维折线对象从列表中分解出来,也就是把列表中的单一元素(二维折线对象)赋值给变量 plot1。如果执行 plt.plot(x,open_price,'g--',x,close_price,'r'),返回的列表中将包含两个二维折线对象。

也可以采用语句 "plot1=plt.plot(x,open_price,'g--',linewidth=1)",即去掉变量 plot1 和 plot2 后面的逗号。但需要将图例生成语句改为 "plt.legend((plot1[0],plot2[0]),('开盘价','收盘价'),loc='lower right',fontsize=15,numpoints=3)"。这样 plot1[0] 和 plot2[0] 分别取得了各自列表中的第 0 个元素。

也可以在调用 plot() 方法时指定 label 参数值,如 plt.plot(x,y,label="图例名称")。这时不需要获取 plot() 函数的返回值,直接调用 plt.legend() 就可以显示图例。

2. 散点图

可以利用 matplotlib.pyplot.scatter() 来绘制散点图。

【例 16.8】 读取文件 stock.csv 中的股票收盘价,根据时间顺序绘制收盘价分布的散点图。

程序源代码如下:

```
#example16_8.py
#coding=utf-8
import numpy as np
import matplotlib.pyplot as plt

close_price=np.loadtxt('stock.csv',delimiter=',',
                      usecols=(4,),unpack=True,skiprows=1)
```

```
x = np.arange(len(close_price))            ♯横坐标值

plt.scatter(x,close_price,c = 'r',marker = 'o')   ♯绘制收盘价散点图

♯为了显示中文,指定默认字体
plt.rcParams['font.sans - serif'] = ['SimHei']
♯设置刻度字体大小
plt.xticks(fontsize = 15)
plt.yticks(fontsize = 15)
plt.title('收盘价历史分布图',fontsize = 18)    ♯添加图标题
plt.xlabel('时间顺序',fontsize = 15)           ♯添加坐标轴标题
plt.ylabel('收盘价',fontsize = 15)

♯设定坐标轴的显示范围
plt.xlim(0.0, max(x) + 1)
plt.ylim(min(close_price) - 1,max(close_price) + 1)
plt.show()
```

程序 example16_8.py 的运行结果如图 16.4 所示。

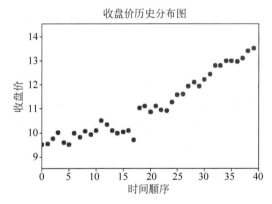

图 16.4　程序 example16_8.py 的运行结果

matplotlib.pyplot.scatter()中的参数 marker 用来指定散点类型。常用的 marker 值有".""o""*"等。

3. 直方图

直方图是一种统计报告图,是数值数据分布的图形表示,由一系列条形组成。构建直方图的第一步是将数据的统计范围分成多个区段,然后计算分别有多少个数据落在相应的区段内,再根据每个区段的统计数据来绘制条形的高度。这些区段连续、相邻且不重叠,并且宽度通常相同。matplotlib.pyplot.hist()用于绘制直方图。

【例 16.9】　读取 stock.csv 文件中的收盘价,并绘制收盘价位于[9,14]、宽度为 0.2 的各区段内次数的直方图。

程序源代码如下:

```
♯ example16_9.py
♯ coding = utf - 8
import numpy as np
```

```python
import matplotlib.pyplot as plt

close_price = np.loadtxt('stock.csv',delimiter = ',',
                         usecols = (4,),unpack = True,skiprows = 1)

bins = np.arange(9,14,0.2)

plt.hist(close_price,bins,rwidth = 0.8)          # 条形宽度设为 0.8
# 为了显示中文,指定默认字体
plt.rcParams['font.sans-serif'] = ['SimHei']
# 设置刻度字号大小
plt.xticks(fontsize = 15)
plt.yticks(fontsize = 15)
plt.xlabel('股票价格',fontsize = 15)
plt.ylabel('出现次数',fontsize = 15)
plt.title('收盘价分布直方图',fontsize = 18)
plt.show()
```

程序 example16_9.py 的运行结果如图 16.5 所示。

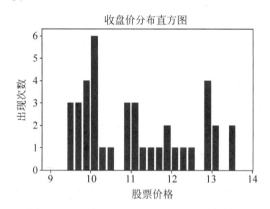

图 16.5　程序 example16_9.py 的运行结果

4. 饼图

matplotlib.pyplot.pie()用于绘制饼图。

【例 16.10】 某学院有信息管理与信息系统、应用统计、经济统计、数据科学与大数据技术四个专业,2018 级各专业新生报到人数分别为 33、65、30 和 30。请用饼图表示各专业人数所占的比例,并突出显示信息管理与信息系统、经济统计这两个专业的相关信息。

程序源代码如下:

```python
# example16_10.py
# -*- coding: utf-8 -*-
import matplotlib.pyplot as plt
persons = [33,65,30,30]
majors = ['信息管理与信息系统','应用统计','经济统计','数据科学与大数据技术']
color = ['c','m','r','y']

plt.rcParams['font.sans-serif'] = ['SimHei']
plt.figure(figsize = (7.5,5))                    # 设置图像大小
```

#startangle 参数表示逆时针方向开始绘制的角度
#shadow 表示是否显示阴影, explode 表示突出显示某些切片
#textprops 为一个字典, 表示饼块标签和饼块上数字的格式, 如字体大小、颜色等
plt.pie(persons, labels = majors, colors = color, startangle = 90, shadow = True,
        explode = (0.1,0,0.1,0), autopct = '%.1f%%',
        textprops = {'fontsize': 15})

plt.title('各专业新生人数分布', fontsize = 15)
plt.show()

程序 example16_10.py 的运行结果如图 16.6 所示。

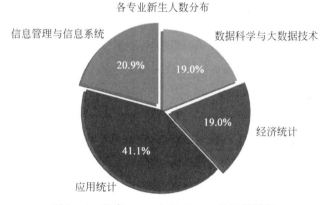

图 16.6　程序 example16_10.py 的运行结果

16.2.2　绘制多轴图

Matplotlib 中用轴表示一个绘图区域。一个绘图(figure)对象可以包含多个轴(axis)。一个轴可以理解为一个子图。可以使用 subplot()或 subplot2grid()来绘制多轴图。

1. 用 subplot()函数绘制多轴图

使用 subplot()函数可以快速绘制多轴图表。subplot()函数的调用形式如下：subplot(rows, cols, plotNum)。将整个绘图区域分为 rows 行、cols 列个子区域。从左到右、从上到下对每个子区域编号，左上角区域编号为 1。plotNum 表示创建的轴对象在绘图区域中的编号。如果 rows、cols 和 plotNum 三个参数的值均小于 10，那么参数之间的逗号可以省略。如 subplot(245)和 subplot(2,4,5)表示相同的含义。如果用 subplot()函数创建的对象和之前创建的轴对象重叠，之前的轴对象将被覆盖。

【例 16.11】　读取 stock.csv 文件中的开盘价、最高价、最低价和收盘价，在同一个图的四个子图中分别绘制这些价格的历史数据折线图。

程序源代码如下：

```
#example16_11.py
#-*- coding: utf-8 -*-
import numpy as np
import matplotlib.pyplot as plt
```

```python
open_price,high_price,low_price,close_price = np.loadtxt('stock.csv',
                    delimiter = ',', usecols = (1,2,3,4),
                    unpack = True, skiprows = 1)

x = np.arange(1, len(open_price) + 1)
plt.rcParams['font.sans-serif'] = ['SimHei']
plt.figure(figsize = (11,7))                        #设置图像大小
#创建2行2列中的左上角图像(第1个子图)
ax1 = plt.subplot(2,2,1)
#创建2行2列中的右上角图像(第2个子图)
ax2 = plt.subplot(2,2,2)
#创建2行2列中的左下角图像(第3个子图)
ax3 = plt.subplot(2,2,3)
#创建2行2列中的右下角图像(第4个子图)
ax4 = plt.subplot(2,2,4)

#选择第1个子图
plt.sca(ax1)
plt.plot(x,open_price,color = 'red')
#设置刻度字号大小
plt.xticks(fontsize = 15)
plt.yticks(fontsize = 15)
plt.title('开盘价',fontsize = 15)

#选择第2个子图
plt.sca(ax2)
plt.plot(x,close_price,'b--')
#设置刻度字号大小
plt.xticks(fontsize = 15)
plt.yticks(fontsize = 15)
plt.title('收盘价',fontsize = 15)

#选择第3个子图
plt.sca(ax3)
plt.plot(x,high_price,'g--')
#设置刻度字号大小
plt.xticks(fontsize = 15)
plt.yticks(fontsize = 15)
plt.title('最高价',fontsize = 15)

#选择第4个子图
plt.sca(ax4)
plt.plot(x,low_price)
#设置刻度字号大小
plt.xticks(fontsize = 15)
plt.yticks(fontsize = 15)
plt.title('最低价',fontsize = 15)

#调整子图间距
plt.subplots_adjust(wspace = 0.2, hspace = 0.5)
plt.show()
```

程序 example16_11.py 的运行结果如图 16.7 所示。

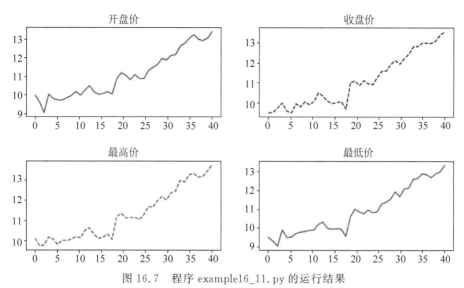

图 16.7　程序 example16_11.py 的运行结果

2．用 subplot2grid()函数绘制多轴图

函数 subplot2grid(shape,loc,rowspan=1,colspan=1,fig=None,**kwargs)可以用于绘制多轴图。其中 shape 为(int,int)格式的元组，表示图像网格的总的行数与列数；loc 为(int,int)格式的元组，表示待绘制的子图放置的位置行号与列号；rowspan 表示子图跨越的行数；colspan 表示子图跨越的列数；fig 是一个可选参数，表示待绘制子图放置的 Figure 对象，默认为当前图像。**kwargs 为传递给 Figure.add_subplot 的附加的关键参数，可以没有。

用 subplot2grid()函数设置好子图的行、列数量及位置后，利用 plot()函数来绘制相应的图形。

对例 16.11 的程序改用 subplot2grid()函数后的代码如下：

```python
# example16_11_subplot2grid.py
# -*- coding: utf-8 -*-
import numpy as np
import matplotlib.pyplot as plt

open_price,high_price,low_price,close_price = np.loadtxt('stock.csv',
          delimiter = ',', usecols = (1,2,3,4),unpack = True,skiprows = 1)

x = np.arange(1, len(open_price) + 1)
plt.rcParams['font.sans-serif'] = ['SimHei']
# create figure
fig = plt.figure(figsize = (11,7))                    # 设置图像大小

# 第1个子图
subfig1 = plt.subplot2grid((2,2),(0,0),fig = fig)
subfig1.plot(x, open_price, color = 'red')            # 设置数据
# 设置刻度字号大小
plt.xticks(fontsize = 15)
```

```
plt.yticks(fontsize = 15)
plt.title('开盘价',fontsize = 15)

#第 2 个子图
subfig2 = plt.subplot2grid((2,2),(0,1),fig = fig)
subfig2.plot(x, close_price, 'b -- ')              #设置数据
#设置刻度字号大小
plt.xticks(fontsize = 15)
plt.yticks(fontsize = 15)
plt.title('收盘价',fontsize = 15)

#第 3 个子图
subfig3 = plt.subplot2grid((2,2),(1,0),fig = fig)
subfig3.plot(x, high_price, 'g:')                  #设置数据
#设置刻度字号大小
plt.xticks(fontsize = 15)
plt.yticks(fontsize = 15)
plt.title('最高价',fontsize = 15)

#第 4 个子图
subfig4 = plt.subplot2grid((2,2),(1,1),fig = fig)
subfig4.plot(x, low_price, 'k - . ')               #设置数据
#设置刻度字号大小
plt.xticks(fontsize = 15)
plt.yticks(fontsize = 15)
plt.title('最低价',fontsize = 15)

#调整子图间距
plt.subplots_adjust(wspace = 0.2, hspace = 0.5)
plt.show()
```

程序 example16_11.subplot2grid.py 的运行结果如图 16.8 所示。

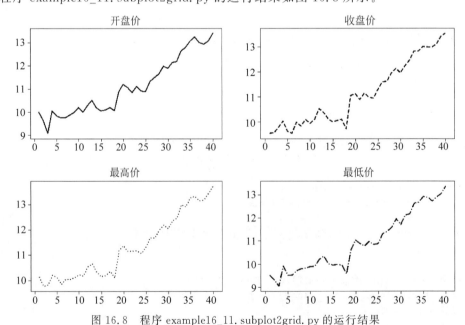

图 16.8　程序 example16_11.subplot2grid.py 的运行结果

16.2.3 应用实例

1. 简单移动平均

简单移动平均模型适用于围绕一个稳定水平上下波动的时间序列数据。利用"平均"使各个时间点上观测值中的随机因素互相抵消,以获得关于稳定水平的预测。将包括当前时刻在内的 N 个时间点上的观测值的平均值作为对于下一时刻的预测值。例如,用第 1~5 个交易日的股票收盘价平均值作为第 6 个交易日股票收盘价的预测值,而用第 2~6 个交易日的股票实际收盘价平均值作为第 7 个交易日股票收盘价的预测值。计算移动平均数时,每个观测值使用相同的权数,即认为时间序列在其跨度期内各个时期的观测值对下一时期值的影响是相同的。

【例 16.12】 读取 stock.csv 文件中某股票一段时间的开盘价和收盘价。以每周交易 5 天为移动平均间隔时间。即可以用前 5 天的收盘价预测第 6 天的收盘价。在同一幅图中画出这段时间真实开盘价和开盘价的移动平均值折线图、真实收盘价和收盘价的移动平均值折线图。

分析:NumPy 中的 convolve(w,s) 函数可返回向量 w 和 s 的卷积,即返回向量 w 与经过翻转和平移的向量 s 的乘积和。这里用此函数来计算简单移动平均值。

程序源代码如下:

```python
#example16_12.py
#coding=utf-8
import numpy as np
import matplotlib.pyplot as plt

open_price,close_price = np.loadtxt('stock.csv',delimiter=',',
                    usecols=(1,4),unpack=True,skiprows=1)

winwide = 5                                   #移动平均的窗口间隔
weights = np.ones(winwide)/winwide            #窗口内每期数据的平均权重
#开盘价简单移动平均
openMovingAvg = np.convolve(weights,open_price)
#收盘价简单移动平均
closeMovingAvg = np.convolve(weights,close_price)
t = np.arange(winwide-1,len(close_price))

#为了显示中文,指定默认字体
plt.rcParams['font.sans-serif'] = ['SimHei']

plt.figure(figsize=(18,10))                   #设置图像大小
#开盘价子图
plt.subplot(1,2,1)
plt.plot(t,open_price[winwide-1:],
        lw=1.0,label='实际开盘价')
plt.plot(t,openMovingAvg[winwide-1:1-winwide],
        lw=3.0,label='开盘价移动平均值')
#设置刻度字号大小
plt.xticks(fontsize=15)
```

```
        plt.yticks(fontsize = 15)
        plt.grid()
        plt.title('开盘价',fontsize = 18)
        plt.legend(fontsize = 15)

        #收盘价子图
        plt.subplot(1,2,2)
        plt.plot(t,close_price[winwide - 1:],
                 lw = 1.0,label = '实际收盘价')
        plt.plot(t,closeMovingAvg[winwide - 1:1 - winwide],
                 lw = 3.0,label = '收盘价移动平均值')
        #设置刻度字号大小
        plt.xticks(fontsize = 15)
        plt.yticks(fontsize = 15)
        plt.grid()
        plt.title('收盘价',fontsize = 18)
        plt.legend(fontsize = 15)

        #调整子图间距
        plt.subplots_adjust(wspace = 0.2)
        plt.show()
```

程序 example16_12.py 的运行结果如图 16.9 所示。

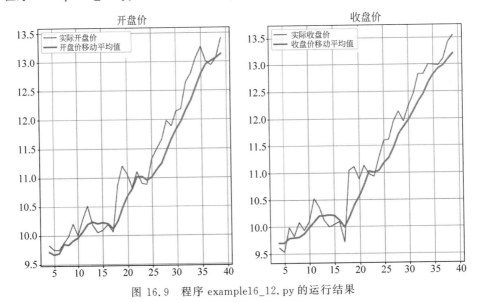

图 16.9　程序 example16_12.py 的运行结果

2. 指数移动平均

指数移动平均模型适用于围绕一个稳定水平上下波动的时间序列数据。越近期的观测值对下一时期的值影响越大,越远期的观测值对下一时期的值影响越小。因此,最近期的观测值应取最大权数,较远期观测值的权数应依次递减,所有权数相加等于1。为移动平均模型预测公式中的每个观测值加上不同权数即为加权移动平均。指数移动平均是一种特殊的加权移动平均。

【例 16.13】 读取 stock.csv 文件中的股票交易量信息。移动平均以股票每周交易 5 天为间隔。计算各天交易量的指数移动平均值,并分别绘制真实交易量和交易量的指数移动平均值的折线图。

程序源代码如下:

```python
# example16_13.py
# coding = utf-8
import numpy as np
import matplotlib.pyplot as plt

winwide = 5                                         # 移动平均值的窗口间隔

volume = np.loadtxt('stock.csv', delimiter = ',',
                    usecols = (6,), unpack = True, skiprows = 1)
print('Observation:\n', volume)
t = np.arange(winwide - 1, len(volume))
print('time:\n', t)

# 计算指数移动平均值
weights = np.exp(np.linspace(-1, 0, winwide))       # 窗口内每期权重
weights /= weights.sum()
print('weights:\n', weights)
weightMovingAVG = np.convolve(weights, volume)      # 指数移动平均值
print('Prediction:\n', weightMovingAVG)

# 为了显示中文,指定默认字体
plt.rcParams['font.sans-serif'] = ['SimHei']
# 绘图
plot1 = plt.plot(t, volume[winwide - 1:], lw = 1.0) # 原始数据绘图
# 指数移动平均值数据绘图
plot2 = plt.plot(t, weightMovingAVG[winwide - 1:1 - winwide], lw = 3.0)

plt.title('交易量指数移动平均值', fontsize = 18) # 添加图标题
# 设置刻度字号大小
plt.xticks(fontsize = 15)
plt.yticks(fontsize = 15)
plt.xlabel('时间顺序', fontsize = 15)             # 添加 x 坐标轴标题
plt.ylabel('交易量', fontsize = 15)               # 添加 y 坐标轴标题
# 添加图例
plt.legend((plot1[0], plot2[0]), ('真实值', '指数移动平均值'),
           loc = 'upper right', fontsize = 15, numpoints = 1)
plt.show()
```

程序 example16_13.py 的运行结果如下(折线图如图 16.10 所示):

```
Observation:
 [6.482460e+07 5.489160e+07 6.735690e+07 6.575880e+07 5.108710e+07
  3.838260e+07 4.284920e+07 2.916930e+07 4.778440e+07 3.893570e+07
  2.887510e+07 4.536030e+07 4.244960e+07 5.784160e+07 3.901190e+07
  4.297130e+07 4.499220e+07 9.057800e+07 1.452841e+08 7.434780e+07
  5.060880e+07 4.344160e+07 2.926730e+07 3.331060e+07 4.788490e+07
```

```
   5.400170e+07 3.521840e+07 4.960570e+07 4.974450e+07 4.386370e+07
   5.026380e+07 4.418320e+07 7.336400e+07 3.869250e+07 5.406340e+07
   4.971420e+07 4.326700e+07 4.438830e+07 4.778570e+07 4.385010e+07]
time:
 [ 4  5  6  7  8  9 10 11 12 13 14 15 16 17 18 19 20 21 22 23 24 25 26 27
 28 29 30 31 32 33 34 35 36 37 38 39]
weights:
 [0.11405072 0.14644403 0.18803785 0.24144538 0.31002201]
Prediction:
 [ 7393292.54689544 15753602.2510945   27910128.88944568 43337153.61010306
 61472527.45163372 57504724.41188176 56873473.72611944 49540590.79203607
 42884213.83481788 39168509.70911707 38307390.78566149 37303794.30345493
 41128825.26417358 40385503.81544672 40805975.61339431 45802329.34308283
 45885894.84002724 52350968.76682511 60764370.35457625 70972709.78042984
 79796884.263812   89505452.16227756 82208291.60704553 51522500.12934236
 42021421.92499508 39969350.98960278 38045282.10602855 42858061.37131645
 47444081.25467296 46860256.75649853 44405595.16320078 48037434.0259071
 50301657.9392412  49199416.35619452 51878178.58463749 52274020.85705714
 54467526.34922762 45795747.99043444 48850337.00197024 46204860.35484515
 39538178.20910905 33544465.38164481 25402022.99457895 13594496.13614283]
```

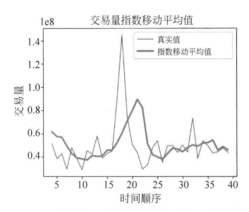

图 16.10　股票交易量真实值与指数移动平均值折线图

16.3　Pandas 数据分析基础

Pandas 是基于 NumPy 的一种数据分析工具库。该库中的模块提供了一些标准的数据模型和高效地操作大型数据集所需的函数与方法。本节将介绍 Pandas 数据结构与基本操作、文件数据存取、数据分析前的预处理方法、Pandas 数据分析统计与绘图函数。

16.3.1　数据结构与基本操作

目前 Pandas 主要提供两种数据结构：Series 是带标签的一维数组；DataFrame 是带标签且大小可变的二维数组。Pandas 0.25.0 以前的版本还提供了 Panel。Panel 是一种带标签且大小可变的多维数组，从 Pandas 0.25.0 开始去除了该结构。这里简要介绍 Series 和 DataFrame 两种结构。

1. Series 基础

1）创建 Series 对象

创建 Series 对象的基本语法如下：

pandas.Series(data = None, index = None, dtype = None, name = None, copy = False, fastpath = False)

其中，data 可以是数组、类似于数组的列表、元组等，还可以是字典、标量等值；index 表示生成的 Series 对象中每个元素的标签，可以是数组或类似于数组的列表、元组等，与 data 有相同的长度；dtype 可以用来指定元素的类型，如果没有指定，将从数据中推断；name 是指定给 Series 对象的名字；copy 表示是否复制数据，默认为 False。帮助文档没有对 fastpath 参数给出解释，表示 Series 对象的创建方式。

NumPy 中的一维数组没有标签，而 Series 对象具有标签。创建 Series 时可以不指定标签，系统自动添加标签，其值从 0 开始至元素个数减 1。例如：

```
>>> import numpy as np
>>> import pandas as pd
>>> s1 = pd.Series([1,3,5,np.nan,6,9])
>>> s1
0    1.0
1    3.0
2    5.0
3    NaN
4    6.0
5    9.0
dtype: float64
```

如上代码中的 np.nan 表示空值。创建时也可以给 Series 对象指定标签，通过 index 参数赋值。例如：

```
>>> s2 = pd.Series(np.arange(4),index = list('ABCD'))
>>> s2
A    0
B    1
C    2
D    3
dtype: int32
```

2）Series 中的 index 和 values 属性

Series 作为一维数据的存储单位，拥有两个属性：标签（index）和元素值（values）。标签是一个 Index 或 RangeIndex 类型的对象，元素值是一个 NumPy 数组。例如：

```
>>> s1.index
RangeIndex(start = 0, stop = 6, step = 1)
>>> s1.values
array([ 1.,  3.,  5., nan,  6.,  9.])
>>> s2.index
Index(['A', 'B', 'C', 'D'], dtype = 'object')
>>> s2.values
array([0, 1, 2, 3])
```

3）通过位置索引或标签检索数据

```
>>> s1[1]                          # 使用位置索引值 1
3.0
>>> s2['C']                        # 使用标签值 C
2
>>>
```

4）Series 对象的算术运算

对 Series 进行算术运算即是对 Series 中的每个数据进行相应的算术运算,但要注意运算后会生成一个新的 Series 对象,原 Series 对象保持不变。例如：

```
>>> x = s2 + 10
>>> x
A    10
B    11
C    12
D    13
dtype: int32
>>> s2
A    0
B    1
C    2
D    3
dtype: int32
>>>
```

5）Series 对象的切片

可以通过切片操作获取 Series 中特定位置的数据,构成新的 Series 对象。切片主要有三种方式。

第一种方式是通过标签来实现,此时的切片结果包含结束边界上的元素。例如：

```
>>> s2['B':'D']
B    1
C    2
D    3
dtype: int32
>>> s2['B':'D':2]
B    1
D    3
dtype: int32
```

可以通过指定特定标签来获得这些标签对应的元素切片。例如：

```
>>> s2[['B','D']]
B    1
D    3
dtype: int32
>>>
```

第二种方式是通过位置索引来切片。如果 Series 对象中的元素个数为 n,位置索引是指从前往后的 0~n−1,或从后往前的 −1~−n。此时的切片结果不包含结束边界上的元素。例如：

```
>>> s2[1:3]
B    1
C    2
dtype: int32
>>> s2[-3:-1]
B    1
C    2
dtype: int32
>>>
```

在创建 Series 对象时，参数 index 指定的内容均为标签，不是位置索引。使用数字作为切片依据时，该数字表示位置索引，不是表示数字标签。例如：

```
>>> s3 = pd.Series([1,3,5,np.nan,6,9],index = range(2,8))
>>> s3
2    1.0                           #左边的数字2是标签,位置索引为0或-6
3    3.0                           #左边的数字3是标签,位置索引为1或-5
4    5.0                           #左边的数字4是标签,位置索引为2或-4
5    NaN                           #左边的数字5是标签,位置索引为3或-3
6    6.0                           #左边的数字6是标签,位置索引为4或-2
7    9.0                           #左边的数字7是标签,位置索引为5或-1
dtype: float64
>>> x = s3[1:5]                    #这里的1和5表示位置索引
>>> x
3    3.0
4    5.0
5    NaN
6    6.0
dtype: float64
>>> type(x)
<class 'pandas.core.series.Series'>
```

第三种方式是通过条件获取元素切片。例如：

```
>>> s2[s2>1]
C    2
D    3
dtype: int32
>>>
```

2. DataFrame 基础

Pandas 中对二维数据操作使用的是 DataFrame 数据结构。DataFrame 是大小可变、多种类型元素可以混合、具有行列标签的二维数据，拥有 index 和 columns 属性。创建 DataFrame 对象的语法结构如下：

```
pandas.DataFrame(data = None, index = None, columns = None, dtype = None, copy = False)
```

其中，参数 data 可以是 numpy.ndarray 多维数组、字典或其他 DataFrame 对象。如果 data 是字典类型，该字典可以包含序列、数组、常量或类似于列表类型的对象。参数 index 表示行标签，其值可以是索引或数组。如果输入数据 data 中没有标签信息，并且在创建

DataFrame 对象时没有为 index 提供实际参数,则 index 被赋值为一个 RangeIndex(0,1, 2,…,n)类型的对象。参数 columns 表示列标签,其值可以是索引或数组类型。如果在创建 DataFrame 对象时没有为 columns 提供作为列标签的实际参数,则 columns 被赋值为一个 RangeIndex(0,1,2,…,n)类型的对象。参数 dtype 表示元素的数据类型,默认为空。参数 copy 为布尔类型,默认为 False。参数 data 为 DataFrame 对象或者二维数组时,由参数 copy 决定是否复制数据;参数 data 为其他类型时,参数 copy 不起作用。

可以从 NumPy 多维数组构建 DataFrame 对象。例如:

```
>>> import numpy as np
>>> import pandas as pd
>>> n = np.random.randint(low = 0, high = 10, size = (5,5))
>>> n
array([[5, 3, 6, 9, 7],
       [3, 9, 7, 4, 1],
       [5, 8, 6, 8, 5],
       [1, 2, 0, 1, 3],
       [5, 1, 8, 1, 6]])
>>> df = pd.DataFrame(data = n, columns = list('ABCDE'))
>>> df
   A  B  C  D  E
0  5  3  6  9  7
1  3  9  7  4  1
2  5  8  6  8  5
3  1  2  0  1  3
4  5  1  8  1  6
>>>
```

可以由字典创建 DataFrame 对象。例如:

```
>>> data = {'province' : ['广东', '山东', '河南', '四川', '江苏', '河北', '湖南', '安徽', '湖北', '浙江'], 'population' : [10999, 9946, 9532, 8262, 7998, 7470, 6822, 6195, 5885, 5590], 'city' : ['广州', '济南', '郑州', '成都', '南京', '石家庄', '长沙', '合肥', '武汉', '杭州']}
>>> cc = pd.DataFrame(data)
>>> cc
   province  population  city
0    广东        10999    广州
1    山东         9946    济南
2    河南         9532    郑州
3    四川         8262    成都
4    江苏         7998    南京
5    河北         7470    石家庄
6    湖南         6822    长沙
7    安徽         6195    合肥
8    湖北         5885    武汉
9    浙江         5590    杭州
>>> cc.index
RangeIndex(start = 0, stop = 10, step = 1)
>>> cc.columns
Index(['province', 'population', 'city'], dtype = 'object')
>>> list(cc)                                  #返回以 DataFrame 对象列名为元素的列表
```

```
['province', 'population', 'city']
>>> cc.dtypes
province      object
population    int64
city          object
dtype: object
>>> cc.info()
<class 'pandas.core.frame.DataFrame'>
RangeIndex: 10 entries, 0 to 9
Data columns (total 3 columns):
province      10 non-null object
population    10 non-null int64
city          10 non-null object
dtypes: int64(1), object(2)
memory usage: 320.0+ bytes
>>> cc.values
array([['广东', 10999, '广州'],
       ['山东', 9946, '济南'],
       ['河南', 9532, '郑州'],
       ['四川', 8262, '成都'],
       ['江苏', 7998, '南京'],
       ['河北', 7470, '石家庄'],
       ['湖南', 6822, '长沙'],
       ['安徽', 6195, '合肥'],
       ['湖北', 5885, '武汉'],
       ['浙江', 5590, '杭州']], dtype=object)
>>>
```

可以把 column 里的某一列拉出来作为 index，生成新的 DataFrame 对象，原对象保持不变。例如：

```
>>> province = cc.set_index('province')
>>> province
          population    city
province
广东        10999         广州
山东         9946         济南
河南         9532         郑州
四川         8262         成都
江苏         7998         南京
河北         7470         石家庄
湖南         6822         长沙
安徽         6195         合肥
湖北         5885         武汉
浙江         5590         杭州
>>>
```

可以查看到原来的对象保持不变。

```
>>> cc
   province  population  city
0  广东        10999       广州
1  山东         9946       济南
```

```
2    河南    9532    郑州
3    四川    8262    成都
4    江苏    7998    南京
5    河北    7470    石家庄
6    湖南    6822    长沙
7    安徽    6195    合肥
8    湖北    5885    武汉
9    浙江    5590    杭州
>>>
```

可以从 DataFrame 对象中提取某列得到的一个 Series 对象,例如:

```
>>> x = province['population']
>>> x
province
广东    10999
山东     9946
河南     9532
四川     8262
江苏     7998
河北     7470
湖南     6822
安徽     6195
湖北     5885
浙江     5590
Name: population, dtype: int64
>>> type(x)
<class 'pandas.core.series.Series'>
>>>
```

以上代码的功能是从 DataFrame 对象中提取 population 列得到一个 Series 对象。如果要获取某列或多列的切片得到一个新的 DataFrame 对象,列标签需要放在一个列表中。例如:

```
>>> y = province[['population']]
>>> y
province    population
广东         10999
山东          9946
河南          9532
四川          8262
江苏          7998
河北          7470
湖南          6822
安徽          6195
湖北          5885
浙江          5590
>>> type(y)
<class 'pandas.core.frame.DataFrame'>
>>>
```

NumPy 数组对象中的大部分操作在 DataFrame 里都是适用的。DataFrame 对象中还可以根据已有特征构造出新的特征,并将新的特征添加到 column 里,根据此 column 还可以给出一些新的处理。例如:

```
>>> cc[cc['population']>8000]
  province  population  city
0   广东       10999     广州
1   山东        9946     济南
2   河南        9532     郑州
3   四川        8262     成都
>>>
```

DataFrame 对象既有行(row)又有列(column)。对象中数据元素的选取有两种基本方法:一种是通过行或列的标签(label)选取。采用标签的切片来选取数据时,包含结束标签所在的行或列。另一种是通过行或列的位置值选取。采用位置值的切片来选取数据时,不包含结束位置值所在的行或列。例如:

```
>>> province[['population','city']]    #获取 population 和 city 两列数据及列标签
province    population    city
广东         10999        广州
山东          9946        济南
河南          9532        郑州
四川          8262        成都
江苏          7998        南京
河北          7470        石家庄
湖南          6822        长沙
安徽          6195        合肥
湖北          5885        武汉
浙江          5590        杭州
>>>
>>> province['河南':'湖北':2]         #包含结束标签所在行
province    population    city
河南          9532        郑州
江苏          7998        南京
湖南          6822        长沙
湖北          5885        武汉
>>>
```

行、列标签用在 loc 中获取数据时,包含开始与结束标签所在的行与列。以下例子中,获取了从标签为"山东"的行到标签为"湖北"的行,包含结束标签所在行。

```
>>> province.loc['山东':'湖北']
province    population    city
山东          9946        济南
河南          9532        郑州
四川          8262        成都
江苏          7998        南京
河北          7470        石家庄
湖南          6822        长沙
```

安徽	6195	合肥
湖北	5885	武汉

```
>>>
```

以下例子中,获取了所有行、从开始列到 population 列的数据,包含结束标签所在列。

```
>>> province.loc[:,:'population']
```

province	population
广东	10999
山东	9946
河南	9532
四川	8262
江苏	7998
河北	7470
湖南	6822
安徽	6195
湖北	5885
浙江	5590

```
>>>
```

整数表示的位置值用在 iloc 中获取数据时,包含开始值所在的行与列,不包含结束值所在的行与列。例如:

```
>>> province.iloc[2:6]         #获取第 2～6 行(不包括第 6 行)的数据
```

province	population	city
河南	9532	郑州
四川	8262	成都
江苏	7998	南京
河北	7470	石家庄

```
>>> province.iloc[2:8:2,1:2]   #获取第 2～8 行每次步长为 2 的行中的第 1 列数据
```

province	city
河南	郑州
江苏	南京
湖南	长沙

```
>>>
```

16.3.2 读取文件数据

1. 读取 csv 文件

利用 pandas.read_csv()可以读取 csv 文件中的内容,返回一个 DataFrame 对象。函数调用格式如下:

```
pandas.read_csv(filepath_or_buffer, sep = ',', delimiter = None, header = 'infer', names = None,
    index_col = None, usecols = None, squeeze = False, prefix = None, mangle_dupe_cols = True,
    dtype = None, engine = None, converters = None, true_values = None, false_values = None,
    skipinitialspace = False, skiprows = None, nrows = None, na_values = None,
    keep_default_na = True, na_filter = True, verbose = False, skip_blank_lines = True,
    parse_dates = False, infer_datetime_format = False, keep_date_col = False,
    date_parser = None, dayfirst = False, iterator = False, chunksize = None, compression = 'infer',
```

```
thousands = None, decimal = b'.', lineterminator = None, quotechar = '"', quoting = 0,
escapechar = None, comment = None, encoding = None, dialect = None,
tupleize_cols = None, error_bad_lines = True, warn_bad_lines = True, skipfooter = 0,
doublequote = True, delim_whitespace = False, low_memory = True, memory_map = False,
float_precision = None)
```

部分参数的含义如下。

(1) filepath_or_buffer：包含路径的文件名。

(2) sep：文件中字段值之间的分隔符。

(3) delimiter：sep 的替代参数名。

(4) header：用作列名的行号，默认自动推断列名。

(5) names：用作 DataFrame 对象列名的列表，如果没有用 names 指定列名，默认 header＝0；如果用 names 指定了列名，则 header＝None。

(6) index_col：用作 DataFrame 行标签的列。

(7) usecols：需要读取的列名序列。

(8) converters：用于转换某些列值的函数的字典，字典的 key 可以是列号或列标签。

(9) skiprows：跳过的行号（整数序列）或行数（整数）。

(10) nrows：读取的行数。

该函数的参数较多，大部分有默认值。这里只简要介绍了几个常用参数的含义，详细的参数定义请参考帮助文档。

【例 16.14】 读取 stock.csv 文件中前 5 行的 Date、Open、High、Low、Close、Volume 各列的值并构成 DataFrame 对象，其中 Date 列作为对象的行标签数据。

程序源代码如下：

```
#example16_14.py
import pandas as pd
df = pd.read_csv('stock.csv',sep = ',',index_col = 'Date',nrows = 5,
            usecols = ['Date','Open','High','Low','Close','Volume'])
print(df)
```

程序 example16_14.py 运行结果如下：

```
          Open   High   Low   Close  Volume
Date
2018/4/2  9.99  10.14  9.51  9.53   64824600
2018/4/3  9.63   9.77  9.30  9.55   54891600
2018/4/4  9.08   9.81  9.04  9.77   67356900
2018/4/5  10.05 10.20  9.91  10.02  65758800
2018/4/6  9.83  10.10  9.50  9.61   51087100
```

2. 读取 Excel 文件

利用 pandas.read_excel()可以读取 Excel 文件中的内容，返回 DataFrame 对象。函数调用格式如下：

```
pandas.read_excel(io, sheet_name = 0, header = 0, names = None, index_col = None,
        usecols = None, squeeze = False, dtype = None, engine = None, converters = None,
        true_values = None, false_values = None, skiprows = None, nrows = None,
```

```
            na_values = None, parse_dates = False, date_parser = None, thousands = None,
            comment = None, skipfooter = 0, convert_float = True, ** kwds)
```

部分参数的含义如下：

(1) io：包含路径的 Excel 文件名。

(2) sheet_name：Excel 文件中的 sheet 名，或者用整数表示的 sheet 序号(从 0 开始)，也可以是由 sheet 名与 sheet 序号混合构成的列表，默认为整数 0；如果 sheet_name 为 sheet 名或 sheet 序号，则函数返回一个 DataFrame 对象；如果 sheet_name 为一个列表，则函数返回一个字典，每个 sheet 代表一个字典的键，从该 sheet 中读取的数据构成一个 DataFrame 对象作为对应的值。

(3) header：为整数，表示作为列标签的行号(开始行号为 0)，默认为 0；也可以是整数列表，列表中行号对应的信息被组合为多重索引。

(4) usecols：可以为 None、整数、整数列表或字符串。如果为 None，表示导入所有列；如果为整数，表示需导入的最后一列列号(开始列号为 0)；如果为整数列表，表示导入列表中整数表示的列号对应的所有列；如果为字符串，字符串中的元素以逗号分隔，每个元素是 Excel 列字母或冒号分隔的列范围，如"A:E"或"A,C,E:G"。字符串中的元素如果是冒号分隔的范围，则包含该范围的起始和结束值。

(5) engine：读取 Excel 文件时使用的引擎，如'xlrd'、'openpyxl'等。这些引擎必须提前安装，安装方法见第 8 章。如果要读取 xlsx 文件，需要安装 openpyxl 等支持 xlsx 读取的模块，而 xlrd 模块不支持 xlsx 文件的读取；可以通过 engine 参数指定读取 Excel 文件时所使用的引擎。

(6) names、index_col、converters、skiprows 和 nrows 等参数的含义与 pandas.read_csv()函数中同名参数的含义相同。

pandas.read_excel()函数的参数较多，大部分有默认值。这里只简要介绍了几个常用参数的含义，详细的参数定义请参考帮助文档。

【例 16.15】 读取 stock.xlsx 文件中的 Date、Open、High、Low、Close、Volume 六列的前 5 行数据构成 DataFrame 对象。将 Date 列作为对象的行标签。

程序源代码如下：

```
#example16_15.py
import pandas as pd
df = pd.read_excel('stock.xlsx',sheet_name = 'stock',
                   index_col = 'Date',nrows = 5,usecols = 'A:E,G')
print(df)
```

程序 example16_15.py 的运行结果如下：

```
             Open   High    Low  Close   Volume
Date
2018-04-02   9.99  10.14   9.51   9.53  64824600
2018-04-03   9.63   9.77   9.30   9.55  54891600
2018-04-04   9.08   9.81   9.04   9.77  67356900
2018-04-05  10.05  10.20   9.91  10.02  65758800
2018-04-06   9.83  10.10   9.50   9.61  51087100
```

注意,上述程序读取 xlsx 格式的文件,需要提前安装 openpyxl 等支持 xlsx 文件读取的模块。xlrd 模块只支持 xls 格式的文件读取,不支持 xlsx 格式的文件读取。可以采用 pip install openpyxl 来安装 openpyxl 模块。

16.3.3 数据预处理

获得 DataFrame 对象后,数据清洗是数据分析前的重要一环。数据清洗的处理范围主要是删除重复值、处理缺失值、数据格式规范化等。限于篇幅,本章对这些内容不展开阐述,请参考相关资料或阅读 Pandas 官方文档。这里简单介绍数据排序、记录抽取、数据计算等简单的预处理方法。

1. 数据排序

DataFrame 中的方法 sort_index(self,axis: 'Axis' = 0,level: 'Level | None' = None, ascending: 'bool | int | Sequence[bool | int]' = True,inplace: 'bool' = False,kind: 'str' = 'quicksort',na_position: 'str' = 'last',sort_remaining: 'bool' = True,ignore_index: 'bool' = False,key: 'IndexKeyFunc' = None) 可以实现按指定轴向上的标签进行排序。参数 axis=0(默认)表示按行标签(行索引)排序。参数 axis=1 表示列标签(列索引)排序。新版本增加的参数 key 如果不是 None,则在排序之前将 key 指定的函数先应用于标签值,然后按照 key 函数返回的值进行排序。旧版本中的参数 by 不再支持。其他参数的详细说明可以通过 help(pd.DataFrame.sort_index)命令来查看帮助文档。

利用 sort_index()方法排序可产生新的 DataFrame 对象,原 DataFrame 对象保持不变。例如:

```
>>> df = pd.DataFrame([[1,7,10],[9,2,6],[3,5,8]],index = ("c","A","b"),
        columns = ["F","g","e"])
>>> #默认 axis = 0, 按行标签(行索引)排序; ascending = False 降序
>>> df2 = df.sort_index(ascending = False)
>>> df2
   F  g  e
c  1  7  10
b  3  5  8
A  9  2  6
>>> df                          #原 DataFrame 对象保持不变
   F  g  e
c  1  7  10
A  9  2  6
b  3  5  8
>>> df3 = df.sort_index(key = lambda x: x.str.lower())
>>> df3
   F  g  e
A  9  2  6
b  3  5  8
c  1  7  10
>>>
```

DataFrame.sort_values (self,by,axis = 0,ascending = True,inplace = False,kind = 'quicksort',na_position = 'last')可以实现按列值排序或按行值排序。当参数 axis 为数值 0

或字符串 index 时,表示按列值纵向排序,默认为 0;当参数 axis 为数值 1 或字符串 columns 时,表示按行值横向排序。当参数 axis 为 0 时,by 为列表名或列名构成的列表;当参数 axis 为 1 时,by 表示行标签或行标签构成的列表。参数 ascending 表示参数 by 中各个字段是否以升序排列,如果参数 by 是由多个字段(标签)构成的列表,则 ascending 是由对应个数的布尔值构成的列表。其他参数的含义详见帮助文档。

【例 16.16】 读取 stock.xlsx 文件中的股票数据,分别实现按最高价升序排列、按最高价升序的基础上实现开盘价升序排列、按最高价降序排列、以某一天的各价格数据为依据对各列位置进行升序排列。

程序源代码如下:

```
# example16_16.py
# coding=utf-8
import pandas as pd
df = pd.read_excel('stock.xlsx',sheet_name='stock',
                  index_col='Date',usecols='A:E',nrows=10)
print('排序前的 DataFrame 对象:\n',df)

# 以最高价来排序,默认为升序
df2 = df.sort_values(by=['High'])
print('以最高价升序排列后的 DataFrame:\n',df2)
# 原来的 df 保持不变
print('原 DataFrame 保持不变:\n',df)

# 以最高价排序,如果最高价相同则再按开盘价排序
df3 = df.sort_values(by=['High','Open'])
print('以最高价和开盘价升序排列后的 DataFrame:\n',df3)

# 按最高价排序; ascending=False 降序
df4 = df.sort_values(by=['High'],ascending=False)
print('以最高价降序排列后的 DataFrame:\n',df4)

# axis=1 按照某行数据排序(横向)
df5 = df.sort_values(axis=1,by=['2018-04-13'])
print('以行标签为"2018-04-13"所在行的各列数据为依据,'
      + '对列进行排序后:\n',df5)
```

2. 记录抽取

在进行数据分析之前,可能需要抽取 DataFrame 对象的部分数据进行分析。可以按照条件进行记录抽取,也可以随机抽取部分数据。

可以使用 DataFrame 中的 sample() 方法随机抽取样本数据。其调用格式如下:

sample(n=None,frac=None,replace=False,weights=None,random_state=None,axis=None)

其中,参数 n 表示要抽取的行数或列数;frac 表示样本抽取的比例;replace=True 表示有放回抽样,replace=False 表示未放回抽样;weights 表示每个元素被抽样的权重;random_state 表示随机数种子;axis=0 表示随机抽取 n 行数据,axis=1 表示随机抽取 n 列数据。

【例 16.17】 读取 stock.xlsx 文件中的股票信息,选取开盘价大于 13 的数据行、开盘

价最高的数据行、收盘价位于[12.5,13.5]区间内的数据行、开盘价或收盘价为空的数据行、原始数据中随机选取 3 行数据。

程序源代码如下：

```python
# example16_17.py
# coding = utf-8
import numpy as np
import pandas as pd
df = pd.read_excel('stock.xlsx', sheet_name = 'stock', usecols = 'A:E,G')
print(df)
print('开盘价大于 13 的数据行:\n', df[df['Open'] > 13], sep = "")
print('开盘价最高的数据行:\n',
      df[df.Open == max(df['Open'])], sep = "")
print('收盘价位于[12.5,13.5]区间内的数据行:\n',
      df[df.Close.between(12.5, 13.5)], sep = "")
print('开盘价或收盘价为空值的数据行:\n',
      df[df.Open.isnull() | df.Close.isnull()], sep = "")

i = 3
print(f'随机选取的{i}行数据为:\n',
      df.sample(i).sort_index(), sep = "")
```

3. 数据计算

可以将 DataFrame 中的某些数据进行计算后作为独立的一列添加到 DataFrame 对象中。

【例 16.18】 读取 stock.xlsx 文件中的股票信息作为一个 DataFrame，计算每天最高价与最低价的算术平均值。将此平均值作为单独的一列添加到原始数据的 DataFrame 对象中。

程序源代码如下：

```python
# example16_18.py
# coding = utf-8
import pandas as pd
df = pd.read_excel('stock.xlsx', sheet_name = 'stock',
                   index_col = 'Date', usecols = 'A:E', nrows = 5)
print('原始 DataFrame 对象:\n', df)
# 计算每天最高价与最低价的算术平均值
result = (df.High + df.Low) / 2
df['mean'] = result
print('添加平均价格后的 DataFrame:\n', df)
```

程序 example16_18.py 的运行结果如下：

```
原始 DataFrame 对象:
             Open   High   Low   Close
Date
2018-04-02   9.99  10.14  9.51   9.53
2018-04-03   9.63   9.77  9.30   9.55
2018-04-04   9.08   9.81  9.04   9.77
2018-04-05  10.05  10.20  9.91  10.02
```

```
2018 - 04 - 06   9.83   10.10   9.50   9.61
```
添加平均价格后的 DataFrame:
```
             Open    High    Low    Close    mean
Date
2018 - 04 - 02   9.99   10.14   9.51   9.53   9.825
2018 - 04 - 03   9.63    9.77   9.30   9.55   9.535
2018 - 04 - 04   9.08    9.81   9.04   9.77   9.425
2018 - 04 - 05  10.05   10.20   9.91  10.02  10.055
2018 - 04 - 06   9.83   10.10   9.50   9.61   9.800
```

16.3.4 统计分析

利用 Pandas 可以进行各种类型的数据统计。限于篇幅,这里只介绍基本统计分析和简单的相关性分析方法。

1. 基本统计分析

基本特征统计函数用于计算数据的均值、方差、标准差、分位数、相关系数和协方差等,这些统计特征能反映出数据的整体分布。Pandas 主要特征统计函数及其说明如表 16.5 所示。

表 16.5 Pandas 主要特征统计函数及其说明

函　　数	说　　明
sum()	元素之和
mean()	算术平均值
median()	中位数
prod()	元素之积
var()	方差
std()	标准差
corr()	Spearman(Pearson)相关系数矩阵
cov()	协方差
skew()	样本值的偏度(三阶矩)
kurt()	样本值的峰度(四阶矩)
describe()	样本的基本描述(基本统计量,如均值、标准差等)

例如,describe()方法返回基本的描述统计。

```
>>> import pandas as pd
>>> df = pd.DataFrame({"stu":["Wang","Li","Zhang","Yang"],
         "math":[85,70,68,90],"Java":[78,65,92,85]})
>>> df.describe()
            math        Java
count    4.000000    4.000000
mean    78.250000   80.000000
std     10.904892   11.518102
min     68.000000   65.000000
25%     69.500000   74.750000
```

```
50%        77.500000    81.500000
75%        86.250000    86.750000
max        90.000000    92.000000
>>> df.describe().transpose()
      count   mean    std       min    25%    50%   75%    max
math   4.0   78.25  10.904892  68.0   69.50  77.5  86.25  90.0
Java   4.0   80.00  11.518102  65.0   74.75  81.5  86.75  92.0
>>> df.describe().transpose()["max"]
math   90.0
Java   92.0
Name: max, dtype: float64
```

【例 16.19】 读取 score.xlsx 文件中的成绩数据。A、B 两列分别为学号与姓名,C 至 I 列分别保存各门课程的成绩。每行为一位学生的各门课程成绩。编写程序,用 describe() 对此数据做一个基本统计量分析;利用 mean() 和 std() 函数分别求取每位学生和每门功课的平均分与标准差。

程序源代码如下:

```
# example16_19.py
# coding = utf-8
import pandas as pd

# 打开文件
data = pd.read_excel('score.xlsx', index_col = '姓名', usecols = 'B:I')
print('成绩 DataFrame 对象:\n', data)

# 对所有课程求基本统计量
df = data.describe()
print('所有课程的成绩基本统计信息:\n', df)
print('"Java 程序设计"课程的成绩基本统计信息:\n', df['Java 程序设计'])
print('各门课程的平均成绩:\n', df.loc['mean'])

# 对一门课程求基本统计量
print('"Java 程序设计"课程的成绩基本统计信息:\n', data.loc[:, 'Java 程序设计'].describe())

# 可以单独求某一行(axis = 1 或 columns)或一列(axis = 0 或 index)的统计量
print('每个人的平均分:\n', data.mean(axis = 'columns'))
print('每个人的成绩标准差:\n', data.std(axis = 1))
print('每门课程的平均分:\n', data.mean(axis = 'index'))
print('每门课程的成绩标准差:\n', data.std(axis = 0))
# axis 默认为 0 或 index(按列统计)
print('每门课程的平均分:\n', data.mean())
print('每门课程的成绩标准差:\n', data.std())
```

2. 相关分析

相关分析研究变量之间的依存方向与程度,是研究变量之间相互关系的一种统计方法。相关系数用来定量描述变量之间的相关程度。Series 和 DataFrame 对象均用 corr() 函数来计算变量之间的相关系数。

【例 16.20】 读取 score.xlsx 文件中的成绩数据,计算各门课程之间的相关系数。

程序源代码如下:

```
♯ example16_20.py
♯ coding = utf - 8
import pandas as pd

♯ 打开文件
data = pd.read_excel('score.xlsx',index_col = '姓名',usecols = 'B:I')
print('成绩 DataFrame 对象:\n',data)

♯ 所有课程之间的相关系数
print('所有课程之间的相关系数:\n',data.corr())

♯ 部分课程之间的相关系数
print('部分课程之间的相关系数:\n',
      data.loc[:,['线性代数','数据结构','Java 程序设计']].corr())

♯ 两门课程之间的相关系数
print('两门课程之间的相关系数:\n',
      data.loc[:,['线性代数','数据结构']].corr())
print('两门课程之间的相关系数:\n',
      data['线性代数'].corr(data['数据结构']))
```

程序 example16_20.py 运行的部分结果如下:

```
部分课程之间的相关系数:
           线性代数      数据结构    Java 程序设计
线性代数    1.000000   0.632099   0.517039
数据结构    0.632099   1.000000   0.363376
Java 程序设计 0.517039   0.363376   1.000000
两门课程之间的相关系数:
           线性代数      数据结构
线性代数    1.000000   0.632099
数据结构    0.632099   1.000000
两门课程之间的相关系数:0.632098690717327
```

16.3.5 Pandas 中的绘图方法

Python 用于作图的库主要有 Matplotlib 等。但是 Matplotlib 相对比较底层,作图过程比较烦琐。目前有很多作图的开源框架对 Matplotlib 进行了封装,使用更加方便。Pandas 的绘图功能基于 Matplotlib,并对某些命令进行了简化和封装。实际应用时通常将 Matplotlib 和 Pandas 结合使用。

Series 和 DataFrame 均提供了基本绘图接口 plot()。当用 help(pd.Series.plot) 和 help(pd.DataFrame.plot) 时,返回的分别为 class SeriesPlotMethods(BasePlotMethods) 和 class FramePlotMethods(BasePlotMethods) 的信息。这是因为对于 Series 而言,plot = CachedAccessor("plot",pandas.tools.plotting.SeriesPlotMethods)。Series.plot() 返回的是一个 SeriesPlotMethods 对象。对于 DataFrame 而言,plot = CachedAccessor("plot", pandas.tools.plotting.FramePlotMethods)。DataFrame.plot() 返回一个 FramePlotMethods

对象。

这里简单介绍一下 plot()接口的一些常用参数,详细用法参考帮助文档。参数 kind 指定绘图种类,包括 line(折线图,默认)、bar(垂直柱状图)、barh(水平柱状图)、hist(直方图)、box(箱线图)、kde 或 density(密度图)、area(面积图)、scatter(散点图)、hexbin(六边形组合图)、pie(饼图)。参数 figsize 表示图像尺寸。参数 use_index 的值为 True(默认)或 False。use_index 为 True 时会将 Series 和 DataFrame 的 index 传给 Matplotlib,用以绘制 x 轴。sharex 和 sharey 表示是否共用 x 轴或 y 轴。参数 logx 和 logy 的值为 True 或 False,分别表示是否在 x 轴或 y 轴上使用对数标尺。其他参数的含义详见帮助文档。

用 plot()接口绘图时可以通过 kind 参数指定图形类型来实现,如 data.plot(kind='line')。也可以通过调用 plot()接口返回的对象的方法来实现,如 data.plot.line()。

【例 16.21】 读取 stock.xlsx 文件中的股票交易开盘价和收盘价信息构造 DataFrame 对象,画出开盘价和收盘价分布的箱线图(箱形图)。

程序源代码如下:

```
# example16_21.py
# coding = utf - 8
import matplotlib.pyplot as plt
import pandas as pd

df = pd.read_excel('stock.xlsx', sheet_name = 'stock',
                   usecols = 'B,E')

# 为了显示中文,指定默认字体
plt.rcParams['font.sans - serif'] = ['SimHei']

df.plot(kind = 'box')    # kind = 'box'指定箱线图
plt.xticks(fontsize = 15)
plt.yticks(fontsize = 15)
plt.grid()
plt.title('开盘价与收盘价')
plt.show()
```

程序 example16_21.py 的运行结果如图 16.11 所示。

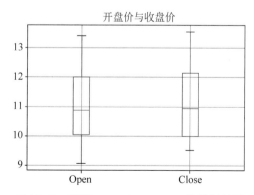

图 16.11　程序 example16_21.py 的运行结果

习题 16

1. data1.csv 中的 B、C、D 和 E 列数据分别是日期、权重、A 企业的销售额、B 企业的销售额。读取 C、D、E 列数据，并统计 E 列数据的算术平均数、加权平均值（权值为 C 列数据）、方差、中位数、最小值、最大值。并绘制 E 列数据的直方图。

2. 读取 data1.csv 文件中的 A 企业销售额与 B 企业销售额数据，并计算这些企业数据的协方差矩阵和相关系数矩阵。

3. 读取 data1.csv 文件中的 A、B、C、D、E，以 A 列数据为横坐标，绘制由 A 列和 D 列数据关联，以及由 A 列和 E 列数据（请将该列值除以 120 后绘图）关联的两条折线图，并分别赋以不同的颜色和线型，添加图例。

4. 针对 data1.csv 中 A 企业的销售额，使用简单移动平均方法估计各月的销售额。移动平均间隔为 3，即用 1、2、3 三周的数据预测第 4 周的数据。

5. 使用指数移动平均模型估计第 4 题的 A 企业的销售额，移动平均间隔为 3，并添加图、坐标轴标题和图例。

参 考 文 献

[1] LIANG Y D. Python 语言程序设计[M]. 李娜,译. 北京:机械工业出版社,2015.
[2] HETLAND M L. Python 基础教程[M]. 袁国忠,译. 3 版. 北京:人民邮电出版社,2018.
[3] PHILLIPS D. Python 3 面向对象编程[M]. 肖鹏,常贺,石琳,译. 北京:电子工业出版社,2015.
[4] PUNCH W F,ENBODY R. Python 入门经典:以解决计算问题为导向的 Python 编程实践[M]. 张敏,译. 北京:机械工业出版社,2012.
[5] IDRIS I. Python 数据分析基础教程:NumPy 学习指南[M]. 张驭宇,译. 2 版. 北京:人民邮电出版社,2014.
[6] DOWNEY A B. 像计算机科学家一样思考 Python[M]. 赵普明,译. 2 版. 北京:人民邮电出版社,2016.
[7] LAWAON R. 用 Python 写网络爬虫[M]. 李斌,译. 北京:人民邮电出版社,2016.
[8] CHUN W J. Python 核心编程[M]. 宋吉广,译. 2 版. 北京:人民邮电出版社,2008.
[9] CHUN W J. Python 核心编程[M]. 孙波翔,李斌,李晗,译. 3 版. 北京:人民邮电出版社,2016.
[10] BEAULIEU A. SQL 学习指南[M]. 张伟超,林青松,译. 2 版. 北京:人民邮电出版社,2015.
[11] CONNOLLY T M,BEGG C E. 数据库系统:设计、实现与管理(基础篇)(原书第 6 版)[M]. 宁洪,贾丽丽,张元昭,译. 北京:机械工业出版社,2016.
[12] MCKINNEY W. 利用 Python 进行数据分析[M]. 唐学韬,等译. 北京:机械工业出版社,2014.
[13] BEAZLEY D M. Python Essential Reference[M]. California:Sams Publishing,2001.
[14] 董付国. Python 程序设计[M]. 2 版. 北京:清华大学出版社,2016.
[15] 赵家刚,狄光智,吕丹桔,等. 计算机编程导论——Python 程序设计[M]. 北京:人民邮电出版社,2013.
[16] 陆朝俊. 程序设计思想与方法——问题求解中的计算思维[M]. 北京:高等教育出版社,2013.
[17] 刘浪,郭江涛,于晓强,等. Python 基础教程[M]. 北京:人民邮电出版社,2015.
[18] 余本国. Python 数据分析基础[M]. 北京:清华大学出版社,2017.
[19] VANDERPLAS J. Python 数据科学手册[M]. 陶俊杰,陈小莉,译. 北京:人民邮电出版社.2018.
[20] 张若愚. Python 科学计算[M]. 2 版. 北京:清华大学出版社.2016.
[21] MILOVANOVIC I. Python 数据可视化编程实战[M]. 颛清山,译. 2 版. 北京:人民邮电出版社.2018.
[22] Python 图表绘制:Matplotlib 绘图库入门[EB/OL]. [2022-03-05]. http://matplotlib.org/stable/gallery/index.html.
[23] XML 基础[EB/OL]. [2022-03-05]. http://www.w3school.com.cn/xml/xml_elements.asp.
[24] HTML 基础[EB/OL]. [2022-03-05]. http://www.w3school.com.cn/h.asp.
[25] Beautiful Soup Documentation[EB/OL]. [2022-03-06]. https://www.crummy.com/software/BeautifulSoup/bs4/doc/.
[26] re-Regular expression operations[EB/OL]. [2022-03-15]. https://docs.Python.org/3/library/re.html.
[27] SQLite Documentation[EB/OL]. [2022-03-15]. https://www.sqlite.org/docs.html.
[28] sqlite3——DB-API 2.0 interface for SQLite[EB/OL]. [2022-03-15]. https://docs.Python.org/3/library/sqlite3.html.

图书资源支持

感谢您一直以来对清华版图书的支持和爱护。为了配合本书的使用,本书提供配套的资源,有需求的读者请扫描下方的"书圈"微信公众号二维码,在图书专区下载,也可以拨打电话或发送电子邮件咨询。

如果您在使用本书的过程中遇到了什么问题,或者有相关图书出版计划,也请您发邮件告诉我们,以便我们更好地为您服务。

我们的联系方式:

地　　址:北京市海淀区双清路学研大厦 A 座 714

邮　　编:100084

电　　话:010-83470236　010-83470237

客服邮箱:2301891038@qq.com

QQ:2301891038(请写明您的单位和姓名)

资源下载:关注公众号"书圈"下载配套资源。

资源下载、样书申请

书圈

图书案例

清华计算机学堂

观看课程直播